Ludwig J. W. Thudichum

Grundzüge der anatomischen und klinischen Chemie

Analekten für Forscher, Ärzte und Studierende von Ludwig J. W. Thudichum, M. D.

Ludwig J. W. Thudichum

Grundzüge der anatomischen und klinischen Chemie
Analekten für Forscher, Ärzte und Studierende von Ludwig J. W. Thudichum, M. D.

ISBN/EAN: 9783743300019

Hergestellt in Europa, USA, Kanada, Australien, Japan

Cover: Foto ©berggeist007 / pixelio.de

Manufactured and distributed by brebook publishing software
(www.brebook.com)

Ludwig J. W. Thudichum

Grundzüge der anatomischen und klinischen Chemie

GRUNDZÜGE

DER

ANATOMISCHEN UND KLINISCHEN

CHEMIE.

ANALECTEN

FÜR

FORSCHER, AERZTE UND STUDIRENDE

VON

LUDWIG J. W. THUDICHUM, M. D.

FELLOW OF THE ROYAL COLLEGE OF PHYSICIANS, LONDON; FRÜHER PROFESSOR DER PATHO-
LOGISCHEN UND PHYSIOLOGISCHEN CHEMIE AM ST. THOMAS'S HOSPITAL, LONDON; FRÜHER
PRÄSIDENT DER WEST-LONDON MEDICO-CHIRURGICAL SOCIETY; MEHRERER GELEHRTEN GESELL-
SCHAFTEN MITGLIED, PRACTISCHER ARZT IN LONDON.

BERLIN 1886.

VERLAG VON AUGUST HIRSCHWALD.

N.W. UNTER DEN LINDEN 68.

Vorwort.

Indem ich den Lesern einige, wie ich glaube, wichtige Resultate vieljähriger Arbeiten vorlege, habe ich keine nähere Erklärung über die bei ihrer Ermittlung beobachteten wissenschaftlichen Grundsätze zu machen, welche nicht aus der Natur des Werkes hervorgingen oder in demselben nicht näher begründet wären. Es kann keinem Zweifel unterliegen, dass ehe die von mir abgehandelten Gegenstände vollständig erledigt sind, jeder Versuch zur practischen Verwendung der biologischen Chemie in der Heilkunst nur geringe Erfolge haben wird. Diese practische Verwerthung ist aber wieder an sich die Bedingung der Entdeckung von Heilmitteln, deren Nothwendigkeit für die Sicherheit und normale Dauer des menschlichen Lebens weder durch sogenannte Verhütung von Krankheiten im Sinne der öffentlichen Gesundheitslehre, noch durch Hervorbringung künstlicher Immunität durch Impfung modificirter Krankheiten auch nur zweifelhaft gemacht werden kann. Die Entwicklung der Bacteriologie hat zur Ausbreitung dieses sowohl populären als wissenschaftlichen Verlangens auch in Kreisen Veranlassung gegeben, welche sich sonst um die Behandlung der Krankheiten zu bekümmern nicht veranlasst sahen. Somit fordere ich als Theil des Zusammenwirkens aller angezogenen Zweige der Wissenschaft eine ausgiebige Pflege der Chemie auf dem ganzen durch den Titel angedeuteten Gebiete. Der Titel selbst nun ist sorgfältig gewählt, um Materien und Methoden von denen der gewöhnlich sogenannten physiologischen Chemie zu unterscheiden. Er macht daher auf grössere Genauigkeit, aber keineswegs auf Neuigkeit Anspruch, indem die darin gebrauchten Adjective sowohl von französischen als englischen Schriftstellern auf den Titeln ihrer Werke wiederholt benutzt worden sind.

Viele der besten Anatomen der letzten hundert Jahre haben die chemische Zusammensetzung des todten Körpers als Theil der anatomischen Wissenschaft nicht nur betrachtet, sondern in ihren Werken geradezu abgehandelt. Dass sie Secrete und Excrete als Theile des todten Körpers ansahen, war eine logische Folge ihres wissenschaftlichen Vorgehens. Auch die Verfasser von Werken über mikroskopische Anatomie hielten es meistens für passend, ihren Darlegungen die chemische Betrachtung der Gewebe, wenn nicht einzuflechten, doch vorauszuschicken. Somit glaube ich, durch Hinweisung auf die Praxis vieler bedeutender Männer, einer weiteren Rechtfertigung dieses Theils meines Titels enthoben zu sein.

Sodann habe ich das Werk in Analecten abgefasst in der Absicht, hauptsächlich das neue, nöthige Gute, das Bekannte aber nur zur Herstellung des Zusammenhanges beschreiben zu müssen. Denn warum sollte man den Umfang eines Werkes vergrössern, oder die Geduld und Mittel eines Lesers auf die Probe setzen durch Darstellung von Gegenständen, welche in jedem besseren Lehr- oder Handbuch der allgemeinen Chemie genügend auseinandergesetzt sind. Auch ohne diese Beigaben werden Leser und Forscher genug Stoff zum Nachdenken oder Nacharbeiten in der Mehrzahl der Capitel dieses Werkes finden.

Wenn der eigentlich klinischen Chemie ein viel geringerer Raum gelassen ist, als ihr Inhalt zu füllen erlaubt, so wird man das der Nothwendigkeit zu Gute halten, fundamentale anatomische Thatsachen zunächst festzustellen. Der tägliche Bedarf des Berufes drängt auch mich zur practischen Behandlung der Wissenschaft, und ich habe auch in Betreff dieser eine nicht unbeträchtliche Menge wichtiger Thatsachen zu meiner Verfügung. Im Falle nun Zeit und Umstände es mir gestatten, werde ich diesem Bande etwa innerhalb Jahresfrist einen zweiten folgen lassen und in demselben die Erörterung der übrigen Hauptfragen der anatomischen zugleich mit einer ausführlicheren Darlegung der Grundzüge der klinischen Chemie verbinden.

Ich habe soviel wie möglich Principien und Resultate zu illustriren und Detail zu vermeiden gesucht. Dennoch waren Darstellungen von Processen nicht auszulassen, sondern zugleich mit analytischen Vorgängen und Daten auf das unumgängliche Maass zu beschränken. So genaue analytische Vorschriften, wie sie nöthig wären, um es auch dem Autodidakten zu ermöglichen für Mangel an practischer Führung Ersatz zu finden, schienen mir zu dem Plan des Werkes nicht zu passen. Denn die darin beschriebenen Arbeiten erfordern zur erfolgreichen Ausführung den ganzen Apparat des organisch chemischen Laboratoriums, und wo dieser vorhanden ist, wird auch ihre ganze Methode Träger und Exponenten gegenwärtig haben.

Die Art und Weise, in welcher ich genöthigt worden bin die Hauptfragen polemisch zu behandeln, um Controversen ihrer Erledigung zuzuführen, ist bei jeder Veranlassung im Text so kurz, aber auch so einschneidend wie möglich angegeben worden. Die erste Analecte behandelt die dabei in Betracht kommenden hauptsächlichen Uebelstände in keineswegs erschöpfender, aber, wie zu hoffen steht, genügender Weise, um ihnen durch weiteres Verständniss Abhülfe zu verschaffen.

11. Pembroke Gardens, W.
London.
Februar, 1886.

L. J. W. Thudichum, M. D.

Inhalt.

I. Ueber die chemischen Probleme der Heilkunst und die Ursachen, welche ihre Lösung verzögern.

I. Es ist im Lauf der letzten Jahre häufig betont worden, dass die weitere Entwicklung der Heilkunst zunächst vom Fortschritt der sogenannten physiologischen Chemie abhängig sei. Im Fall dabei angenommen wird, dass die letztere Wissenschaft die Chemie in ihrer Anwendung auf Anatomie und Pathologie einschliesse, kann man dieser Proposition nur beistimmen. In der That, nicht nur die Zukunft, sondern die ganze Anwendung der Heilkunst in der Gegenwart ist so eng mit der Behandlung chemischer Principien verbunden, dass man sich wundern muss, dieselben nicht besser erkannt und angewandt zu sehen. Es existirt wohl hie und da die Meinung, der eigentliche Nutzen der Chemie in der Heilkunst beschränke sich auf ihre Anwendung auf Unregelmässigkeiten der Verdauung, oder der Harnabscheidung; in Bezug auf Krankheiten des Blutes wird chemischen Momenten schon weniger Bedeutung beigemessen. Obwohl während der jüngsten vierzig Jahre die Contagions- und Infectionskrankheiten als mit chemischen Processen verbunden oder in solchen bestehend betrachtet, und dieser Auffassung gemäss als zymotische unterschieden worden sind, ist man doch der chemischen Erforschung derselben in keiner Weise näher getreten. Und doch ist es sicher, dass in allen febrilen Processen mächtige Veränderungen der festen und flüssigen Theile des Körpers vorgehen, Veränderungen, welche die Reactionsfähigkeit des ganzen Organismus so umstimmen, dass er für längere Zeit oder für immer unfähig wird, dieselbe Krankheit zum zweiten Mal in sich aufzunehmen und zu entwickeln. Wie mächtig und hervorstechend sind nicht die chemischen Phänomene in der Cholera, und wie einseitig ist man seither in der Erforschung dieser Krankheit vorgegangen. Am allerwenigsten Aufmerksamkeit

Thudichum, Grundzüge der anatom. und klin. Chemie. 1

hat man der chemischen Erforschung der Krankheiten der Muskeln, einschliesslich des Herzens zugewendet, und die Krankheiten des Gehirns und der Nerven sind, chemisch betrachtet, ein ganz braches Feld geblieben. In der öffentlichen Gesundheitslehre hat man chemischen Methoden etwas mehr Spielraum erlaubt, und dieselben auf Untersuchungen von Bodenarten, Luft, Wasser, Speisen und Immunditien angewandt. Aber das ganze Vorgehen war nicht systematisch, sondern nur von Einzelnen mit Unterbrechung geübt. Die Aerzte und klinischen Lehrer nahmen daran nur ausnahmsweise Theil, und im Ganzen blieb die Beförderung der Chemie in ihrer Anwendung auf die Heilkunst einigen Specialisten oder sogenannten physiologischen Chemikern überlassen.

Es ist schon verschiedentlich versucht worden, diesen Indifferentismus der Aerzte gegenüber der doch von ihnen als wichtig erkannten chemischen Methode zu erklären. In Bezug auf die letzten zehn Jahre liesse sich wohl annehmen, dass die Entwicklung der Bacteriologie alle vorhandene Forscherenergie in Anspruch genommen habe. Allein dies würde den Mangel an Interesse, welches die Aerzte im Allgemeinen während der vorhergehenden fünfzig Jahre manifestirt haben, nicht erklären. Denn für diese Abneigung mussten starke Gründe vorhanden sein bei einem Stande, welcher, wie gerade die Entwicklung der Bacteriologie gelehrt hat, jede solide Entdeckung schnell aufzunehmen und zu verwerthen im Stande ist. Dass keine grössere Anzahl neuer Forschungen auf diesem Gebiete angestellt werden, hat seinen guten Grund in der grossen Schwierigkeit solcher Untersuchungen, aber dass vollendete Forschungen ohne Beachtung und Anwendung bleiben, muss auf anderweitigen, noch nicht näher bekannten Verhältnissen beruhen.

Nachdem ich diesen Thatsachen während längerer Zeit Aufmerksamkeit zugewendet, bin ich zu dem Schlusse gekommen, dass die Vernachlässigung der chemischen Behandlung der pathologischen Probleme von Seiten des ärztlichen Standes hauptsächlich aus einem Mangel an Vertrauen in die Methode sowohl als in die sogenannten Entscheidungen oder Errungenschaften der physiologischen und pathologischen Chemie hervorgegangen ist. In der That auf diesen Gebieten sind neben vielen Wahrheiten so viele unbewiesene Hypothesen mit dogmatischer Entschiedenheit gelehrt worden, dass der Mangel an Beweisen Zweifel über selbst wahrscheinliche Lehren am Entstehen nicht verhüten konnte. Aber schlimmer als die unbewiesenen Hypo-

thesen, welche die Stelle von Thatsachen ausfüllen mussten, waren jene
heimtückischen Irrthümer, jene aus Selbsttäuschung hervorgehenden
irrigen Auffassungen, welche Darwin treffend als falsche Thatsachen bezeichnet hat. Diese sind nach meinem Dafürhalten die
Hauptursache des Misstrauens oder der Gleichgültigkeit, welche die
Aerzte gegenüber der chemischen Medicin beobachten. Sie haben
erkannt, dass sie die Mehrzahl der sogenannten Original-Untersuchungen auf dem Gebiet der physiologischen Chemie, selbst wenn sie
ihnen zugänglich wären, ohne eingehende Kritik zu brauchen nicht
im Stande sind; dasselbe gilt für die Mehrzahl der sogenannten
Handbücher oder periodischen Berichte über biologische Chemie,
oder für die über diesen Gegenstand handelnden Theile allgemein
physiologischer Werke. In diesen Publicationen sind die brauch-
baren Thatsachen oder Wahrheiten so mit falschen Thatsachen gemischt, oder von groben Irrthümern überlagert, dass die gebotene
Belehrung nicht nur nutzlos, sondern wirklich schädlich und gefähr-
lich wird. Ich bin genöthigt gewesen, dies in früheren Publicationen
des Näheren wiederholt zu beweisen, und werde in diesen Analecten
Gelegenheit haben, für diese Behauptung viele andere Belege beizubringen. Allein um dem Leser die ganze Grösse des Uebels in
Kurzem vorzustellen, gebe ich hier zur weiteren Benachrichtigung
zwei Illustrationen, deren eine aus einer Original-Untersuchung, die
andere aus einem physiologischen Handbuch genommen ist.

Der Leser dürfte wohl mit Städeler's Untersuchungen über
die Pigmente der Gallensteine bekannt sein, zumal dieselben in den
meisten Werken über Chemie, physiologische Chemie, Physiologie
und Histologie ohne Kritik, Vergleich oder Untersuchung von Seiten
der Autoren wiederholt sind. Diese Angaben wurden meistens als
entschiedene Thatsachen betrachtet, obwohl ihr Autor und seine
Nachschreiber die Formularisirung derselben dreimal zu ändern, und
jenen grossen, in Gemeinschaft mit Frerichs publicirten Irrthum
von der angeblichen Verwandlung von Gallensäure in Gallenfarbstoff
zurückzunehmen hatte. Unter den Gallensteinpigmenten nun, welche
die Nachschreiber ohne Kritik oder Forschung für Gallenpigmente
erklären und dadurch mit normalen Producten identificiren, ist das
dritte „Biliprasin" benannt und auf Grund einer einzigen Elementar-
Analyse, ohne Controle durch Verbindungen, mit einer Formel versehen worden. Dieses „Biliprasin" nun hat einigen Forschern Mühe
gemacht, die sie dadurch abzukürzen suchten, dass sie den Körper

1*

für identisch mit „Biliverdin" erklärten. Es dürfte einige Leser erstaunen, andere betrüben zu wissen, dass „Biliprasin" ein Chlorsubstitutionsproduct ist, welches durch eine Reaction von Bilirubin mit Chloroform gebildet wird, wenn die Lösung des Pigments in dem letzteren dem Sonnenlicht ausgesetzt wird. Ich habe dies des Weiteren in einem Aufsatz bewiesen, welcher im letzten Bande von Moleschott's „Untersuchungen zur Naturlehre etc." abgedruckt ist. Angesichts nun solcher bedauerlicher gröblicher Irrthümer, wie der hier festgestellte, angesichts der übrigen zahlreichen Missgriffe in seinen Untersuchungen über die Gallensteinpigmente, die er sich zuzugeben genöthigt fand, indem er alle seine Formeln auf eine gezwungene und irrationelle Weise umänderte; und angesichts der bis heute unerklärten Widersprüche zwischen seinen früheren und späteren Untersuchungen, wie kann Städeler bei irgend einem gewissenhaften Schriftsteller oder Physiologen in dieser Sache noch ferner Vertrauen finden? Wie kann irgend ein Arzt auch nur einen einzigen Factor für seine Diagnose oder seinen ärztlichen Rath, oder für seine Behandlung einer Gallenkrankheit auf einen solchen Farrago von falschen Thatsachen gründen, wie wir sie in Städeler's sogenannten Untersuchungen vor uns haben?

Das zweite Beispiel der Art und Weise, in welcher in Werken von heutzutage der Text über die wichtigsten Gegenstände, wie z. B. das Blut, mit falschen Thatsachen überlagert ist, nehme ich aus einem englischen Werke, hauptsächlich als Illustration der Art und Weise, in welcher falsche Thatsachen international werden. Das „Hämatoin" ist eine Entdeckung Preyer's, und von demselben, soweit mir bekannt, zuerst in seiner Schrift über Blutkrystalle mitgetheilt worden. Dasselbe ist dann auch in physiologische Handbücher übergegangen, und wird z. B. in dem „Handbuch für das physiologische Laboratorium" des Professor Sanderson zu Oxford auf S. 188 abgehandelt. Man liest dort, was ich im Folgenden genau übersetze und nach dem Inhalt betrachten werde.

„22. Hämatoin. — Wenn Essigsäure zu Blut gesetzt wird, so wird das Eisen des Hämoglobins abgetrennt und nimmt die Form eines Protosalzes an —". Hier müssen wir schon anhalten, um zwei falsche Angaben hervorzuheben. Essigsäure zu Blut gesetzt, spaltet kein Eisen ab, namentlich nicht von Hämoglobin, aber auch nicht in zweiter Stelle von Hämatin; im Gegentheil, man kann Hämatin mit Eisessig kochen, ohne demselben Eisen zu entziehen. Demnach kann auch in mit Essigsäure gemischtem Blut kein Eisensalz in irgend einer Form als Folge dieser angeblichen Abspaltung vorhanden sein. Was nun weiter die Romanze vom Protosalz als Product der Hämoglobinspaltung betrifft, so ist dieselbe ein Product der puren Einbildungskraft. Sanderson fährt fort: „und ein neuer Farbstoff bleibt in Lösung, dessen Spectrum zuerst von Professor Stokes beschrieben wurde, und (welcher) nachher als saures Hämatin bekannt war". Hier begegnen wir schon der dritten falschen Angabe, nämlich, dass der neue Farbstoff in Lösung bleibe. Er ist nämlich nur suspendirt und nicht in Lösung. Soweit haben wir das Experiment von Stokes vor uns, die Veränderung des Blutspectrums durch Essigsäure betreffend, welchem der Irrthum von der Abspaltung des Eisens und dessen specifischer Form nur interpolirt ist. Sanderson fährt fort: „In neuerer Zeit hat Preyer gezeigt, dass er nicht identisch mit Hämatin ist, sondern mit dem Körper, welchem Hoppe-Seyler den Namen des eisenfreien Hämatins gegeben hat." Als Wiederholung einer Angabe Preyer's ist die Stelle richtig; sie schliesst aber zwei übertragene Irrthümer ein, die ich als falsche Thatsache No. 4 und 5 bezeichne. Der durch Essigsäure im Blut erzeugte Farbstoff ist nämlich identisch mit Hämatin, d. h. ist Hämatin selbst (ipsissimus Philippus), und dann hat ihm Hoppe-Seyler den Namen „eisenfreies Hämatin" nie gegeben. Sanderson fährt fort: „Er wird erzeugt, so oft concentrirte Schwefelsäure auf Hämatin einwirkt." Dies ist falsche Angabe No. 6. Concentrirte Schwefelsäure und Hämatin produciren nämlich nicht denselben Farbstoff, welchen Blut und Essigsäure mit einander hervorbringen, sondern einen weit verschiedenen. Diesen habe ich zuerst im Jahre 1867 als (schwefelsaures) Cruentin beschrieben; ich habe ferner eine Anzahl seiner Umwandlungsproducte mit genauer Beschreibung und schematischer Darstellung der Spectra nach sorgfältigen Messungen mit meinem Spectrometer angegeben. Diese Untersuchung konnte Sanderson wohl bekannt sein, da in demselben Bande, in welchem sie erschienen, auch eine Untersuchung von ihm über einen anderen Gegenstand abgedruckt ist. Allein er stellt das falsch dar, was er 1868 hätte genau wissen können, und was mir gehört, schreibt er Anderen zu, welche ihre betreffenden Mittheilungen erst im Jahre 1871 drucken liessen. Damit kommen wir zur falschen Angabe No. 7. „Nach Hoppe-Seyler wird er dargestellt durch Zusammenreiben von fein gepulvertem Hämatin und concentrirter Schwefelsäure." Soweit mir nun bekannt ist, hat Hoppe-Seyler auf diese Weise nur sein „Hämatoporphyrin" dargestellt, was aber weiter nichts ist, als mein viel früher entdecktes Cruentin. Wir haben daher schon jetzt mehrere verschiedene Körper unter dem einen Namen „Hämatoin" zusammengeworfen und werden noch von anderen hören.

Nun kommt eine Beschreibung des Resultates der Wirkung von Schwefelsäure auf Hämatin, wie folgt: „Es wird eine Flüssigkeit erhalten, welche in dünnen Lagen grün, in dicken rothbraun ist, und bei der Verdünnung mit Wasser einen braunen Niederschlag giebt. Dieser Niederschlag ist leicht löslich in Ammoniak. Beim Verdampfen der Ammoniaklösung bleibt ein bläulich schwarzer Rückstand von Metallglanz, welcher frei von Eisen ist."

Hier bleiben wir nun bei Irrthum No. 8 stehen, welcher lautet, dass der erhaltene Rückstand eisenfrei sei. Ich habe Cruentin aus Menschenblut sechzehnmal in concentrirter Schwefelsäure aufgelöst und eben so oft durch Wasser gefällt; das gelöst bleibende jedesmal weggegossen, den letzten Niederschlag in Ammoniak gelöst und verdampft. Der Rückstand hinterliess beim einfachen Verbrennen Eisenoxyd zum Betrag von 1,51 pCt. Eisen. Also auf diesem Wege ist ein eisenfreier Körper nur sehr schwierig, aber durch Sanderson's Process gar nicht zu erhalten. Wir finden dann auch, dass nach Hoppe-Seyler der Process Sauerstoff erfordert, und in dessen Mangel sich nicht nur ein Körper bildet, sondern zwei gebildet werden, nämlich der bewusste sogenannte eisenfreie und ein zweiter „Hämatolin" genannt, über dessen Zusammensetzung Nichts angegeben wird, und dann immer eine geringe Menge „einer zweifelhaften Sulphoverbindung", also nicht nur zwei, sondern drei Körper, und damit sind wir wahrscheinlich noch nicht am Ende der Ueberraschungen. Diese Sulphoverbindung ist nichts weiter, als das vier Jahre früher von mir dargestellte Sulpho-Cruentin.

Sanderson fährt fort: „Es (Was? welches der drei?) kann auf ähnliche Weise durch Einwirkung von Schwefelsäure auf Methämoglobin erhalten werden." Das Subject dieses Satzes setzt den Leser in Verlegenheit. Sanderson giebt nicht an, was die Eigenschaften des Products der Wirkung von Methämoglobin und Schwefelsäure aufeinander sind; man kann nur errathen, dass es dasselbe Product, oder eine Mischung derselben drei und vielleicht mehr Producte ist, welche Hämatin und Schwefelsäure hervorbringen. Man kann daher von der Angabe nicht geradezu sagen, dass sie irrig sei, wohl aber, dass sie wegen mangelnder Verständlichkeit jeden Werthes entbehrt.

Nun kommen wir zum Höhepunkt der Irrthümer Sanderson's, worin er beweist, dass er weder die Angaben von Stokes, noch die von Hoppe-Seyler verstanden hat. „Die Lösung von Hämatoin in Ammoniak zeigt vier Absorptionsbänder. Dies lässt sich wundervoll zeigen durch die von Professor Stokes empfohlene Methode, d. i. durch Extrahiren von mit Essigsäure gemischtem Blut vermittelst Aethers. Die auf diese Weise erhaltene ätherische Flüssigkeit zeigt ein vierbänderiges Spectrum. Von diesen Bändern sind nur drei leicht zu erkennen; — eines im Orange, dem Roth näher als das reducirte Hämatinband; ein etwas breites Band in Grün und ein schmales aber gut definirtes Band in Blau." In dem letzten Satz haben wir falsche Angabe No. 9, denn ein Blick auf die angeführte Zeichnung (Fig. 195, 3) ergiebt, dass das Band in Blau das breiteste von den vieren ist; das ganze ist eben das Spectrum des essigsauren Hämatins, wie es Stokes ganz richtig beschrieben und abgebildet hat, und Sanderson's Zeichnung scheint nur eine Copie deren von Stokes zu sein. Es ist zu bedauern, dass nicht auch die Beschreibung, welche Stokes gegeben hat, richtig copirt worden ist, denn dann wären Zeichnung und Beschreibung in Uebereinstimmung geblieben. Aber das Spectrum des essigsauren Hämatins wird in der Erklärung auf Tafel 30 „Hämatoin" genannt, und dabei auf § 22 verwiesen.

Dieses Spectrum nun soll nach Preyer-Sanderson identisch sein mit dem Spectrum des Körpers, der durch Schwefelsäure aus Hämatin gebildet, durch Wasser gefällt und in Ammoniak gelöst ist. Dies ist nun falsche Thatsache No. 10. Schwefelsäure und Hämatin geben Cruentin, und Sulphocruentin und deren schwefelsaure Salze. Diese nun werden durch Ammoniak, namentlich in Gegenwart von Alkohol, von der Schwefelsäure befreit (der salzartig gebundenen nämlich, nicht von der kopulirten oder substituirten), und in vierbänderiges und fünfbänderiges alkalisches Cruentin verwandelt. Diese Körper sind nun in Farbe, spectralen Eigenschaften, Lage, Verhältniss und Function der Absorptionen gänzlich sowohl von dem sauren sowohl als namentlich dem alkalischen Hämatin verschieden. Niemand, der sie gesehen hat, könnte sie nur einen Augenblick verwechseln. Aber Sanderson erklärt sie ohne Zaudern für identisch.

Wir haben somit in den 25 Zeilen des Paragraphen über „Hä-

matoin" von Sanderson wenigstens zehn gänzlich falsche Angaben;
diese theilen sich in zwei Abtheilungen, nämlich solche, die der
Wirklichkeit geradezu entgegengesetzt sind, wie die Angabe, dass
Essigsäure das Eisen aus Hämoglobin entferne; und solche, welche
auf der Verwechslung eines darstellbaren Körpers mit einem ganz
verschiedenen beruhen, wie die des vierbänderigen alkoholischen
Cruentins mit dem vierbänderigen sauren Hämatin. Für diese Irrthümer ist nun Preyer zunächst verantwortlich. Das entlastet aber
Sanderson keineswegs, namentlich da er die Confusion beträchtlich
vermehrt hat, und das in Gegenwart der Thatsache, dass er in
meinen Untersuchungen genügende Mittel zur Formulirung einer
richtigen Ansicht fünf Jahre lang in Händen hatte.

II. Nachdem ich im Vorhergehenden wieder an zwei hervor-
ragenden Beispielen gezeigt, was ich früher für Dutzende von
Fällen bewiesen habe, nämlich, dass die Aerzte die zwingendsten
Gründe haben, vielen Machwerken, welche ihnen unter dem Titel
der physiologischen Chemie vorgelegt werden, zu misstrauen, wende
ich mich zu einer pragmatischen Entwicklung, welche in der jüngsten
Zeit in England zu einigen tendenziösen Discussionen geführt hat.
Man hat nämlich hier hervorgehoben, dass an einigen deutschen
Universitäten Professuren der physiologischen Chemie errichtet worden seien, und diesen Vorgang zur Nachahmung in England em-
pfohlen. Diese Vorschläge haben mich veranlasst, diese neueren
Institute etwas näher in's Auge zu fassen. Zunächst lernte ich,
dass diese Stellen nicht mit den Lehrstühlen für sogenannte „an-
gewandte Chemie", welche seit längerer Zeit in Verbindung mit der
medicinischen Facultät einiger Universitäten existiren, verwechselt
werden dürfen. Die neuen Lehrstühle sind nur Succursalen der
eigentlichen physiologischen Lehrstühle, und werden nur an Universitäten angetroffen, an welchen die Professoren der Physiologie oder
Pathologie entweder nicht gewillt oder nicht vorbereitet sind, in
ihren gewöhnlichen Lehrcursen einen den augenblicklichen Ansprüchen genügenden Betrag chemischer Details vorzutragen. Ich
habe ferner erfahren, dass die Studirenden, insbesondere die Studirenden der Medicin im grossen Ganzen, die Vorlesungen über physiologische Chemie nicht sehr zahlreich besuchen; dass die zahl-
reichste Zuhörerschaft von sogenannt belegenden, d. h. Colleggelder
zahlenden Studirenden nicht über sechzehn Köpfe sich belaufe,
und dass von diesen die grösste Anzahl aus physiologischen Specia-

listen oder Ausländern bestehe, welche specielle Lebenszwecke verfolgen. Von diesen wohnen den Vorlesungen nur eine kleine Zahl regelmässig an, wie ich von einem der drei regelmässigsten Besucher des Collegiums eines der tüchtigsten und ächt wissenschaftlichen Lehrer erfahren habe. Daraus folgt nun ganz unzweideutig, dass der Versuch, die physiologische Chemie durch Vorlesungen zu fördern, in denjenigen Universitäten, wo er gemacht worden ist, bis jetzt nur in sehr kleinem Maasse gelungen ist. Es ist auch gar nicht wahrscheinlich, dass dem Versuch eine weitere erfolgreiche Entwicklung bevorsteht, ohne dass man sich entschlösse, Veränderungen vorzunehmen, welche eine Revolution der wohlbegründeten Theilung der Gegenstände des medicinischen Curriculums hervorbringen müssten. Der Professor der physiologischen Chemie ist natürlich ein verdächtiger Rival des Professors der reinen Chemie auf der einen, und des Professors der Physiologie und der Pathologie auf der anderen Seite. Er besitzt keinen abgerundeten Kenntnissschatz, den er lesen könnte, es sei denn, dass er einen solchen durch seine eigene Thätigkeit schöpferisch hervorbrächte. Aber selbst in diesem günstigsten Falle würde jede definitive Errungenschaft sofort ein Theil des legitimen Gegenstandes der physiologischen oder pathologischen Lehre werden, und somit aus dem ausschliesslichen Besitz des Professors der biologischen Chemie entschlüpfen. Im Falle nun der Professor der physiologischen Chemie versuchen würde, die ganze Lehre von der Chemie in ihrer Anwendung auf die Physiologie für seine Vorlesungen zu reklamiren, würde er die Eifersucht des physiologischen, vielleicht sogar des botanischen Professors auf sich richten; und wenn es ihm gelänge, eine solche Neuerung einzuführen, so würde das Resultat nichts geringeres als eine Spaltung der Physiologie in zwei Theile sein, eine so beklagenswerthe Eventualität, dass der Verdacht ihrer Möglichkeit einige der hervorragendsten Physiologen, welche ihre Wissenschaft als Ganzes pflegen, und behaupten, dass sie nur als Einheit gedeihen könne, zu öffentlichen Protesten veranlasst hat. Unter solchen Umständen sind nun Professuren der physiologischen Chemie, wo sie existiren, entweder nur Assistentenstellen zur Bequemlichkeit der physiologischen Lehrstühle, oder gering besoldete ausserordentliche Professuren, deren Einkommen durch Vorlesungshonorare nicht erheblich verbessert werden kann. Der einzige Weg, auf welchem eine solche Verbesserung erreicht werden kann, ist durch Honorare von Laboranten, welche im Laboratorium nähere Studien machen. Allein solche Practicanten können niemals zahlreich sein, schon aus dem Grunde, dass practische Studien einen bedeutenden Aufwand an Zeit und Geld bedingen. Sie werden meistens strebsame Specialisten oder Candidaten für Professuren sein, und die eigentlichen Studirenden der Medicin, d. h. die Männer, welche practische Aerzte werden wollen, werden es ganz unmöglich finden, an solchen Cursen theilzunehmen, weil ihr Curriculum ohnedem mit nutzlosen Collegien überladen ist. Daher werden weitläufige Institute für das practische Laboriren in der Thierchemie wahrscheinlich zunächst wenig frequentirt bleiben und keinen angemessenen Einfluss auf die Verbreitung der Wissenschaft ausüben.

III. Es ist ein beachtenswerthes Ereigniss, dass, nachdem die englische medicinische Presse während der letzten 20 Jahre den verschiedensten Bemühungen zur Beförderung der biologischen Chemie keinerlei Aufmerksamkeit zugewendet hat, jetzt wenigstens einige Organe derselben zu einer lebhaften Anerkennung der Bedeutung dieses Zweiges der Wissenschaft aufgewacht zu sein scheinen. Ich sage scheinen, denn bei solchen Phänomenen muss man stets daran denken, dass es sich nicht um Anerkennung von Principien, sondern nur um gelegentliche Förderung einer speciellen Absicht in irgend einer Localität zu handeln braucht. Im Allgemeinen ist diese Literatur seither von Physiologen und Chemikern von Fach, nicht sowohl geschrieben als inspirirt worden, von an sich arbeitsamen und ihre Specialitäten wohl vertretenden Männern, denen man aber kein Unrecht thut, wenn man sagt, dass sie mit den Thatsachen, Ansprüchen und Bestrebungen der biologischen Chemie vollständig unbekannt sind. Durch die unverständige Gesetzgebung über Experimente an lebenden Thieren sind die Physiologen namentlich eines grossen Theils ihres Materials beraubt worden und haben daher versucht, auf dem chemischen Gebiet eine Art von Entschädigung zu finden. Da sie nun bemerkten, dass Forschungen auf diesem Gebiete mit vielen und grossen Kosten verbunden sind, haben sie verlangt, dass der Staat für die Beschaffung der nöthigen Mittel eintreten solle. Auf dieses neuerwachte, mit vollständiger Verleugnung der oder in Unbekanntschaft mit den während 25 Jahren fortgesetzten Bemühungen zur Beförderung der biologischen Chemie gestellte Verlangen konnten Regierung und Gesetzgebung mit dem höchsten Grossmuth antworten, dass diese Unterstützung während der ganzen eben genannten Zeit gewährt worden sei, aber nur zu sehr unbefriedigenden Resultaten geführt habe. Ich kann mir sehr gut vorstellen, dass die Regierung mit dem grössten Bedauern bemerkt hat, mit welcher Indifferenz die unter ihrer Initiative angestellten Untersuchungen von Männern behandelt worden sind, welche in gewissem Maasse die Ansichten des wissenschaftlichen Publikums, wenn nicht geradezu bilden, doch formuliren. Diese sogenannten wissenschaftlichen Führer nun geben ihre Urtheile nicht etwa öffentlich, sondern heimlich ab, so dass die davon Betroffenen keinerlei Gelegenheit oder Möglichkeit haben, irrige Auffassungen zu berichtigen oder positive Verkehrtheiten zurückzuweisen. Dieser Zustand nun wird für persönliche Zwecke ausgebeutet, die heimlichen Urtheile sowohl als die „obiter dicta" dieser Kritiker werden den leitenden Personen auf eine oder die andere Weise zugetragen, und der ganze Vorgang hat seine natürlichen, aber von den Anstiftern keineswegs erwarteten oder gewünschten Folgen. Denn welcherlei Ansicht kann sich ein Kultusminister in Whitehall, selbst mit Hülfe eines officiellen Rathgebers, über die von A. angestellten Untersuchungen bilden, wenn irgend jemand B., der selbst von Chemie oder chemischer Forschung Nichts versteht, ihn heimlich wissen lässt, dass in der Meinung der höchsten Autoritäten diese Untersuchungen nicht einmal den Werth des Papiers haben, auf welchem sie gedruckt stehen. Würde ein Minister, in dessen Ressort sich dies ereignete, nicht mit der Verleihung von Staatshülfe an die physiologische Chemie degoutirt sein und würde er nicht versuchen, sowohl seine Patronage als auch den Mann los zu werden, dessen guter Ruf durch seine Collegen untergraben worden ist!

Derartige lange fortgesetzte Intriguen nun sind einige der Ursachen, aus welchen die für die Beförderung der biologischen Chemie früher gewährten Mittel, wenn nicht geradezu entzogen, doch auf Untersuchungen abgeleitet worden sind, welche keinerlei chemische Bedeutung besitzen. Sie werden auch die Ursache sein, dass man diese Mittel nicht nur nicht vermehren, sondern in der Zukunft ganz zurückziehen dürfte. Sie sind auch die Ursache, dass andere Unterstützungsquellen, wie Corporationen oder munificente Privatpersonen, die ja die Wissenschaft in anderen Richtungen so reichlich beschenken, für die biologische Chemie nicht fliessen. Schon das Vergnügen an dem Gegenstand, welches Viele hätten theilen können, ist durch die Incompetenz und das Uebelwollen der Opponenten verdorben worden. Dies gilt nicht etwa nur für England, sondern auch für Deutschland, wo die Race der philosophischen Chemiker vermindert und der Ausfall durch Fabrikanten von Färbestoffen, Formelspieler und Polizeispürer ersetzt worden ist. Diese betrübende Umwandlung ist von dem verstorbenen Professor Kolbe in Leipzig auf unwidersprechliche Weise in zahlreichen kritischen Artikeln seines Journals beschrieben worden.

Die biologische Chemie ist in Deutschland während der ganzen Periode des Anfanges dieses Jahrhunderts, in welchem der grosse Aufschwung der Chemie im Allgemeinen als eines Gegenstandes der allgemeinen Bildung und des öffentlichen Unterrichts stattfand, von Staatswegen gefördert und unterstützt worden. Dies ist namentlich in dem Hauptträger der deutschen Intelligenz, dem Preussischen Staate der Fall gewesen, wie sich aus einer Geschichte der Wissenschaft leicht nachweisen liesse. So z. B. ist sie in den zwanziger Jahren von dem Minister der geistlichen, Unterrichts- und Medicinal-Angelegenheiten, dem Freiherrn von Stein zu Altenstein, auf freimüthige Weise und mit vollster Rücksicht auf die Befähigung der unterstützten Personen gefördert worden. An der Universität Breslau wurde sie durch den Professor der Medicin, Remer, den Professor der Chemie, Fischer, und den Professor der Physiologie, den berühmten Rudolphi, aufgemuntert. Diese Combination von Interesse gab Gelegenheit für die Entwicklung wenigstens eines physiologischen Chemikers, Hünefeld, welcher in seinem Versuch „De vera chemiae organicae notione ejusque in medicina usu etc." Vratisl. 1822, ferner in seinem Werke über physiologische Chemie und in seinen Vorlesungen die schönsten Beweise grosser Fähigkeiten lieferte. Allein auch für ihn, der eine chemische und medicinische Ausbildung besass, waren die Hindernisse und die allgemeine Indifferenz zu stark, und er nahm daher eine Professur der Arzneikunde an der Universität Greifswald an, in der Ausübung welches Amtes sein Enthusiasmus für die früher gewählte Wissenschaft natürlich allmälig erkaltete. Aehnliche Ereignisse werden von andern Universitäten berichtet, und die Zahl von fähigen Aerzten, welche die biologische Chemie zu lehren oder zu befördern suchten, aber genöthigt waren, diesen Versuch mit einer rein chemischen oder klinischen Laufbahn zu vertauschen, oder aus Vernachlässigung und Mangel untergingen, ist überraschend gross. Ein ganz ähnliches Geschick steht nach meiner Ansicht denjenigen bevor, welche die

physiologische Chemie als eine Specialität in England zu betreiben
suchen, und ich habe daher strebsame Männer gewarnt, dieselbe nur
dann zu ergreifen, wenn sie durch den Besitz von Privatmitteln sowohl von Staatsunterstützung als der Gunst von Instituten und besonders von jenem Mehlthau aller Originalität und alles Fortschritts,
den falschen Führern der sogenannten wissenschaftlichen öffentlichen
Meinung gänzlich unabhängig sind.

IV. Ein anderer Umstand, welcher die Aerzte gegen physiolo-
gisch-chemische Publicationen zunächst misstrauisch, dann indiffe-
rent gemacht hat, ist die Art und Weise, auf welche dieselben nicht
selten von Kritikern und Verfassern von Auszügen oder sogenannten
Berichten dargestellt werden. Die berichtende Literatur namentlich,
welche von Firmen sowohl als gelehrten Societäten als lukratives
Geschäft betrieben wird, liefert nicht selten das Unglaubliche auf
dem Gebiete der falschen Darstellung. Von daher stammenden
Blüthen könnte man eine ganze Lese mittheilen, wenn es der Mühe
werth wäre, den Ephemerismus auch nur um eine kurze Stunde zu
verlängern. Anonyme Kritiker, welche Unterdrückung oder An-
schwärzung für Zwecke treiben, die ihnen selbst bekannt sind, thun
natürlich einigen Schaden, indem sie den weniger aufmerksamen
Leser entweder mit dem kritisirten Gegenstand oder dem angegriffe-
nen Autor in Missstimmung setzen. Aber der wachsamere Theil des
ärztlichen Standes wird durch solche Practiken nicht so leicht auf
Irrwege geleitet, es sei denn, dass denselben falsche Thatsachen zu
Grunde liegen. Im letzteren Fall ist das lesende Publikum gegen
solche falsche Kritiken zunächst ganz vertheidigungslos; da nun aber
doch das Licht der Wahrheit allmälig durchdringt, so entstehen zunächst Zweifel über Kritiker und Kritisirte zugleich, und aus diesen
weiter entweder Indifferenz oder Verachtung für die Einen oder Anderen, oder für Beide.

Es giebt aber auch Berichte oder Kriticismen, welche, obwohl
mit der Unterschrift ihrer Verfasser versehen, doch den im Vorigen
dargestellten wenigstens ähnliche Mängel manifestiren und dadurch
die Aerzte irreleiten. Dahin gehören z. B. die Auslassungen des
Dr. J. Crantoun Charles, welche derselbe in einigen Londoner
Publicationen als sogenannte Revüen mittheilt. Ich habe öffentlich
nachgewiesen, dass in diesen Artikeln zuweilen das directe Gegentheil von dem, was der kritisirte Autor sagt, demselben in die Schuhe
geschoben wird. Dadurch ist bewiesen, dass der Kritiker die von

ihm kritisirten Gegenstände gar nicht gelesen, geschweigedenn verstanden haben kann. Der Leser könnte sich wundern, dass ich auf solche locale Dinge Rücksicht nehme, er wird es aber vielleicht natürlicher finden, wenn ich darauf hinweise, dass diese in London gedruckten Auslassungen nicht selten, manchen Gänseleber-Pasteten ähnlich, nur eine Londoner Etiquette tragen, im Uebrigen aber fertig importirt sind.

Dass physiologische Chemiker anstatt eine vereinte, nach einem gemeinschaftlichen Ziele strebende, ihre Mitglieder mit Rath, Hülfe und Ermuthigung versehende Brüderschaft zu bilden, in Parteien getheilt sind, welche einander mehr oder weniger behindern, kommt zunächst von dem Vorwalten falscher Thatsachen her, wie ich anderwärts des Längeren bewiesen habe. Ein Theil dieses Uebelstandes kommt auf Rechnung einer kleinlichen Rivalität und nutzlosen Concurrenz auf einem grossen Felde, auf welchem Raum und Gelegenheit für Alle im Ueberfluss zu finden wären. Aber die wichtigste Ursache der Missstimmung ist eine secundäre, nämlich die psychologische Folge des „Odint quos laesere". Wie nun Menschen im Allgemeinen diejenigen hassen, welchen sie Uebel zugefügt haben, so lernen einige physiologische Chemiker und Physiologen wahre Thatsachen und ihre Entdecker hassen, welche sie durch Annahme der falschen und Zurückweisung der wahren geschädigt haben. Nun kommt aber eine Zeit, zu welcher sie undeutlich oder klar die Haltlosigkeit der vergebens vertheidigten falschen Thatsachen erkennen, und jetzt entsteht ein tragischer Seelenkampf zwischen der Absicht sich der falschen Lage zu entziehen, und dem Wunsch dies ohne Anerkennung des begangenen Irrthums zu thun. Dieser Conflict endigt selten in einer ethischen Lösung, meistens in dem einen oder andern der folgenden Kunstgriffe. Die wahren und die falschen Thatsachen werden nebeneinander angegeben, aber auf solche Weise, dass es erscheint, als ob die jetzt als falsch erkannten Thatsachen noch Anspruch auf Geltung hätten; oder die wahren und die falschen Thatsachen werden beide aus der Darstellung des Gegenstandes weggelassen, um so den Eindruck hervorzubringen, dass Wenig oder Nichts darüber bekannt sei. Nachdem auf diese Weise eine Art von freier Platform fingirt worden ist, werden die bekannten wahren Thatsachen manipulirt, z. B. in neue Formeln gezwängt; wohlbekannte Forschungen werden auf affectirte Weise wiederholt, wohlbekannte Körper erhalten neue Namen, um in der allgemeinen

Simulation als neue Entdeckungen gelten zu können, oder alte Namen verstorbener Körper werden auf neue Körper angewandt, um den Umstand verbergen zu helfen, dass falsche Thatsachen ihr natürliches Ende gefunden haben. Was ich eben die Simulation neuer Entdeckungen genannt habe, besteht nicht selten in einem einfachen Plagiat, wie z. B. das, dessen ich den Professor der physiologischen Chemie zu Graz, R. Maly, überführt habe; zuweilen besteht sie aus Inspirationen, die den Autoren auf eine nicht genau zu beweisende Manier zugegangen sind, und die man daher jenem allgemeinen Process der Percolation der Intelligenz zuschreiben muss; jedenfalls können in diesen Fällen die Autoren nur auf eine vorübergehende Originalität rechnen, so lange nämlich, als sie den ersten Entdecker ignoriren. Auch in dieser Richtung habe ich interessante Erfahrungen gemacht. So wurde meine Entdeckung des Effects der Wärme auf die Intensität der Absorption im Spectrum von Flüssigkeiten eines Tages in meinem Laboratorium einem jüngeren Specialisten von einer Universität des Continents demonstrirt. Sechs Monate später wurde sie als neue und originale Entdeckung von einem anderen Candidaten des Specialismus vor der philosophischen Gesellschaft jener Universität demonstrirt. Es ist kaum nöthig hinzuzufügen, dass keine zweite Entdeckung auf dem Gebiete der physiologischen Spectroscopie aus den Händen jenes Empfängers der percolirten Intelligenz, oder aus dem Busen seiner Universität hervorgegangen ist.

Eins der jüngsten Beispiele der percolirten Wahrheit ist die im J. 1884 von G. Salomon in Berlin gemachte Wiederentdeckung jenes merkwürdigen Alkaloids, welches ich vor Jahren im Menschenharn entdeckte und wegen der Identität seiner Zusammensetzung mit Theobromin, dem Alkaloid aus Cacao, Urotheobromin genannt und dessen Formel ich als $C_7H_8N_4O_2$ bestimmt habe. (Vergl. Annals of Chemical Medicine. Vol. I. (1879) p. 166). Ausser einem ganz unpassenden Namen, Paraxanthin, hat G. Salomon den von mir gegebenen Thatsachen nichts hinzugefügt. Dass er so weise war, aus den verschiedenen Alkaloiden des Harns nur das krystallisirende auszuwählen und die nichtkrystallisirenden unbeachtet zu lassen, zeigt seine chemische Discretion, aber bei dieser Scheu vor nicht oder nicht leicht krystallisirenden Körpern kommt die Physiologie zu kurz, wie gerade aus dem Kapitel der in allen Geweben und Säften des Körpers vorkommenden Alkaloide zu ersehen ist.

Von derartigen „Entdeckungen", welche von Anderen nach meinem Vorgang, mit jahrelanger Priorität auf meiner Seite, gemacht worden sind, habe ich eine ganze Reihe aufzuweisen, darunter das reine Präparat und die wahre Formel des Hämatins, Phrenosin aus dem Gehirn, welches diejenigen, zu denen es percolirt ist, verschiedentlich Cerebrin oder Pseudocerebrin nennen; das flüchtige Alkaloid aus Albuminsubstanzen, welches von mir Protoconin genannt, jetzt verschiedentlich Collidin oder Ptomain oder andere Namen genannt wird; das Product der Metamorphose des Hämochroms und Hämatins, welches ich Cruentin genannt habe, und dessen Missbrauch ich schon oben im ersten Paragraphen erwähnt habe, und mehrere andere. Das Vorstehende dürfte dem Leser als Beweis genügen, dass die in der Praxis der physiologischen Chemie übliche Ethik einer Reform bedürftig ist, bevor der ärztliche Stand grösseres Vertrauen als bisher in ihre wissenschaftliche Macht und ihren practischen Nutzen zu setzen im Stande ist.

V. Im Obigen habe ich hauptsächlich auf die schädlichen Folgen falscher Thatsachen Nachdruck gelegt, um sie von den Consequenzen falscher Theorien oder Hypothesen zu unterscheiden, welche, um mit einer Aeusserung Darwin's fortzufahren, viel weniger Schaden thun, als falsche Thatsachen. Es giebt nämlich viele Personen, welche, obwohl ganz ausser Stande Thatsachen auf ihre Gültigkeit zu prüfen, dennoch sehr wohl qualificirt sind, Theorien einer deliberativen Behandlung zu unterziehen, und in der That, fügt Darwin hinzu, jedes thätige Gemüth findet ein Vergnügen an einer solchen Beschäftigung der Denkfähigkeit. Falsche Theorien werden deshalb relativ leicht entdeckt und vernichtet, aber falsche Thatsachen sind im Gegentheil schwer auszuspüren und bleiben nicht selten lange Zeit in Curs. Ich hatte schon lange erkannt, dass die vielen falschen Theorien in der biologischen Chemie hauptsächlich vermittelst der vielen darin kursirenden falschen Thatsachen, aber daneben auch vermöge des Mangels aller Kenntnisse über gewisse im ersten Rang der chemischen Probleme der Heilkunst stehende Gegenstände bestehen könnten. Ich bemühte mich daher diese mangelnden Daten durch Untersuchungen herbeizubringen und enthielt mich dabei, meiner Neigung entgegen, während mehrerer Jahre der Mittheilung sowohl von Theorien als Generalisationen. Dieser Umstand hat ohne Zweifel ein Hinderniss für die Anerkennung meiner Thatsachen abgegeben, er hat mich aber auch in der Sicherheit belassen, dass ich keine falschen Theorien zu widerrufen, keine „chemischen Bacterien" zu schlucken hatte. Aber die vielleicht hier und da gewagte Annahme, dass meine Methode weder zu Theorien noch Generalisationen leiten könne, wäre so irrig, dass ich hier speciell auf diese Frage Rücksicht nehmen muss. Es wird nämlich in relativen Darstellungen als ein Verdienst gewisser Autoren gerühmt, dass sie eine Art chemischer Evolution in der aufsteigenden Thierreihe entdeckt, und nicht nur die gemeinsamen Factoren des chemischen Theils des Lebens, sondern auch ihre allmälig zunehmende Complication sowohl der Zusammensetzung als der Zahl nach nachgewiesen hätten. Diese abermals Fremden zugeschriebene Generalisation ist eine jener percolirten Wahrheiten, welche erst sechs Jahre nach ihrer Veröffentlichung in den „Annals of Chemical Medicine", Vol. I. p. 1, unter dem Titel „Die chemische Constitution der organoplastischen Substanzen betrachtet mit Hülfe der Hypothese von ihrer amylnoiden Natur" von Anderen als das Resultat ihrer Denkthätigkeit ausgegeben wird. Ich hatte den Aufsatz absichtlich an die Spitze meines Werkes gesetzt, um dadurch seine möglicherweise führende Qualität anzudeuten. Es war eine Art theoretischer Skizze der chemischen Evolution als Hülfe oder Bedingung der Organoplasis, und alle neuen Thatsachen, welche seitdem entdeckt worden sind, namentlich in Bezug auf die Chemie des Gehirns und der protoplasmatischen Centra haben ihre Theorien aufgehellt, gestärkt, erweitert und nur in untergeordnetem Detail berichtigt. Ich habe daher jetzt keinen Zweifel mehr über das Verhältniss, in welchem dieselbe zu den jüngst proponirten chemischen Evolutionsideen steht.

Die biologische Chemie ist von dem allergrössten Nutzen im Studium der Evolution, des bedeutendsten Philosophems, welches jemals aus der Erforschung der Bedingungen des Lebens hervorgegangen ist. Sie lehrt die Existenz von zwei Arten von Evolution, nämlich derjenigen, welche jeden Augenblick in der lebenden Welt stattfindet und derjenigen, welche hauptsächlich in der Vergangenheit stattgefunden hat und durch ihre morphologischen Phänomene uns allein bekannt ist, aber sicher auch heute fortschreitet und fortschreiten wird, so lange das Leben selbst dauert. Von der Anwendung der Chemie auf diesen letzteren Gegenstand habe ich ein Beispiel in meinen Untersuchungen über die gelben Körper der Eierstöcke gegeben, welche die Existenz einer Homologie derselben mit den Dottern der Eier nachwiesen. Diese Forschungen zerstörten die so lange von Physiologen festgehaltene Lehre, nach welcher das Corpus luteum seinen Ursprung einem normalen typischen Bluterguss in die Höhle des Graaf'schen Follikels verdanke; sie bewiesen, dass die Annahme, die gelbe Materie der Corpora sei ein Ableitungsproduct des Hämochroms oder Hämatins, zur grossen Brüderschaft der falschen Thatsachen gehöre. Sie gaben eine ganz neue Basis für die Erforschung sowohl der Physiologie als der Krankheiten der Ovarien her, und ich habe keinen Zweifel, dass, sobald sie assimilirt sind, ihre practische Tragweite, über welche ich ohne ausgedehnte Untersuchungen weder Generalisationen noch Theorien wagen möchte, vollständig gewürdigt werden wird.

Es giebt eine Anzahl von Theorien, oder, wie man sie besser nennen würde, Hypothesen in der physiologischen Chemie, welche wahr oder falsch sein können, die aber gegenwärtig hauptsächlich nur durch einen Haufen falscher Thatsachen unterstützt werden. Derart ist z. B. die Hypothese von dem Zusammenhang durch Ableitung zwischen den Farbstoffen des Harns, der Galle und des Blutes. Diese Hypothese ist über ein Jahrhundert alt, ist von Zeit zu Zeit zu studiren versucht worden und findet sich in allen physiologischen Lehr- und Handbüchern wiederholt, obwohl die speciellen zu ihrer Unterstützung gemachten Experimente alle von ebenso speciellen zu ihrer Bekämpfung angestellten Experimenten wenigstens neutralisirt, wenn nicht gänzlich zurückgewiesen werden. Von dieser und ähnlichen Hypothesen muss zugegeben werden, dass sie besser nicht gelehrt würden, ehe die Beweise einerseits an sich unwidersprechlich gemacht, andererseits von den vielen mit ihnen gemischten falschen Thatsachen gereinigt sind.

VI. Das Vorstehende führt mich evolutionsartig zur Betrachtung der Art und Weise, auf welche der Fortschritt der biologischen Chemie nicht selten durch specifische Anstrengungen zu ihrer Förderung gehemmt wird. Dahin gehört die von einigen deutschen Professoren eingeführte Praxis, Studirende in ihren Laboratorien mit historischem, kritischem und thatsächlichem Material zu versehen, denselben in der Ausführung einiger Experimente behülflich zu sein; und dann die Producte dieses Vorgangs als bedeutungsvolle von diesen Schülern gemachte Entdeckungen der periodischen Literatur zu übergeben. Solche supponirte Entdeckungen werden dann sogleich dem Lehrgegenstand der Handbücher einverleibt, von den Nachbetern abgeschrieben und als entscheidende Errungenschaften betrachtet. Die Leute, welche hauptsächlich solche Gelegenheiten benutzen sich schnell einen ephemeren Ruf zu erwerben, sind vorzüglich Russen von reiferem Alter, welche nicht selten bereits Stellen in ihrem Vaterlande bekleiden, oder doch die Diplome für öffentliche Anstellungen bereits in der Tasche haben. So kommt es denn, dass die deutsche physiologische und biochemische Literatur eine grosse Zahl von Aufsätzen enthält, welche russische Namen tragen, zuweilen aber auch von Amerikanern herrühren, und in letzter Zeit haben auch japanesische Studirende derartige Beiträge geliefert. Diese Aufsätze sind zuweilen in ganz barbarischem Deutsch abgefasst, zuweilen aber mehr oder weniger gefeilt, so dass sie als Stylübungen passiren könnten. Unter diesen Aufsätzen nun findet man das Hauptcontingent jener Errungenschaften, von denen der jüngst verstorbene Professor Henle in einem seiner „Berichte über den Fortschritt der Physiologie" aussagte, sie hätten eine durchschnittliche Dauer von vier Jahren.*) Niemand könnte es anders als lobenswerth finden, dass Studirende jeden Alters und aller Länder Untersuchungen in Laboratorien anstellen, namentlich in solchen, welche sich eines gewissen Rufes erfreuen, wenn nur solche Uebungen nicht als werthvolle Errungenschaften, und falsche Thatsachen und Hypothesen nicht als ernsthafte Entdeckungen ausgegeben würden. Einige der diese Praxis fördernden Professoren haben damit eine Methode ihren eigenen Kriticismen unabhängiger Forscher einen indirecten Abfluss zu geben verbunden, deren Ehrenhaftigkeit sehr zu bezweifeln ist. So wurde ein Studirender der Medicin veranlasst, die Arbeiten eines sehr verdienstvollen Forschers im Gebiete der Pflanzenchemie, des Professor S. v. Ritthausen in Königsberg, einer ganz frivolen Kritik zu unterziehen. Die Correction, welche dem Angreifer zu Theil wurde, brachte den eigentlichen Urheber des Angriffs in den Vordergrund und nöthigte ihn zu einer Abbitte. Auf ganz ähnliche Weise sind einige meiner Untersuchungen über die Chemie des Gehirns von einem Studirenden in dem physiologisch-

---

*) In dem humoristischen Werkchen von Julius Stinde „Buchholzens in Italien" S. 10 findet sich eine Parallele dieser Vorgänge aus dem Kunstleben Deutschlands: „Ich fragte, um dem Gespräch eine sachgemässe Wendung zu geben, ob die Münchener Malerschule sehr im Flor sei. Herr Spannbein bejahte die Frage und fügte hinzu, dass in München alljährlich ein Dutzend berühmter Künstler entdeckt würde, namentlich Polen und Russen, dass aber nach fünf Jahren die Entdecker die Namen jener nicht mehr wüssten."

chemischen Laboratorium einer deutschen Universität in Frage gezogen worden und die Correction, welche ich dem Angriff opponiren
musste, brachte den eigentlichen Autor an's Licht, nämlich den
physiologisch-chemischen Professor jenes Instituts. Es soll ja jedem
die Kritik vollständig freistehen, sei er nun Studirender oder Professor, es muss aber verlangt werden, dass sie das Resultat der eigenen Studien und Gedankenthätigkeit des jeweiligen Kritikers sei.
Wenn daher solche Professoren Kriticismen zu veröffentlichen wünschen, so sollten sie dieselben unter ihrem eigenen Namen und ihrer
eigenen Verantwortlichkeit drucken lassen und sie nicht als Be-
stechungsmittel der Eitelkeit junger Leute oder älterer Männer benutzen, Leute, welche, beinahe ohne Ausnahme, in dem Augenblick,
wo ihnen diese Mittel zum Angriff an die Hand gegeben werden,
sowohl mit der Literatur als den Thatsachen des Gegenstandes, der
ihnen gewöhnlich zur Manipulation „vorgeschlagen" wird, gänzlich
unbekannt sind. Diese Methode wurde auch zu meiner Besserung
von einem englischen Universitätsprofessor nachgeahmt, aber seit der
dem Versuch gewordenen Abweisung ist er nicht wiederholt worden.

Ich zaudere destoweniger das Vorhergehende niederzuschreiben,
als ich die Ansicht hervorragender russischer Gelehrten über dieses
Gebahren ihrer Landsleute auf deutschen Universitäten kenne. Jeder
Leser ist aber im Stande, sich selbst eine Ansicht über die Werth-
schätzung, welche solche angezogene Publicationen in Russland selbst
finden, aus einem Artikel zu bilden, der in Pflüger's Archiv für
die gesammte Physiologie, Bd. 26 (1881), S. 409 abgedruckt ist.
Wir wollen zunächst Notiz davon nehmen, dass der Titel humori-
stisch damit beginnt, den Aufsatz eine „Vorläufig Mittheilung" zu
nennen. Eine grosse Anzahl von Artikeln, auf welche im Vorhergehenden angespielt ist, führen diesen Titel, weil der Anspruch es
den Autoren ermöglicht, vermeinte Prioritäten aufzuschnappen, vermeinte Resultate ohne gleichzeitige Beweise mittheilen zu können
und den sensationellen Theil der angeblichen Entdeckung in der
ausziehenden oder berichtenden Presse verbreitet zu sehen, lange
ehe sie analytische oder irgend entscheidende Resultate aufzuweisen
haben. Wenn nun diese Untersucher sich daran machen, genaue
stöchiometrische Resultate zu erhalten, so finden sie, dass dies nicht
so leicht ist, wie Anfangs erwartet war, oder dass es sogar nicht
selten unmöglich ist. Dann bleibt die „Vorläufige" die einzige Mittheilung, und ihr Inhalt wird durch die falsche Methode der Ab-

stractoren und Berichteschreiber und der Verfasser von Handbüchern unter die „Errungenschaften" eingetragen, während er doch nur aus unbewiesenen Behauptungen besteht.

Die Aerzte können in der Betrachtnahme solcher „Vorläufiger Mittheilungen" auf dem ganzen Gebiete der Heilkunst nicht zu vorsichtig sein. In England sind solche Mittheilungen glücklicherweise noch nicht sehr an der Mode; sie sollten überall wegen der angegebenen Umstände und wegen anderer ihnen anhaftenden Unbequemlichkeiten für Leser und Gelehrte zurückgewiesen werden.

Der angezogene Artikel in Pflüger's Archiv betrifft „eine neue Methode die Blutmenge in einem lebenden Menschen zu ermitteln" und erscheint unter dem Namen des „Dr. Topumoff, Lehrer der Physiologie an der medicinisch-chirurgischen Akademie in St. Petersburg". Er besteht aus einer beissenden Satyre auf die im Vorhergehenden charakterisirte russisch-deutsche Literatur. Beiläufig werden darin andere physiologische Selbsttäuschungen aus russischen, deutschen und französischen Quellen der humoristischen Pritsche preisgegeben. Die Abhandlung ist so schön und fliessend geschrieben, mit einer so beruhigenden Atmosphäre weicher Höflichkeit umgeben, mit einem so reichen Maass an gespendetem Lob verziert und mit so viel wahrer Gelehrsamkeit gefüllt, dass sie nicht nur den gelehrten Redacteur des Archivs, sondern auch die meisten seiner Leser hinters Licht führte, bis von St. Petersburg Nachricht einging, dass sie ein Streich, ein Schwank, eine Posse sei.

Das Vorgehen gewisser slavischer Studirenden an deutschen Universitäten (politische Flüchtlinge und nihilistische Propagandisten nicht eingeschlossen) ist auch von ihrem Landsmann Tourgenieff in seinem Roman „Rauch" beschrieben worden. Der Professor der Chemie ist erstaunt über die Intelligenz und den Fleiss seiner ausländischen Schüler, welche ein wichtiger Zuwachs zu der Forscherkraft seines Instituts zu werden versprechen. Allein nach einiger Zeit schwänzen sie die Vorlesungen, dann auch das Laboratorium, und tauschen den Erwerb von Kenntnissen mit der Sucht nach Vergnügungen aus. Fleiss verwandelt sich in Faulheit und die grossen Hoffnungen des Professors gehen in „Rauch" auf. Anstatt des gehofften „embarras de richesses" in der Gestalt von vollendeten Untersuchungen, findet der Professor am Ende des Semesters nur einen „embarras de chiffons" auf dem Tische, welchen der Laboratoriumsdiener wegzuräumen hat. Alles, was von der anfänglichen Gluth bleibt, ist der Nebeldunst der „Vorläufigen Mittheilungen".

VII. Die Englische medicinische Presse ist jetzt zu einer Erkenntniss gelangt, welche für den mit der biologischen Chemie Vertrauten keine Neuigkeit einschliesst, aber nichtsdestoweniger zu einigen wichtigen Betrachtungen Veranlassung giebt. Es wird gesagt, dass die Fragen der Biologie soweit von dem Ressort des reinen Chemikers entfernt lägen, dass von seiner Seite keine weitere Förderung derselben zu erwarten sei. Der reine Chemiker weiss, dass er weder Geld noch Ruf durch Arbeiten in der biologischen Chemie gewinnen könnte, dass er im Gegentheil, um irgend etwas Vorstellbares zu leisten, beträchtliche Summen auf sein Vorgehen verwenden müsste, ohne Aussicht zu haben, diese Auslagen jemals zurückkehren zu sehen. Auf der andern Seite ist ihm wohlbekannt, dass, wenn er seine Kenntnisse und Mittel Handelsgegenständen oder auch nur dem Polizeidienst, der sogenannten öffentlichen Gesundheits- oder Nahrungsmittel-Analyse zuwendet, er eine genügende Vergütung in der Gestalt von Besoldungen oder Honoraren finden kann. So bieten ihm Landbau- und Handelsanalysen, Untersuchungen in Verbindung mit Brauerei, Destillation, Zuckerproduction, Mineral- und Bergbauchemie, die Fabrication von Alkalien, Säuren, Cement und anderen Gegenständen Gelegenheit zur Erwerbung eines grossen Einkommens und zuweilen zur Anhäufung eines Vermögens. Aber der hauptsächliche, absolute Grund für den Umstand, dass sich reine Chemiker der biologischen Untersuchung enthalten, ist natürlich der Umstand, dass sie weder die nöthigen allgemeinen Kenntnisse in der Anatomie und Physiologie, noch die specielle Ausbildung besitzen, welche zur einfachen Auffassung der chemisch zu beantwortenden Fragen unumgänglich nöthig ist. Dieser Mangel an Auffassung ist noch viel grösser in Betreff des Inhalts der Pathologie und Therapie, und ich habe z. B. des Längeren an dem Beispiel einiger sogenannten Untersuchungen über die amyloide Substanz nachgewiesen, dass dieselbe vermittelst ganz grober chemischer Handgriffe mit lauterer Eiweisssubstanz und Zellen-Bioplasma verwechselt worden ist. Dieser bedauerliche Irrthum figurirt nun unter den falschen Thatsachen der Hand- und Lehrbücher, und die prachtvolle und äusserst wichtige mikrochemische Entdeckung des wahren Amyloids ist beinahe vollständig in die frühere Dunkelheit verschoben. Damit ist nun auch eine zweite Schwierigkeit berührt, welche sich pathologisch-chemischen Untersuchungen entgegenstellt, nämlich, dass Materialien nur durch specielle Institute und Professoren und in ungewissen Zeiträumen erhalten werden können. Der reine Chemiker findet sich daher nicht nur weit entfernt von den Fragen, sondern auch von den Materialien, welche zur Lösung irgend eines der chemischen Probleme der Heilkunst erforderlich sind.

Es könnte nun eingewendet werden, dass dies Alles schon längst erkannt sei, und dass gerade aus dem Grunde der Existenz solcher Zustände die vorgeschlagenen neuen Professuren in der biologischen Chemie eröffnet werden müssten. Ich habe zwar oben die hauptsächlichsten Einwände gegen die Gründung solcher Stellen besprochen, es wird aber auf der anderen Seite ein Argument für ihre Einrichtung vorgebracht, welches, wenn die dabei gemachten Vorbedingungen gültig wären, bedeutendes Gewicht besässe. Es wird gesagt, dass solche Stellen, wenn sie auch nicht viel Gelegenheit zum Lehren der vorhandenen Kenntnisse gäben, doch ihren Besitzern ausgezeichnete Mittel zur Beförderung ihrer Wissenschaft durch Original-Untersuchungen liefern könnten. Dies ist nun der grösste Irrthum, welcher in der Betrachtung des ganzen Gegenstandes gemacht werden kann. Der Vorschlag schliesst nämlich die Annahme ein, dass wissenschaftliche Entdeckungen von Werth durch die einfache Anwendung von gutem Willen oder Fleiss gemacht, dass sie sozusagen auf Bestellung geliefert werden können. Wenn Gründe erforderlich wären, das Unzulängliche einer solchen Argumentation zu beweisen, so könnte eine grosse Anzahl aus der Geschichte wissenschaftlicher Entdeckungen beigebracht werden. Ein neueres Beispiel aus der Geschichte der bacteriologischen Untersuchung ist schon für sich geeignet, das Unpractische sowohl als die Gefahren einer solchen Aufgabe zu zeigen. Man wird zugeben, dass Dr. Koch einer der hervorragendsten Bacteriologen Europas ist; seine den Anthraxbacillus betreffenden Forschungen und die Untersuchungen über die Bacillen der Eiterinfection beförderten ihn zur Stellung des ersten Untersuchers am deutschen Reichs-Gesundheitsamt, und er that dieser Beförderung die grösste Gerechtigkeit durch seine Entdeckung des Tuberkelbacillus an, einer wissenschaftlichen That, für welche er erneute Beförderung und eine nationale Anerkennung erhielt. Aber sobald er durch seine Stellung genöthigt war, die Cholera zu studiren, versagte seine Methode, wenigstens soweit, dass ihren Resultaten auf eine solche Weise

widersprochen, oder dass sie so erschüttert werden konnten, dass
die Grundfrage unentschieden blieb. Das kommt daher, dass Forschung in der Wissenschaft wie Poesie nicht „invita Minerva" ge-
pflegt werden kann, sondern zu ihrem Gelingen das wohldisponirte
Material, den durch seinen Gegenstand begeisterten Forscher, einen
günstigen Himmel und eine sonnige Stunde erfordert. Die Forschung auf diesem Gebiete ist ferner bedingt durch den jeweiligen
Zustand einer Reihe von Nebenzweigen der Wissenschaft, welcher
den Betrag des zu einer Zeit möglicherweise zu Entdeckenden genau
beschränkt. Wenn die hier angezogenen Bedingungen zum Theil
oder ganz fehlen, so wird es dem grössten Entdecker begegnen,
dass seine am besten geprüften und bisher erfolgreichsten Methoden
auch durch die kunstgerechteste Anwendung keinerlei Resultate mehr
liefern. Von diesem Missgeschick geben die unpublicirten Untersuchungen Dalton's und Faraday's unwidersprechliches Zeugniss.
Diese Untersuchungen gerade sowohl als die Choleraforschungen des
Dr. Koch haben zu keinen Resultaten geführt, eben weil die oben
geschilderten Bedingungen dabei nicht beobachtet wurden. Wenn
nun den grössten Entdeckern ein solches Schicksal · blühen kann,
wieviel sicherer ist es, dass ein unerfahrener Mann entweder gänzlich unfruchtbar bleibt, wie Viele bleiben, welche Forschungen als
Geschäft zu betreiben suchen, oder nach kurzem Aufblühen erschöpft
wird. Eine derartige zeitweilige Erschöpfung der bacteriologischen
Untersuchungsrichtung hat man hier und dort, unter Anderen auch
in Berlin als eingetreten erkannt, und Dr. Koch ist mit passender
Rücksicht auf seine grossen Verdienste als ordentlicher Professor an
die Universität versetzt worden, wo er seine Methoden lehren, seine
Untersuchungen fördern, und im Fall „Minerva willig" ist, Entdeckungen machen kann, aber nicht genöthigt ist, unreife Beobachtungen einem ungeduldigen oder unwissenden Verlangen nach „Resultaten für's Geld" Preis zu geben.

Wenn aber nichtsdestoweniger unter gegenwärtigen Umständen
Stellen für Forschungen in der biologischen Chemie, ohne Verbindung mit selbst beschränkten Lehrstellen, eingerichtet und auf dem
Wege der gewöhnlichen beschränkten Concurrenz besetzt würden,
so würden die Inhaber solcher Aemter sehr schwierige Posten zu
halten haben. Selbst im Falle sie junge Männer von den besten
Fähigkeiten, guter Erziehung und Ausbildung wären, würde man
sie nur für eine gewisse Zeit ernennen, und im Fall sie nicht schnell

genügende „Resultate" lieferten, würde man ihre Ernennung nicht erneuern oder sie wenigstens nicht befördern. Gegen diese Gefahr habe ich oben junge Leute gewarnt; sie ist aus der Geschichte der biologischen Chemie abstrahirt. „Resultate" in der biologischen Chemie sind schwer zu erlangen, und selbst wenn sie erlangt sind, wer kann sagen, ob sie irgend Jemand genügen, oder ob es Richter giebt, die darüber schlechtweg zu urtheilen befähigt sind.

Wir wollen aber jetzt einmal annehmen, dass ein so gut als möglich qualificirter Mann ernannt worden wäre, Untersuchungen in der biologischen Chemie anzustellen, und dass er einer Regierungsstelle, wie dem Reichsgesundheitsamt in Deutschland, dem öffentlichen Gesundheitsamt in England, oder einer wissenschaftlichen Gesellschaft, oder einer Corporation, wie einer Universität, verantwortlich wäre. Er würde eine kleine Besoldung und ein Stipendium für Unkosten zu seiner Verfügung haben; er würde durch Instructionen gebunden sein, und seine Forschungen mit Eifer und Hoffnung beginnen. Selbst wenn er ein Genie wäre, könnte er sich für seine specielle Aufgabe in keiner kürzeren Zeit als fünf Jahre qualificiren, angenommen, dass er die ganze Zeit dem Studium seines Gegenstandes widmete. Schon allein das vollständige effective Studium der Literatur der biologischen Chemie würde ihn während drei Jahren in Anspruch nehmen, und es ist sicher, dass er in den angenommenen fünf Jahren von Originaluntersuchungen nur Umrisse schaffen könnte, welche zur vollständigen Ausführung alles Details vieljährige spätere Arbeiten erfordern würden. Ist es nun wahrscheinlich, frage ich, dass man irgend Jemandem einen solchen Betrag an Vertrauen und Musse in diesen Zeiten jährlicher Berichte und jährlicher Budgets zur Verfügung stellen wird.

Aber weiter angenommen, unser Forscher hätte diese Schwierigkeit, und auch etwa die sich der Publication seiner Resultate entgegenstellenden Hindernisse überwunden und hätte seine Resultate vor das Publicum gelegt. Im Falle diese Resultate mit kurrenten Ideen, Theorien oder als Thatsachen angenommenen Lehren, den sogenannten Entscheidungen der Afterforschungen und den falschen Thatsachen der Handbücher in Conflict gerathen, was nach meiner Ueberzeugung früher oder später unvermeidlich ist, dann beginnt die schlimme Zeit unseres Forschers. Die Unwissenden sowohl als die Uebelwollenden, die neidischen Rivalen und die weniger fähigen Concurrenten werden ihm Opposition machen und mit allen ihnen in die Hand kommenden Waffen, die Lüge nicht ausgeschlossen, angreifen und zu vernichten suchen. Im Falle aber seine Stellung und Rüstung so stark wäre, dass man ihm durch Angriff nicht beikommen könnte, dann würde die berichtende Literatur zur Hülfe genommen werden, um die Resultate aus dem Bereich der Gegenwart hinwegzuberichten oder hinwegzuschweigen und der wohlwollenden Zukunft zu überweisen. Es ist sicher, dass keine Seele sich zur Unterstützung unseres Forschers verstehen würde und nicht einmal die, welche ihn ernannt hatten, würden ein gutes Wort für ihn sprechen, und würden ihn sicherlich nicht auf der Basis des actuellen Verdienstes seiner Leistungen zu entschuldigen wagen. Denn diese Arbeitsgeber würden unter dem Einfluss jener falschen Leiter der wissenschaftlichen öffentlichen Meinung, jener blinden Richter und von sich selbst eingenommenen wissenschaftlichen „Brahminen" stehen, und Angesichts dieser vereinten Widerstände von Hass und Indifferenz würden die Productionen unseres Forschers nur geringe Möglichkeit haben, sich Anerkennung zu gewinnen.

VIII. Es könnte mancher Leser denken, dass in dem Vorgehenden manche Uebertreibungen enthalten seien, die aus einseitiger Auffassung oder persönlichen Motiven hervorgehen könnten. Die letzteren, nämlich die mir persönlichen Motive, werden in mehreren der folgenden Abhandlungen eine genaue und unwidersprechliche Begründung finden. Aber um vor dem entferntesten Verdacht der Uebertreibung frei zu bleiben, habe ich nur nöthig, meine Thesen an Beispielen zu beweisen, bei denen ich ganz objectiv bleiben kann. Da schweben mir zunächst die wichtigen Arbeiten von Proust vor, unter ihnen z. B. die vor 85 Jahren gemachte Entdeckung jenes merkwürdigen Products aus Menschenharn, welches ich näher studirt und Uromelanin genannt habe. Es kann keinen wichtigeren chemolytischen Schlüssel zur Erkenntniss des bis jetzt noch ganz dunklen Gebietes der Chemie des Harns geben als diese Substanz. Man braucht aber nur das darüber in Lehrbüchern und Artikeln Gesagte einzusehen, um überzeugt zu sein, dass diese Kunde auf unbegreifliche Weise während mehr als einem halben Jahrhundert vernachlässigt worden ist und noch heute vernachlässigt wird. Von der Art und Weise, wie die schönsten bahnbrechenden Entdeckungen vernachlässigt und bekämpft werden können, giebt die Geschichte der Maltose ein schlagendes Beispiel. Dieser ächte Gerstenmalzzucker wurde von Dubrunfaut entdeckt und genau definirt. Die dagegen

erhobenen Einsprüche von Seiten technischer Chemiker sind Gegenstand der Geschichte und verdienen eine eingehendere Darstellung,
als ich ihnen hier zu geben berechtigt bin. Nachdem nun diese
technischen Chemiker durch zahllose Conflicte ihrer optischen und
titrimetrischen Malzproben, von deren üblen Folgen sich die Princi-
pale und practischen Brauer nur durch Festhalten ihrer auf das
specifische Gewicht basirten Erfahrungsroutine retten konnten, in
Bezug auf ihre Opposition gegen die Entdeckung Dubrunfant's
ad absurdum reducirt waren, fanden sie sich genöthigt, dieselbe zu
studiren und zu ihrem Schrecken gezwungen, sie zu bestätigen.
Diese Bestätigung wurde aber so kunstvoll eingerichtet, dass sie
einer neuen Entdeckung glich, und in einer mir eben vorliegenden
Publication wird die Maltose als Entdeckung der angezogenen früher
Opposition machenden technischen Chemiker dargestellt, und der
Name und das Verdienst des wahren Entdeckers, Dubrunfaut's,
gar nicht einmal erwähnt.

Der berühmte englische Mathematiker, Babbage, hat in einem
seiner Werke gesagt, dass die erste Beobachtung einer neuen Thatsache viel wichtiger sei als die spätere genaue Ausarbeitung derselben. Es handle sich hauptsächlich darum, dass die Beobachtung
richtig sei, so weit sie reiche, denn dass selbst an den grössten
Entdeckungen vielerlei zu präcisiren sei, sehe man aus der Geschichte
der Bewegungslehre der Planeten, die zunächst in Kreisen sich um
die Sonne bewegend gedacht, dann aber in, obwohl von Kreisen
nicht viel abweichenden, Ellipsen umlaufend gefunden wurden. Er
wendet diese Betrachtung dann auf kleinere Beobachtungen an, und
zeigt, wie ihnen das grösste Unrecht geschehe durch die Forderung
eines Betrages von Präcision, der an für sich präcisen Gegenständen gerechtfertigt, aber bei der Schaffung neuer Aperçus, der
Eröffnung neuer Gebiete ganz unmöglich zu erreichen sei. Dies
gilt in hohem Maasse für die biologische Chemie, in welcher neue
Aperçus nur mit der allergrössten Schwierigkeit gemacht werden
können, und genaue, allen stöchimetrischen Anforderungen entsprechende Untersuchungen in vielen Fällen heute noch gar nicht
ausführbar sind. Daher muss die Kritik in Bezug auf solche
schwierige Gegenstände, wie z. B. die Eiweisssubstanzen, die allergrösste Discretion und Geduld üben, um die furchtsamen Forscher
nicht abzuschrecken und den Fortschritt aufzuschieben. Dabei
schweben mir hauptsächlich die Forschungen von Denis über die

Eiweisssubstanzen im Sinn, welche die französische Akademie der Wissenschaften durch die Proteinentdeckung Mulder's überflügelt glaubte, und deshalb nur mit einer kleinen Vergütung für des Autors gehabte Mühe bedachte. Heute nun gehört das Protein zur Geschichte der frommen Irrthümer, während die Methoden von Denis noch immer die Grundlagen liefern, auf welche hin mehrere Eiweisssubstanzen voneinander getrennt und diagnosticirt werden können. Die Forschungen von Denis litten hauptsächlich unter dem Mangel aller und jeder quantitativen Analysen, aber sie wegen dieses Mangels so vollständig und lange zu vernachlässigen, wie dies vielfach geschehen ist, scheint mir nach genauerem Studium derselben nicht gerechtfertigt.

Wie lange ist nicht das lösliche eiweissartige Product der Fäulniss des Fibrins für Eiweiss schlechthin gehalten und erklärt worden, obwohl Denis genau bewiesen hatte, dass es lösliches Fibrin und nicht Albumin sei. Dies kam ohne Zweifel daher, dass sich Niemand die Mühe machte, die Experimente von Denis zu wiederholen, Diejenigen immer ausgenommen, welche dieselben wiederholten, um sie dann nach geringen Verbesserungen zu appropriiren. Nachdem ich nun die Aufmerksamkeit der englischen Biologen auf die Forschungen von Denis mehr speciell gerichtet habe (Annals of Chemical Medicine, Bd. II. p. 198), sind wir hier zu Lande in die der früheren entgegengesetzte Gefahr gerathen, den Gehalt einiger Untersuchungen von Denis überschätzt zu sehen. Man sollte denken, dass nach den Forschungen von Graham die Definition des Albumins nicht mehr zweifelhaft sein könnte. Man sollte auch ferner glauben, dass die schönen Untersuchungen von v. Ritthausen die grösste Beachtung und sorgfältigste Weiterführung von Seiten aller Interessenten erfahren sollten. Aber das gerade Gegentheil von alledem ist eben in einem unter der Aegide der British Medical Association ausgeführten Untersuchung proponirt worden. In dieser Abhandlung (Brit. med. Journ., 25. Juli 1885, p. 151) wird gesagt, Denis habe die früheren Auffassungen über das Pflanzeneiweiss „revolutionirt". Thatsache ist, dass die Angaben von Denis über das Pflanzeneiweiss ganz unbrauchbar sind, weil er nicht etwa Eiweiss, sondern einen heutzutage sogenannten Globulinkörper isolirte, und denselben ganz zuwider seinen eigenen Argumenten „Glutin" nannte. Thatsache ist ferner, dass die Untersuchungen von v. Ritthausen nicht nur nicht revolutionirt sind, sondern in voller

Gültigkeit bestehen. Thatsache ist, dass die vielen Elementaranalysen der verschiedenen Eiweisssubstanzen von Seiten der berühmtesten Forscher ganz unangetastet und sicher dastehen, und wenn
auch nicht die Identität der verschiedenen Radicale, doch wenigstens
ihre Homologie oder vielleicht Isomerie beweisen. Daher ist diese
Art von chemischer Bilderstürmerei, die mit geringen Kenntnissen
und nach kleinen Versuchen immer Alles „revolutionirt" zu haben
glaubt, auch eins der Hindernisse des Fortschritts der uns hier
interessirenden Wissenschaft.

IX. Dass die Methoden der biologischen Chemie einer sehr
grossen fast unberechenbaren Vervollkommnung und Ausdehnung
fähig sind, darüber habe ich nicht den geringsten Zweifel. Es
werden von Zeit zu Zeit Reagentien und Methoden entdeckt, welche
unsere Kenntnisse auf ungeahnte Weise befördern. Wie licht- und
fruchtbringend hat nicht die Harnstoffanalyse Liebig's gewirkt.
Wie mächtig hat nicht die Entdeckung der Phosphormolybdänsäure
durch Sonnenschein und der ganze Schatz der specifischen Reagentien für Alkaloide unsere Processe beeinflusst und unsere Gedanken
angeregt. Welch' wunderbares Reagens besitzen wir nicht in der
Millon'schen Base, dem Merkuramin, welches aus irgendwelchen
Lösungen und selbst aus Salzen der Alkalien, und sogar aus dem
schwefelsauren Baryt die Säuren auszieht, an sich unlöslich bindet,
und reine Alkalien und Alkaloide zurücklässt. Ich habe diese Base
in meinen Untersuchungen über die Educte des Gehirns vielfältig
mit bestem Erfolg benutzt. Ich habe ferner damit eine neue Art,
den Harn für die Liebig'sche Volumetrie zu präpariren, hergestellt,
welche die durch die Verdünnung mit der Barytlösung und die durch
die Chloride verursachten Fehlerquellen und nöthigen Correcturen
alle vermeidet. Wie schön lassen sich jetzt vermittelst Chlorkadmium
die phosphorhaltigen Substanzen des Gehirns voneinander trennen
und diagnosticiren. Wie viele charakteristische Reactionen werden
nicht fortwährend entdeckt, die uns die Gegenwart wohldefinirter
Körper augenblicklich erkennen lassen. Das Spectroskop und Po-
laroskop haben uns um die wichtigsten Hülfsmittel bereichert, und
selbst das Microskop muss zur Diagnose chemischer Producte her-
halten. Der Anblick aller dieser Schätze von Macht ist so tröstlich,
dass ich auf eine bessere Verwerthung derselben als die ist, welche
ich im Obigen discutiren musste, zu hoffen wage. Wenn die chemischen Constituenten des Körpers erst verstanden sind, wird sich

die Chemie der Entmischungskrankheiten ganz schnell zu einer
klaren Wissenschaft gestalten. Dazu ist natürlich nicht nur die
Entwicklung der Methoden, sondern auch die Combination aller
entwickelten Methoden nöthig. Daher muss ein Forscher wie ein
Feldherr nicht nur das ganze Kriegsfeld kennen, sondern auch alle
Agenten auf demselben leiten und beherrschen.

Der Leser dürfte nun fragen, wie Angesichts der oben gemachten
Ausschliessungen solche Leute zu erhalten sein dürften. Mir scheint,
dass sie aus der Reihe der Physiologen, Pathologen und namentlich
der Aerzte und Kliniker hervorgehen müssen. Detail kann natürlich
unter ihrer Leitung und auch ohne dieselbe, von Vielen, auch
Chemikern und Apothekern getrieben werden, aber eine zusammenhängende, gediegene, kräftige, fehlerfreie, für die Praxis nützliche
Wissenschaft erfordert Aerzte zu ihrer Bildung und wirksamen Leitung. Die Beispiele von Boerhaave, von Berzelius und vielen
Anderen haben gezeigt, dass der ärztliche Beruf mit den höchsten
Leistungen auf dem Gebiete der Chemie vereinbar ist, vorausgesetzt
nur, dass die Mittel zur Behandlung der letzteren Wissenschaft zur
Stelle sind. Daher sollten an allen Hospitälern passende, mit allen
nöthigen Apparaten und Agentien wohl ausgestattete Laboratorien
errichtet werden, über deren Arbeiten die klinischen Aerzte selbst
wachen, denen sie selbst vorstehen, in welchen sie selbst schaffen
müssen. Nur dann können sie die nöthigen Fragen stellen, die
wichtigsten Vorarbeiten machen, denen dann die Ausarbeitung durch
jüngere Hülfskräfte folgen kann. Aber diese Detailarbeit bedarf der
unausgesetzten Controle von Seiten des die Zügel führenden Forschers, damit die im Laufe der Operationen auftretenden Phänomene
nicht nutzlos vorübergehen. Auf diese Weise halte ich es für möglich, die chemischen Probleme der Heilkunst ihrer Lösung in relativ
kurzer Zeit, jedenfalls in gleicher Linie mit der Entwicklung der
Hülfswissenschaften, bedeutend näher zu bringen, wenn nicht einige
zu vollenden. In diesem Geiste habe ich die folgenden geringen
Beiträge ausgearbeitet, welche ich der Aufmerksamkeit der Forscher,
Aerzte und Studirenden empfehle. Wenn sie daraus, wie ich hoffe,
einigen Nutzen durch vergrösserte Kenntnisse, einiges Vergnügen
durch neue Einsicht und einige Anregung durch die erfolgreiche
Anwendung neuer Methoden gewinnen, so werde ich mich reichlich
belohnt fühlen.

2. Ueber das hypothetische und das wirkliche Lecithin.

Der Körper, welcher allein berechtigt ist, den Namen Lecithin zu tragen, wurde zuerst von Gobley als die Hauptmasse der aus Hühnereigelb erhaltenen sogenannten „zähen oder klebrigen Materie" erkannt und eingehend geprüft. Später fand der gelehrte Pariser Apotheker dieselbe Materie im menschlichen und thierischen Gehirn und beschrieb sie als durch die Eigenschaft charakterisirt, dass sie durch Chemolyse mit Mineralsäuren oder Alkalien mit Leichtigkeit und in jedem Fall Oelsäure, Margarinsäure und Glycerin-Phosphorsäure liefere. Die letztere Säure, welche kurz vorher als neue Entdeckung synthetisch erhalten worden war, wurde bei dieser Gelegenheit zum ersten Male als Spaltungsproduct thierischer Materien erkannt und damit zur ersten Grundlage einer wissenschaftlichen Kenntniss der Phosphorsubstanzen gemacht. Es war Gobley bekannt, dass sein Lecithin Stickstoff enthielt, aber es gelang ihm nicht die Form herauszufinden, unter welcher er in den chemolytischen Producten auftritt. In den Untersuchungen über Gehirn und Eier, welche während der auf die letzte Veröffentlichung Gobley's folgenden zwölf oder mehr Jahre publicirt wurden, kam der Name Lecithin nicht vor, bis Diakonow denselben auf eine Substanz anwandte, welche er aus Kuhhirn isolirt hatte und deren Analyse ihn zur Formel $C_{44}H_{90}NPO_9 + aq$ führte. Die Substanz lieferte Glycerin-Phosphorsäure, aber anstatt der durch Gobley bezeichneten Fettsäuren, nämlich der Oel- und Margarinsäure, wurden, so ist berichtet, zwei Molekeln Stearinsäure erhalten. Der Körper gab ferner Neurin, welches bis dahin für ein specifisches Product der Zersetzung des „Protagon" gehalten worden war. Diese Thatsache und einige andere Versuche führten Diakonow auf die Hypothese, sein Lecithin sei ein Salz, nämlich distearylglycerinphosphorsaures Neurin und auf die Vermuthung, das „Protagon" sei eine Mischung dieses Salzes mit dem von Müller beschriebenen „Cerebrin".

Kurz darauf wurde Lecithin aus Eiern von Strecker einer erneuten Untersuchung unterzogen, und es wurde dabei festgestellt, dass es bei der Chemolyse die drei zuerst von Gobley angegebenen Säuren, nämlich Oel-, Margarin- und Glycerinphosphorsäure, sowie auch Neurin liefere, kein Salz, und nach der Formel $C_{42}H_{84}NPO_9$ zusammengesetzt sei.

Dieser Chemiker analysirte auch einige Verbindungen seines Lecithins mit Cadmiumchlorid und mit Platinchlorid, welche ihn veranlassten, dieselben als Mischungen verschiedener, jedoch ähnlich constituirter Verbindungen zu betrachten. Er theilte keine einzige Stickstoff-Analyse mit, wahrscheinlich weil seine für dieses Element gefundenen Zahlen noch mehr von einander und von der Theorie abwichen, als die Zahlen, welche er für die Mengen von Cadmium, Platin und Chlor in verschiedenen Präparaten gefunden hatte.

Bis zu dieser Periode hatte daher Niemand den Körper, welchem Gobley den Namen Lecithin oder Dotterstoff beilegte, als ein reines Präparat dargestellt; nur Diakonow reklamirte ein reines Präparat elaborirt zu haben, welches indessen, wie oben gezeigt worden ist, von Gobley's und Strecker's Lecithin in Eigenschaften sehr verschieden war. Wenn es wirklich, von der Salztheorie abgesehen, die ihm von Diakonow zugeschriebene Constitution besass, so hätte man es als „ein Lecithin" bezeichnen können, gemäss dem in der chemischen Literatur herrschenden Gebrauch, den specifischen Namen eines zuerst oder am besten bekannten Körpers als einen generischen auf eine Gruppe von einander analogen, oder mit einander homologen Körpern zu übertragen. Es hätte aber sicherlich Angesichts der genauen Experimente und Beschreibungen Gobley's nicht Lecithin schlechtweg genannt werden sollen.

Sowohl Diakonow als Strecker kamen durch ihre Analysen auf die Hypothese von der Existenz mehrerer Lecithine; allein in Bezug auf die dieser Gruppe zuzuschreibende Form gingen die Hypothesen sogleich auseinander. Diakonow nahm an, dass jedes Lecithin zwei identische Fettsäure-Radikale, z. B. zwei Oleyl- oder zwei Stearyl-Gruppen enthielte, während Strecker die Gegenwart von Oleyl als unwandelbare Bedingung eines Lecithins und daneben nur einen Fettsäurekern, wie z. B. Stearyl oder Palmityl, als wandelbar betrachtete. Es ist wahrscheinlich, dass in Bezug auf die Materie, welche jeder dieser Autoren untersuchte, analysirte und chemolysirte, Strecker's Hypothese richtig, dagegen die von Diakonow (seine Salzhypothese war sicher falsch) entweder irrig, oder jedenfalls zu beschränkt war. Denn während bewiesen werden kann, dass Strecker's (theoretisches Oleo-Margaro-) Lecithin, selbst für den unleugbaren Fall, dass sein Präparat eine Mischung war, in der Hauptsache die ihm zugeschriebene Constitution wirklich hat, ist das hypothetische Dioleo-Lecithin überhaupt niemals, das Distearo-Lecithin bis jetzt von Diakonow allein dargestellt worden. Und dass selbst dieses letztere eine Mischung war, wird aus dem darin gefundenen, beinahe ein Fünftel betragenden Ueberschuss von Stickstoff über das vom Phosphor geforderte Aequivalent, welcher auf die Gegenwart von diamidirten Phosphatiden deutet, wahrscheinlich. In jedem Falle muss, ehe die Anwesenheit eines Lecithins von der von Diakonow angegebenen Formel im Gehirn als bewiesen angesehen werden kann, gezeigt werden, welches Schicksal während des Isolationsprocesses jene lecithinähnlichen Körper erleiden, welche ich als Kephaline und Kephaloidine beschrieben habe, und welche alle einen Stearyl- oder Margarylkern neben dem Kern der sie charakterisirenden Säure, von mir Kephalinsäure genannt, enthalten. Auch noch andere Körper müssen verglichen und ausgeschlossen werden, so das von mir sobenannte Myelin, dessen chemolytische Producte noch nicht ermittelt sind. Seinen Eigenschaften nach kann man diesen Körper nicht unter die Definition eines Lecithins bringen, welche die gleichzeitige Gegenwart der Eigenschaften eines Fettes, eines Aethers und einer Base einschliesst, denn das Myelin verhält sich deutlich als zweibasische Säure, und zwar von solcher Stärke, dass es die Essigsäure aus Bleizucker ohne Beihülfe von Ammoniak austreibt. An eine Identität des von mir sogenannten Paramyelins mit Diakonow's Lecithin ist wegen der sehr verschiedenen procentischen Elementarzusammensetzung und der specifischen Reactionen des Paramyelins auch nicht zu denken.

Es folgt nun aus dem Vorstehenden zur Genüge, dass die in chemischen und physiologischen Werken und Schriften unserer Tage gemachten, „das Lecithin" betreffenden Angaben sich zumeist auf hypothetische Körper beziehen, welche nicht im reinen Zustand isolirt worden sind. Wenn ein Körper, welcher jetzt, wie ich sogleich zeigen werde, im reinen Zustand dargestellt werden kann, mit Hülfe seiner durch die Chemolyse erhaltenen Spaltungsproducte durch einen synthetischen Rechnungsgang richtig definirt worden ist, so zeigt das sowohl die gelegentliche Nützlichkeit der Methode, als die Gunst des Zufalls. Allein möge nun das Resultat der Geschicklichkeit oder dem Zufall zuzuschreiben sein, es ist sicher, dass in dem Lauf der Operationen, die zu demselben führten, eine ganze Anzahl von

Körpern ganz ausser Acht gelassen worden sind, welche sich bei
jedem Schritt der Processe der Beobachtung und natürlich der Geschicklichkeit der Forscher aufdrängen mussten. Somit komme ich
zu dem Schluss, dass bis jetzt ausser mir Niemand reines Lecithin
im oben genau beschränkten Sinne als Präparat dargestellt hat.
Auch sind keinerlei andere Lecithine ausser den von mir beschriebenen und analysirten Phosphatiden dargestellt worden. Diesen
Mangel an Erfolg in ihren Untersuchungen haben sich die Autoren
wesentlich dadurch zugezogen, dass sie der Hypothesen von der
Vielfältigkeit der Lecithine ungeachtet, im Gehirn die Existenz von
nur einem Lecithin annahmen und dasselbe für so ausserordentlich
schwach constituirt hielten, dass es schon durch einfaches Kochen
mit Weingeist theilweise oder ganz zersetzt würde. Beide Hypothesen sind aber ganz irrig. Namentlich die Zersetzbarkeit des Lecithins ist, wenn der Einfluss von Säuren und Alkalien, besonders
in der Wärme, ausgeschlossen bleibt, eine sehr geringe; jedoch ist
durch diese chemolytischen Reagentien der Körper leichter zersetzbar, als die meisten übrigen bekannten Phosphatide.

Die Haupteigenschaften jedes bekannten Phosphatids sind durch
ein absonderliches Säureradikal bestimmt, welches sozusagen der
ganzen Verbindung seine Paternität aufdrückt und über die Summe
der übrigen Eigenschaften vorwaltet. Bei dem echten Lecithin ist
dieses Radikal Oleyl; folglich ist nach dieser Auffassung ein Körper,
der kein Oleyl enthält, kein Lecithin. Das neben dem Oleyl vorhandene Fettsäureradikal übt keinen sozusagen transparenten Einfluss in der Verbindung aus und kann daher von einem ähnlichen
oder geradezu chemisch homologen Radikal substituirt werden, ohne
dass dadurch die allgemeinen Eigenschaften des Products erheblich
gestört werden. Da sich nun ein Phosphatid als Phosphorsäure betrachten lässt, in welcher drei Hydroxyle durch andere Radikale
vertreten sind, welche letztere solche von Säuren, Basen oder Alkoholen sein können, so lässt sich Lecithin folgendermassen definiren: Lecithin ist ein Oleyl-Glyceryl-Phosphatid, in welchem die
Stelle des dritten Radikals meistens von Palmityl eingenommen ist,
jedoch auch von Stearyl eingenommen sein kann. In eines dieser
Radikale ist ferner Neurin auf irgend eine noch nicht näher bekannte Weise als Seitenkette eingesetzt. Der genau beschreibende
Name für das hauptsächliche Lecithin des Gehirns und der Eier ist
daher: Oleo-Palmito-Glycero-Neuro-Phosphatid; die anderen Leci-

thine, in welchen anstatt des Palmityls z. B. Stearyl steht, kommen nur in kleinen Mengen mit dem Hauptlecithin gemischt vor. Die Frage, ob unter den erwähnten Radikalen nicht auch ein Margaryl mit 17 Kohlenstoff vorkomme, muss ungeachtet der vielen über Margarinsäure im Allgemeinen, aber ohne specielle analytische Begründung gepflogenen Discussionen, offen gelassen werden. Denn die bisher im Gehirn entdeckten Isomerismen unter gewissen Fettsäuren werfen Zweifel auf die früher zur Diagnose verwendete Methode der fractionirten Fällung, und namentlich der Schmelzpunktbestimmung in Gemischen in allen Fällen, in welchen diese angeblichen Gemische nicht wirklich getrennt wurden.

Darstellung des Lecithins aus dem Gehirn. Wenn man durch Alkohol entwässertes und zu Brei zerriebenes Gehirn mit heissem Weingeist auszieht, setzt sich beim Abkühlen die sogenannte weisse Materie ab. Wenn die Lösung concentrirt war, so ist das Lecithin zwischen Absatz und Mutterlauge ziemlich gleich vertheilt. Aus der weissen Materie wird das Lecithin zugleich mit Kephalin, Cholesterin und anderen Materien durch Aether ausgezogen. Aus dem concentrirten Aetherextract wird das meiste Kephalin durch absoluten Alkohol gefällt. Aus der ätherisch-alkoholischen Mutterlauge wird zunächst das restirende Kephalin mit kleinen Mengen Myelin und anderen Materien durch alkoholische, mit Ammoniak versetzte Bleizuckerlösung gefällt. Das Filtrat wird bis zur Vertreibung des Aethers und Ammoniaks destillirt, aber nicht so sehr concentrirt, dass etwas anderes als ziemlich reines Cholesterin ausfallen kann. Wenn ein weicher salbenartiger Niederschlag von hydratirten Lecithin entsteht, muss derselbe durch etwas warmen Weingeist aufgelöst werden. Zu dieser Lösung wird nun eine gesättigte weingeistige Lösung von Cadmiumchlorid gesetzt, so lange ein weisser Niederschlag fällt; dann wird ein grosser Ueberschuss an Cadmiumchloridlösung zugesetzt und die Fällung der Krystallisation überlassen. Sie wird dann durch Dekantiren mit Weingeist gewaschen, gepresst, langsam getrocknet, gepulvert und weiter behandelt, wie unten folgt.

Die alkoholische Mutterlauge der ersten weissen Materie kann auf zweierlei Weise zur Darstellung des darin enthaltenen Lecithins bearbeitet werden, je nachdem man die in Wasser löslichen Materien zu isoliren trachtet oder nicht. Im ersten, als mehr methodisch zu betrachtenden Fall destillirt man zunächst soviel Weingeist ab, dass

3*

beim Abkühlen die buttrige Materie niederfällt; diese wird isolirt
und ihre Mutterlauge in einer Porzellanschale langsam eingeengt,
bis sie die letzte ölige Materie abgesetzt hat. Jetzt trennt man das
Wasserextract von der letzten öligen Materie, vereint die letztere
mit der buttrigen Materie und behandelt das Präparat wie folgt:

Es wird in warmem Weingeist aufgelöst; die Lösung wird heiss
mit einer Weingeistlösung von Bleizucker und Ammoniak behandelt,
so lange ein Niederschlag entsteht und heiss filtrirt. Aus dem Filtrat setzen sich beim Abkühlen abermals Bleisalze, sodann Cholesterin und, wenn es concentrirt war, Lecithin ab. Das Lecithin
wird durch warmen Alkohol so oft gelöst, bis es ganz im kalten
Alkohol gelöst bleibt und nur Bleisalze sich absetzen. Alle Lösungen werden durch Destillation von Ammoniak befreit und vereinigt.
Zu dieser Lösung wird nun alkoholisches Cadmiumchlorid gesetzt,
so lange ein Niederschlag entsteht, und dann noch ein grosser Ueberschuss der Lösung, etwa die Hälfte der bereits verwendeten Menge
betragend. Der Niederschlag wird zur Krystallisation hingestellt,
auf einem Tuch gesammelt und gepresst. Nach dem Trocknen und
Pulvern ist er, wie das Product aus der weissen Materie, zur weiteren Behandlung bereit.

Es ist nun rathsam, diese Mischung von Cadmiumchlorid-Ver-
bindungen zunächst mit Aether zu erschöpfen. Sie wird in kleinen
Portionen auf ein Faltenfilter gebracht, welches sich in einem birn-
förmigen Glasgefäss befindet; diese Birne ist mit dem nach unten
gerichteten Stiel in eine den Aether enthaltende Kochflasche be-
festigt; oben entsteigt aus ihr ein langer aufrechter Condensator.
Wenn nun das gelinde erhitzte Wasserbad den Aether in der Kochflasche verflüchtigt, so steigt sein Dampf durch die Falten des Filters
in der Birne in den Condensator und wird daselbst verdichtet, ver-
bleibt jedoch so heiss, dass auf das Salz im Filter tröpfelnd, er
dasselbe von heissem Aetherdampf umringt, als heisser Aether erschöpft. Dieser Process muss mit täglich zweimal erneuerten Aether-
mengen fortgesetzt werden, bis sechsstündige Extraction nur noch
wenige Centigramme Materie in die Kochflasche befördert. Die
etwas gelatinös gewordene Verbindung wird nun im Vacuum getrocknet, gepulvert und weiter behandelt wie folgt:

Sie wird in einem grossen Volum wasserfreien Benzols suspendirt und häufig geschüttelt; in diesem Stadium lösen sich Kephalin-
Cadmiumchlorid und Kephaloidin-Cadmiumchlorid, so viel nämlich,

als der Bleizucker in der ersten Aether-Alkohollösung gelöst lassen
musste. Das Präparat ist unbedeutend und nur bei quantitativem
Vorgehen zu isoliren. Sobald kaltes Benzol nichts mehr auszieht,
wird die Verbindung in einem mit dem Kühler verbundenen Gefäss,
einer Flasche oder Retorte, mit Benzol gekocht, so lange noch trübes
Benzol übergeht. Wenn das Benzol klar, d. h. anhydrisch übergeht,
wird die Kochflasche abgekühlt und lange stehen gelassen. Es bleiben nun zwei Verbindungen ungelöst, nämlich das Paramyelin-Cadmiumchlorid und das Amidomyelin-Dicadmiumchlorid, während alles
Lecithin-Cadmiumchlorid gelöst bleibt. Es ist nun am besten, den
ganzen Betrag der löslichen Materie durch Dekantiren häufig er-
neuerter Mengen von Benzol zu extrahiren, da die Filtration der
unlöslichen Materie ungemein schwierig ist. Das bedingt freilich
die Nothwendigkeit, grosse Mengen Benzols zu destilliren. Aber
man gelangt auf diese Weise am besten zum Ziele.

Der Leser wird also gebeten zu bemerken, dass die Mischung
von Cadmiumniederschlägen Kephalinverbindungen an kaltes Benzol
direct abgiebt; allein Lecithin-Cadmiumchlorid geht ohne Kochen
nicht in Lösung, weil es als Hydrat, als welches es aus dem Vacuum kommt, in Benzol unlöslich ist, bei der Temperatur des kochenden Benzols giebt es sein Wasser ab, welches nun mit dem
Benzol zuerst überdestillirt. Nach dem Kochen bleibt das Lecithin-
Cadmiumchlorid vollständig in Lösung und wird, wie oben beschrieben, isolirt.

Diese Lösung nun muss wiederholt filtrirt, concentrirt und filtrirt
werden, um alle weniger löslichen Materien zu entfernen. Filtration
auch der ganz klaren Lösung ist nöthig, da die eventuellen Niederschläge so durchsichtig sind, dass sie in der Lösung suspendirt dem
Auge entgehen. Alle Materie, welche in kaltem Benzol unlöslich
ist, besteht aus Paramyelin-Cadmiumchlorid und Amidomyelin-Dicadmiumchlorid; diese werden durch kochendes Benzol getrennt, in
welchem die Paramyelinverbindung löslich, die Amidomyelinverbindung unlöslich ist. Von den Einzelheiten dieses letzteren Processes
wird unten weiter die Rede sein.

Die Benzollösung des Lecithin-Cadmiumchlorids, nach langem
Stehen und wiederholter Concentration und Filtration von allem Unlöslichen befreit, wird nun mit Alkohol gefällt. Der sehr voluminöse Niederschlag wird gewaschen, in kochendem Alkohol gelöst
und kochend filtrirt. Der erste weisse Niederschlag wird abfilrirt;

die späteren Niederschläge sind mehr und mehr gefärbt. So wird durch häufiges fractionirtes Umkrystallisiren zuletzt ein weisses ganz krystallinisches Product erhalten. Unter dem Mikroskop gesehen besteht es aus Kugeln und Sternen von schönen Nadeln. Ein kleiner Theil des Rohproducts bleibt als Anhydrit unlöslich. Das krystallisirte Product ist nun in kochendem Aether ganz unlöslich, aber aus heissem Alkohol ohne Veränderung krystallisirbar. Aus der Mutterlauge wird durch Concentration nur wenig der Verbindung gewonnen, da 1 Theil derselben bei 17° C. 258 Theile Alkohol zur Lösung erfordert. Das reine Salz vom Ochsengehirn hatte die Formel $C_{43}H_{34}NPO_8 + CdCl_2$; es enthält 80,87 pCt. Lecithin und 19,13 pCt. $CdCl_2$. Die Analysen ergaben sehr genau passende Resultate. Dies deutet also auf ein Margaro- etc. Lecithin.

Salzsaures Lecithin. Die weisse Chlorcadmiumverbindung wird in Weingeist suspendirt und kalt mit Schwefelwasserstoff gesättigt. Die Mischung wird nun im Wasserbad zum Kochen des Weingeistes erwärmt, während das Einleiten des Schwefelwasserstoffs fortgesetzt wird, bis das Gas in dem Filtrat keine Veränderung mehr hervorbringt. Die so zersetzte Materie wird auf ein Filter gebracht, welches mit einer Dampfheizung heiss erhalten wird, und die farblose Lösung des salzsauren Lecithins wird vom gelben Cadmiumsulphid getrennt. Die Lösung setzt nun eine verfilzte Masse von Krystallen des salzsauren Lecithins ab. Da das Chlorcadmium bei der Zersetzung zwei Molekeln Salzsäure liefert, wovon nur eine sich mit dem Lecithin verbindet, so enthält die Lösung freie Salzsäure. Da dieselbe das Lecithin bei höherer Temperatur und längerer Einwirkung zersetzt, so ist es nicht gerathen, das in der Lösung bleibende salzsaure Lecithin durch Verdampfen des Alkohols zu erhalten zu suchen. Es ist vorzuziehen, die Salzsäure durch Digeriren mit Mercuramin zu entziehen und dann das freie Lecithin auf irgend eine Weise zu gewinnen.

Das salzsaure Lecithin krystallisirt in dünnen mikroskopischen Blättchen; sie sind häufig sechseckig und sehr regelmässig, flachen Tassen oder Regenschirmen ähnlich; aber ihrer äussersten Dünne wegen sind sie meist so verzerrt und zusammengerollt, dass sie dem Auge als eine confuse Masse gekrümmter Nadeln erscheinen. Das Salz lässt sich aus concentrirter Lösung umkrystallisiren, ohne Salzsäure zu verlieren. Nach dem Trocknen in der Leere bildet es eine weisse, leicht zu pulvernde Masse. Wird das Pulver auf 98° C.

erhitzt, so erweicht es etwas und nimmt bei längerer Einwirkung
der Wärme eine Färbung an. Die Verbindung hat die Formel
$C_{42}H_{82}NPO_9 + HCl$, oder $C_{43}H_{84}NPO_9 + HCl$, und giebt bei der
Elementaranalyse sehr genaue Resultate. Die Salzsäure ist meist
ein wenig zu hoch, nämlich 4,84 pCt. anstatt 4,5 pCt. N = 2,03 pCt.;
P = 4,29 pCt.; also $HCl:N:P = 1,00:1,09:1,03$.

Das Lecithin-Platinchlorid ist ein voluminöser gelber Niederschlag, von der durch die Formel $2(C_{42}H_{82}NPO_9) + 2(HCl) + PtCl_4$
ausgedrückten Zusammensetzung. Es ist leicht in Aether löslich und
wird aus dieser Lösung durch absoluten Alkohol gefällt. Beim Stehen
in Aether wird ein Theil unlöslich. Es ist aber noch zu erforschen,
ob dieser Absatz wirklich verändertes Lecithin, oder eine nur tem-
porär lösliche Beimischung vorstellt. Beim Stehen des Salzes im
Vacuum schwitzt das Lecithin-Platinchlorid Tropfen von Oelsäure
aus, zersetzt sich also theilweise. Das Lecithin verbindet sich auch
mit Platinchlorid allein, ohne Salzsäure, und bildet ferner eine Verbindung, in welcher auf ein $PtCl_4$ nur ein HCl vorhanden ist.

Aus diesen Salzen kann man das freie Lecithin durch Schwefelwasserstoff und Wegnahme der Salzsäure mit Mercuramin oder durch
Dialyse darstellen. Im ersteren Fall erhält man eine weingeistige
Lösung, im letzteren eine wässrige Halblösung des colloiden Körpers.
Diese muss man dann zur Trockne verdampfen und dann den Rückstand in Weingeist aufnehmen, um das Lecithin krystallisiren zu
können.

Eigenschaften des Lecithins. Das Lecithin ist ein weisser
krystallinischer Körper; die Krystalle sind dünne Blättchen, welche
zusammengedrückt eine wachsartige Masse bilden; indessen ist die
Masse klebriger als Wachs. Es ist äusserst löslich in kaltem Weingeist, und wird nur bei höchster Concentration der Lösung abgesetzt. Eine geringe Steigerung der Temperatur löst alle Krystalle
schnell auf. Wenn man zu seiner kalt gesättigten Weingeistlösung
Wasser tropfenweise giesst, bis eine beträchtliche dauernde Trübung
hervorgebracht ist, dieselbe dann durch Erhitzen auflöst und die
Mischung zum Abkühlen hinstellt, so setzt sich beim Stehen Lecithin als halbfestes Hydrat ab; dieses erscheint unter dem Mikroskop
als aus Kugeln mit concentrischen Schalen bestehend. Eine Lösung,
aus welcher solches Hydrat abgesetzt wurde, deren Alkoholgehalt
jedoch nicht näher bestimmt worden ist, hielt 3 pCt. Lecithin zurück. In absolutem Alkohol ist Lecithin mehr löslich, als in Wein-

geist. Es ist in Aether und in Chloroform löslich und wird aus dem
letzteren nicht im krystallinischen Zustande abgesetzt. Die weingeistige Lösung giebt keinen Niederschlag mit Bleizucker und Ammoniak. Lecithin in absolutem Alkohol giebt eine krystallinische
Fällung mit kaustischem Kali; ferner verbindet sich Lecithin mit
Silberoxyd; die beiden letzteren Verbindungen sind indessen noch
nicht analysirt worden.

Lecithin löst sich leicht in Vitriolöl mit gelber Farbe, und wenn
zu dieser Lösung dicker Zuckersyrup gesetzt wird, so nimmt die
Mischung schnell eine tiefe Purpurfarbe an. Diese Reaction heisst
gewöhnlich nach ihrem Entdecker, Raspail's, ist aber in ihrer Anwendung auf Gallenbestandtheile besser als Pettenkofer's bekannt.
Dieses Verhalten des Lecithins wird durch das darin enthaltene
Oleyl hervorgebracht, wie man sich durch Versuch mit reiner Oelsäure überzeugen kann. Das purpurne Product ist mit derselben
Farbe in Eisessig löslich. Diese Lösung zeigt folgendes Verhalten
vor dem Spectroskop: Im concentrirten Zustand lässt sie nur etwas
Roth bei A durch, der Schatten steigt dann bis D, wo alles schwarz
ist. Eine verdünntere Lösung zeigt ein breites Absorptionsband
zwischen D und E. Ende des Blau bei G. Die Ränder des Bandes
gehen so allmälig in leichte Schatten und Licht über, dass seine
Grenzen schwer zu bestimmen sind. Bei dieser Concentration ist
die Lösung roth, mit grüner Fluorescenz. Das purpurne Product
der Reaction ist auch in Chloroform löslich; die Lösung ist am
schönsten, wenn man sie durch Ueberschuss an Vitriolöl wasserfrei
erhält. Sie hat zwei Absorptionsbänder, eines zwischen C und D,
und ein anderes zwischen D und G. Beim Verdünnen verschwindet
das erstere Band und das zweite wird schmäler. Diese Phänomene
sind denen sehr ähnlich, welche Phrenosin und Kerasin unter ähnlichen Bedingungen geben; nur unterscheiden sich die Reactions-
producte der letzteren Körper durch ihre Unlöslichkeit in Eisessig,
worin das Product der Oelsäurereaction löslich ist.

Chemolyse des Lecithins. Diese Zersetzung kann mit Säuren oder Alkalien zu Wege gebracht werden; unter den letzteren ist
Baryt vorzuziehen. Das gequollene Lecithin wird mit einem Ueberschuss von Barytwasser gekocht, bis die Producte körnig aussehend
geworden sind. Nach der Trennung der Niederschläge von der Lösung zieht man erstere mit wenig warmem Spiritus aus, um etwa

unzersetzt gebliebenes Lecithin zu entfernen. Aus den Seifen kann man durch viel kochenden absoluten Alkohol ölsauren Baryt ausziehen, welcher sich beim Abkühlen als weisses Pulver absetzt. Das Salz enthält theoretisch 19,59 pCt. Ba; 19,55 pCt. Ba gefunden. Das ungelöst bleibende Salz ist unlöslich in Aether. Seine Fettsäure wird nach Auflösung des Baryts in Salzsäure mit Aether isolirt und abermals an Baryt gebunden. Es erwies sich dann von der Zusammensetzung $C_{34}H_{35}BaO_4$, enthielt also eine Säure, welche der früher sogenannten Margarinsäure entsprach. Doch giebt es auch unzweifelhaft Lecithin mit Palmitinsäure als zweite Säure. Auf die weitere Trennung und Charakterisirung der zweiten Säure ist es nicht nöthig hier weiter einzugehen. Die Methoden sind genügend bekannt, z. B. die Verwandlung der mit Aether und Säure vom Baryt getrennten Fettsäuren in Bleisalze und Ausziehen des ölsauren Bleies mit Aether. Auch diese Methode habe ich an Lecithinproducten ausgeführt und dabei gefunden, dass Benzol noch geeigneter als Aether zur Isolirung des ölsauren Bleies ist.

Die alkalische Mutterlauge, welche die Glycerophosphorsäure und das Neurin enthält, wird zunächst mit Kohlensäure vom überschüssigen Baryt befreit, dann eingedampft. Man kann nun den glycerophosphorsauren Baryt mit Alkohol ausfällen und erhält ihn so als ein Hydrat-Alkoholat, welches ich später näher beschreiben werde. Dieses verwandelt man, entweder direct oder nach Verwandlung in Bleisalz, in Kalksalz. Aus letzterem erhält man dann durch Kochen ein sehr reines Salz, das Calcium-Glycerophosphat, von der Zusammensetzung $C_3H_7CaPO_6$. Das Bariumsalz ist zur Analyse weniger geeignet, da es sich nicht selten als saures Salz darstellt.

Die alkoholische Lösung des Neurins enthält häufig etwas Barium, welches durch Schwefelsäure genau auszufällen ist. Darauf fällt man das Neurin durch saure alkoholische Platinlösung aus und krystallisirt das Salz aus heissem Wasser um. Das Neurin aus reinem Lecithin durch Cadmiumchlorid isolirt, enthält keine Beimischungen. Aber Neurin aus gemischten Hirnsubstanzen, z. B. aus „Protagon", enthält stets Kali, und krystallisirt dann in viel grösseren und dickeren Krystallen, als das reine Salz. Von diesem Kali kann man das Neurin durch Fällen aus stark salpetersaurer Lösung mit Phosphor-Molybdänsäure befreien. Das mit viel Säure ausgewaschene Salz giebt nach der Zersetzung mit Baryt eine Lösung, aus welcher mit Alkohol, Salzsäure und Platinchlorid das reine Neurin-Salzsäure-Platinchlorid, von der Formel $(C_5H_{13}NO)_2 + (HCl)_2 + PtCl_4$, erhalten wird.

Wenn man nun die dargestellten Lecithine mit Hülfe der unten näher zu beschreibenden Phosphatidhypothese formularisirt, so erhält man folgende Reihe:

Oleo-Palmito-Glycero-Neuro-Phosphatid

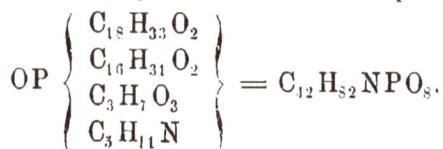

$$OP \left\{ \begin{array}{l} C_{18}H_{33}O_2 \\ C_{16}H_{31}O_2 \\ C_3H_7O_3 \\ C_5H_{11}N \end{array} \right\} = C_{42}H_{82}NPO_8.$$

Oleo-Margaro-Glycero-Neuro-Phosphatid

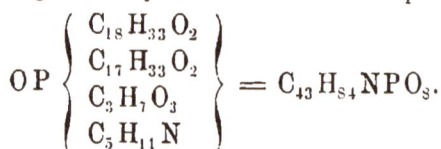

$$OP \left\{ \begin{array}{l} C_{18}H_{33}O_2 \\ C_{17}H_{33}O_2 \\ C_3H_7O_3 \\ C_5H_{11}N \end{array} \right\} = C_{43}H_{84}NPO_8.$$

Oleo-Stearo-Glycero-Neuro-Phosphatid

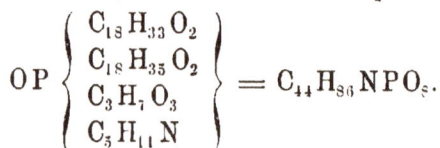

$$OP \left\{ \begin{array}{l} C_{18}H_{33}O_2 \\ C_{18}H_{35}O_2 \\ C_3H_7O_3 \\ C_5H_{11}N \end{array} \right\} = C_{44}H_{86}NPO_8.$$

Bei diesen Formeln ist angenommen, dass nur die drei ersten Radicale einer jeden eine Molekel Hydroxyl in dem Radical der Phosphorsäure ersetzen, und dass das Neurin in noch unbekannter Weise, aber unter Verlust einer Molekel Wasser eingefügt ist. Die Beweglichkeit dieser Molekel Wasser ist aus dem Process der Synthese dieser Base zur Genüge ersichtlich.

Mit Hülfe der obigen Processe und Darlegungen kann man nun an eine genauere Nachweisung und Mengenbestimmung des Lecithins in organischen Körpern gehen. Man findet dann, dass Manches, welches seither Lecithin genannt wurde, kein solches ist, auch wie z. B. das Phosphatid aus der Ochsengalle kein solches enthält. Andere Lecithin genannte Präparate, z. B. aus Blutkörperchen, stellen sich als Mischungen heraus. Ochsenblutkörperchen z. B. liefern Lecithin und Amidomyelin, als Cadmiumchloridsalze durch Benzol zu trennen.

Aus den obigen Darlegungen lassen sich auch viele weitere,

namentlich den Gang und die Resultate der seither veröffentlichten
Hirnanalysen betreffende Schlussfolgerungen ziehen. Zunächst ist
es klar, dass ohne Reagenzien an eine auch nur annähernd genaue
Scheidung der Phosphatide nicht zu denken ist. Vier Species derselben werden aus einer und derselben Lösung durch Cadmiumchlorid als weisse Verbindungen gefällt, welche alle in heissem Alkohol löslich, in kaltem wenig löslich sind; eine fünfte, das Sphingomyelin, wird von den vorigen vier nur durch seine geringe Löslichkeit
in kaltem Alkohol getrennt, ist aber ebenfalls durch Chlorcadmium
fällbar. Es ist ferner klar, dass, da Lecithin in Alkohol und Aether
sehr leicht löslich ist, es nicht als Beimischung im „Protagon" enthalten sein kann. Es kann auch nicht im „Protagon" in Verbindung enthalten sein, da die Chemolyse desselben keine Oelsäure
ergeben hat. Eine Zahl von Phosphatiden, welche vom Lecithin
sehr weit verschieden sind, geben bei der Chemolyse Phosphorsäure
ohne Glycerol, andere wieder Glycerophosphorsäure; andere geben
Neurin, andere wieder andere Basen neben oder ohne Neurin; daher
kann man aus dem Nachweis von Phosphorsäure in einer z. B. durch
Salpeter zerstörten organischen Substanz nur schliessen, dass ein
Phosphatid darin enthalten, keineswegs aber, dass dasselbe Lecithin
war. Ganz dasselbe gilt für die Glycerophosphorsäure und das
Neurin. So z. B. ist aus der Entdeckung des Cholins, welches als
mit Neurin identisch angenommen wird, der Schluss gezogen worden, die Galle enthalte Lecithin. Dass dieser Schluss falsch ist,
werde ich später näher beweisen. Selbst wenn man, wie oben beschrieben, die stickstofffreien Phosphatide, ferner das Myelin und
die Hauptmasse der Kephaline aus der Alkohollösung gefällt, wenn
man dann ferner die erwähnten Phosphatide an Chlorcadmium gebunden und dadurch von den in der Mutterlauge bleibenden Amidolipotiden getrennt hat, wenn man nun ohne den Benzoltrennungs-
process anzuwenden, die Mischung von Chlorcadmiumsalzen, wie
beschrieben, zersetzt, kann man doch aus der Mischung durch fractionirte Krystallisation kein reines Lecithin darstellen; denn demselben bleibt stets Paramyelin und Amidomyelin beigemischt, weil
es auf dieselben eine lösende Anziehung ausübt. Dagegen kann
man aus dieser Mischung eine Mischung von Paramyelin und Amidomyelin ausziehen, namentlich durch Anwendung der Kälte auf concentrirte absolute Aether- und Alkohollösungen. Die Mischung dieser
Phosphatide ist nach der Trennung von Lecithin in Aether und

Alkohol nur wenig löslich. Aber wiederum giebt es bis jetzt keine
Mittel Paramyelin von Amidomyelin so scharf zu trennen, wie die
Chlorcadmiumverbindungen der beiden durch Benzol getrennt werden.

Ich füge hier noch eine practische Bemerkung an, welche mir
für den Erfolg von allen Hirnanalysen von der allerhöchsten Bedeutung scheint. Aus der Beschreibung meiner Processe kann sich
der Leser leicht einen Begriff machen von den grossen Mengen Alkohol, Aether und Benzol, welche zu einer genügend ausgiebigen
Verfolgung auch nur einiger Theile des grossen Gegenstandes erforderlich sind. In der That, bei einigermassen energischem Arbeiten häufen sich die Mutterlaugen und zum Waschen benutzten
Solventien in so grossen Mengen an, dass sie kaum zu bewältigen
sind. Aether lässt sich aus Glasgefässen im Wasserbad ziemlich
leicht destilliren; viel langsamer geht schon Benzol; aber weingeistige oder absolute Alkohollösungen von Hirnsubstanzen aus Glasgefässen zu destilliren, ist mit so viel Zeitverlust und Gefahr verknüpft, dass ich davon entschieden abrathen muss. Ich habe aus
Eisen und Kupferblasen, mit und ohne Verzinnung destillirt, bin
aber zuletzt beim Platin angekommen und stehen geblieben. Ich
habe bei meinen Darstellungen drei Platinblasen, eine von einem
Liter Inhalt, eine zweite von fünf Liter Inhalt und eine dritte von
zwanzig Liter Capacität benutzt. Von diesen sind die kleinste und
grösste am leichtesten, die mittlere ist am wenigsten zu entbehren.
Aus solchem Gefässe, in hohem eisernem Wasserbad stehend, kann
kann man alle Solventien leicht und schnell abdestilliren, und hat
die vollständige Sicherheit, dass der Rückstand rein bleibt. Wer
nicht zu diesem Aufwand schreiten will, darf sich nur wenig Hoffnung auf beträchtliche Resultate aus Hirnanalysen machen. Wenn
ich die Beschreibungen aller früheren Analysen des Gehirns durch-
sehe, so finde ich stets, dass Mutterlaugen und Waschflüssigkeiten
gar nicht erwähnt, daher wahrscheinlich gar nicht behandelt worden
sind. Es ist mir sehr wahrscheinlich, dass die mechanische Schwierigkeit der mit Beobachtung der nöthigen Reinheit auszuführenden
Destillation an dieser Vernachlässigung die hauptsächliche Schuld
trug. Gewiss hat auch die Schwierigkeit, die Mutterlaugen zu behandeln, zu der Vorstellung von der leichten Zersetzbarkeit der
Hirnsubstanzen beigetragen, wie umgekehrt die einmal als Canon
angenommene Zersetzbarkeit die Untersucher über die Mutterlauge
beruhigte und sie veranlasste, die darin enthaltene Materie mit Baryt

oder dergleichen, auf ihnen bekannte oder auf neu zu entdeckende Producte der Chemolyse zu verarbeiten. Demnach ist bei Untersuchungen des Gehirns sowohl ein gewisser Maassstab als ein gewisser Aufwand nicht zu umgehen. Denn für die Trennung der Phosphatide muss das Benzol rein und krystallisirbar, für die Trennung der Cerebroside muss der Alkohol absolut und für alle weiteren Schritte müssen alle Reagentien so rein sein, wie sie nur erhalten werden können, und mit voller Freiheit in Bezug auf Menge verwendet werden.

Diese Art mit grossen Mengen Material vorzugehen, deren absolute Nothwendigkeit jedem practischen Forscher, wenn nicht von selbst, so doch aus Erfahrung des Abortirens von Untersuchungen mit kleinen Mengen Substanz klar werden dürfte, ist von einigen mit dem Gegenstande unvertrauten Kritikern als unnöthig oder übertrieben beschrieben worden. Ich habe mich durch solche Einwände nicht stören lassen, und da tausend Ochsengehirne zur Lösung einiger Fragen nicht ausreichten, bis heute wohl fünfzehnhundert Ochsengehirne und dazu über dreihundert menschliche Gehirne verarbeitet. Es ist nur vermöge dieser für meine Zwecke gerade hinreichenden Materialien, dass es mir möglich war, die Hauptfragen der Untersuchung endgültig zu lösen. Ich glaubte z. B. selbst einige Zeit, dass das Lecithin leicht zersetzlich sei, weil von allen Präparaten, auch den mit Chlorcadmium oder Chlorplatin hergestellten, die meisten keine rationelle Zahl für Stickstoff, sondern immer einen Ueberschuss ergaben. Der kindische Versuch, dieses Ereigniss aus mangelhaften unmethodischen Analysen zu erklären, scheiterte schon an der Regelmässigkeit der Ergebnisse. Aber ich erlangte geistige Beruhigung nur durch die Entdeckung des Apomyelins, des ersten Gliedes der Sphingomyelinreihe, welches auf ein Atom Phosphor zwei Atome Stickstoff enthielt. Zu diesem Apomyelin sind nun noch Sphingomyelin und Amidomyelin gekommen, und seit diesen, nur mit der Behandlung grosser Mengen von Substanz zu erreichenden Entdeckungen, ist das Räthsel der Stickstoffschwankung ganz klar und unwidersprechlich gelöst worden.

Der frühere Professor der Physiologie in Manchester, A. Gamgee, hat sich vor einiger Zeit veranlasst gesehen, einen kritischen Angriff auf meine früheren Untersuchungen über das Gehirn zu machen. Den Begriff, welchen er mit dem Wort Lecithin verband, die diagnostische Schärfe, welche er bei seinen Invectiven anwandte, lassen sich jetzt besser als früher beurtheilen, obwohl jene Angriffe bei ihrem ersten Erscheinen nicht mehr Berechtigung hatten, als sie heute haben. „Ist es nicht klar“, sagt er, „dass, wenn Thudichum's Myelin überhaupt irgend etwas ist, es Diakonow's Lecithin ist? Der Process, durch welchen es erhalten wird, ist derart, dass er Lecithin liefern würde; das Ansehen des gefällten Myelins gleicht dem des Lecithins; seine chemische Zusammensetzung stimmt genau mit der des Lecithins überein, und seine Zersetzungsproducte sind dieselben.“ Von den vier Denunciationen, welche in diesem Satz enthalten sind, entspricht keine einzige der Wahrheit. Denn 1) der Process, durch welchen Myelin erhalten wird, ist derart, dass er Lecithin nicht liefern kann; 2) das Ansehen des Lecithins gleicht in keiner Weise dem des Myelins; 3) die chemische Zusammensetzung des Myelins stimmt nicht mit der des Lecithins, und 4) die Zersetzungsproducte des Myelins sind nicht dieselben wie die des Lecithins.

Das Vorstehende wird hinreichen es dem Leser zu ermöglichen, nicht nur reines Lecithin darzustellen, sondern auch sich über dasselbe und seine Beziehungen eine klare Ansicht zu bilden. Es geht aus meinen weiteren Untersuchungen hervor, dass es mehrere Verbindungen im Gehirn giebt, welche dem Lecithin analog construirt sind, ja vielleicht ist eine oder die andere mit ihm isomer. Wenn man dem Lecithin die Constitution zuspricht, welche aus seiner Betrachtung als ein Glycerid oder Fett hervorgeht, eine bekannte Hypothese, die ich nicht lauter betont habe, so ist es klar, dass die von mir entdeckten Phosphatide, welche kein Glycerol enthalten, zu dem Typus des Lecithins nicht passen. Wenn man aber das Lecithin als Phosphatid betrachtet, also unter eine Hypothese bringt, die ich später generalisiren werde, so ist es mit allen organischen phosphorhaltigen Substanzen vergleichbar. In jedem menschlichen Gehirn sind sicher mehr als sechzehn Gramm Lecithin vorhanden.

3. Ueber die Cerebroside und deren Hauptrepräsentanten das Phrenosin.

Unter Cerebrosiden sind im Folgenden stickstoffhaltige phosphor-freie Körper zu verstehen, welche eine den bekannten Glykosiden analoge Constitution und beinahe ganz neutralen Charakter besitzen. Der ihnen zugetheilte Name ist von Cerebrose, dem aus ihnen zu erhaltenden, mit der gewöhnlichen Dextrose isomeren, ebenfalls rechtsdrehenden Zucker abgeleitet. Sie verbinden sich nicht mit Bleioxyd, und werden daher durch diese Base von der folgenden Gruppe, den Cerebrinaciden, getrennt. Diese letzteren haben einen schwach sauren Charakter und verbinden sich sowohl mit Bleioxyd als anderen Basen, z. B. Baryt, allein die Verbindungen sind nicht sehr fest und wenig präcis. Unter den Blei- und Barytverbindungen befindet sich auch eine, welche eine bedeutende Menge Schwefel, in der Barytverbindung 4 pCt. betragend, enthält. Bleioxyd und Baryt fällen neben den Cerebrinaciden auch Phosphatide, aber keine genügende Menge, um den Phosphor in den Cerebrosiden erheblich zu vermindern. Man kann sagen, die Metalloxyde theilten die Phos-phatide in zwei Theile und daraus folgt, dass auch diese verschie-dener Natur sind. Myelin z. B., wenn vorhanden, müsste in der Bleiverbindung sein, während wir sehen werden, dass das Sphingo-myelin sich mit Blei nicht verbindet und aus den Krystallisations-mutterlaugen der Cerebroside durch Chlorcadmium gefällt wird.

Trennung der weissen Materie in ihre Hauptkonsti-tuenten, Cerebroside, Cerebrinacide und Phosphatide. Wenn man mit Aether erschöpfte weisse Materie, also sogenann-tes Protagon, nur gerade in Weingeist auflöst, ohne durch Tem-peratur, Menge des Lösungsmittels oder Beobachtung von Zeitinter-vallen zu fractioniren, und umkrystallisirt, so wird der Phosphor darin auch nach zehnmaliger Wiederholung des Processes nur auf ungefähr 0,8 pCt. vermindert. Die in der Analecte über das Pro-tagon beschriebene Verschiebung des Phosphors durch Fractionirung hat aber bewiesen, dass dieses Element hoch phosphorhaltigen Sub-stanzen angehört, während andere davon frei sind. Nun kann man, im Besitz grosser Mengen von weisser Materie, gleich von vornherein fractioniren und die Bleibehandlung später vornehmen. Da aber alle Fractionen der Bleibehandlung unterworfen werden müssen, so ist es rathsam, dieselbe gleich ohne Aufenthalt, ohne Umkrystallisiren, an der mit Aether erschöpften weissen Materie vorzunehmen.

Behandlung mit Bleizucker und Ammoniak. Die feuchte weisse Materie wird im Mörser mit einer alkoholischen Lösung von Bleizucker, der kleine Mengen Ammoniak zugesetzt sind, zerrieben und allmälig, unter beständigem Umrühren oder Schütteln in heissen Weingeist von 85 pCt. eingetragen. Wenn alles eingetragen ist, wird Bleizucker und Ammoniak zugesetzt so lange dadurch noch ein Niederschlag entsteht. Dann wird heiss filtrirt. Der Bleiniederschlag wird mit vielen Portionen Spiritus kochend erschöpft. Die Absätze von allen Filtraten werden vereinigt, aber die aus den concentrirten Mutterlaugen sich absetzende Körper werden nicht zu dem ersten Absatz gebracht, sondern für sich behandelt.

Um die Gegenwart von viel überschüssigem Bleisalz in dem Lösungsalkohol zu vermeiden, habe ich auch die weisse Materie mit einem grösseren Ueberschuss von durch Ammoniak alkalisch gemachter Lösung von Bleizucker gemischt, längere Zeit stehen lassen und dann in einem Tuche abgepresst. Der weisse Kuchen wurde dann ebenfalls mit Weingeist zerrieben und in heissen Weingeist eingetragen. In dem wässerigen Filtrat sind neben dem Ueberschuss von Blei Alkalien, namentlich Kali enthalten, welche durch diesen Process besser, als durch den nur Weingeist verwendenden Process ausgezogen werden.

Da es bei dem bereits beschriebenen und weiter zu erörternden Trennungsverfahren nöthig ist, die Vertheilung der Phosphatide unablässig analytisch zu verfolgen, was nur durch Elementarbestimmungen des Phosphors möglich ist, so muss ich hier parenthetisch über diesen Gegenstand einige Bemerkungen machen. Alle sogenannten qualitativen Prüfungen auf Phosphor müssen immer quantitativ vorgenommen werden; je mehr der Phosphor fällt, desto grösser müssen die Mengen von zu zerstörender Substanz sein, welche man zu der Probe verwendet. So sind bei meinen Prüfungen des Phrenosins, sobald es sich der Reinheit näherte und nur noch etwa 0,05 pCt. enthielt, immer etwa 2 g Substanz zur Analyse verwandt worden. Durch solche Quantationen des Phosphors, auch in daran reichen Präparaten, erhält man eine äusserst wichtige Einsicht in den Gang der Scheidungsprocesse, und in die zu deren weiterer Verfolgung nöthigen Mittel. Je mehr sich also die Cerebroside, Cerebrinacide und Lipotide der Reinheit nähern, desto geringer ist die darin enthaltene Phosphormenge. Je mehr sich andererseits die Phosphatide der Reinheit nähern, desto grösser wird in ihnen der Gehalt an Phosphor. Bei den letzteren kommt nun ein weiteres Kriterium der fortschreitenden Reinheit, nämlich die Quantation des Stickstoffs in nützliche Anwendung. So lange in einem präsumirten Phosphatid Stickstoff und Phosphor nicht in einem geraden atomistischen Verhältniss zu einander stehen, ist es nicht einheitlich, sondern eine Mischung. Bis jetzt ist mir kein Phosphatid aus dem Hirn bekannt geworden, welches mehr als zwei Atome Stickstoff auf ein Atom Phosphor enthielt. Daher ist ein Ueberwiegen des Stickstoffs über dieses Verhältniss zunächst als präsumabeler Beweis für die Gegenwart eines Cerebrosids, Cerebrinacids oder Lipotids neben einem Phosphatid zu betrachten. Wenn der Stickstoff im Verhältniss zum Phosphor auf weniger als 1:1 fällt, so hat man an die Gegenwart von stickstofffreien Phosphatiden zu denken. Es sind also auch häufige Stickstoffbestimmungen bei diesen Processen der Darstellung ganz unentbehrlich. Bei Phosphatidpräparaten, welche durch specifische Lösungs- und Fällungsmittel dargestellt, schon eine ziemliche Freiheit von stickstoffhaltigen phosphorfreien Körpern präsumiren lassen, geben dann Phosphor- und Stickstoff-Quantationen Nachricht über die Verhältnisse, in welchen darin Phosphatide mit $N:P = 1:1$, solche mit $N:P = 2:1$ und solche mit $N:P = 2:2$ enthalten sind. Die letzteren enthalten im Platinsalz über 5 pCt., im freien Zustand über 7 pCt. Phosphor. Ein reines Phosphatid darf daher entweder keinen Stickstoff oder muss eine dem Phosphor rationale Zahl von Atomen enthalten. Es ist mir nur vermöge der unablässigen Benutzung der quantitativen Phosphor- und Stickstoffreaction möglich gewesen, die bereits unter der Analecte über Lecithin beschriebene Methode und die in späteren Mittheilungen näher zu beschreibenden Methoden der Trennung und Reindarstellung einer Anzahl von Phosphatiden auszuarbeiten.

Durch die Bleizuckerbehandlung ist nun die weisse Materie in zwei grosse Gruppen getrennt worden, welche wie gesagt, beide neben den phosphorfreien, stickstoffhaltigen Substanzen untergeordnete Mengen von Phosphatiden enthalten; die Mischung der Bleiverbindungen enthält aber ausserdem noch einen Schwefel enthaltenden Körper, der bei Versuchen zu seiner Isolirung den Phospha-

tiden zu gravitirt. Ich fahre zunächst mit der Beschreibung der
Behandlung der in heissem Alkohol gelöst gebliebenen und beim
Abkühlen abgesetzten Cerebroside fort.

Umkrystallisiren der Cerebrosidmischung aus absolutem Alkohol. Dieser Process entzieht der Mischung zunächst
ein Ueberbleibsel von Bleisalz, welches unlöslich bleibt. Die heiss
filtrirte Lösung wird zum Erkalten hingestellt und nach 24 Stunden
filtrirt. Die Mutterlauge wird dann noch mehrere Tage stehen gelassen, wobei sie Kerasin absetzt. Nach dem Filtriren enthält sie
jetzt hauptsächlich Sphingomyelin und Kerasin, die einander in
Lösung halten. Setzt man nämlich eine genügende Menge Cadmiumchlorid in Alkohol gelöst zu, und filtrirt so schnell wie möglich, so erhält man das Phosphatid mit nur wenig Kerasin gemischt
an das Metallsalz gebunden als Dicadmiumchlorid-Sphingomyelin,
während das Filtrat beim Stehen voluminöse Flocken von Kerasin
absetzt. Die von diesem Niederschlag abfiltrirte Mutterlauge giebt
mit Platinchlorid kleine Mengen der Assurin benannten Diphospha-
tidverbindung. Wenn man die Mutterlaugen nicht, wie im Vorgehenden beschrieben ist, aufzuarbeiten im Stande ist, so oft sie entstehen,
so kann man sie einfach abdestilliren und die weissen krystallinischen Niederschläge aufbewahren. Diese müssen dann später zur
Trennung ihrer Ingredienzien wieder in Alkohol gelöst und wie oben
beschrieben ist, behandelt werden. In ihnen ist der Phosphor meist
auf beinahe 2 pCt. gestiegen, angenommen, die weisse Materie enthielt von 0,8 bis 1,5 pCt., während in den erschöpften Cerebrosiden
der Phosphor auf 0,1, also ein siebentel der nach der Trennung
beobachteten Menge gefallen ist. Sobald die Löslichkeit des Phosphatids in absolutem Alkohol der Löslichkeit der Cerebroside practisch gleich geworden ist, findet natürlich keine Trennung mehr
statt und es ist dann nöthig zur fractionirten Fällung zu schreiten,
um reine Producte zu gewinnen.

Trennung des Phrenosins vom Kerasin durch fractionirte Krystallisation und weitere Reinigung des Phrenosins. Die alkoholische Lösung fängt meist zwischen 50° und 40°
an Absätze zu machen, welche aus Phrenosin bestehen; die Bildung
dieser Rosetten hört bei 28° auf und die über denselben stehende
Flüssigkeit bleibt klar, bis sie 26° erreicht hat. Unterhalb dieser
Temperatur fällt eine gelatinöse Wolke, hauptsächlich aus Kerasin
bestehend, und lagert sich über dem dichteren weissen Phrenosin.

Wenn man daher bei 28° dekantirt und filtrirt, erhält man hauptsächlich Phrenosin als Absatz, Kerasin in dem Filtrat. Nach sieben- bis achtmaliger Wiederholung des Processes am Phrenosin bleibt dasselbe unverändert und seine Mutterlauge setzt nur wenig Phrenosin, kein Kerasin mehr ab. Abermals haben sich Phosphor und die unorganischen Beimischungen, namentlich Kalium, so getheilt, dass sie in Phrenosin und Kerasin in beinahe gleichen Procenten vorhanden sind. Eine grosse so dargestellte Menge Phrenosin enthielt noch 0,2 pCt. unorganische Materie, darin 0,07 pCt. Kali. Das daraus ausgezogene Kerasin enthielt 0,198 pCt. Phosphor und 0,07 pCt. Kali. Man kann nun das Phrenosin noch weiter von Phosphatid auf folgende Weise befreien. Dieselbe beruht darauf, dass beinahe alle Phosphatide mit Schwefelcadmium in Gegenwart von Salzsäure, Schwefelwasserstoff und Aether in dem letzteren äusserst löslich sind, während die Cerebroside dabei unlöslich bleiben. Man setzt also zu dem Phrenosin Chlorcadmium, zersetzt das letztere durch Schwefelwasserstoff und behandelt die ganze Mischung mit grossen Mengen Aether. Die gelbe Phosphatid-Schwefelcadmium- verbindung löst sich in dem Aether auf und wird abfiltrirt. Hierbei gehen auch die meisten unorganischen Materien in Lösung. Das Phrenosin wird in Alkohol gelöst, vom Schwefelcadmium abfiltrirt und abermals krystallisirt. Zuletzt kommt ein Punkt, wo keiner der oben beschriebenen Processe, wie oft man ihn auch wiederholen mag, die Zusammensetzung oder das Aussehen des Phrenosins ändert. Dann enthält es meist von 0,02 bis 0,05 pCt. P, also von ein halb bis ein Procent Phosphatid. Dies muss die directe Elementaranalyse stark beeinflussen, hat aber auf die durch Chemolyse zu erreichenden Producte wenig Einfluss, so dass es nicht hindert, mit beiden Methoden zu einer genauen Kenntniss der elementaren Zusammensetzung des Cerebrosids kommen.

Phrenosin und seine Spaltungsproducte. Phrenosin ist eine weisse krystallinisch aussehende Substanz. Während es aus absolutem Alkohol krystallisirt, gewährt es einen interessanten Anblick. Auf der Oberfläche der Lösung bilden sich zahllose Punkte, welche sich zu Körnern, dann zu Rosetten vergrössern, und nach mehr oder weniger langem Umherschwimmen untersinken. Auf diese Weise bilden sich Scheiben von 1 Mm. bis Ctm. Durchmesser Eine bestimmte Krystallform lässt sich jedoch an diesen Producten nicht nachweisen. Die krystallinischen Absätze müssen auf Fliess-

4 *

papier und im Vacuum getrocknet werden. Wenn man sie, wie sie
aus dem Alkohol abfiltrirt werden, erwärmt, so schmelzen sie in
dem Alkohol, welchen sie zurückhalten, und bedürfen dann langen
Trocknens auf dem Wasserbade, bevor sie gepulvert werden können.
In jedem Fall bleibt das Phrenosin vollständig weiss nach dem
Trocknen und ändert seine Farbe auch nach jahrelanger Aufbewah-
rung nicht.

Bringt man Phrenosin in Wasser und erwärmt es damit zum
Kochen, so wird es weder teigig noch schleimig, sondern schwimmt
in losen Flocken in der Flüssigkeit. Da nun das stärkeartige Auf-
schwellen in heissem Wasser eine Eigenschaft fast aller Phosphatide
und Lipotide ist, so kann man aus dem grösseren oder geringeren
Erscheinen dieser Eigenschaft an einem gegebenen Präparat die Gegenwart von mehr oder weniger Phosphatid oder Lipotid auf leichte
Weise erschliessen. Phrenosin giebt eine positive charakteristische
Reaction mit Vitriolöl. Wenn man es mit dieser Säure verreibt,
so wird es zunächst gelb und löst sich scheinbar ganz auf. Dann
wird es allmälig purpurroth und bei genauerem Zusehen findet man,
dass die Farbe an ungelöste Flocken gebunden ist. Dieselben lassen
sich aber durch mehrere Reagentien, wie Chloroform oder Eisessig,
in Lösung bringen. Die Lösungen haben specifische Spectra, welche
später abgehandelt werden sollen. Wie sich aus den Resultaten der
Chemolyse ergiebt, gehört diese Reaction potentiell dem stickstoffhaltigen Alkaloid-Radikal des Phrenosins, dem sogenannten Sphingosyl an; dasselbe bedarf zu deren Entstehung eines Zuckers neben
dem Vitriolöl. Bringt man daher Sphingosin, Cerebrose und Vitriolöl,
oder Sphingosin, Rohrzucker und Vitriolöl zusammen, so entsteht die
Purpurreaction augenblicklich. Mit Phrenosin und Vitriolöl allein
entsteht die Farbe erst nach einiger Zeit, wegen der Langsamkeit
der zur Spaltung nöthigen Processe. Setzt man von vornherein
Zuckersyrup zur Mischung von Phrenosin und Vitriolöl, so wird das
Auftreten der Reaction beschleunigt.

Elementare Zusammensetzung des Phrenosins. Bei der
Elementar-Analyse giebt Phrenosin Zahlen, deren Durchschnitt zur
Formel $C_{41}H_{79}NO_3$ führt. Ich habe zunächst die Verbrennungen
nach meiner Methode im Vacuum ausgeführt, das Wasser gewogen
und das Gemisch von Kohlensäure und Stickstoff volumetrisch getrennt und quantirt. Die Verbrennung wurde mit granulirtem Kupferoxyd und Kupfer ausgeführt. Dann wurden auch Verbrennungen

bei gewöhnlichem Luftdruck gemacht und die Kohlensäure gewogen.
Ferner wurde der Stickstoff für sich sowohl nach der von Thudichum und Wanklyn modificirten Dumas'schen Methode, als
nach der Methode von Will und Varrentrapp, und zwar je dreimal bestimmt. Dabei wurde der Stickstoff als Ammoniak etwas zu
niedrig, als Gas etwas zu hoch gefunden. Die aus den Spaltungsproducten resultirende Zusammensetzung erfordert die folgenden
Zahlen, von denen die gefundenen nicht sehr abweichen:

41 C	492	69,002
79 H	79	11,080
1 N	14	1,963
8 O	128	17,957
	713	

Der Kohlenstoff ist stets um beinahe einhalb bis ein und eindrittel
Procent zu niedrig gefunden worden. Die Analysen aller, mit so
hohem oder noch höherem Kohlenstoffgehalt versehenen Hirneducte,
sind mit einer den Kohlenstoff niedriger erscheinen lassenden Fehler-
quelle behaftet, welche bisher hat weder ermittelt noch eliminirt
werden können. Allein die viel einfacheren Spaltungsproducte geben bei der Elementar-Analyse so genaue Zahlen, dass die Formel
und Constitution des Phrenosins keinen Augenblick zweifelhaft sein
kann. Die Analysen von Parcus stimmen mit meiner Theorie ganz
vortrefflich, obwohl sie ihn nicht zur richtigen Formel führten.

Beim schnellen Erhitzen in der Proberöhre schmilzt das Phrenosin
mit Veränderung, giebt unter heftigem Kochen viel Wasser ab und
wird in eine in Alkohol ganz unlösliche, in Aether lösliche braune
Masse, einen wahren Caramel verwandelt. Beim Erhitzen mit causti-
schem Baryt, namentlich unter Druck, wird es schnell zersetzt und
je nach der Dauer des Erhitzens werden drei, vier oder fünf Producte erhalten, deren zwei Alkaloide, zwei Säuren sind, während
eins ein Zucker ist. Beim Erhitzen mit sehr verdünnter Schwefelsäure unter Druck werden, bei sehr langer Dauer des Processes,
nur drei Hauptproducte erhalten, ein Zucker, eine Säure und ein
Alkaloid, das letztere als schwefelsaures Salz. Beim Erhitzen mit
Schwefelsäure in Alkohol wird das Phrenosin schnell zersetzt; es
bildet sich der Aethyläther einer Fettsäure und das Sulphat eines
Alkaloids. Diese Producte werden in folgendem näher beschrieben
werden.

Zersetzung des Phrenosins durch Schwefelsäure. Diese Chemolyse erfordert bei Anwendung von 2 procent. Schwefelsäure und einer Temperatur von 130° zu ihrer Vollendung einen Betrag an Zeit, welcher zwischen 310 und 370 Stunden wechselt. Bei meinen Versuchen wurden meistens 30 g Phrenosin mit mehr als dem zehnfachen Gewicht (353 Cc.) Schwefelsäure von 2 pCt. Stärke gemischt in eine bleierne Röhre von 1 Zoll Caliber und 18 Zoll Länge eingelöthet. Sechs derartige Röhren wurden gleichzeitig beschickt und in einem mit doppeltem, horizontalem Luftkissen versehenen Heizapparat aus Kupfer, in horizontaler Lage während 24 Stunden auf 130° erhitzt. Dann wurde die Röhre geöffnet und die Flüssigkeit entfernt; die Röhre wurde dann mit frischer Säure von derselben Stärke gefüllt, geschlossen und abermals während 24 Stunden auf 130° erhitzt. Wenn die der Röhre entzogene Flüssigkeit nach geeigneter Behandlung und Concentration keine Reaction auf Zucker mehr gab, wurde die Chemolyse als beendigt betrachtet. Der Process dauerte bei jeder Röhre wenigstens 14, bei einigen Röhren 17, bei wenigen sogar 24 Tage.

Es wurden auch Versuche gemacht die Chemolyse in einem mit Blei gefütterten grossen Papin'schen Topfe auszuführen, allein dieselben waren nicht so erfolgreich wie die Processe mit den Röhren. Da das Phrenosin und seine Zersetzungsproducte während der Chemolyse als halbgeschmolzene, festweiche Masse auf der Säure schwimmen, so ist eine möglichst grosse horizontale Oberfläche erforderlich, um den grösstmöglichen Contact der Säure mit dem unzersetzten Phrenosin zu erhalten. In dem Papin'schen Topfe setzt sich nun die ganze Masse der Mischung als teigige Fettmasse auf die Oberfläche der Flüssigkeit ab und Contact des Inneren derselben mit der Säure hört bald auf. Da nun in den Bleiröhren eine sehr grosse Vertheilung der Substanz auf der Oberfläche der Flüssigkeit, und namentlich bei häufigem Umdrehen der Röhren um deren Längsaxe Adhäsion derselben an der inneren Oberfläche der Röhre stattfindet, so sind dieselben zur Erreichung des gewünschten Resultates, der vollständigen Zersetzung des Phrenosins am geeignetsten.

Die aus der Röhre entfernte Säure wurde alsbald mit kohlensaurem Baryt behandelt und das Filtrat wurde nach Concentration auf $^1/_5$ in einer Porzellanschale, in einer Flasche unter vermindertem Luftdruck bei 30 bis 40° eingedampft. In dem Rückstand bildeten sich beim Stehen Krystalle; diese waren sehr hart und liessen sich von ihrer Mutterlauge durch Abspülen mit ein wenig Wasser leicht trennen. Aus den Mutterlaugen wurden weitere Krystalle auf folgende Weise erhalten. Man setzte der concentrirten heissen Lösung heissen absoluten Alkohol zu, bis eine bedeutende permanente Trübung entstanden war. Man liess nun die Mischung einen Tag lang kalt stehen, wobei sie einen gefärbten Absatz machte, von dem die klare Lösung abgegossen wurde. Die letztere nun setzte bei wochenlangem Stehen und wiederholtem Zusatz kleiner Mengen Alkohol, und zuletzt von etwas Aether, noch viele weisse Krystalle ab, welche zu den Anfangs erhaltenen hinzugefügt wurden.

Die Mutterlaugen, welche nach Abdestillation des Alkohols und Aethers erhalten werden, sind stets beträchtlich und liefern einen Betrag an unkrystallisirbarem Syrupzucker, welcher dem als Krystalle erhaltenen Zucker an Gewicht ungefähr gleichkommt. Sie enthalten stets etwas Kali und eine Ammoniakbase, welche durch Platinchlorid entfernt werden; fällt man dann Platin durch Schwefelwasserstoff, Chlor durch Silbercarbonat, so kann man eine dritte Erndte durch Einlegen kleiner Krystalle in den Syrup wachsen machen. Allein die grosse Arbeit wird durch das Resultat kaum gelohnt, immer bleibt eine bedeutende Menge des Zuckers im unkrystallisirbaren Zustand übrig.

Cerebrose, ein neuer krystallisirender Zucker von der Zusammensetzung $C_6H_{12}O_6$. Die, wie vorhin beschrieben, erhaltenen Krystalle werden in Wasser gelöst, die Lösung wird mit etwas Thierkohle behandelt und abermals im Vakuum verdampft. Es werden weisse harte Krystalle erhalten, die jedoch so klein sind, dass sie keine krystallographische Bestimmung zulassen. Die Mutterlauge erstarrt zu einem sich stark und unregelmässig ausdehnenden Krystallbrei. Alle Krystalle gaben bei der Analyse Zahlen für die bestimmten Elemente, welche zu der Formel $C_6H_{12}O_6$ führten. Dieselben Zahlen wurden bei der Analyse des Rückstandes von der ersten unkrystallisirbaren Mutterlauge erhalten. Die Cerebrose wird durch die Fehling'sche Flüssigkeit oxydirt und zwar scheint eine gewisse Menge derselben, welche 5 Theile Glukose zur vollständigen Entfärbung bedarf, 6 Theile Cerebrose zur Erreichung desselben Effectes zu erfordern. Das gefällte Kupferoxydul hat stets eine dunkelrothe Farbe. Die wässrige Lösung der Cerebrose dreht den polarisirten Lichtstrahl nach rechts, und zwar ist die sogenannte specifische Rotation $= +70^0\ 40'$. Unmittelbar nach der Lösung ist die Rotation ein wenig höher, wird aber nach 24 Stunden beständig. Cerebrose wird durch basisches Bleiacetat oder durch Bleizucker und Ammoniak vollständig aus ihrer Lösung in Wasser niedergeschlagen. Sie ist in Weingeist, sehr wenig in absolutem Alkohol löslich. Die Cerebrose schmeckt deutlich süss, aber weniger als Glykose. Mit Gallensäure, Oelsäure und dem unten zu beschreibenden Sphingosin gibt die Cerebrose in Gegenwart von Vitriolöl die Raspail-Pettenkofer'sche Reaction. Durch ihre Verwandschaft zu Bleioxyd gleicht die Cerebrose dem Inosit, welcher aus Wasserextracten des Gehirns leicht als Educt erhalten wird; allein sie ist von ihm leicht durch ihren Einfluss auf polarisirtes Licht und ihre Reductionskraft auf alkalische Kupfertartratlösung zu unterscheiden, Reactionen, welche Inosit nicht besitzt.

Cerebrosische Säure. $C_6H_{10}(H_2)O_6$. Wird die Cerebrose während 7 Tagen mit verdünnter Schwefelsäure auf 120^0 erhitzt, so verwandelt sie sich zuerst in einen unkrystallisirbaren Syrup, später in eine Säure. Die letztere liefert ein Bariumsalz, welches 43,50 pCt. Barium enthält und daher wahrscheinlich nach der Formel $C_6H_{10}BaO_6$ zusammengesetzt ist. Diese Säure reducirt die alkalische Kupferlösung nicht, gibt aber, wie die Cerebrose, mit den sonst noch erforderlichen Reagentien die Purpur-Probe. Erhitzt man Phrenosin mit verdünnter Schwefelsäure unter Druck bei 130^0 so lange, bis es ganz zersetzt ist, aber ohne die Schwefelsäure zu wechseln, so erhält man gar keine Cerebrose, sondern nur cerebrosische Säure, neben einigen Anhydriten, Caramelen der Cerebrose, des Psychosins und des Phrenosins selber und andern zu beschreibenden Producten. Die Säure erinnert an die ebenfalls zweibasische Glucinsäure. Das Bariumsalz ist isomer mit milchsaurem Barium, allein das Zinksalz ist von dem milchsauren Zink sehr verschieden. Uebrigens ist die Säure nur als beiläufiges Product erhalten worden und es ist vorzuziehen, ihre Bildung während der Chemolyse des Phrenosins soviel als möglich zu vermeiden. Es ist aber wahrscheinlich, dass sich etwas cerebrosische Säure bei jeder Chemolyse des Phrenosins bildet und daher gerathen, die saure Flüssigkeit vor der Barytbehandlung mit Aether auszuziehen, um jede Spur der Säure zu entfernen.

Sphingosin, ein neues Alkaloid, $C_{17}H_{35}NO_2$. Der feste Rückstand von der Chemolyse des Phrenosins in den oben beschriebenen Bleiröhren wird mit Wasser gewaschen, in heissem Weingeist aufgelöst und mit Thierkohle entfärbt. Die Lösung wird dann zur Trockne verdampft und der gepulverte Rückstand mit Aether erschöpft. Eine neue Fettsäure, die Neurostearinsäure, geht in Lösung, während das Sphingosin als schwefelsaures Salz ungelöst zurückbleibt. Dieses ist auch beinahe unlöslich in kaltem Alkohol. Um die freie Base zu erhalten, muss man das Sulphat in Wasser vertheilen und einige Zeit erwärmen, um es aufquellen zu machen. Man setzt dann viel kaustisches Alkali zu der Mischung und erhitzt, bis die Base als Oel auf die Oberfläche der alkalischen Lösung steigt. Man kann nun das Oel abheben. Lässt man es auf der Mischung erkalten, so vertheilt es sich zum Theil wieder in Flocken in der Flüssigkeit. Man kann es dann durch Aether mit gelinder Bewegung ausziehen. Es ist jedenfalls gut, das Oel sowohl in Aether als in absolutem Alkohol aufzulösen, weil dadurch Reste von Sulphat entfernt werden.

Aus seiner Lösung in Alkohol oder Aether wird das Sphingosin durch Schwefel- oder Salzsäure als Salz der betreffenden Säure gefällt. Die Lösungen hinterlassen es beim Verdampfen im krystallinischen Zustand. Es ist unlöslich in Wasser, seine Salze sind aber darin mehr oder weniger löslich. Mit Vitriolöl allein giebt es keine purpurne Reaction; wird der Mischung jedoch eine dicke Lösung von Zucker oder Cerebrose zugesetzt, so erscheint die Purpurfarbe augenblicklich. Bei der Elementaranalyse giebt das Sphingosin Zahlen, welche zu der Formel $C_{17}H_{35}NO_2$ führen. Es ist indessen leichter, die Base als Sulphat zu analysiren, wobei Zahlen gefunden werden, welche mit der Theorie äusserst genau übereinstimmen.

Atome.	Theorie der	Procente.	Gefundene Procente.
34 C	408	60,11	60,85
72 H	72	10,78	10,70
2 N	28	4,19	4,14
4 O	64	—	—
S	32	} 14,37	14,32
4 O	64		
	668		

Das schwefelsaure Salz hat daher die Formel $2(C_{17}H_{35}NO_2) + H_2SO_4$.

Das salzsaure Sphingosin, $C_{17}H_{35}NO_2 + HCl$, krystallisirt in speerförmigen Nadeln, ist etwas löslich in Alkohol, mehr löslich in warmem als kaltem Wasser. Doppelsalze mit metallischen Chloriden sind nur schwer zu erhalten. Die Salze des Sphingosins werden in Gegenwart freier Säure löslich oder löslicher; es ist nicht unwahrscheinlich, dass neutrale, saure und basische Salze dargestellt werden können. Auch mit kaustischem Kali verbindet sich Sphingosin in Aether bei Abwesenheit allen Wassers.

Das Cerebrin Müller's hatte eine dem Sphingosin sehr nahe stehende Zusammensetzung, nämlich $C_{17}H_{33}NO_3$, und war in Alkohol und Aether beim Kochen, aber nicht in der Kälte löslich; jedoch hatte es weder saure noch alkalische Eigenschaften, und in allen anderen Eigenschaften weichen die Körper so sehr auseinander, dass an eine Identität in der Hauptsache, welche nach der Aehnlichkeit der Zusammensetzung möglich schien, nicht zu denken ist. Da Müller's Product beim Erhitzen mit Wasser stärkeartig aufquoll, so bin ich der Ansicht, dass es keineswegs frei von Phophatid war.

Neurostearinsäure, eine neue Fettsäure, $C_{18}H_{36}O_2$. Die Aetherlösung, welche von dem Sphingosinsulphat abfiltrirt worden ist, setzt nach Concentration und Abkühlen eine krystallinische Masse ab. Diese wird isolirt und in Barytsalz verwandelt. Das letztere wird mit kochendem Alkohol erschöpft und dann mit Weinsäure und Wasser zersetzt. Aether nimmt nun eine Säure auf, welche weiss, fein krystallisirt ist, bei der Analyse Zahlen giebt, die zur Formel $C_{19}H_{36}O_2$ führen, und viele Salze liefert. Ihre merkwürdigste Eigenschaft ist, dass die Säure erst bei 84° schmilzt. Die ihr isomere gewöhnliche Stearinsäure schmilzt schon bei 69,5°. Ich werde in einer künftigen Analecte zwei weitere Isomere der Stearinsäure kennen lehren, davon eines ebenfalls eine Säure, bei 57° schmelzend, das andere ein Alkohol ist. Die Säure giebt, besonders leicht unter Umständen, welche im nächsten Paragraphen betrachtet werden sollen, einen sehr charakteristischen Aethyläther, den Neurostearinsäureäther, von der durch die Formel $C_{20}H_{40}O_2$ oder C_2H_5, $C_{18}H_{35}O_2$ ausgedrückten Zusammensetzung. Er wird durch Kochen von Phrenosin mit schwefelsäurehaltigem Alkohol direct und schnell erhalten. Er wird gereinigt durch Lösen in Aethyläther und Schütteln der Lösung mit verdünnter Natronlauge, Abdestilliren des Aethyläthers und mehrmaliges Umkrystallisiren des Neurostearinsäureäthers aus Alkohol. Dieses Product wird nun im Vacuum destillirt. Es hat dann die Farbe und Consistenz von gebleichtem

Bienenwachs, schmilzt bei 52° und giebt bei der Analyse folgende Resultate:

	Theorie der		Gefundene
Atome.		Procente.	Procente.
20 C	240	76,93	76,69
40 H	40	12,82	12,95
2 O	32	10,26	10,36
	312	100,00	100,00

Er enthielt keine Spur von Stickstoff. Der Aether wurde mit Sodalauge in eine chemolytische Platinröhre eingeschlossen und während acht Stunden auf 100° erhitzt. Die kaustische Sodalösung wurde von der Seife durch ein Glaswollefilter getrennt. Die Sodaseife wurde nun in Wasser gelöst und in Barytseife verwandelt. Aus dieser wurde die Säure auf die gewöhnliche Weise befreit und aus Aether krystallisirt. Sie war ganz einförmig, schmolz bei 84° und gab bei der Elementaranalyse die folgenden Resultate:

	Theorie der		Gefundene
Atome.	Atomgew.	Procente.	Procente.
18 C	216	76,06	75,94
36 H	36	12,68	12,64
2 O	32	11,26	11,42
	284	100,00	100,00

Aus der Sodalauge wurde Alkohol destillirt, durch Chromsäure in Essigsäure umgewandelt und solche nachgewiesen.

Psychosin, eine neue Base, $C_{23}H_{15}NO_7$. Wenn man das Phrenosin nur kurze Zeit mit zersetzenden Reagentien behandelt, so wird weder Cerebrose noch Sphingosin, sondern eine complicirter als das letztere zusammengesetzte Base, neben Neurostearinsäure erhalten. Diese Base, bereits im Jahre 1876 von mir beschrieben, habe ich Psychosin benannt. Man erhält sie, indem man Phrenosin mit seinem doppelten Gewicht krystallisirten Barythydrats und seinem gleichen Gewicht Wasser unter Druck während zwei bis drei Stunden auf 100 bis 120° erhitzt. Aus dem vom kaustischen Baryt durch Wasser befreiten Product wird durch kalten Alkohol das Psychosin ausgezogen. Es krystallisirt aus dem concentrirten Alkoholauszug. Es wird am besten durch Auflösen in verdünnter wässriger Salpetersäure, Fällen durch Phosphormolybdänsäure, Zersetzen des Niederschlags mit Baryt und abermaliges Ausziehen

mit und Krystallisiren aus Alkohol gereinigt. Auch kann man es
in Wasser und Salzsäure auflösen, filtriren und durch wenig Am-
moniak oder Kali fällen. Allein das so gefällte Alkaloid ist hydra-
tisirt, sehr voluminös und kaum zu trocknen. Das Alkaloid hat viele
merkwürdige Eigenschaften. So z. B. wird es durch überschüssige
Salpetersäure und Salzsäure aus seinen Lösungen vollständig gefällt.
Mit Vitriolöl ein wenig erwärmt, giebt es ohne Zuckerzusatz die
Purpurprobe. Wird es mit verdünnter Schwefelsäure lange unter
Druck auf 120⁰ erhitzt, so zerfällt es in Cerebrose und Sphingosin.
Für sich erhitzt, liefert es unter Wasserabgabe eine tiefbraune Sub-
stanz, welche ein Anhydrit, Caramel des Psychosins ist.

Man kann Psychosin auch durch mehrstündiges Erhitzen einer
alkoholischen Lösung von Phrenosin mit Schwefelsäure darstellen.
Es bildet sich Neurostearinsäureäther, der in kaltem Weingeist wenig
löslich ist, und schwefelsaures Psychosin, welches in Lösung bleibt.
Man behandelt die Lösung mit Aetzkalk in Pulverform. Die abfiltrirte Alkohollösung von Psychosin (mit ätherschwefelsaurem Kalk)
wird verdampft; das stärkeartig aussehende Psychosin wird durch
einen der oben beschriebenen Processe gereinigt. Von Sphingosin
wird es durch Behandeln mit Salzsäure befreit; das salzsaure Sphingosin ist bei 0⁰ in Wasser so wenig löslich, dass es auskrystallisirt.

In meinem Hauptexperiment wurden 65 Grm. Phrenosin in
1500 Ccm. Weingeist von 85 pCt. Stärke suspendirt, und zu der
Mischung wurden 200 Ccm. Vitriolöl unter beständigem Schütteln
gefügt. Die heisse Mischung, auf welcher bereits eine ölige Schicht
schwamm, wurde dann während 2½ Stunden in der Weise gekocht, dass der verflüchtigte Alkohol beständig in die Mischung zu-
rückfloss. Beim Abkühlen verdichtete sich aller Neurostearinäther,
während das schwefelsaure Psychosin in Lösung blieb. Die Producte
wurden dann getrennt, isolirt, gereinigt und analysirt, wie im Obigen
beschrieben ist.

Das Psychosin löst sich leicht in concentrirtem Ammoniak beim
Kochen und wird beim Erkalten und Stehen wieder abgesetzt. Die
heisse Ammoniaklösung gibt mit Chlorbarium einen Niederschlag,
welcher nach dem Isoliren in kochendem Alkohol gelöst wird und
sich beim Verkühlen wieder absetzt. Bei jedem Versuch zur Umkrystallisation geht Baryt verloren. Das Psychosin hat daher keinen
ausgesprochen sauern, sondern hauptsächlich basischen oder neutralen
Character.

Ich habe hier noch einiger Producte zu erwähnen, welche bei allen Chemolysen des Phrenosins in kleinen Mengen erhalten werden, sich aber wohl auch in grösseren Quantitäten darstellen lassen.

Hydrat des Phrenosins. Wenn das Phrenosin in Weingeist oder Wasser nur kurze Zeit mit etwas Schwefelsäure erhitzt wird, eine Operation, die namentlich zur Entfernung des Kalis und anderer unorganischer Beimischungen nöthig ist, so nimmt es Wasser auf, ohne etwas abzugeben; die Zusammensetzung des resultirenden Körpers scheint der Formel $C_{41} H_{97} NO_9$ zu entsprechen.

Aesthesin, ein neues, schwach basisches Product, $C_{35} H_{69} NO_3$. Nach der ersten Hydratation wird aus einem Theil des Phrenosins die Cerebrose abgespalten und es bleibt ein in Aether lösliches Product, welches in sechsseitigen Tafeln krystallisirt, die so dünn und gekrümmt sind, dass sie unter dem Mikroscop als sichelförmige Nadeln erscheinen. Für sich mit Schwefelsäure erwärmt, giebt diese Substanz keinen Purpur, aber bei Zusatz von Zucker oder Cerebrose sogleich. Bei der Elementaranalyse gibt sie Zahlen, welche zur Formel $C_{35} H_{69} NO_3$ führen. Es ist also Phrenosin, von welchem die Elemente der Cerebrose abgespalten worden sind.

Caramel des Phrenosins. Wird Phrenosin in einem Liebig-schen Trockenapparat im Oelbad auf 150—200° erhitzt, während ein trockner Luftstrom über dasselbe streicht, so verliert es nach mehreren Stunden, unter Schmelzung und Braunfärbung, je nach Umständen in verschiedenen Experimenten 10 bis 12 pCt. an Gewicht. Es wird etwas braune Materie verflüchtigt, aber das gesammelte Wasser beträgt $4\frac{1}{2}$ Mol. auf ein Mol. des Phrenosins. Man kann daher annehmen, das Product sei ein Caramel, hervorgebracht aus Phrenosin durch den Verlust von 4 Mol. Wasser, und dass seine Zusammensetzung durch die Formel $C_{41} H_{71} NO_4$ ausgedrückt werde. Er ist vollständig in Aether löslich und daraus zum Theil durch Alkohol fällbar.

Das Phrenosin wird leicht nitrirt und bromirt.

Theorie der chemischen Constition des Phrenosins. Wir sind nun an einem Punkte angelangt, von welchem aus sich die chemische Natur des Phrenosins vollständig übersehen lässt. Obwohl aus dem Durchschnitt der Analysen desselben seine wahre Formel mit ziemlicher Sicherheit angegeben werden kann, so ist es doch ein grosser Vortheil, dieselbe aus den Spaltungsproducten so herleiten zu können, dass, wäre sie nicht gefunden, man ihre Natur voraussagen könnte. Synthetisch würde man zu ihr gelangen, wie folgt:

$$
\begin{array}{llll}
1 \text{ Molekel} & \text{Sphingosin} & C_{17}H_{35}NO_2 \\
+\ 1 \quad \text{,,} & \text{Neurostearinsäure} & C_{18}H_{36}\ O_2 \\
+\ 1 \quad \text{,,} & \text{Cerebrose} & C_6\ H_{12}\ O_6 \\
-\ 2 \quad \text{,,} & \text{Wasser} & H_4\ O_2 \\
\hline
\text{lassen eine Molekel} & \text{Phrenosin} & C_{41}H_{79}NO_8.
\end{array}
$$

Analytisch, also im Sinne der Chemolyse ausgedrückt, stellt sich die Gleichung wie folgt:

$$C_{41}H_{79}NO_8 + 2(H_2O) = C_{17}H_{35}NO_2 + C_{18}H_{36}O_2 + C_6H_{12}O_6.$$

Hundert Theile Phrenosin werden 105 Theile an Producten; von diesen sind 39,6 Theile Neurostearinsäure, 39,9 Theile Sphingosin und 25,1 Theile Cerebrose.

Diese Formel hat schon einige Verbesserungen in früheren Hypothesen gebracht, die sich auf die Constitution von vorläufig analysirten, aber keineswegs näher studirten Ableitungsproducten des Phrenosins bezogen. So ergiebt sich die Theorie des Nitrats des Nitritphrenosins als $C_{41}H_{78}(NO_2)NO_8 + HNO_3$, oder zusammengezogen $C_{41}H_{79}N_3O_{13}$.

Atome.	Theorie der Atome.	Theorie der Procente.	Gefundene Procente.
41 C	492	59,92	59,58
79 H	79	9,62	9,93
3 N	42	5,11	4,65
13 O	208	25,33	25,84
	821		

Die Neurostearinsäure ist durch ihren hohen Schmelzpunkt von 84° von der ihr isomeren gewöhnlichen Stearinsäure genau unterschieden; ihr Atomgewicht ist durch ihren Aethyläther genau festgestellt. Ihre Salze sind nicht sehr stabil, oder nicht sehr präcis zu erhalten, so dass sie bisher für stöchiometrische Versuche unbrauchbar waren.

Atome.	Theorie der Atome.	Theorie der Procente.	Gefunden in krystall. Säure.	Säure a. d. Aether.
18 C	216	76,056	75,88	75,94
36 H	36	12,676	12,85	12,64
2 O	32	11,268	11,27	11,42
	284	100,000	100,00	100,00

Die Aethyl-Verbindung dieser Säure, Neurostearinsäure-Aether, ist ein sehr präciser Körper, wie folgende Vergleichung ausweist:

Theorie der			Gefundene
Atome.		Procente.	Procente.
20 C	240	76,92	76,69
40 H	40	12,82	12,95
2 O	32	10,26	10,36
	312	100,00	100,00

Die aufgelöste Formel ist $(C_2H_5)C_{18}H_{35}O_2$.

Sphingosin ist eine starke Base und giebt die genauesten salzartigen Verbindungen unter allen Producten des Phrenosins. Seine Theorie ist die folgende:

Theorie der			Procente im Sulphat nach Abzug der Schwefelsäure.
Atome.		Procente.	
17 C	204	71,59	71,26
35 H	35	12,28	12,53
1 N	14	4,91	4,82
2 O	32	11,22	11,39
	285	100,00	100,00

Das schwfelsaure Sphingosin, $2(C_{17}H_{35}NO_2) + H_2SO_4$, ist eine ausgezeichnet charakteristische Verbindung.

Theorie der			Gefundene
Atome.		Procente.	Procente.
34 C	408	60,11	60,85
72 H	72	10,78	10,70
2 N	28	4,19	4,14
4 O	64	10,55	9,99
1 S	32 }	14,37	14,32
4 O	64 }		
	668	100,00	100,00

Dazu kommt die charakteristische leitende Purpurreaction, welche es mit Oelsäure und Gallensäure gemein hat.

Die Cerebrose, $C_6H_{12}O_6$, ist ein durch seine Krystallisation, seine optischen Eigenschaften (seine specifische oder begrenzte Rotation ist $+ 70^o 40'$) und seine Reductionskraft für weinsaures Kupfer-Kali genau charakterisirter Zucker. Seine Theorie ist wie folgt:

Theorie der			Gefundene
Atome.		Procente.	Procente.
6 C	72	40,000	39,93
12 H	12	6,666	6,71
6 O	96	53,334	53,36
	180	100,000	100,00

Unter gewissen, im Obigen dargestellten Umständen wird dieser Zucker in eine ihm isomere Säure verwandelt. Diese cerebrosische Säure, $C_6H_{12}O_6$, ist zweibasisch, d. h. sie enthält zwei durch Metall ersetzbare Wasserstoffatome. Das Barytsalz zeigt folgende Vergleichung:

Theorie der			Gefundene
Atome.		Procente.	Procente.
6 C	72	22,85	24,53
10 H	10	3,17	3,2
1 Ba	137	43,49	43,5
6 O	96	30,49	—
	315		

Die Säure hat die bemerkenswerthe Reaction, dass obwohl sie alkalische Kupfertartratlösung nicht reducirt, sie doch mit einem Oleo-Cholid-Radikal, z. B. Sphingosin, und Vitriolöl, die Purpurreaction gerade wie die Cerebrose, aus der sie hergeleitet ist, giebt.

Das Psychosin, $C_{23}H_{45}NO_7$, ist das Cerebrosid des Sphingosins, krystallisirt aus Alkohol und ist ein Alkaloid, aber von weniger ausgesprochenen basischen Eigenschaften als das Sphingosin. Es bildet Salze mit Säuren, welche mehr oder weniger löslich in Wasser sind; die salzsaure Verbindung ist in Wasser leicht löslich. Durch diese Löslichkeit in sehr kaltem Wasser kann es beinahe vollständig von dem salzsauren Sphingosin getrennt werden, welches aus kaltem Wasser, oder aus einer Mischung mit einer kalten Lösung von salzsaurem Psychosin leicht krystallisirt.

Theorie der			Gefundene Procente	
Atome.		Procente.	a)	b)
23 C	276	61,74	61,86	61,32
45 H	45	10,06	10,09	10,09
1 N	14	3,13	2,88	3,14
7 O	112	25,07	25,17	25,55
	447	100,00		

100 Theile Psychosin nehmen bei der Chemolyse 4,02 Theile Wasser (eine Molekel) auf und spalten sich in 40,29 Theile Cerebrose und 63,75 Theile Sphingosin.

Das salzsaure Psychosin wird durch Ueberschuss concentrirter Salzsäure vollständig aus seiner wässrigen Lösung gefällt. Das freie Psychosin giebt die purpurne Oleo-Cholidreaction mit Vitriolöl allein und beweist dadurch, dass es die Radikale des Sphingosins und der Cerebrose enthält.

Die Caramele der Cerebroside werden, wie die Caramele der Zuckerarten, durch Austreiben von Wasser unter dem Einfluss höherer Wärmegrade hervorgebracht. Sie sind alle löslich in Aether, unlöslich in Alkohol und in Wasser, und haben eine tief braune Farbe. Die folgenden Formeln für dieselben sind hypothetisch und interimistisch, obwohl nur aus den Resultaten genauer Experimente abgeleitet.

Caramel des Phrenosins, $C_{41}H_{71}NO_4$, gebildet aus einer Molekel Phrenosin, $C_{41}H_{79}NO_3$, durch Verlust von vier Molekeln Wasser.

Caramel des Psychosins, $C_{23}H_{37}NO_3$, gebildet aus einer Molekel Psychosin, $C_{23}H_{45}NO_7$, durch den Verlust von vier Molekeln Wasser.

Eine kleine Menge dieser Caramele wird bei jeder Chemolyse irgend eines der Cerebroside, mit Säure oder Alkali, sogar während der Chemolyse des Psychosins mit verdünnter Schwefelsäure gebildet. Es mag wohl jedes Cerebrosid verschiedene Caramele bilden, welche durch den Verlust von einer Molekel, oder von zwei, drei oder vier Molekeln Wasser entstehen.

In der Analecte über das Protagon habe ich die vollständige Unhaltbarkeit der dasselbe betreffenden Hypothese durch die Verschiebung des Phosphors beim fractionirten Krystallisiren der weissen Materie dargethan. In der Analecte über das Lecithin wurde gezeigt, dass Protagon weder eine Mischung noch Verbindung von Lecithin mit einem andern phosphorfreien Körper sein könne. Die gegenwärtige Analecte nun beweist, dass die weisse Materie eine Mischung von mehreren neutralen sogenannten Cerebrosiden, mit säureartigen Cerebrinaciden und ferner mit Phosphatiden, ja schwefelhaltigen Körpern ist. Wir werden auch die Bekanntschaft wenigstens eines darin enthaltenen Amidolipoids oder stickstoffhaltigen Fetts, des Krinosins, machen.

Das Phrenosin ist jetzt ebenso gut charakterisirt, wie irgend ein **Educt** im ganzen Bereich der Thierchemie; dasselbe lässt sich jetzt vom Lecithin sagen. Ausgehend von diesen festen Grundlagen und den bei ihrer Spaltung beobachteten Methoden, wollen wir in zukünftigen Analecten die übrigen zahlreichen Educte des Gehirns näher zu definiren suchen.

--- ---- -----

4. Ueber den Isomerismus einiger Educte und chemolytischen Producte aus dem Gehirn und anderen Körpertheilen.

Der Isomerismus hat bisher in der physiologischen Chemie zu keinen besonderen Erörterungen geführt, zum Theil, weil sich Fälle seines Vorkommens nur selten zu ereignen schienen, zum Theil, weil wenn sie vorkamen, sie zu keinen grossen Schwierigkeiten der Diagnose Veranlassung gaben. Dieses Verhältniss hat sich aber durch neuere Untersuchungen über das Gehirn, über die Galle und über das Eiweiss geändert. Denn durch dieselben wurden einige so merkwürdige Fälle von Isomerismus dargethan, dass dieselben besonders behandelt und von einem neuen Gesichtspunkt aus betrachtet zu werden verdienen.

Von den niedrigeren Fettsäuren kennt man schon länger mehrere Isomere, allein von den höheren, namentlich im thierischen Körper gefundenen Fettsäuren sind natürliche Isomere bisher nicht bekannt geworden. Von der Oelsäure weiss man, dass sie, bei niederer Temperatur gestehend und bei $+ 14^0$ wieder schmelzend, durch salpetrige Säure in die ihr isomere bei $44-45^0$ schmelzende Elaidinsäure übergeführt wird. Von der Stearinsäure, $C_{18}H_{36}O_2$, bei 69,2 oder $69,5^0$ schmelzend, kennt man bis jetzt nur ein Isomeres, die sogenannte Dioctylessigsäure, $CH(C_8H_{17})_2.CO_2H$, welche synthetisch erhalten, bei $28,5^0$ schmilzt. In Bezug auf die Margarinsäure $C_{17}H_{34}O_2$ ist noch so vieles fraglich, dass gegenwärtig ihr Vorkommen in thierischen Fetten nicht absolut verneint werden kann. Da sie im Leichenwachs vorkommt und ferner synthetisch dargestellt worden ist, und im letzteren Fall den Schmelzpunkt 59,9 oder $59,8^0$ hat, ist Angesichts der vielen im thierischen Körper vorkommenden Fettsäuren die allergrösste Vorsicht nöthig. Neben der Palmitinsäure.

$C_{16}H_{32}O_2$, mit Schmelzpunkt 62°, ist nur eine synthetisch dargestellte isomere, die Di(normal)heptylessigsäure $CH(C_7H_{15})_2.CO_2H$, mit
Schmelzpunkt von 26—27° bekannt. Von der Laurinsäure, $C_{12}H_{24}O_2$
sind drei Isomere bekannt, von welchen die gewöhnliche aus Leber-
fett und Wallrath bei 43,6°, die aus Cacaobutter bei 57,5° und die
aus Gerste durch Schwefelsäure erhaltene (Hordeinsäure) bei 60°
schmilzt. Von der in der Kuhbutter enthaltenen Caprinsäure
$C_{10}H_{20}O_2$ ist noch keine Isomere bekannt. Von der in demselben
Fett enthaltenen Caprylsäure, $C_9H_{16}O_2$ sind vier Isomere bekannt:
1) die normale Caprylsäure $CH_3.(CH_2)_6CO_2H$, bei + 16,5° schmelzend; 2) die Isooctylsäure, bei — 17° flüssig; 3) die Pentamethyl-
propionsäure $C(CH_3)_3. C(CH_3)_2CO_2H$, flüssig bei gewöhnlicher Temperatur; 4) die Isodibutolsäure $(CH_3)_3C.CH_2.CH{<}^{CH_3}_{CO_2H},$ ebenfalls
flüssig bei gewöhnlicher Temperatur. Säuren von der Formel
$C_7H_{14}O_2$, deren 17 Formen möglich sind, sind bis jetzt nicht in
natürlichen Producten, wohl aber durch Oxydation aus denselben,
z. B. der Oelsäure erhalten worden, man hat 7 Formen dargestellt,
welche alle ölig sind und bei — 10,5 bis — 20° nicht erstarren.
Von den Säuren $C_6H_{12}O_2$, deren acht isomere Formen möglich sind,
von denen uns zwei besonders interessiren, da sie zur Bildung von
zwei isomeren Leucinen Gelegenheit geben, sind 7 Formen bekannt
und dargestellt. Eine ist die normale oder Gährungscapronsäure,
$CH_3.CH_2.CH_2.CH_2.CH_2.CO_2H.$; eine zweite ist die in der Kuhbutter
enthaltene Isocapronsäure oder Isobutylessigsäure $(CH_3)_2CH.CH_2.CH_2.$
$CO_2H.$; die übrigen sind Producte der künstlichen Synthese. Von
den niedrigeren Säuren, welche namentlich durch Gährungen oder Fäulniss thierischer oder pflanzlicher Stoffe entstehen und ihren meist gut
bekannten Isomeren brauchen wir hier nicht weiter zu handeln. Von
den komplicirter als Stearinsäure zusammengesetzten Säuren dieser
Reihe, z. B. der in der Butter enthaltenen Arachinsäure, $C_{20}H_{40}O_2$,
Schm.-P. 75; der im Knochenmarkfett des Ochsen enthaltenen Me-
dullinsäure, $C_{21}H_{42}O_2$, Schm.-P. 72,5°; der Hyänasäure, $C_{25}H_{50}O_2$,
aus dem Fett der Analdrüsen der Hyaena striata, Schm.-P. 77 bis
78°; der Cerotinsäure, $C_{27}H_{54}O_2$, aus Bienenwachs, Schm.-P. 78°;
und der ebenfalls aus Bienenwachs erhaltenen Säure $C_{34}H_{69}O_2$,
Schm.-P. 91°, ist noch kein einziges Isomeres bekannt.

Bei der Untersuchung der chemolytischen Producte des ersten
Cerebrosids, des Phrenosins, $C_{41}H_{79}NO_8$, welche in der vorigen Ana-

lecte dargestellt ist, wurde eine weisse, krystallisirende Säure entdeckt, deren Analyse zu der Formel $C_{18}H_{36}O_2$, also der der gewöhnlichen Stearinsäure führte. Sie lieferte viele Salze, die sich jedoch
zunächst nicht zu stoichiometrischen Zwecken eigneten. Ihre merkwürdigste Eigenschaft war, dass sie erst bei 84^0, also bei einer
Temperatur schmolz, welche den Schmelzpunkt der gewöhnlichen
Stearinsäure, 69,2 oder $69,5^0$, um 14,8 bis $14,5^0$ überstieg. Die
Säure, Neurostearinsäure genannt, lieferte unter besonderen, genau
beschriebenen Umständen einen sehr characteristischen Aethyläther,
den Neurostearinsäure-Aether, $C_{20}H_{40}O_2$, oder $C_2H_5, C_{18}H_{35}O_2$,
welcher durch Umkrystallisiren, Destilliren im Vacuum gereinigt, in
Farbe und Consistenz dem gebleichten Bienenwachs glich, bei 52^0
schmolz und bei der Analyse die genausten, die vorgehende Formel
beweisende Resultate gab. Aus dem Aether wurde dann auf die
gewöhnliche Weise die Säure wieder gewonnen und ihre Eigenschaften wurden in Bezug auf Zusammensetzung, Schmelzpunkt und
Verbindungen unverändert befunden. Sie gab mit Schwefelsäure und
Zucker keine Purpurfarbe, enthielt also kein Oleo-Cholid-Radikal,
war demnach nicht die Ursache der Purpurreaction des Phrenosins,
welche bei Beschreibung der Eigenschaften dieses Körpers angegeben
worden ist.

Da nun das Kephalin, das hauptsächliche, in Aether lösliche,
namentlich im menschlichen Gehirn in grossen Mengen enthaltene
Phosphatid bei der Chemolyse als zweite Hauptsäure die gewöhnliche Stearinsäure liefert, so haben wir hier einen ersten Fall von
Isomerismus zweier neben einander functionirender Radikale, aus
welchem sich bedeutende physiologische Consequenzen herleiten
lassen. Hier mag auch sogleich bemerkt werden, dass eine der
Hauptsäuren aus dem Phosphatid der Ochsengalle, das seither fälschlich als Lecithin gedeutet, sich als ein Körper von der Zusammensetzung $C_{32}H_{164}N_4PO_{36}$ darstellt, ebenfalls die gewöhnliche Stearinsäure ist, und dass diese auch als zweites untergeordnetes Radikal,
neben dem der Oelsäure, in einem das Hauptlecithin in kleinen
Mengen begleitenden analogen, in der zweiten Analecte beschriebenen
Körper vorkommt.

Bei der Chemolyse des Sphingomyelins nun, eines Phosphatids, dessen wahrscheinliche Zusammensetzung der Formel
$C_{52}H_{104}N_2PO_9 + H_2O$ entspricht, wurden zwei Producte erhalten,
welche ebenfalls die elementare Zusammensetzung der Stearinsäure

hatten. Das eine, eine Fettsäure, deren Baryum- und Bleisalz in Alkohol sowohl, als Aether unlöslich waren, ergab im krystallisirten Zustand die Formel $C_{18}H_{36}O_2$, schmolz aber bei 57°, daher bei einer Temperatur, welche 12,2 bis 12,5° unter der Schmelztemperatur der gewöhnlichen Stearinsäure lag. Diese Säure benannte ich Sphingostearinsäure.

Neben dem Bariumsalz der eben beschriebenen Säure wurde aus dem Sphingomyelin ein amorpher Alkohol, von ganz neutralen Eigenschaften, das Sphingol erhalten, welches bei der wiederholten Analyse Zahlen gab, die zur Formel $C_9H_{18}O$, oder gegebenen Falls $C_{18}H_{36}O_2$ führten. Man konnte also hier an ein viertes Isomeres der Stearinsäure denken, die Hypothese liess sich aber vor der Hand nicht näher beweisen.

Da bei der dreimal wiederholten Chemolyse des Sphingomyelins keine Glycerinphosphorsäure, sondern nur Phosphorsäure an Baryum gebunden erhalten wurde, so führte diese Thatsache zu der Hypothese, dass Glycerin zur Constitution der phosphorhaltigen Substanzen, nicht wie seither allgemein angenommen worden war, erforderlich, sondern nur ein, wie die Fettsäureradicale Hydroxyl ersetzender Kern sei, dessen Platz ebensowohl von anderen Radicalen, namentlich von Alkoholen, wie das Sphingol zu sein schien, eingenommen werden könne. Aus dieser Hypothese wurde die Theorie der Phosphatide hervorgebildet, welche in einer künftigen Analecte generalisirt werden soll.

Jedenfalls hatte die Untersuchung die Existenz der Radicale von drei Säuren der Formel $C_{18}H_{36}O_2$ im Gehirn ergeben.

1) Sphingostearinsäure, Schm.-P. 57°.
2) Gewöhnliche Stearinsäure, „ 69,2 oder 69,5°.
3) Neurostearinsäure, „ 84°.
4) Sphingol, ein Alkohol konnte als viertes Isomeres betrachtet werden.

Da die im Vorgehenden beschriebenen Isomeren alle aus reinen Educten durch systematisch geleitete Chemolyse erhalten waren, so liess sich nicht befürchten, dass man es mit Mischungen zu thun habe.

In der Analecte über das Lecithin ist schon discutirt worden, dass Diakonow ein Lecithin mit zwei Stearinsäure-Radicalen isolirt zu haben angibt. Selbst wenn man zugäbe, dass er den Beweis für seine Theorie geliefert habe, bleiben sehr gewichtige Zweifel über die Frage, ob der Befund ein regelmässiger sein werde. Bis

jetzt ist ein solches Lecithin von Niemand wiedergefunden und das
gleichzeitig angenommene Dioleyl-Lecithin ist sogar von Diakonow
selbst niemals dargestellt worden. Somit fürchte ich, dass er eine
Mischung analysirte, und seine Formel wie Strecker, aus den
chemolytischen Producten construirte. Wenn er aber ein solches
Lecithin mit zwei Stearylen hatte, so ist dieses das dritte, gewöhnliche Stearinsäure enthaltende Phosphatid.

Wenn schon die Trennung von homologen Fettsäuren nach der
Methode von Heintz sehr schwierig ist, so erscheint nun vollends
die Trennung einer Mischung von isomeren Fettsäuren mit unsern
gegenwärtigen Mitteln einstweilen unmöglich. Es sind daher auf
diesem Gebiete viele systematische Untersuchungen erforderlich, um
die verschiedenen existirenden Radikale aus reinen Educten isoliren und studiren zu können.

Ich habe noch eine ganze Anzahl von Fettsäuren und deren
Salzen, durch Chemolyse der Thierproducte erhalten, analysirt, ohne
jedoch zu Resultaten gekommen zu sein, welche eine genaue Darstellung zulassen. So ist z. B. die das Kephalin characterisirende
Kephalinsäure in vielen Beziehungen der Oelsäure ähnlich; die Säure
aus dem zweiten Cerebrosid, dem Kerasin, ist der Neurostearinsäure
ähnlich, vielleicht homolog; andere feste Fettsäuren aus Phosphatiden
geben die Purpurreaction mit Zucker und Vitriolöl, enthalten daher
ein Oleo-Cholid-Radical besonderer Art, möglicher Weise verwandt
mit dem im Sphingosin und Psychosin und also auch im Phrenosin
enthaltenen. Alle diese interessanten Objecte müssen künftigen Studien überlassen bleiben.

Das Cholesterin ist der nächste Körper im Gehirn, der Isomere zu haben scheint. Das gewöhnliche Cholesterin, $C_{26}H_{44}O +$
H_4O verliert sein Wasser bei 100° oder im Vakuum. Es rotirt das
polarisirte Licht nach der Linken; Aetherlösung bei 15°: $(\alpha)D =$
$- 31,12°$; Chloroformlösung : $(\alpha)D = - 36,61°$. Schmilzt bei 145
bis 146°. Ich habe bei verschiedenen Gelegenheiten ein Cholesterin
aus Hirn enthalten, welches bei 137° schmolz, also bei der Temperatur, bei welcher nach einigen älteren Autoren alles Cholesterin
schmelzen sollte. Allein es ist mir noch nicht gelungen, die Bedingungen festzustellen, unter welchen man dieses Cholesterin, dem
ich den Namen Phrenosterin beilege, stets mit denselben Eigenschaften darstellen kann. Dass es nöthig ist, den Körper im Auge

zu behalten, ergibt sich aus der Existenz mehrerer Cholesterine, wie folgt:

Isocholesterin, $C_{26}H_{44}O$ wird in Wollfett mit gewöhnlichem Cholesterin vermischt gefunden. Es krystallisirt aus Alkohol in gelatinösen Massen, aus Aether in Nadeln. Es gibt für sich wahrscheinlich nicht die Reaction der Production einer dunkelrothen Farbe mit Vitriolöl und Chloroform, welche Cholesterin gibt. Wenn man grössere Mengen zur Reaction verwendet, erhält man dieselbe, wiewohl schwächer als mit gleichen Mengen von gewöhnlichem Cholesterin; ob dieses Verhalten dem Isocholesterin eigenthümlich oder von einer Beimischung von gewöhnlichem Cholesterin herzuleiten sei, ist bis jetzt nicht entschieden; es schmilzt bei 137 bis 138°. Es wird vom Cholesterin getrennt dadurch, dass man beide durch längeres Erhitzen auf 200 unter Druck mit Benzoesäure verbindet, und die sehr verschieden gestalteten Krystalle mechanisch trennt. Es dreht den polarisirten Lichtstrahl nach rechts.

Das Phytosterin, welches in manchen Samen entdeckt worden ist, hat die Formel $C_{26}H_{44}O + H_2O$; schmilzt bei 132—133°; seine Chloroformlösung dreht nach links $= (\alpha)D = -34,2°$.

Das Paracholesterin, $C_{26}H_{44}O + H_2O$, ist das vierte Isomere und aus dem Fungus, welcher auf fauler Lohe wächst, dem Breischwamm oder Aethalium flavum erhalten worden. Es schmilzt bei 134—134,5°. Es ist vom Phytosterin nur durch seine geringere Rotation, nämlich $(\alpha)D = -28,88°$ verschieden.

Das sechste Cholesterin ist das Caulosterin von Schulze und Barbieri, aus den Cotyledonen der Lupinenkeimlinge erhalten, welches nach links dreht und bei 158—159° schmilzt.

Nach dem Schmelzpunkt könnte daher mein Phrenosterin mit Isocholesterin identisch sein, allein die physischen Eigenschaften sind verschieden. Wir haben daher wohl sechs isomere Cholesterine, davon zwei im Gehirn vorkommend.

Aus der Klasse der Kohlehydrate haben wir im Gehirn das Vorkommen von zwei isomeren Körpern zu verzeichnen, deren einer, der Inosit, scheinbar unverbunden, der andere, die Cerebrose, als das konstituirende Princip der sogenannten Cerebroside nachgewiesen ist.

Der Inosit krystallisirt als ein Dihydrat, $C_6H_{12}O_6 + 2H_2O$, und ist ohne Wirkung auf den polarisirten Lichtstrahl. Er ist der alkoholischen Gährung nicht fähig, erleidet aber leicht die Milch-

säuregährung, und die resultirende Säure ist die gewöhnliche optisch
inactive. Mit Salpetersäure giebt er ein trinitrirtes und ein hexa-
nitrirtes Substitutionsproduct, $C_6H_9(NO_2)_3O_6$ und $C_6H_6(NO_2)_6O_6$. Er
verbindet sich mit Kupferoxyd zu einem Körper von der Formel
$C_6H_{12}O_6 + 3CuO$, der auch als Trihydrat, $C_6H_{12}O_6 + 3CuO + 3H_2O$,
auftritt. Diese Verbindungen sind namentlich mit dem Inosit aus
Ochsenhirn in sehr präciser Form erhalten worden. Der Inosit aus
Menschenhirn ist entweder von dem vorigen verschieden, d. h. mit
ihm nur isomer, oder er ist mit einem Isomeren gemischt, so dass
keine so präcise Kupferoxydverbindungen wie aus bovinem Inosit mit
ihm erhalten werden.

Die Cerebrose, $C_6H_{12}O_6$, scheint ohne Wasser zu krystallisiren.
Sie dreht den polarisirten Lichtstrahl nach rechts, und zwar ist die
sogenannte specifische Rotation $= +70°40'$. Unmittelbar nach der
Lösung ist die Rotation ein wenig höher, wird aber nach 24 Stunden beständig. Während das Cholesterin, wenn es synthetisch an-
gesprochen wird, als monodynamischer, der Inosit aber als tridyna-
mischer oder hexadynamischer Alkohol fungirt, erscheint die Cerebrose in ihren natürlichen Verbindungen, soweit sie bis jetzt bekannt
sind, als didynamischer Alkohol. Von ihr sind zwei Formen, die
krystallisirbare, im Vorstehenden charakterisirte, und die unkrystallisirbare, in Bezug auf ihre physikalischen Eigenschaften noch nicht
näher studirte, bekannt. Die Cerebrose geht unter gewissen Umständen in eine ihr isomere zweibasische Säure, die cerebrosische Säure über, $C_6H_{10}(H_2)O_6$, deren Bariumsalz die Formel
$C_6H_{10}BaO_6$ hat. Beide Körper sind daher der Milchsäure, respective
dem milchsauren Baryt isomer, aber nicht metamer. Die Milchsäure
des Gehirns ist die optisch active Para- oder Fleischmilchsäure; von derselben habe ich grosse Mengen aus Menschen- und
Ochsenhirn und viele Salze dargestellt, und ihre Eigenschaften genau
beschrieben, so dass die Angaben von Gorup-Besanez, W. Müller
und anderen Autoren, wonach die Milchsäure aus dem Gehirn des
Kalbes Gährungsmilchsäure sein sollte, als widerlegt zu betrachten sind.

Bei der Chemolyse der unlöslichen Eiweisssubstanz des Gehirns,
des Neuroplastins, wurde eine Reihe von Amidosäuren erhalten,
unter denen zwei besonders merkwürdig erscheinen, da sie Isomere
waren, das gewöhnliche Leucin, $C_6H_{13}NO_2$, welches geschmacklos ist, und ein wegen seines süssen Geschmacks Glykoleucin ge-

nanntes, ebenfalls als $C_6H_{12}NO_2$ formulirtes Product. Die freien Körper sowohl als ihre Kupferverbindungen sind sich vollkommen isomer. Das gewöhnliche Leucinkupfer fällt aus der kochend gesättigten Wasserlösung beinahe augenblicklich nach der Filtration aus, während das Glykoleucinkupfer erst nach längerem Stehen abgesetzt wird. Einmal krystallisirt, ist das letztere in kochendem Wasser viel langsamer löslich, als das erstere. Durch diese verschiedene Löslichkeit der Kupfersalze lassen sich die Isomere trennen, obwohl der Process langwierig ist, da 1 Theil Glykoleucinkupfer, $2 (C_6H_{12}NO_2)$ Cu, 4454 Theile kochenden Wassers zu seiner Lösung erfordert, während 1 Theil gewöhnliches Leucinkupfer 2212 Theile kochenden Wassers zur Lösung erfordert. Diese verschiedene Löslichkeit zeigt sich auch an den freien Leucinen, so dass sich 1 Theil Glykoleucin erst in 82 Theilen Wasser von 15°, während 1 Theil gewöhnliches Leucin sich schon in 30 Theilen Wasser von 15° löst. Der süsse Geschmack des Glykoleucins ist an den Krystallen schwieriger oder langsamer zu bemerken, als an der Lösung. Von der letzteren, wenn kalt gesättigt, giebt ein Tropfen einen deutlich süssen Geschmack über einen grossen Theil des Mundes. Die Intensität der Süsse ist nicht viel geringer, als die einer Inositlösung.

Vor Jahren stellte ich Leucin aus käuflich erworbener Kapronsäure dar; aus vielem Material wurde durch den Bromprocess nur eine kleine Menge Leucin erhalten, das scheinbar alle die Eigenschaften des gewöhnlichen Leucins, aber daneben einen süssen Geschmack besass. Kein Process der Reinigung konnte diesen süssen Geschmack entfernen. Ich bewahrte das Präparat auf, und nach sorgfältigem Vergleich halte ich es für identisch mit dem durch die Barytchemolyse aus Neuroplastin erhaltenen Glykoleucin. Die damals verwandte käufliche Kapronsäure war leider nicht näher charakterisirt worden, so dass ich aus dem Material einen Schluss auf die Constitution des Products zu ziehen nicht für gerathen halte.

In einer längeren Untersuchung über die Cholsäure aus Ochsengalle habe ich gezeigt, dass dieselbe aus wenigstens drei Isomeren besteht, welche getrennt werden können und sehr verschiedene Salze geben. Zwei sind krystallinisch, die dritte bis jetzt nur amorph dargestellt. Die erste Varietät, welche ich Orthocholsäure nenne, entspricht der bisher sogenannten prismatischen Form, die zweite, die ich Metacholsäure nenne, entspricht der sogenannten wasserfreien Form früherer Autoren; von ihr wurde irrthümlich angegeben, dass sie dieselben Salze liefere, wie die prismatische. Die dritte Isomere ist amorph und Paracholsäure genannt. Die bekannte tetrahedrische Form der Cholsäure, das Pentahydrat der Dicholsäure, welches ich aus gefaulter Ochsengalle wiederholt leicht darstellen konnte, habe ich bis jetzt aus keiner der drei isolirten Isomeren erhalten können. Die Orthocholsäure krystallisirt als $C_{24}H_{40}O_5$ $+ H_2O$, die Metacholsäure als $C_{24}H_{40}O_5$; die Paracholsäure hat dieselbe Formel, ist aber amorph. Die zahlreichen merkwürdigen Salze dieser Säuren können hier nicht näher beschrieben werden; ihre Eigenschaften und Reactionen sind sehr diagnostisch und können zur Trennung der Isomeren verwendet werden.

Ein weiterer sehr merkwürdiger Fall von Isomerismus wird durch das von mir 1879 entdeckte Urotheobromin, $C_7H_8NO_2$, geboten. Dieses aus menschlichem Harn durch verschiedene, in einer andern Analecte beschriebene Methoden dargestellte Alkaloid hat dieselbe Zusammensetzung, wie das Theobromin aus Cacao, ist aber damit keineswegs identisch. Die Base aus Harn ist viel löslicher in Wasser als Theobromin; sie wird durch essigsaures Kupfer vollständig gefällt, während Theobromin dadurch nicht gefällt wird. Das dritte hierher gehörige Isomer ist das Dioxylmethylpurin (methylirte Harnsäure).

Eine der Harnsäure isomere Paraharnsäure wurde von mir aus dem Harn eines an subacuter Leberatrophie leidenden Mannes dargestellt. Ihre Löslichkeit und Krystallform war derart von den entsprechenden Eigenschaften der gewöhnlichen Harnsäure verschieden, dass man nicht umhin konnte, den Unterschied anzuerkennen.

In Bezug auf das Methämoglobin ist durch Hüfner gezeigt worden, dass dasselbe nur ebensoviel lose gebundenen, athembaren Sauerstoff enthält, wie das Oxyhämoglobin. Auch geht das letztere beim Umkrystallisiren leicht in das erstere über und nimmt dabei eine neue Krystallgestalt an. Obwohl nun von der Basis dieser Thatsachen die rasche Genese des Methämoglobins aus Oxyhämoglobin durch oxydirende Agentien, wie Ferricyankalium oder übermangansaures Kali, schwer zu erklären ist, kann man sich doch der Ansicht nicht erwehren, dass beide Körper isomer seien. Dem Methämoglobin wird eine festere Bindung des Sauerstoffs, als die im Oxyhämoglobin stattfindende zugeschrieben. Die Möglichkeit dieses Isomerismus kann von practischer Wichtigkeit sein; denn ich habe

z. B. gefunden, dass in einem an Milzbrand, also dem bakteriellen Anthrax verstorbenen Ochsen, das ganze Blutroth in Methämoglobin verwandelt war.

Indem ich so die Aufmerksamkeit der Forscher und Leser auf einige genau ermittelte Fälle des Isomerismus in der physiologischen Chemie richte, darf ich nicht verschweigen, dass mir die Existenz einer grösseren Anzahl ähnlicher Fälle durch vorläufige Beobachtungen, welche man passend Aperçus genannt hat, angedeutet scheint. Unter den Eiweisssubstanzen und den Phosphatiden könnte man sie so zu sagen mit Händen greifen. Allein es ist besser, weitere Untersuchungen genaueren Studien zukünftiger Forscher zu überlassen.

5. Ueber die Constitution der Phosphatide.

Die phosphorhaltigen Körper des Gehirns bilden eine Gruppe, deren Glieder die Eigenschaft gemein haben, dass sie Phosphor in der Form der Phosphorsäure und daneben wenigstens drei, häufig vier, zuweilen fünf weitere Elemente, und diese hauptsächlich in der Form von zwei bis fünf organischen zusammengesetzten Radikalen enthalten. Da nun das am frühesten bekannte Glied dieser Gruppe, das Lecithin, bei der Chemolyse seine Phosphorsäure hauptsächlich in Verbindung mit Glycerol, als sogenannte Glycerophosphorsäure lieferte, so wurde angenommen, dass alle phosphorhaltigen Körper, deren Existenz man hypothetisch der Untersuchung vorausschickte, den Fetten ähnlich constituirt seien, dass sie ebenfalls Verbindungen des Radikals des Glycerols mit zusammengesetzten organischen Radikalen, mehr speciell ausgedrückt, dass sie Aether des Alkohols Glycerol seien und die Phosphorsäure nur als ein angefügtes Radikal, als Seitenkette, aber nicht als fundamentales oder construirendes Radikal enthielten. Da wir aber schon jetzt wenigstens ein phosphorhaltiges Educt aus dem Hirn kennen, welches kein Glycerol enthält und daher bei der Chemolyse keine Glycerophosphorsäure, sondern nur Phosphorsäure ohne ein ihr anhängendes organisches Radikal, neben anderen Spaltungsproducten liefert, so sind wir dadurch in den Stand gesetzt, ja vielleicht genöthigt, die

Theorie der Phosphorsubstanzen einer Revision zu unterwerfen. Das Resultat dieser Untersuchung ist nun, dass die phosphorhaltigen Substanzen keineswegs Glyceride sind, wie solche gewöhnlich definirt werden und mit Fetten, als Glyceride betrachtet, nichts weiter gemein haben, als dass einige derselben die Radikale gewisser Fettsäuren enthalten, welche ebenfalls in Fetten vorkommen, während sie in physischen und chemischen Eigenschaften von Fetten weit verschieden sind. In Folge dieser neuen Erkenntniss habe ich die phosphorhaltigen Educte Phosphatide genannt, d. h. Substanzen, welche den Phosphaten ähnlich, aber keineswegs damit identisch sind; von der Annahme ausgehend, dass ihr construirendes oder hauptsächlich verbindendes Radikal die Phosphorsäure sei, und dass in diesem Radikal eine Molekel oder zwei oder drei Molekeln Hydroxyl durch die Radikale von Alkoholen, Säuren oder Basen ersetzt sein könnten, und dass an eine durch drei derartige Substitutionen gebildete Molekel ein viertes Radikal, entweder durch Substitution eines Elements in einem selbst substituirten Radikal, als sogenannte Seitenkette, oder durch Addition unter Verlust von Wasser aus dem addirten Radikal angefügt sein könne. Nach diesen Voraussetzungen liessen sich die folgenden typischen Formeln construiren:

Phosphorsäure.

$$(\text{Phosphoryl}) \ OP \begin{cases} \text{HO (Hydroxyl)} \\ \text{HO (Hydroxyl)} \\ \text{HO (Hydroxyl)} \end{cases}$$

Stickstofffreies Phosphatid.
Beispiel: Kephalophosphorsäure.

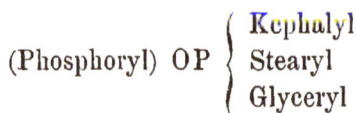

$$(\text{Phosphoryl}) \ OP \begin{cases} \text{Kephalyl} \\ \text{Stearyl} \\ \text{Glyceryl} \end{cases}$$

Ein-Stickstoffhaltiges Phosphatid.
Beispiel: Lecithin.

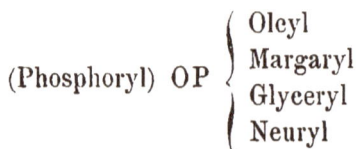

$$(\text{Phosphoryl}) \ OP \begin{cases} \text{Oleyl} \\ \text{Margaryl} \\ \text{Glyceryl} \\ \text{Neuryl} \end{cases}$$

Zwei-Stickstoffhaltiges Phosphatid.

Beispiel: Amidomyelin.

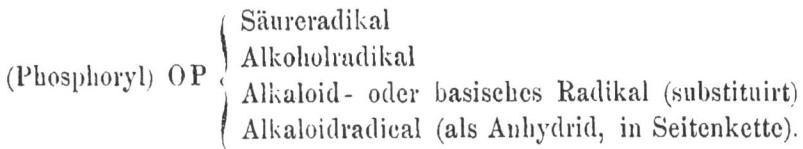

(Phosphoryl) OP $\begin{cases} \text{Säureradikal} \\ \text{Alkoholradikal} \\ \text{Alkaloid- oder basisches Radikal (substituirt)} \\ \text{Alkaloidradical (als Anhydrid, in Seitenkette).} \end{cases}$

Die Körper, zu deren Darstellung die vorstehenden Formeln anwendbar sind, enthalten das Radikal der Phosphorsäure einmal und können daher Monophosphatide genannt werden; man findet aber im Hirn und anderen protoplastischen Mittelpunkten Körper, welche das Phosphorylradikal zweimal enthalten, und welche daher als Diphosphatide beschrieben werden können. Das Educt, welches diese Untergruppe vorstellt, enthält etwa sieben Procent Phosphor, und kann vielleicht nach folgender Formel construirt sein:

Zwei-Stickstoffhaltiges Doppelphosphatid.

Beispiel: Assurin.

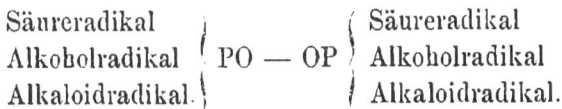

$\left.\begin{array}{l} \text{Säureradikal} \\ \text{Alkoholradikal} \\ \text{Alkaloidradikal.} \end{array}\right\}$ PO — OP $\left\{\begin{array}{l} \text{Säureradikal} \\ \text{Alkoholradikal} \\ \text{Alkaloidradikal.} \end{array}\right.$

Die stickstofffreien Phosphatide, davon ich ein Beispiel in der Gestalt eines Products, der Kephalinphosphorsäure, angeführt habe, sind als Educte noch wenig bekannt, obwohl zwei derartige Körper in dem Theil des Spiritusauszugs des Gehirns enthalten sind, welcher sich practisch als die buttrige Materie unterscheiden lässt. Ich werde daher im Folgenden hauptsächlich die stickstoffhaltigen Phosphatide betrachten, unter welchen Lecithin am frühesten bekannt und bis auf meine Untersuchungen das einzige war, über welches Nachrichten existirten.

In dieser Untergruppe steht Stickstoff zu Phosphor im Verhältniss von einem Atom zu einem Atom, Beziehungen, welche sich durch die Formel $N : P = 1 : 1$ ausdrücken lassen. Von den Educten des Gehirns gehören vier Species mit ihren Varietäten zu dieser Untergruppe, nämlich die Lecithine, Kephaline, Paramyeline und Myeline, auch ein Product kann hierher gerechnet werden, die Sphingomyelinsäure, welche aus einem zweistickstoffhaltigen Educt, dem Sphingomyelin, durch Abspaltung eines stickstoffhaltigen Radikals erhalten worden ist. Diese letztere Säure enthält

kein Glycerol; die Lecithine und Kephaline enthalten sicher, die
Paramyeline wahrscheinlich Glycerol; betreffs der Myeline ist in
dieser Beziehung noch Nichts ermittelt.

Lecithin, welches, wie bekannt, nach seinem Vorkommen im
Eidotter benannt worden, konnte bisher aus dem Gehirn nur mit
grossen Schwierigkeiten erhalten und nicht rein dargestellt werden.
Nicht nur waren die Processe zu seiner Darstellung sehr complicirt,
sondern sie waren auch geeignet, dieses an sich am meisten zer-
setzliche Phosphatid noch zur Spaltung zu disponiren. So z. B. zeigte
sich dasselbe sehr geneigt, wenn es mit Salzsäure und Platinchlorid
verbunden, getrocknet wurde, Oelsäure abzugeben: dieses Verhalten
war um so schwerer erklärlich, als das salzsaure Lecithin für sich
ein sehr stabiles krystallisirtes Salz ist. Allein die Zersetzlichkeit
des Lecithins hört ganz auf, wenn dasselbe mit Cadmiumchlorid
verbunden und diese Verbindung getrocknet ist. Im freien trocknen
Zustand ist es ziemlich unveränderlich, aber in ätherischen und
alkoholischen Lösungen nimmt es schnell eine gelbliche oder bräunliche Farbe an, welche wahrscheinlich von einer Veränderung des
Oleylradikals herrührt, durch das es charakterisirt ist. Die Neigung zu spontaner Spaltung in seine nächsten Kerne ist indessen
keineswegs so gross, als sie von den meisten Autoren, stets ohne
Beweise, beschrieben wird. In der That, es scheint mir, als ob die
verbesserten Processe zu seiner Darstellung, welche ich unter der
Analecte das Lecithin betreffend beschrieben habe, diese Zersetzungen vollständig verhüteten. Auf chemolytischem Wege ist das Lecithin am leichtesten von allen Phosphatiden zersetzbar, und diese
Hinfälligkeit könnte manche Phänomene in Krankheiten erklären,
nach welchen man zuweilen eines oder das andere der Zersetzungsproducte des Lecithins gefunden hat. Bis jetzt habe ich keinen
Grund anzunehmen, dass im Gehirn ein zweistickstoffhaltiges Lecithin vorkomme, aber angesichts der zweistickstoffhaltigen Educte,
welche im Folgenden beschrieben werden, darf man die Möglichkeit
dieses Vorkommens nicht aus dem Sinne verlieren.

Ich habe die ausführlichen Formeln der Lecithine als Phosphatide betrachtet, bereits in der betreffenden Analecte gegeben; die
zusammengezogenen Formeln sind die folgenden:

Oleo-Palmito-Glycero-Neuro-Phosphatid $= C_{42}H_{82}NPO_8$.
Oleo-Margaro-Glycero-Neuro-Phosphatid $= C_{43}H_{84}NPO_8$.
Oleo-Stearo-Glycero-Neuro-Phosphatid $= C_{44}H_{86}NPO_8$.

Von diesen Lecithinen lassen sich sehr präcise Salze darstellen, z. B. sind vom zweiten Lecithin die folgenden analysirt
worden:

Chlorcadmiumsalz . . . . $C_{43}H_{34}NPO_3 + CdCl_2$.
Salzsaures Lecithin . . . . . . $C_{43}H_{34}NPO_3 + HCl$.
Salzsaures Lecithin mit Platinchlorid $2(C_{43}H_{34}NPO_3 + HCl) + PtCl_4$.

In den Chemolysen wurden die Oel-, Margarin-, Palmitin- und
Stearinsäure isolirt; die Oelsäure characterisirt das Phosphatid; die
Stearinsäure wurde stets nur in sehr kleinen Mengen gefunden; es
ist wahrscheinlich, dass ein Isomeres der Stearinsäure, welches zuerst von mir beschrieben worden ist, zuweilen im Lecithin vorkommt.
Die ziemlich allgemein angenommene Identität der Margarin- mit der
Palmitinsäure, ist mir, soweit dabei aus Hirneducten abgeleitete Präparate in Betracht kommen, noch etwas zweifelhaft; die Entdeckung
der Existenz von vier Isomeren der Stearinsäure hat meine Zweifel
in dieser Sache nur bestärkt. Neben diesen Säuren enthielt und gab
das Lecithin stets Glycerol, Phosphorsäure und Neurin.

Wie die Lecithin-Species durch die Gegenwart des Radicals der
Oelsäure bezeichnet ist, so ist die Kephalinspecies durch die
Gegenwart des Radikals einer besonderen Säure characterisirt, welche
ich Kephalinsäure genannt habe. Diese Säure ist viel veränder-
licher als die Oelsäure und überträgt diese Eigenschaft auf alle Verbindungen, in welchen sie gegenwärtig ist. Die Veränderung in
diesen Fällen sieht zuweilen aquisitiv aus, als ob Sauerstoff aufgenommen würde; es liess sich dies aber nicht nachweisen; zuweilen
scheint die Veränderung intramolekular zu sein, also in einer Trans-
position von Atomen zu bestehen; keinesfalls führt die Veränderung
zur Spaltung in nächste Kerne ohne die Hülfe starker Reagenzien.
Das zweite Fettsäureradical im vorwaltenden Kephalin ist Stearyl;
andere Radikale am Platz des letzteren sind nur in sehr geringen
Mengen vorhanden. Die Glieder dieser Untergruppe zeigen bei der
Analyse eine sehr bemerkenswerthe Verschiedenheit in der Menge des
Sauerstoffs, so dass man denken könnte, sie seien dadurch characterisirt. Allein diese Erscheinung wird von den Resultaten der Chemolyse kaum oder nur theilweise erklärt, sodass man ohne viele
weitere Analysen eine absolute Formel der Kephaline, namentlich
was ihren Wasserstoff- und Sauerstoffgehalt betrifft, nicht zu geben
im Stande ist.

Ein Kephalin kann daher als Kephalo-Stearo-Glycero-Neuro-Phosphatid definirt und in folgender Formel dargestellt werden:

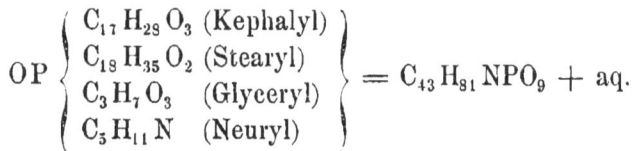

$$OP \begin{cases} C_{17}H_{29}O_3 & \text{(Kephalyl)} \\ C_{18}H_{35}O_2 & \text{(Stearyl)} \\ C_3H_7O_3 & \text{(Glyceryl)} \\ C_5H_{11}N & \text{(Neuryl)} \end{cases} = C_{43}H_{81}NPO_9 + aq.$$

Ein Phosphatid, um unter die Definition eines Kephalins zu fallen, muss daher das Radikal Kephalyl oder ein Homologes desselben enthalten; dieses Radikal bedingt die Haupteigenschaften der Verbindung; seine besonderen Eigenschaften herrschen über die des Radikals der zweiten Säure vor.

Ein Kephalin mit Palmityl, $C_{16}H_{31}O_2$, an der Stelle von Stearyl, würde die summarische Formel $C_{41}H_{77}NPO_9 + aq$, ein Kephalin mit Margaryl, $C_{17}H_{33}O_2$, würde die Formel $C_{42}H_{79}NPO_9 + aq$ haben. Im Fall es mehrere homologe Kephalinsäuren gäbe, wie einige Analysen anzudeuten scheinen, würde, für ein Kephalyl von der Formel $C_{18}H_{30}O_3$, verbunden mit Stearyl, Margaryl oder Palmityl, jede der vorstehenden summarischen Formeln um CH_2 vergrössert werden müssen, so dass das complicirteste Kephalin 44 Atome Kohlenstoff enthalten würde.

Die bis jetzt analysirten Kephaline und ihre Verbindungen lassen sich, unter den mitgetheilten Reservationen, einstweilen empirisch in folgender Reihe aufzählen:

Kephalin (empirische Formel) . . $C_{42}H_{79}NPO_{13}$.
Kephalin vielleicht . . . . $C_{42}H_{69}NPO_8 + 5H_2O$.
Kephalin-Chlorcadmium . . . . $C_{42}H_{79}NPO_{13} + CdCl_2$.
(Dissociirt sich theilweise in wässrigen Reagentien, z. B. Spiritus).
Salzsaures Kephalin-Platinchlorid . $2(C_{42}H_{79}NPO_{13} + HCl) + PtCl_4$.
Kephalin mit Amidokephalin . . $\begin{cases} C_{42}H_{80}N_2PO_{13}. \\ 2(C_{42}H_{79}NPO_{13}). \end{cases}$
(Mischung).
Oxykephalin-Chlorcadmium . . . $C_{42}H_{79}NPO_{14} + CdCl_2$.
Peroxykephalin . . . . . . $C_{42}H_{79}NPO_{15}$.
Kephaloidin . . . . . . $C_{42}H_{79}NPO_{13}$.
Oxykephaloidin-Chlorcadmium . . $2(C_{42}H_{75}NPO_{14}) + CdCl_2$.

Ich habe wenig Zweifel über die Existenz eines zwei Atome Stickstoff enthaltenden Kephalins, Amidokephalin genannt, welches beinahe ein Drittel eines analysirten Kephalin-Präparats ausmachte. Dieser Körper ist für sich in Aether weniger löslich als das Hauptkephalin. Seine Constitution ist wahrscheinlich der des in einer besonderen Analecte zu beschreibenden Amidomyelins analog. Allein ich habe dasselbe noch nicht definitiv untersucht. In dieser Angelegenheit muss dieselbe Vorsicht und Geduld geübt werden wie die, welche zur endlichen Trennung des Myelins geführt hat. Dabei scheinen mir differenzirende Fällungs- und Lösungsmittel versprechender als Krystallisationsversuche. Die Kephaline sind alle in Aether so leicht löslich, dass sich die Lösungen zum Syrup concentriren lassen, ohne dass Kephalin auskrystallisirt oder ausfällt. Bei starker Kälte entstehen Krystalle, die aber beim Versuch zum Abpressen wieder schmelzen. Alle Verbindungen des Kephalins sind in Aether leicht löslich, dagegen meist in Alkohol wenig löslich oder unlöslich; das salzsaure Kephalin ist dagegen in Alkohol leicht löslich und bis jetzt nicht krystallisirbar.

Von den durch Chemolyse erzeugten Spaltungsproducten des Kephalins habe ich die Kephalophosphorsäure bereits unter den stickstofffreien Monophosphatiden aufgezählt. Das Hauptproduct der vollständigen Spaltung ist die Kephalinsäure. Alle ihre Salze sind in Aether löslich, in Alkohol wenig löslich oder unlöslich. Im freien Zustand sowohl wie in Verbindungen nimmt sie eine braune Farbe an, und fährt bei jeder Operation zu dunkeln fort. Durch keinen Kunstgriff hat diese Farbe bis jetzt entfernt oder ihre Bildung verhindert werden können. Dadurch werden Darstellungen mühsam und Analysen unsicher. Die Formeln, welche sich bisher für die Säure construiren liessen, wechseln zwischen $C_{19}H_{32}O_3$ und $C_{17}H_{28}O_3$ oder $C_{17}H_{30}O_3$ und $C_{17}H_{32}O_3$. Sie sind hauptsächlich aus Bariumsalzen hergeleitet, welche von 18,28 bis 20,5 pCt. Ba, in mehreren Fällen 19,29 bis 19,89 pCt. Ba enthielten. Die Kephalinate des Bariums, Calciums und Bleis sind braune, durch Alkohol in Aetherlösung erzeugte Niederschläge. Offenbar ist der bis jetzt zu ihrer Isolation unentbehrliche Aether zugleich das Hauptagens zu ihrer Veränderung. Das zweite hauptsächliche chemolytische Product des Kephalins ist die Stearinsäure, $C_{18}H_{36}O_2$, mit Schmelzpunkt 69,5. Sie ist leichter rein darzustellen und giebt sehr präcise Salze, z. B. das Bariumsalz $2(C_{18}H_{35}O_2)Ba$ und das Bleisalz $2(C_{18}H_{35}O_2)Pb$. Die Glycerophosphorsäure wurde aus dem Kephalin als Bleisalz, Calciumsalz, $C_3H_7CaPO_6$, und in der neuen Form des sauren Calciumsalzes, $C_6H_{16}CaP_2O_{12}$ isolirt; ebenso wurde das neutrale und das saure Bariumsalz mit Formeln, welche den Kalksalzen parallel

siud, isolirt; das saure Salz wurde in drei Formen erhalten, krystallisirt, ferner einfach hydratirt und als Alkoholohydrat, in welch letzterem Zustand das pulverförmige Salz wenigstens 3 Molekel Alkohol
und 6 Molekel Wasser enthielt. Das Kephalin lieferte ferner Neurin
und eine zweite, wahrscheinlich vom Neurin abgeleitete Base. Die
zweite Base im Amidokephalin ist noch nicht isolirt worden.

Die dritte Unterabtheilung dieser Untergruppe wird durch Paramyelin repräsentirt, ein Phosphatid, welches wahrscheinlich Gly-
ceryl-Neuryl und neben einem Fettsäureradical von wenig hervor-
stechenden Eigenschaften ein bisher unbekanntes Oleo-Cholid
Radical enthält. Paramyelin gibt nämlich mit Vitriolöl und Zuckersyrup augenblicklich eine tief purpurne Reaction; die Mischung von
Säuren, welche durch Chemolyse mit Baryt hervorgebracht wird, gibt
dieselbe Reaction in noch intensiverer Weise. Paramyelin ist ein
weisser fester Körper, welcher aus kochendem Alkohol in Täfelchen
und Nadeln krystallisirt. Es verbindet sich mit Chlorcadmium und
die Löslichkeit dieser Verbindung in heissem, ihre Unlöslichkeit in
kaltem Benzol geben die Möglichkeit ihrer Trennung von anderen
Phosphatiden. Es verbindet sich nicht mit Salzsäure, wie das Lecithin, sondern krystallisirt aus der mit Schwefelwasserstoff zersetzten
Cadmiumverbindung ohne Säure und wird von den letzten Spuren
derselben durch Umkrystallisiren und Waschen befreit. Das Paramyelin ist daher, ähnlich dem Myelin, mehr durch saure als basische Eigenschaften charakterisirt, obwohl es in seiner Verbindung
mit Chlorcadmium den Charakter eines Alkaloids aufrecht erhält.
Die vorläufige Formel für diese Verbindung ist $C_{33}H_{75}NPO_9 + CdCl_2$.
In einigen Analysen ist etwas weniger Kohlenstoff gefunden worden.
Das freie, schön krystallisirte Paramyelin gab 4,31 pCt. P und
2,06 pCt. N, also P : N = 1 : 1. Die weitere Untersuchung dieses
Eductes wird sich nun hauptsächlich auf seine Spaltungsproducte
zu richten haben, namentlich um festzustellen, ob es Glycerol und
Neurin enthält oder nicht.

Während Lecithin hauptsächlich als Alkaloid fungirt, mit Salzsäure eine stabile Verbindung eingeht, aber sich nicht mit Bleioxyd
verbindet, während Paramyelin sowohl Säuren als Basen verschmäht
und nur mit specifischen Alkaloidsalzen Verbindungen eingeht;
während die Kephaline sowohl saure als alkaloidische Verwandtschaften an den Tag legen, zeigen die Glieder der vierten Species
der einstickstoffhaltigen Monophosphatide, die Myeline haupt-

sächlich saure Eigenschaften. Das repräsentative Myelin ist eine stabile feste Substanz und verbindet sich mit Blei wie eine zweibasische Säure, in ihr können zwei Atome Wasserstoff durch ein didynamisches Atom Blei ersetzt werden. Da es wenig hervortretende alkaloidische Eigenschaften hat, so muss man bei ihm wie beim Paramyelin auf eine eigenthümliche Constitution gefasst sein, über welche ohne erschöpfende Chemolyse keine Ansicht ausgesprochen werden kann; sein chemischer Character könnte aber derart sein, dass es von den drei vorigen Gruppen getrennt werden müsste. Die wahrscheinlichste Formel des Myelins ist $C_{40}H_{75}NPO_{10}$, die seines Bleisalzes $C_{40}H_{73}PbNPO_{10}$. Es ist nicht unwahrscheinlich, dass es Myeline gibt, welche in ihrem Kohlenstoffgehalt zwischen 39 bis 44 Atomen schwanken.

Ich komme nun zu der Untergruppe der zweistickstoffhaltigen Monophosphatide, über welche ich bereits im Jahre 1874 eine vorläufige Mittheilung gemacht habe. Damals gelang es mir, nur die Existenz des Amidomyelins aus den Analysen von Mischungen zu erschliessen, in denen es wiederholt unwidersprechlich nachgewiesen wurde. Aber das Apomyelin wurde schon damals isolirt und war das erste Beispiel einer thierischen Phosphorsubstanz, in welcher zwei Atome Stickstoff auf ein Atom Phosphor enthalten sind. Damit nun war der Weg zur Erklärung der Schwankung des Stickstoffs in diesen Körpern gefunden, einer Schwankung, welche z. B. an verschiedenen Lecithinpräparaten beobachtet, von einem der berühmtesten organischen Chemiker, Strecker, weder erklärt noch eliminirt werden konnte. Diese Schwankungen hatte ich an vielen, scheinbar ganz einförmigen Verbindungen von Hirneducten mit Platinchlorid sowohl als Cadmiumchlorid beobachtet. Da in Lecithin und Myelin $P:N = 1:1$, so konnte ein ähnlich constituirtes Object, in welchem alle Elemente ausser dem Stickstoff in demselben rationalen Verhältniss stehen wie in diesen Körpern, nur eine Mischung sein. Da nun der Stickstoff regelmässig im Ueberschuss und zwar gar nicht selten im Verhältniss von $P:N = 2:3$ vorkam, so war der Schluss auf die Gegenwart eines zwei Stickstoffatome enthaltenden Phosphatids neben einem solchen, welches ein Atom Stickstoff auf ein Atom Phosphor enthielt, unvermeidlich. Ich adoptirte also die Hypothese als interimistische Erklärung meiner analytischen Resultate und theilte diese Resultate mit.

Grundlos und widerwärtig waren die Einwände, welche meine

Gegner und Kritiker bei dieser Gelegenheit erhoben. Zu thun hatte man mit definitiven Mischungen von im Allgemeinen congruenten Substanzen, die mit wohlbekannten Fällungsmitteln verbunden, sich von incongruenten Beimischungen, so man Unreinigkeiten schlechtweg nennen konnte, scharf unterscheiden liessen. Einige derselben, die Platinsalze z. B., aus denen hernach Apomyelin erhalten wurde, waren schön krystallisirt. Allein diese mit grösster Sorgfalt und vollständiger Uebersicht aller auftretenden Phänomene fortgeführte philosophische Untersuchung schien diesen Kritikastern ein willkommener Gegenstand für ihre Invective, und sie stellten sie ihrem Animus gemäss so dar, als ob sie nur eine sinnlose Reihe von Elementaranalysen an von einem Blinden zusammengekratzten Sammelsurium undefinirter Körper wären. In dieser Denkweise ging A. Gamgee sogar soweit, dass er die von mir hervorgehobenen Unterschiede geradezu ignorirte und ohne die Präparate zu nennen, denen sie zugehörten, eine Liste der Kohlenstoffprocente aufstellte, welche im Myelin (C = 63,409 pCt.) im Apomyelin (C = 67,01 pCt.) und den verschiedenen als solche gekennzeichneten und formularisirten Mischungen der Amidomyeline mit nur ein Atom Stickstoff enthaltenden Phosphatiden, hauptsächlich Myelin oder Paramyelin, in welchen der Kohlenstoff nothwendigerweise zwischen etwa 62 und 65 pCt. schwankte, enthalten war. Darunter waren also Körper mit N : P = 2 : 1; Mischungen mit N : P = 3 : 2; mit N : P = 5 : 3 und in allen, ausser dem Apomyelin, war natürlich Monophosphatid mit mit N : P = 1 : 1 enthalten. Von allen diesen, einem bestimmten Zwecke dienenden Analysen, dem Zwecke nämlich, gerade entdeckte Mischungen näher kennen zu lernen und in ihre Bestandtheile zu zerlegen, dichtete er mir nun an, ich habe sie auf Myelin schlechtweg bezogen und drückt seine Verwunderung aus, dass ich bei so weit verschiedenen Kohlenstoffprocenten noch von einen definitiven individuellen Myelin reden könne! Zugleich dichtete er mir auch an, dass mein Myelin weiter nichts als Diakonow's Lecithin sei. Diese letztere Andichtung schloss auch noch eine Insinuation ein, welche sie doppelt odiös machte, nämlich dass ich dem Lecithin Diakonow's nur den Namen Myelin beigelegt und in meinem Myelin eigentlich gar keine Entdeckung gemacht habe. Diese Erfindung habe ich bereits am Schluss der Analecte über das Lecithin genügend zurückgewiesen.

Also auch in dieser Angelegenheit sind die Protagonisten und

Afterkritiker vollständig aus dem Feld geschlagen. Meine Methode hat einfach und in allen Stücken gesiegt. Hatte ich in 1874 noch einige Bedenken gegen die Immediat-Natur des Apomyelins, die übrigens nur auf dem langen und schwierigen Process der Darstellung beruhte, so konnte nach erfolgreicher Wiederholung des Versuchs mit kürzeren Methoden dieser Zweifel nicht länger bestehen. Apomyelin zeigte sich als echtes Educt und Immediat-Princip des Gehirns. Dazu kam nun Amidomyelin als das zweite, und Sphingomyelin als das dritte Monophosphatid mit zwei Atomen Stickstoff in der Molekel. Das Amidomyelin insbesondere wurde von seinen häufigsten einstickstoffhaltigen Begleitern, dem Lecithin und Paramyelin, auf eine so genaue Weise getrennt, dass man den Process in technischer Sprache als einen quantitativen, d. h. zur quantitativen Bestimmung der betreffenden Materie geeigneten bezeichnen kann.

Die Existenz und Individualität des Amidomyelins sind durch directe Darstellung und Analyse bewiesen. Allein seine Constitution ist noch nicht durch Chemolyse ermittelt worden. Die zwei Atome Stickstoff, welche es enthält, sind auf zwei verschiedene Radikale vertheilt, und beeinflussen den Charakter der Verbindung in der Weise, dass sie sich als eine zweisäurige Base, oder als dipolares Alkaloid darstellt. Vermöge des letzteren Charakters verbindet sich Amidomylin mit Chlorkadmium in zwei Verhältnissen; die vollständig gesättigte Verbindung, welche gewöhnlich erhalten wird, enthält etwas mehr als 30 pCt. Chlorkadmium. Das Amidomyelin ist im freien Zustande und in vier Verbindungen dargestellt und analysirt worden.

Amidomyelin . . . . . $C_{44}H_{88}N_2PO_9$.
Salzsaures Amidomyelin . . . . $C_{44}H_{88}N_2PO_9 + HCl$.
Amidomyelin einfach Chlorcadmium $C_{44}H_{89}N_2PO_9 + CdCl_2$.
Amidomyelin zweifach Chlorcadmium $C_{44}H_{89}N_2PO_9 + 2(CdCl_2)$.
Salzsaures Amidomyelin-Platinchlorid $2(C_{44}H_{89}N_2PO_9 + HCl) + PtCl_4$.

Die zweite Untergruppe der zweistickstoffhaltigen Monophosphatide schliesst Sphingomyelin und Apomyelin ein. Das Sphingomyelin ist viel untersucht und chemolysirt worden, und hat nicht nur die grundlegenden Daten geliefert, auf welche die Hypothese der Phosphatide aufgebaut ist, sondern hat auch die erste Kenntniss über einige der Wissenschaft neue zusammengesetzte Radikale hergegeben. Ich behaupte nicht, dass die Kenntniss dieser Körper, welche sich nach der Chemolyse als Säuren, Alkaloide oder Alkohole zeigen, vollständig abgerundet sei. Denn während ihrer Untersuchung erschienen grosse und vielfältige Schwierigkeiten, welche namentlich durch Phänomene der Homologie und des Isomerismus bedingt waren. So war ein Product eine Fettsäure, von der durch die Formel $C_{16}H_{36}O_2$ ausgedrückten Zusammensetzung, und stellte sich demnach als das dritte in diesen Untersuchungen entdeckte Isomere der Stearinsäure dar. Ich nannte die Säure Sphingostearinsäure; sie schmilzt bei 57^0, daher beinahe um dasselbe Intervall unter der bei 69,5 schmelzenden gewöhnlichen Stearinsäure als die Neurostearinsäure, Schm.-P. 84^0, darüber schmilzt. Es folgt aus dem Vorhergehenden, dass Fettsäuren aus dem Gehirn ferner weder durch ihre Elementarzusammensetzung, noch durch ihren Schmelzpunkt allein diagnosticirt werden können, sondern dass zur Bestimmung ihrer Qualität beide Daten, und zu einer genauen Diagnose eine vollständige Kenntniss aller physikalischen und chemischen Eigenschaften, und dann noch Reactionen erforderlich sind. Insbesondere hat jetzt eine Schmelzpunktbestimmung einer fetten Säure aus dem Gehirn für sich gar keinen diagnostischen Werth mehr, und kann namentlich nicht mehr benutzt werden, um vermittelst der bekannten Tafeln von Heintz die Quantitäten der Ingredienzien von Mischungen zu ermitteln, von welchen gewisse Schmelzpunkte als genaue Exponenten angenommen werden.

Wie sehr die Phänomene des Isomerismus die biologische Chemie im Allgemeinen, und die Chemie des Gehirns im Besonderen complicirten, ergiebt sich noch aus dem Folgenden. Ein anderes Product der Chemolyse ist ein Alkohol, Sphingol, der die empirische Formel $C_9H_{19}O$, oder $C_{18}H_{36}O_2$ hat; in der Annahme, dass die letztere Formel sein Atomgewicht ausdrückt, wäre er das vierte Isomere der Stearinsäure.

Ein drittes Product der Chemolyse des Sphingomyelins ist ein Alkaloid, welches dem durch Chemolyse aus den Cerebrosiden erhaltenen Sphingosin, $C_{17}H_{35}NO_2$, sehr ähnlich ist, aber etwas mehr Kohlen- und Wasserstoff enthält und demgemäss die Formel $C_{20}H_{41}NO_2$ hat. An diese drei Radikale ist noch eine Molekel Neuryl, $C_5H_{11}N$ angefügt, so dass auf seine Chemolyse hin wir dem Sphingomyelin drei etwas verschiedene Constitutionsformeln zuschreiben können, in deren jeder drei Glieder gewiss sind, während von den zwei übrigen

Gliedern eines in Bezug auf seine procentische Zusammensetzung gewiss, aber in Bezug auf sein Atomgewicht noch ungewiss ist; das zweite aber, nämlich das zweite stickstoffhaltige Radikal, noch nicht genügend definirt ist, um bei synthetischen Berechnungen viel Hülfe zu gewähren. Die kleinste Formel giebt ein Ganzes von $C_{52}H_{104}N_2PO_7$, während die grösste zu einer Hauptformel mit 61 Kohlenstoff führt; aber alle empirischen Formeln für Sphingomyelin, welche wir gleich aufzählen werden, schliessen die Nothwendigkeit der Annahme der Gegenwart einiger Molekel von Wasser in dem Complexe ein, welche durch die Summe der Producte der chemischen Spaltung nicht angezeigt werden.

Es ist gewiss, dass die kleinste eben angeführte Formel, welche beinahe identisch mit der von mir früher gegebenen Formel für Apomyelin ist, nur ein Typus ist, und dass es Körper giebt, in welchen entweder das Alkaloid, oder die Fettsäure, oder der Alkohol von den eben formulirten wahrscheinlich um $- + CH_2$, oder um $- + nCH_2$ abweichen kann. In Bezug auf das durch Chemolyse erhaltene Alkaloid, und den darin enthaltenen Ueberschuss von CH_2 über die von Sphingosin verlangte Formel mag eine Vorsicht hier erwähnt werden, nämlich dass sie möglicherweise von der Beimischung einer kleiner Menge einer Verbindung herrühren könnte, die einmal erhalten worden ist, und die aus Sphingol $C_{18}H_{36}O_2$, und Sphingosin, $C_{17}H_{35}NO_2$, im Ganzen aus $C_{35}H_{69}NO_3 + H_2O$ zu bestehen schien. Wenn alle bis jetzt gefundenen Data constant sind, so können wir nicht bezweifeln, dass unsere Irrthumsgrenzen innerhalb kleiner Entfernungen liegen.

Das typische Sphingomyelin krystallisirt in mikroskopischen Täfelchen, verbindet sich mit Chlorkadmium in zwei Verhältnissen zu krystallisirten Salzen, und giebt bei beschränkter Chemolyse einen Stickstoffkern, nämlich das lose gebundene Neurin $C_5H_{13}NO$ ab; es bleibt dann eine Säure, welche allen Phosphor des Sphingomyelins mit der Hälfte des ursprünglichen Stickstoffs enthält, und in welcher daher $N : P = 1 : 1$. Die Formel der aus dem C_{53}-Sphingomyelin erhaltenen Säure, welche also ein producirtes einstickstoffhaltiges Monophosphatid darstellt, ist $C_{48}H_{95}NPO_{12}$, und ihr Name ist Sphingomyelinsäure.

Ich gebe hier eine Uebersicht der dieser Untergruppe angehörigen bis jetzt analysirten Körper, ihrer Verbindungen und chemolytischen Producte.

Educte.

Sphingomyelin (Ochse) .	$C_{52}H_{104}N_2PO_9 + H_2O$.
Apomyelin (Mensch)	$C_{54}H_{109}N_2PO_9$.
Sphingomyelin (Theorie aus der Chemo-lyse)	$C_{58}H_{115}N_2PO_7 + 2H_2O$.
Sphingomyelin-Chlorcadmium . . .	$C_{51}H_{99}N_2PO_{10} + CdCl_2$.
do. zweifach Chlorcadmium .	$C_{51}H_{99}N_2PO_{10} + 2(CdCl_2)$.

Derivate durch Chemolyse.

Sphingomyelinsäure .	$C_{48}H_{95}NPO_{12}$.
Sphingosin . . .	$C_{17}H_{35}NO_2$.
Base (als Sulphat) .	$2(C_{20}H_{41}NO_2) + H_2SO_4$.
Sphingol	$C_{18}H_{36}O_2$ oder $C_9H_{18}O$.
Sphingostearinsäure (Schmelzpunkt 57^0)	$C_{18}H_{36}O_2$.
Neurin	$C_5H_{13}NO$.
Stickstoffhaltiges Product .	$C_{35}H_{69}NO_3$.
Phosphorsäure	H_3PO_4.

Die zweistickstoffhaltigen Phosphatide geben salzsaure Verbindungen, welche aus wasserfreien Lösungsmitteln in Gegenwart von überschüssiger Säure in ausgezeichneter Form und Reinheit krystallisiren; aber in Gegenwart wasserhaltiger Solventien sind sie nicht fest, sondern geben bei jeder Umkrystallisation Salzsäure ab, so dass sie durch Wiederholung dieses Processes von Säure beinahe ganz befreit werden können.

Von der Gruppe der Diphosphatide, in welcher $N:P = 2:2$, habe ich bis jetzt nur ein Glied isolirt, nämlich das nach dem Assyrischen Gott benannte Assurin, welches in seiner Platinchloridverbindung die Formel $C_{46}H_{94}N_2P_2O_9$ hat. Es ist bis jetzt das am meisten Phosphor enthaltende Phosphatid, während das Phosphatid, welches im Vergleich zum Stickstoff am wenigsten Phosphor enthält, als krystallisirtes Platinsalz aus Ochsengalle erhalten wurde; im letzteren war $N:P = 4:1$, und es charakterisirte sich als Alkaloid mi vier basischen Polen, welche den vier in dem Körper enthaltenen stickstoffführenden Radikalen entsprachen.

Ich habe im Obigen nachgewiesen, dass die phosphorhaltigen Educte des Gehirns eine Klasse von Körpern mit zahlreichen Gattungen darstellen, dass jede Gattung wieder Arten und Varietäten hat, dass sie alle eine sehr verschiedene chemische Construction und Function besitzen und so verbreitet sind, dass sie ihre specifische

Theilnahme an den innersten Processen des protoplasmatischen Lebens beweisen.

Sehr merkwürdig und viele weitere Studien erheischend, ist das Verhalten der Phosphatide des Gehirns mit Wasser; sie vereinigen sich nämlich mit demselben in verschiedenen Weisen; wenn sie eine gewisse begränzte Menge Wasser aufnehmen, so schwellen sie und stellen dann wahre Colloide dar. In diesem Zustande sind dann auch diejenigen Phosphatide, welche im trocknen Zustand in Aether ganz leicht löslich sind, z. B. Kephalin, darin ganz unlöslich; im Allgemeinen kann daher aus feuchten Mischungen, z. B. aus Hirnbrei, kein Phosphatid durch Aether ausgezogen werden. Auch aus Eigelb zieht Aether anfangs nur Fette aus und erst, nachdem durch wiederholten Aufguss von Aether das gefällte Vitellin etwas entwässert worden ist, giebt es Phosphatid an Aether ab. Einige Phosphatide, z. B. Kephalin, werden durch eine genügende Menge Wasser augenblicklich aus der Aetherlösung als Colloide gefällt. Wird dann weiter genügend Wasser zu der Mischung gesetzt, so löst sich das Kephalin in dem Aether enthaltenden Wasser vollkommen auf. Mehrere Phosphatide zeigen diese Löslichkeit, die noch nicht genügend definirt ist. Es kann nämlich in einem und demselben Präparat ein Theil in Wasser ganz löslich, ein anderer unlöslich sein. Daher erhält man aus allen Wassersuspensionen der Phosphatide stets etwas klare wässrige Lösung durch Filtration mit Druck. Nur ein Phosphatid, das Amidomyelin, konnte durch Dialyse seiner zweifach Chlorcadmiumverbindung in vollständig klar in reinem Wasser gelöstem Zustand dargestellt werden. In diesem Zustand floss die Lösung klar durch das beste Filtrirpapier, ohne den geringsten Rückstand auf dem Filter zu hinterlassen. Beim geringsten Erwärmen aber wurde gleich ein Theil unlöslich und bildete eine gelatinöse Fällung. Wir haben also hier eine der Fällbarkeit des Eiweisses durch Wärme analoge Eigenschaft vor uns. Es ist nicht unmöglich, dass in einigen Fällen die Unlöslichkeit auf Anhydridbildung beruht. Wir beobachten nämlich, dass, wenn Phosphatide mit wasserfreien Reagentien erhitzt werden, ein Theil davon schmilzt und von da an ganz unlöslich wird. Um diesen in dem Reagenz, z. B. Alkohol, wieder löslich zu machen, muss er lange mit Wasser warm digerirt, in anderen Worten hydratirt werden; sobald er wieder geschwollen oder colloid geworden ist, löst er sich schnell und leicht in Alkohol. Es ist mir nun sehr wahrscheinlich, dass diese Unlöslichkeit durch

Dehydrirung manchen Phosphatiden auf verschiedene Weise zustossen kann, z. B. auch durch einfaches Austrocknen an der Luft, oder durch die Wirkung von Alkohol oder Aether. Ein Theil der Unlöslichkeit ist auch bedingt durch die Gegenwart kleiner Mengen unorganischer Salze, die durch Säuren und Dialyse entfernt werden müssen. Durch Verbindung mit Salzen werden überhaupt die Phosphatide weniger löslich, als sie im freien Zustande sind; so das Lecithin durch Chlorcadmium. Diese letztere Verbindung hat auch die Eigenschaft, durch langes Kochen mit Alkohol zum Theil dehydrirt und dadurch in Alkohol ganz unlöslich zu werden.

Die wässrigen Lösungen der Phosphatide zeigen wenig Neigung zur sogenannten freiwilligen Zersetzung, und können in verstöpselten Flaschen viele Monate lang ohne Veränderung aufbewahrt werden; in einigen meiner Versuche zeigten sich schwache Phänomene der Zersetzung oder Fäulniss erst nach sechs Sommermonaten. Wasser hat daher die Macht, mehrere Affinitäten der Phosphatide so zu sättigen, dass sie in Ruhe sind; sein Einfluss wechselt je nach der Menge, in der es gegenwärtig ist; herrscht es an Menge vor, so verdrängt es eine Zahl von verbundenen Körpern aus den Phosphatiden; umgekehrt, wenn die sich mit den Phosphatiden verbindenden Körper an Menge vorherrschen, so verdrängen sie das Wasser und der colloide Zustand der Phosphatide verschwindet augenblicklich. Daher bringt in den verdünnten wässrigen Lösungen der Phosphatide, oder in ihren emulsionsartigen Suspensionen beinahe jedes in Wasser lösliche Reagenz, wenn es in genügender Menge zugesetzt wird, einen Niederschlag hervor, welcher das Reagenz in Verbindung enthält. Wenn der Niederschlag aber alsdann in Wasser, oder in ein wasserhaltiges Solvent, welches die verbundene Materie auflösen kann, gebracht wird, so wird die Verbindung sogleich wieder getrennt; das Reagenz geht in das Wasser über und das Phosphatid wird hydratirt und colloidirt; entfernt man das Wasser von Zeit zu Zeit und giebt frisches hinzu, so kommt ein Punkt, wo das Phosphatid löslich wird; bringt man es alsdann auf einen Dialysator, so kann man die letzten Theile des Reagenz entfernen, und dann nicht selten das ganze Phosphatid in Lösung gehen sehen.

Die Reagentien, mit welchen sich die Phosphatide vorzüglich vereinigen und von welchen sie durch Wasser getrennt werden, sind Säuren, Alkalien und Salze. Die Phosphatide besitzen daher alkalische Affinitäten (für Säuren), saure Affinitäten (für Alkalien) und alkaloidische Affinitäten (für Salze); alle diese Affinitäten werden durch Wasser in Menge überwältigt, aber die Verwandtschaft für Wasser wird bei einigen Phosphatiden durch Metalloxyde, z. B. die des Bleis, Kupfers, Mangans, Eisens, und sogar durch Kalk und Kali überwältigt; die Verbindungen mit diesen Metalloxyden werden nur durch starke Säuren getrennt, und die Salze können alsdann ausdialysirt werden. Alle Reagentien, die durch Wasser allein von den Phosphatiden getrennt werden, können durch Dialyse vollständig von ihnen entfernt werden.

Die Phosphatide zeigen daher eine Verschiedenheit in der von ihnen geübten chemischen Verwandtschaft, wie sie keine andere Klasse chemischer Verbindungen in der Natur entwickelt; da nun die Ausübung dieser Verwandtschaften in hohem Maasse durch die wechselnde Menge der Reagentien, und wiederum durch die wechselnde Menge des gegenwärtigen Wassers beeinflusst wird, so kann der Wechsel dieser Bedingungen eine ganz unberechenbare Zahl von Zuständen der Phosphatide und folglich der Hirnsubstanz hervorbringen. Diese Macht auf alle qualitativen und quantitativen chemischen Einflüsse durch Reciprocität von Qualität oder Quantität zu antworten, können wir den Zustand des labilen Equilibriums nennen: es giebt auf der chemischen Seite des Lebens ein kleines Vorspiel der ausserordentlichen Fähigkeiten, welche das Neuroplasma in den höheren Lebensfunctionen entfaltet. Daraus folgt auch, dass das Neuroplasma (schon insofern, als es durch die Phosphatide charakterisirt ist) jedem, auch dem geringsten chemischen Einfluss, welcher ihm durch die Circulation des Blutes zugeführt wird, gehorchen muss. Es muss Metalle, Säuren, Salze, Alkalien und Alkaloide aufnehmen, welche ihm das Blut zubringt; wenn das Serum wieder frei von den Verbindungen ist, kann das Neuroplasma nur Oxyde zurückhalten: ein wässriges Serum wird das Gehirn auswaschen, ein noch verdünnteres wird es schwellen machen und alle Materien entfernen, welche innerhalb der durch das Leben gesetzten Grenzen entfernt werden können; wird das Serum noch wässriger, so wird auch das Hirn wassersüchtig und manifestirt die Symptome des Hirndrucks. Alle diese so verschiedenen Processe sind die nothwendigen Folgen der Reaction der Phosphatide gegen äussere Einflüsse, und wenn diese bekannt sind, kann man die resultirenden Phänomene vorhersagen.

Jede Einsicht in die chemische Statik des Gehirns muss daher zu einer Vermehrung der Einsicht in seine Dynamik führen. Die Kenntniss der letzteren wird uns dann zu den bedeutendsten physiologischen und pathologischen Schlussfolgerungen verhelfen. Allein solche deducirende Argumente dürfen nur mit der höchsten Vorsicht gebraucht werden, so lange die Statik nicht vollständig und vollendet ist. An der Vollendung dieser Statik zu arbeiten, ist daher die nächste Aufgabe aller Derer, welche sich für den Fortschritt der physiologischen Chemie als eines essentiellen Theils der Lebenswissenschaft interessiren.

6. Ueber die Amidolipotide, oder stickstoffhaltigen Fette.

Die Körper dieser Klasse kommen sowohl in der Mischung der Cerebrinsubstanzen, als auch in dem mehr löslichen Theil des Alkoholauszugs des Gehirns vor. Sie lassen sich demnach in mehr lösliche und weniger lösliche unterscheiden. Obwohl den Cerebrosiden in der Zusammensetzung ähnlich, enthalten sie doch viel weniger Sauerstoff als diese, nämlich soweit sie bekannt sind, nur fünf Atome auf ein Atom Stickstoff. Sie schmelzen in der Wärme und erstarren in der Kälte; von Wasser werden sie benetzt und schwellen darin auf, verlieren aber das angezogene Wasser wieder in der Hitze, und schwimmen als Oel auf kochendem Wasser. Ueber ihre Constitution ist bis jetzt noch Nichts bekannt.

Das Krinosin, seine Darstellung und Eigenschaften. Die Bekanntschaft mit dem Krinosin ist allein genügend, den Forscher über die äusserste Schwierigkeit, reine Educte der Cerebrin- oder Phosphatidklasse darzustellen, aufzuklären. Es ist in heissem Alkohol leicht löslich, in kaltem beinahe ganz unlöslich; es ist in kochendem Aether etwas löslich, in kaltem Aether ganz unlöslich. Daraus folgt, dass es mit den Cerebrinen zusammengeht, und von denselben nur durch kochenden Aether getrennt werden kann. Es wird voraussichtlich noch in vielen Stadien der Trennung der Cerebrinsubstanzen sich isoliren lassen; allein es wird in mehreren mit anderen Lipotiden gemischt sein, von denen ich verschiedene isolirt, aber noch nicht studirt und analysirt habe. Das in folgendem beschriebene Krinosin ist aus demjenigen Kerasin ausgezogen, welches aus der absoluten Alkohollösung des Phrenosins, nach Auskrystallisiren des letzteren, und Ausfällen des Sphingomyelins mit Chlorkadmium, niederfällt. Dieses Kerasin wird getrocknet, und in der oben beschriebenen Glasbirne, auf einem Faltenfilter, mit kochendem Aether ausgezogen. Dieses Auskochen muss Tage lang fortgesetzt werden; der Aether muss wasserfrei sein; wenn das Kerasin durch Wasseraufnahme schwillt, muss es getrocknet, gepulvert, und mit neuem Aether ausgezogen werden. Auf diese Weise wird das Kerasin erschöpft, und Aether zieht dann keine Spur von Substanz mehr aus. Die Aetherlösungen setzen beim Abkühlen alles Krinosin als eine verfilzte, voluminöse Masse ab, welche unter dem Mikroskop als ein Chaos von unendlich feinen und unendlich langen Fasern erscheint. Wenn das Gefäss, in welchem sich das Krinosin absetzt, nicht bewegt wird, so scheidet sich die Substanz als poröse Gelatine ab. Durch Schütteln wird diese Structur dann zerstört, und die verfilzte Materie zieht sich zu wenigen Klumpen zusammen. Wenn diese auf einem Filter gesammelt, und der Feuchtigkeit der Luft ausgesetzt werden, so bilden sie, nach vollständigem Trocknen, eine harte gummiartige Masse; wird der Aether aber im Vakuum verdampft, so bildet das Krinosin eine weisse schwammige Masse, welche beim Zusammendrücken oder Reiben mit dem Fingernagel gerade nur ein wenig wachsig erscheint, oder auch ganz opak und wie Kreide pulverisirbar bleibt. Wird dieses Pulver im Wasserofen auf 98° erhitzt, so wird es nach einiger Zeit etwas plastisch und nimmt eine gelbliche Farbe an. Nach dem Abkühlen ist es wieder vollkommen pulverisirbar, behält aber die beim Erhitzen erworbene Farbe. Krinosin giebt weder mit Schwefelsäure allein, noch mit Schwefelsäure und Zucker die Purpurreaction. Es ist daher kein Cerebrosid, und enthält kein Oleocholid-Radikal. Bei der Analyse gab es C = 70,94; H = 12,28; N = 2,17; O = 14,61; die aus diesen Zahlen vorläufig und nothdürftig abzuleitende Formel ist $C_{38}H_{79}NO_5$. Sein Schmelzpunkt, im Fall es ohne Veränderung schmilzt, liegt weit über dem Kochpunkt des Wassers.

Das Bregenin, seine Darstellung und Eigenschaften. Das Bregenin bleibt hauptsächlich bei den Cerebrinaciden, wenn dieselben durch Barytwasser aus der Mischung ausgefällt werden. Es ist aber auch in allen letzten Mutterlaugen der Hirnextracte enthalten, nur lässt es sich aus denselben nicht leicht so rein als aus den Cerebrinaciden darstellen. Die letzte ölige Materie z. B. enthält so viel

Bregenin, dass sie ganz die physikalischen Charakter dieses E
ducts manifestirt, z. B. auf heissem Wasser zum Oel schmilzt und beim
Abkühlen wieder kleisterartig schwillt. Es ist indessen unter diesen
Umständen so schwer von Cholesterin zu befreien, dass sich kein
präciser Process dafür angeben lässt.

Die in heissem Alkohol gelöste Cerebrinmischung wird mit
Barytwasser gefällt. Die durch Alkohol erschöpften Niederschläge
werden durch vorsichtig zugesetzte Schwefelsäure vom Baryt befreit
und umkrystallisirt. Der löslichste Theil enthält das Bregenin. Aus
diesem löslichsten Theil entfernt man zunächst Sphingomyelin durch
Chlorcadmium; das Filtrat wird zur Trockne verdampft und mit
kaltem Benzol behandelt; Kerasin bleibt ungelöst, während Bregenin
und einige andere Materien sich lösen. Der aus der Benzollösung
erhaltene Rückstand wird mit kochendem Aether erschöpft; ein Theil
bleibt unlöslich auf dem Filter zurück, ein anderer Theil löst sich
in Aether. Die Aetherlösung setzt beim Abkühlen Krinosin ab,
während Bregenin in dem kalten Aether gelöst bleibt. Nach Entfernung des Aethers wird das Bregenin in der kleinst möglichen
Menge wässrigen Weingeists gelöst; die Lösung wird heiss filtrirt
und zum Krystallisiren hingestellt. Nach wiederholtem Auspressen
der Krystalle zwischen Fliesspapier, eine Operation, auf die man
viel Zeit und Druck verwenden muss, um eine ölige Beimischung
(wahrscheinlich ein permanent öliges Lipotid) zu entfernen, und
nach wiederholtem Umkrystallisiren bleibt zuletzt weisses Bregenin
in mikroskopischen krystallinischen Blättchen und gekrümmten Nadeln. Es ist dann in Weingeist weniger löslich als es in Gegenwart
der öligen Materie war. Seine weingeistige Lösung wird nicht gefällt durch Chlorcadmium, Chlorplatin oder Bleizucker, mit oder
ohne Ammoniak. Es folgt daraus, dass eine Lösung von Bregenin,
welche solche Niederschläge giebt, mit diesen Reagentien behandelt
werden muss, bis sie von den Beimischungen befreit ist. Bregenin
ist in absolutem Alkohol viel löslicher, als in wässrigem Weingeist;
aus einer concentrirten Lösung in absolutem Alkohol wird es als
weisse solide Masse ausgeschieden; eine verdünnte absolute Alkohollösung setzt gar nichts ab; um eine solche zum Krystallisiren zu
bringen ist es nöthig, derselben kochendes Wasser zuzusetzen, bis
sie trüb wird, und die Mischung dann stehen zu lassen; alsdann
werden meist gute Krystalle erhalten.

Das Bregenin in concentrirter heisser Weingeistlösung fängt bei

50° an zu krystallisiren, ist bei 30° noch nicht ganz, bei 25° ganz abgesetzt, soweit es überhaupt ausfällt. Eine verdünnte Weingeistlösung wird bei 40° trüb und fängt erst bei 25° an zu krystallisiren. Wenn es auf letztere Weise langsam abgesetzt wird, so erscheint es in Kugeln und unregelmässigen Massen. Diese können durch Auflösen in heissem Weingeist und schnelles Krystallisiren in Nadeln verwandelt werden.

Das Bregenin muss zunächst durch langes Schmelzen im Wasserofen vom Alkohol befreit werden. Es gesteht dann beim Abkühlen zu einer harten Masse, welche nicht wie Fett oder Wachs plastisch ist, sondern beim Anschneiden oder Anstechen in allen Richtungen zersplittert und dabei sehr elektrisch wird. Sein Schmelzpunkt ist zwischen 62 und 65°. Wenn es in engen Röhrchen geschmolzen war und wieder erstarrt ist, so wird es bei 62° theilweise wieder durchsichtig, allein es bleibt ein ungeschmolzener Kern übrig, welcher erst bei höherer Temperatur schmilzt. Dieses Phänomen kommt von der Zähigkeit der gerade geschmolzenen Masse her. Wenn es nämlich nur gerade geschmolzen und durchscheinend ist, so ist es so zähe, dass es kaum beweglich ist; allein mit steigender Temperatur wird es so flüssig, wie irgend ein geschmolzenes Fett, und der Abstand der Temperatur, bei der es am flüssigsten ist, von der, bei welcher es gerade durchscheinend geworden und geschmolzen ist, ist bedeutend. Es schmilzt also, so dass es durchscheinend wird und zusammenbackt, bei 62 bis 65°, fliesst aber im Röhrchen nicht hinab, bevor es 75 oder 76° erreicht hat; beim Abkühlen gesteht es dann, mit plötzlichem Erscheinen der Opacität, bei 58°. Wird es mit viel Wasser erhitzt, so schmilzt es, wie Fett, auf der Oberfläche desselben. Wird es aber mit dem Wasser geschüttelt, so wird es zäh und gelatinös; lässt man es dann in kaltem Wasser stehen, so schwillt es und nimmt viel Wasser auf und verliert ganz das fettige Ansehen. Wird nun diese geschwollene hydratirte Masse, nachdem alles freie Wasser entfernt ist, auf dem Wasserbad erhitzt, so zieht sie sich zusammen, giebt Wasser ab und schmilzt wie Fett, nachdem alles Wasser verdampft ist.

Bregenin giebt mit Vitriolöl beim Stehen keine Purpurreaction; die Lösung bleibt ein wenig gelb; wird Zuckersyrup zu der Mischung gesetzt, so bleibt sie vollständig farblos. Daher ist es wahrscheinlich, dass Bregenin weder das Radikal der Oelsäure, noch das des Sphingosins enthält.

Das geschmolzene und wieder erhärtete Bregenin kann gepulvert werden. Bei der Analyse gab es im Durchschnitt, dessen Elemente sehr gut übereinstimmten: C = 73,66; H = 12,64; N = 2,18; O = 12,52; daraus lässt sich die Formel $C_{40}H_{81}NO_5$ berechnen.

Der Name Bregenin ist vom Plattdeutschen Bregen, d. h. Kopf oder Hirn abgeleitet; dieselbe Wurzel liefert das englische Wort brain für Hirn. Nach der Formel steht die Substanz in der Zahl ihrer Kohlenstoffatome sowohl den einstickstoffhaltigen Phosphatiden als den Cerebrosiden nahe. Von den letzteren ist es durch den geringeren Sauerstoffgehalt scharf unterschieden; von den ersteren unterscheidet es sich gerade durch Fehlen der Phosphorsäure. Fügt man seiner Formel die der Phosphorsäure zu, so erhält man die Formel des untersten Gliedes der Lecithingruppe:

$$C_{40}H_{81}NO_5 + PH_3O_4 = C_{40}H_{83}NPO_9 + H_2O.$$

Dies könnte den Verdacht erregen, es sei von einer solchen Gruppe durch einfachen Verlust der Phosphorsäure abgeleitet, und sei daher ein Product und nicht ein Educt. Allein eine derartige Zersetzung eines Phosphatids ist niemals im Laufe der künstlichen Zersetzungen beobachtet worden; die Annahme hätte daher nicht einmal eine Analogie zu ihrer Stütze. Angenommen die pure Hypothese, das Bregenin enthielte Glycerol, dann würde kein Raum für Neurin als das stickstoffhaltige Radikal in der Molekel sein. In Abwesenheit von Neurin würde das stickstoffhaltige Radikal ein solches sein müssen, wie es bisher in einstickstoffhaltigen Phosphatiden noch nicht beobachtet worden ist; und dieser Umstand würde dann gegen die Annahme sprechen, dass Bregenin von einem solchen Phosphatid durch Verlust von Phosphorsäure abgeleitet sei. Ausserdem würde eine solche Hypothese noch einschliessen, dass das verbindende oder constituirende Radikal ein Alkohol wie Glycerol sei, und dass die Phosphorsäure ausserhalb des Kerns und nur als Seitenkette angebracht sei; diese Theorie ist indessen unmöglich für die Phosphatide, welche kein Glycerol enthalten, und dies macht sie nicht gerade wahrscheinlich für die, welche es enthalten.

7. Ueber das Amidomyelin als Typus der zweistickstoffhaltigen Monophosphatide.

Amidomyelin wurde zuerst in gewissen Niederschlägen gefunden, welche durch Chlorcadmium oder Chlorplatin in Alkoholauszügen des Gehirns hervorgebracht worden waren. Diese Verbindungen waren, soweit sich dies aus einfacher Natur, krystallinischem Gefüge und Betragen gegen Lösungsmittel erschliessen liess, scheinbar homogen; aber bei der Elementaranalyse ergaben sie eine Rationalität zwischen Phosphor und Stickstoff, welche in nicht wenigen Fällen das Verhältniss von $P : N = 2 : 3$ zeigte, während alle anderen Elemente beinahe in denselben atomischen Verhältnissen gegenwärtig waren, in welchen sie in Phosphatiden gefunden werden, in welchen $P : N = 1 : 1$. Lange ehe ich den Körper hatte isoliren können, erklärte ich das Phänomen durch die Gegenwart eines Phosphatids, in welchem $P : N = 1 : 2$. Nachdem ich nun zunächst Apomyelin entdeckt und die Zusammensetzung des aus dem Platinchloridsalz dargestellten freien Körpers als $C_{34}H_{109}N_2PO_9$ festgestellt hatte, war die eben berührte Schwierigkeit des Missverhältnisses zwischen P und N in den hypothetischen Mischungen keineswegs gelöst; im Gegentheil, sie konnte durch die Gegenwart eines dem Apomyelin ähnlich constituirten Körpers nicht erklärt werden, da dieselbe ja die Verhältnisse des Kohlen-, Wasser- und Sauerstoffs zu Phosphor hätte bedeutend ändern müssen. Die Entdeckung des Apomyelins lieferte daher zunächst nur den Beweis, dass es im Gehirn zweistickstoffhaltige Monophosphatide giebt, dass sie aber verschiedene Constitution haben müssen. Meine fortgesetzten Untersuchungen resultirten nun in der Entdeckung des dem Apomyelin ähnlich constituirten Sphingomyelins, $C_{52}H_{104}N_2PO_9 + H_2O$, welches wiederum die Zusammensetzung der Mischungen, in welchen sich Kohlenstoff zu Phosphor wie 40 bis 44 zu 1 verhielt, nicht erklären konnte. Ich richtete daher meine Aufmerksamkeit auf Mischungen der zuletzt erwähnten Art (Mischungen, welche ich congruente genannt habe) und isolirte daraus das Amidomyelin, $C_{44}H_{92}N_2PO_{10}$, nach Methoden, welche ich zum Theil schon unter der Analecte über das Lecithin beschrieben habe. Diese Processe mussten durch unauf-

hörliche quantitative Elementaranalysen controlirt werden, so dass
man dadurch den Fortgang und die Richtung der Reinigung des zu
isolirenden Körpers beobachten konnte. Es stellte sich dabei heraus,
dass man nur mit specifischen Lösungs- und Fällungsmitteln zum
Ziel kommen könne, und dass sogar die fractionirte Krystallisation
oder Umkrystallisirung der freien Substanzen nur einen sehr unter-
geordneten Werth habe. Insbesondere wurde gefunden, dass sogenannte einförmige krystallinische Form, oder Krystallform gar keinen
diagnostischen Werth besass; denn eine grosse Zahl chemisch ähnlicher, oder auch unähnlicher Körper krystallisirten hier in solcher
Weise, dass sie auf das durch das Mikroskop sehende Auge den
Eindruck der Homogeneität machten, während ihre essentielle Verschiedenheit durch passende chemische Mittel schnell und unwidersprechlich nachgewiesen werden konnte.

     Methode das Amidomyelin als Chlorcadmiumverbin-
dung zu isoliren. Die sogenannte buttrige Materie aus mensch-
lichem oder veterinärem Gehirn wird in heissem Weingeist aufgelöst,
und zu der Lösung wird eine alkoholische Lösung von Bleizucker
mit Ammoniak gesetzt, so lange noch ein Niederschlag erfolgt.
Dieser Niederschlag wird auf einem durch Dampf heiss gehaltenen
Trichter abfiltrirt. Er enthält Kephaloidin und Myelin als Bleisalze;
Bleisalze von stickstofffreien Phosphatiden, und geringe Mengen von
Bleisalzen einiger residuellen Cerebrinacide. Das Filtrat setzt beim
Abkühlen eine Mischung von Cholesterin mit Bleisalzen ab, namentlich eines Myelins und Cerebrinacids, und daneben andere Phosphatide im freien Zustand, unter ihnen etwas Amidomyelin. Das klare
Filtrat wird mit einer weingeistigen Lösung von Chlorcadmium gemischt, so lange ein Niederschlag erfolgt; dann wird ein Ueberschuss der Chlorcadmiumlösung zugesetzt und die Mischung wird
zum Absitzen und Krystallisiren an einen kühlen Ort gestellt.

     Die Mischung von Cholesterin, Bleisalzen und anderen Phos-
phatiden wird wiederum mit Weingeist gekocht und ohne filtrirt zu
sein, zum Abkühlen hingestellt. Der von der unlöslichen und krystallisirten Materie abfiltrirte Weingeist wird nun ebenfalls mit
Chlorcadmium behandelt. Auf diese Weise wird die Mischung von
Cholesterin und Bleisalz mit Spiritus ausgezogen, so lange die Auszüge mit Chlorcadmium eine Fällung geben. Die späteren Auszüge
sind am reichsten in Amidomyelin. Die Chlorcadmiumniederschläge
werden alle vereinigt und mit Weingeist angerührt; der Weingeist

wird abgegossen und so oft erneuert, als nöthig ist ihn farblos weggehen zu lassen; der Niederschlag wird dann auf ähnliche Weise
mit Aether erschöpft und im Vacuum über Vitriolöl getrocknet. Er
wird dann gepulvert und mit reinem Benzol gekocht, aber zunächst
nicht filtrirt. Nach dem Abkühlen und Stehen in der Kälte ist alles
Lecithin-Chlorcadmium gelöst, alles Paramyelin und Amidomyelin
im Niederschlag. Die Lösung wird abgehoben und der Niederschlag
wird durch häufig erneuertes Benzol vollständig von Lecithin befreit.
Er wird dann abermals mit Benzol gekocht und heiss filtrirt; der unlösliche Theil auf dem Filter wird mit heissem Benzol ausgewaschen
und auf jede Weise damit erschöpft. Im Filtrat setzt sich beim Abkühlen das Paramyelin-Chlorcadmium ab, während auf dem Filter
das Amidomyelin-Dichlorcadmium zurückbleibt. Es wird nun noch
durch Umkrystallisiren aus kochendem Alkohol gereinigt und ist
dann zur Elementaranalyse geeignet. Es enthält dann beinahe
30 pCt. $CdCl_2$, und im Durchschnitt zahlreicher Analysen, alle anderen Elemente in solchen Verhältnissen, dass daraus nur die Formel
$C_{44}H_{92}N_2PO_{10}$, $2(CdCl_2)$ berechnet werden kann. Es enthält die
Verbindung also auf jedes Atom Stickstoff eine Molekel Chlorcadmium. Das Amidomyelin ist daher ein dipolares Alkaloid, welches
in Gegenwart einer genügenden Menge von Chlorcadmium sich mit
diesem specifischen Fällungsmittel für Alkaloide sättigt. Ein einfach
Chlorcadmium-Amidomyelin erfordert 17,90 pCt. $CdCl_2$; es ist gar
nicht unwahrscheinlich, dass sich eine derartige Verbindung darstellen lässt; denn die Chlorcadmiumverbindungen des Sphingomyelins sind häufiger Mischungen des Mono- und Dichlorcadmiumsalzes,
als einfache Verbindungen, und diese Analogie erlaubt uns eine Hypothese auf ein ähnliches Verhalten der Amidomyelinverbindungen zu
bilden. Allein bis jetzt sind alle Präparate des Amidomyelin-Chlor-
cadmiums besser gesättigt gefunden worden, als die analogen Präparate des Sphingomyelin-Chlorcadmiums.

Darstellung des freien Amidomyelins aus der Chlor-
cadmium-Verbindung. Das im Vorhergehenden beschriebene
Chlorcadmiumsalz wird gepulvert, in Alkohol suspendirt und die
Mischung wird mit Schwefelwasserstoff bei gewöhnlicher Temperatur
gesättigt. Sie wird dann erwärmt und bei fortwährend durchstrei-
chendem Hydrothion zum Kochen erhitzt, bis alles Cadmium in das
gelbe Sulphid übergeführt ist. Sobald eine abfiltrirte Probe von
Hydrothion nicht mehr gelb gefärbt wird, wird die ganze Lösung

7*

auf heissem Trichter abfiltrirt. Beim Abkühlen krystallisirt Amidomyelin aus. Es wird nach 24 Stunden auf dem Filter gesammelt, mit Weingeist gewaschen, zwischen Fliesspapier ausgedrückt und aus Alkohol umkrystallisirt. Bei dieser Operation schmelzen die Krystalle zu einem Oel, ehe sie sich lösen. Diese Reinigungsoperation wird wiederholt, bis Krystalle und Mutterlauge ganz farblos sind. Bei diesem Process nun liegt die Gefahr nahe, dass das Amidomyelin durch die vier freigesetzten Salzsäuremolekeln zum Theil zersetzt werde, und dadurch eine Beimischung von Fettsäure erhalte, die nicht leicht zu entfernen ist. Es würde dadurch Kohlen- und Wasserstoff höher als die Theorie gefunden werden. Das freie Amidomyelin verbindet sich nicht dauernd mit Salzsäure, sondern giebt dieselbe beim Umkrystallisiren beinahe vollständig ab; zunächst hängt weniger als 1 pCt. HCl an, welches aber auch allmälig verschwindet. Daher ist es gerathen, die ersten Krystalle gleich nach dem Auflösen mit Silberkarbonat oder Merkuramin von aller Salzsäure zu befreien und den Ueberschuss des Metalls durch Hydrothion zu entfernen. Auch aus der sauren Mutterlauge der ersten Krystalle habe ich die Salzsäure durch Merkuramin entfernt und daraus noch eine Quantität freien Amidomyelins gewonnen. Sollte dieses stark gefärbt sein, so ist es am besten, dasselbe, in Chlorcadmiumsalz verwandelt, als solches durch Umkrystallisiren zu entfärben, weil man auf diese Weise am wenigsten Substanz verliert.

Leichter zu handhaben ist die Dialyse zur Darstellung des freien Amidomyelins. Man suspendirt das gepulverte Salz in Wasser und bringt es auf ein Stück vegetabilen Pergaments, welches wie ein Faltenfilter gerieft und in einen gewöhnlichen Glastrichter gestellt ist. Den Trichter verschliesst man am unteren Ende mit einem Kork oder Hahn und füllt den Zwischenraum zwischen dem Pergament und dem Glas mit destillirtem Wasser. Das Wasser wird so häufig erneuert, als nöthig ist, bis es von Chlorcadmium frei ist und mit Silbernitrat und Schwefelammonium keine Reactionen mehr giebt. Man wechselt dann auch den Pergamentdialysator ein- oder zweimal. Endlich findet man auf dem Dialysator eine ganz klare Lösung von Amidomyelin, welche durch das beste Filtrirpapier fliesst, ohne Rückstand zu hinterlassen. Sie kann aber nicht gewärmt werden, weil sie alsdann augenblicklich zur Gallerte erstarrt. Um die so erhaltene Substanz zu krystallisiren, muss man dieselbe auf dem Wasserbad unter fortwährendem Umrühren beinahe zur Trockniss

verdampfen und den noch weichen Rückstand in heissem Alkohol
auflösen; man prüft die Lösung mit Hydrothion auf Cadmium, lässt
abkühlen und krystallisiren. Die ersten Krystalle werden dann, wie
beschrieben, umkrystallisirt.

Eigenschaften des Amidomyelins. Das Amidomyelin krystallisirt in schneeweissen mikroskopischen Tafeln und Nadeln, welche
meist sternartig aneinander gefügt sind. Im Vacuum über Vitriolöl
trocknen sie zu einer ganz weissen Masse aus, welche sich pulvern
und im Wasserofen bis 100^0 ohne Veränderung erhitzen lässt. Mit
Zucker und Vitriolöl giebt Amidomyelin den Purpur Raspail's
schnell und auf sehr intensive Weise. Das Radikal, welchem diese
Reaction zugehört, ist bis jetzt noch nicht definirt worden, man kann
daher nicht sagen, ob es ein Oleyl, Cholyl oder Sphingosyl ist. Die
merkwürdigste Eigenschaft des Amidomyelins ist die vollständige
Löslichkeit in kaltem Wasser und der Umstand, dass es bei leichtem
Erwärmen ähnlich dem Eiweiss, aber bei viel niedrigerer Temperatur,
unlöslich wird. Diese Veränderung ist permanent, und das einmal
aus Wasser gefällte Amidomyelin löst sich darin beim Abkühlen
nicht wieder auf. Dieses Phänomen ist von der grössten Wichtigkeit in Betreff des Studiums der Eigenschaften der übrigen Phosphatide; alle haben besondere Verwandtschaft zu Wasser und eine
modificirte Löslichkeit darin; ein Phosphatid, welches ich indessen
noch nicht näher studirt habe, hat die Eigenschaften, in heissem
Wasser hart und fest zu werden, während in kaltem Wasser es
schleimig und weich wird; es hat daher im heissen Stadium die
umgekehrte Eigenschaft des Amidolipotids Bregenin, welches in
heissem Wasser zu Oel schmilzt, aber im kalten Stadium verhält es
sich wie das Bregenin, insofern es sich hydratirt und schleimige
Beschaffenheit annimmt.

Das freie Amidomyelin giebt bei der Elementaranalyse Resultate, welche zu Formeln führen, die, in verschiedenen Präparaten,
zwischen $C_{44}H_{92}N_2PO_{10}$ und $C_{42}H_{84}N_2PO_{10}$ schwanken. Ich habe
daher keinen Zweifel, dass es verschiedene Amidomyeline giebt, die,
nach einerlei Typus constituirt, sich nur durch ein Radikal von einander unterscheiden, welches in der Verbindung keine sogenannte
transparente Wirkung ausübt. Die Salzsäure, obwohl sie sich mit
Amidomyelin nicht permanent verbindet, hängt ihm doch länger als
dem Paramyelin an. Man muss daher für ihre Entfernung durch
Merkuramin besondere Sorge tragen.

Diagnose und Trennung des Amidomyelins vom Sphingomyelin. Hat man ein zweistickstoffhaltiges Präparat durch den
Benzolprocess isolirt, so muss man zunächst das Verhältniss zwischen
Kohlen- und Stickstoff ermitteln. Das Atomgewicht des Amidomyelins mit 44 C ist 839, während das des Sphingomyelins mit
52 C 949 ist. Das Verhalten der Chlorcadmiumverbindungen des
Sphingomyelins gegen Benzol ist noch genauer zu untersuchen.
Einstweilen ist es nützlich zu wissen, dass die beiden Körper schon
zu Anfang der Behandlung der Gehirnextracte verschiedene Wege
gehen; das Amidomyelin bleibt beim Paramyelin und Lecithin, während das Sphingomyelin zu den Cerebrosiden und Cerebrinaciden
wandert. Allein die Analysen des Sphingomyelins in früheren Stadien seiner Isolirung machen es wahrscheinlich, dass es alsdann
mit einem einstickstoffhaltigen Monophosphatid gemischt ist, welches
in kaltem Alkohol wenig löslich und dem Paramyelin sehr ähnlich
ist. Von diesem Körper ist indessen das Sphingomyelin nicht so
leicht zu trennen, ehe Näheres über sein Verhalten zu Chlorcadmium
bekannt ist.

---

8. Ueber das Sphingomyelin als Typus der diamidirten Phosphatide, welche kein Glycerol enthalten.

In chemischen Untersuchungen, welche sich mit der Trennung
der Ingredienzien complicirter Mischungen beschäftigen, steigen die
Schwierigkeiten gewöhnlich mit dem Atomgewicht der zu isolirenden
Körper. Von dieser Regel macht Sphingomyelin, dessen Atomgewicht
nächst dem der Eiweisssubstanzen eines der höchsten ist, welche
bis jetzt an Thiersubstanzen wahrgenommen sind, keine Ausnahme,
sondern es liefert einen besonderen Beweis dafür.

Sphingomyelin ist das hauptsächliche, aber nicht das einzige
Phosphatid der sogenannten Cerebrinmischung, oder der Mischung
von Substanzen, welche übrig bleibt, wenn die weisse Materie mit
Aether erschöpft wird, derselben Substanz also, welche beim Umkrystallisiren das sogenannte „Protagon" liefert. Aus dieser Mischung
nun habe ich ganze Serien von Educten oder Immediatprincipien
dargestellt: erstens also und am besten studirt, die Cerebroside

mit Phrenosin als Repräsentanten; zweitens die Cerebrinacide, welche mehr Sauerstoff als die vorhergehenden enthalten, und sich mit Blei verbinden; drittens Körper, welche Schwefel enthalten, und daher Cerebrosulphatide genannt worden sind; viertens stickstoffhaltige Fette oder Amidolipotide, welche frei von Phosphor sind; und fünftens Phosphatide, unter denen Sphingomyelin ist.

Die Art und Weise, auf welche diese verschiedenen Gruppen von einander getrennt werden, ist schon in früheren Analecten beschrieben worden. Ohne Reagenzien und differenzirende Lösungsmittel ist nicht viel zu erreichen. Das Sphingomyelin namentlich vertheilt sich über mehrere Fractionen der Gruppe, und geht bei der Reinigung derselben, z. B. des Phrenosins, zum Theil verloren. Ein bedeutender Theil aber kann, begleitet von Kerasin, so in Lösung gebracht werden, dass er sich von letzterem trennen, und in Verbindung mit Chlorkadmium fällen lässt.

Ich habe eine grosse Zahl von Versuchen gemacht, einen, dem „Protagon" entsprechenden Körper durch einfache Krystallisation darzustellen, allein in jedem Präparat liess sich die Gegenwart wenigstens zweier Körper, nämlich des Kerasins und Sphingomyelins nachweisen, und kein durch fractionirte Krystallisation dargestelltes Präparat hatte jemals dieselbe Zusammensetzung als das vorhergehende oder folgende. So erhielt man Körper, die alle einförmig krystallinisch aussahen, allein bei der Analyse solche Zahlen gaben, dass an eine Einheit nicht zu denken war.

Ich versuchte dann, auf die angebliche Eigenschaft des „Protagons", in Aether löslich zu sein, hin, aus den ersten Aetherextracten der weissen Materie, welche alles Kephalin und Cholesterin, mit viel Myelin und anderen Materien enthalten, einen dem „Protagon" entsprechenden Körper darzustellen. Die concentrirten Extracte wurden mit alkoholischem Bleizucker gefällt; dadurch wurden Kephalin und Myelin als Bleisalze unlöslich. Wurde nun der Niederschlag mit Alkohol gekocht, so setzte sich aus demselben beim Abkühlen Cholesterin, eine Bleiverbindung und ein hier zu betrachtender Körper ab. Der ganze Absatz wurde isolirt, getrocknet und mit einer begrenzten Menge Alkohol ausgezogen, so dass alles Cholesterin entfernt war. Aus dem Bleisalz wurde der Körper nun durch kochenden Alkohol ausgezogen; das Bleisalz schmolz jetzt und blieb ungelöst. Der neue Körper wurde nun krystallisirt, und umkrystallisirt, bis er frei von Bleisalz und in Rosetten krystallisirt war. In diesem Zustand wurde er bei 90° weich, ohne Wasser zu verlieren. Er gab Raspail's Purpur mit und ohne Zucker, und manifestirte dadurch sogleich die Gegenwart eines Cerebrosids. Bei einer genauen Analyse gab er Zahlen, aus denen man etwa die Formel $C_{119}H_{272}N_5PO_{39}$ berechnen konnte, wobei der Stickstoff indessen um etwa 4 pCt. des erforderten im Deficit war. Dies hätte also eine Varietät von Protagon, mit freilich sehr hohem Sauerstoffgehalt sein können. Allein bei der Anwendung von Chlorkadmium auf seine absolute Alkohollösung stellte sich sogleich heraus, dass der Phosphor dem Sphingomyelin angehörte; dahin gingen denn auch zwei Atome Stickstoff. Der übrige Stickstoff gehörte theilweise dem jetzt erscheinenden Kerasin, theilweise einem anderen Cerebrosid an, das in kleiner Menge im Aetherauszug löslich, und dessen Natur noch nicht weiter ermittelt ist.

Isolirung des Sphingomyelins durch Chlorkadmium. Da das Sphingosin als das hauptsächliche Phosphatid der zum Umkrystallisiren der Cerebroside benutzten absoluten Alkohollösungen erkannt worden war, so wurden diese systematisch zur Gewinnung des Körpers behandelt. Man krystallisirte also die Cerebroside aus absolutem Alkohol um, so lange in den kalten Mutterlaugen noch ein Niederschlag durch Chlorkadmium entstand. Dieser wurde dann schnell abfiltrirt, worauf sich im Filtrat ein Niederschlag von Kerasin bildete. Der Chlorkadmiumniederschlag enthielt auch etwas Kerasin; er wurde von demselben auf die Weise befreit, dass man das Salz in kochendem Alkohol löste, und in concentrirtem Zustande erkalten liess: das Chlorkadmiumsalz setzte sich dann über 28°, das Kerasin unterhalb 28° ab, vorausgesetzt, dass die Lösung nicht mehr als einen Theil Kerasin in 321 Alkohol enthielt. Der Alkohol hielt dabei weniger als ein halb Procent seines Gewichts Chlorkadmiumsalz in Lösung.

Es ist nach der beschriebenen Reaction wahrscheinlich, dass Sphingomyelin und Kerasin eine Anziehung auf einander ausüben, bei welcher das erstere als Basis, das letztere als Säure fungirt, deren Resultat eine grössere Löslichkeit beider Verbindungen in Alkohol ist, als jede für sich besitzt. Die alkoholische Lösung, aus welcher die beiden Hauptkörper ausgefallen sind, muss noch concentrirt und lange stehen gelassen werden, um ziemlich alles Kerasin zu liefern. Sie giebt dann mit saurem Platinchlorid einen Niederschlag von Assurin-Platinchlorid, das bereits in der Analecte über die Phosphatide beschriebene zweistickstoffhaltige Diphosphatid. Die Mutterlauge von diesem Niederschlag giebt stets kleine Mengen der in der sechsten Analecte beschriebenen Amidolipotide oder stickstoffhaltigen Fette, Krinosin und Bregenin.

Reinigung des Chlorkadmiumsalzes des Sphingomyelins durch Umkrystallisiren aus Alkohol und Ausziehen mit Aether. Im Laufe der Operationen wurde gefunden, dass die Niederschläge der Sphingomyelinverbindung wechselnde Verhältnisse von Chlorkadmium enthielten, und dass diese Erscheinung durch die Gegenwart verschiedener Verbindungen bedingt sei. Das Sphingomyelin konnte sich mit einer Molekel $CdCl_2$, oder mit zwei Molekeln desselben verbinden. Daneben war eine kleine Menge des Chlorkadmiumsalzes eines einstickstoffhaltigen Monophosphatids, wahrscheinlich des Paramyelins, gegenwärtig. Das Chlorkadmium war zuweilen durch die Gegenwart von Kerasin herabgedrückt, und zuweilen wechselte es beim Umkrystallisiren seinen Platz, ohne dass etwas ausgeschieden wurde, indem es in einer Fraction zu-, in der anderen abnahm. Dies liess sich durch die Annahme erklären, dass einfach Chlorkadmium-Sphingomyelin in das zweifach Chlorkadmiumsalz überging. Ein der Lösung zugesetzter Ueberschuss von Chlorkadmium vermied diese Schwankungen. Die Verbindungen wurden nun durch kochenden Aether erschöpft, wobei etwas Krinosin und Bregenin entfernt wurde. Das Ausziehen mit kochendem Aether wurde stets fortgesetzt, bis ein Process von der Dauer von mehreren Stunden nach Abdestilliren des Aethers keinen Rückstand mehr liess. Alle Veränderungen wurden analytisch verfolgt, und so wurde festgestellt, dass in der Chlorcadmiumverbindung als solcher eine dem Kohlen- und Stickstoffgehalt entsprechende Rationalität des Phosphors nicht zu erreichen war.

Darstellung des freien Sphingomyelins und Reinigung desselben durch Umkrystallisiren. Das im Vorhergehenden beschriebene Salz wurde nun nochmals fractionirt, indem man 40 g mit 1 l Alkohol von 85 ⁰ kochte; dabei lösten und setzten sich wieder ab 23 g, während 13 g ungelöst blieben. 4 g blieben also in der Mutterlauge. Die 23 g waren oberhalb der Temperatur von 30 ⁰ abgesetzt, und bei diesem Wärmegrad abfiltrirt worden. Sie lieferten das im Folgenden zu beschreibende reine Sphingomyelin. Die 13 + 4 g, welche ungelöst und in der Mutterlauge blieben, werden hier nicht weiter betrachtet, sondern müssen bei einer anderen Gelegenheit discutirt werden. In physiologisch-chemischen Untersuchungen darf man eben Präparate, die schwierig zu enträthseln sind, und Mutterlaugen nicht geradezu wegwerfen. Es ist zwar sicher, dass sie die Mühe und Arbeit, welche sie kosten, zuweilen gar nicht oder nur spät lohnen. Daher handelt ein Chemiker, dem es nur um die Entdeckung eines neuen reinen Körpers zu thun ist, ganz richtig, wenn er sich solcher residuellen Massen entledigt. Allein die Absicht physiologisch- und pathologisch-chemischer Untersuchungen ist nicht darauf beschränkt, einige Präparate auszuziehen, welche den abstracten Forscher belohnen, sondern sie schliesst nothwendig das Ausfindigmachen aller Körper ein, welche in einer organischen physiologischen oder pathologischen Mischung enthalten sind. Es ist mir nur mit Hülfe der Beobachtung dieses Princips möglich gewesen, Körper, wie Myelin, Krinosin, Bregenin und das jetzt zu beschreibende Sphingomyelin zu entdecken, darzustellen und zu analysiren. Denn im Laufe der Hauptprocesse für die Darstellung der der Beobachtung leichter zugänglichen Educte werden sie in unzählige Fractionen und Residuen zersplittert, und nur durch ein ängstliches Sammeln auch der kleinsten Präparate werden sie wieder in für die chemische Behandlung geeigneten Mengen erhalten. Dann bemerkt man erst, was sich dann auch durch die analytische Verfolgung der Processe von den Originalmaterien bis zu den letzten Educten feststellen lässt, in wie relativ grossen Mengen sie in den Originalmaterien vorhanden sind. Dies gilt namentlich vom Sphingomyelin, von dem ich nicht zweifle, dass es die Hauptmasse der in der Cerebrinmischung enthaltenen Phosphatide ausmacht. Hat man diese Körper einmal isolirt und ihre Eigenschaften festgestellt, so lassen sich auch die Mittel zu ihrer Reindarstellung und directen Isolirung verbessern, und somit bin ich überzeugt, dass bald eine directe Methode zur Extrication dieses interessanten Körpers aus der Cerebrinmischung gefunden werden wird.

Die oben beschriebenen 23 g Chlorcadmiumsalz wurden nun in Wasser suspendirt und auf dem Faltendialysator der Dialyse unterworfen; das colloide Sphingomyelin wurde in heissem Alkohol gelöst, mit wenig Hydrothion von einer Spur Cadmium befreit und krystallisirt.

In anderen Fällen habe ich wie im vorhergehenden Falle fractionirt und das resultirende Präparat geradezu mit Hydrothion zersetzt. Die Alkohollösung wurde dabei erwärmt, und das Gas eingeleitet, bis eine Probe des Filtrats davon nicht mehr entfärbt wird. Die Lösung wird nun auf einem heissen Trichter filtrirt, und zur Krystallisation hingestellt. Die isolirten Krystalle werden von Mutterlauge befreit, abermals in Alkohol gelöst, und die Lösung wird dann mit kleinen Mengen feingepulverten Mercuramins gemischt und digerirt, so lange sich das letztere entfärbt. Wenn es seine gelbe Farbe behält, wird heiss abfiltrirt; die Lösung heiss mit wenig Hydrothion behandelt, abermals von der Spur Schwefelquecksilber abfiltrirt und zur Krystallisation hingestellt. Die erste Krystallisation setzt Sphingomyelin ab, welches man noch einmal umkrystallisirt; die alkoholische Mutterlauge setzt nach dem Concentriren hauptsächlich das einstickstoffhaltige Phosphatid ab. Das Sphingomyelin setzt sich zwar aus der ersten sauren Lösung als Hydrochlorat ab, es giebt aber die Salzsäure beim Umkrystallisiren leicht ab, so dass man Mischungen von Hydrochlorat mit freiem Sphingomyelin erhält, welche von 0,8 bis 1,32 pCt. HCl enthalten. Es ist daher unter allen Umständen gerathen, alle Salzsäure durch Mercuramin oder Silbercarbonat zu entfernen.

Physische und chemische Eigenschaften des Sphingomyelins. Dasselbe krystallisirt aus Alkohol in dichten Massen von Nadeln, Sternen und sechsseitigen Tafeln. Nach dem Trocknen wird es nicht wachsig, sondern bleibt opak und pulverisirbar. Seine übrigen Eigenschaften sind meist schon in der Darstellungsmethode gegeben. Es löst sich also nur wenig in kaltem absoluten Alkohol, aber doch mehr als Phrenosin, so dass es dadurch von ihm getrennt werden kann. Von Lecithin wird es durch die Leichtlöslichkeit des letzteren in Alkohol und Aether geschieden. Es ist beinahe unlöslich in Aether, selbst wenn demselben etwas Salzsäure zugesetzt wird. Von Kerasin, zu welchem dasselbe eine Art von chemischer Verwandtschaft zeigt, in welchem es als Base, Kerasin als Säure fungirt, kann es durch Alkohol allein nicht getrennt werden. Zu dieser Trennung ist die Intervention von Chlorcadmium nothwendig. Die Verbindung von Sphingomyelin mit Chlorcadmium ist in Weingeist weniger löslich, als das reine Sphingomyelin, und wird viel schneller und bei höherer Temperatur als Kerasin abgesetzt. Denn das Chlorcadmiumsalz fällt oberhalb 28°, während Kerasin aus Lösungen, welche nicht über 1 g in 321 ccm Alkohol von 84° enthalten, erst unterhalb 28° und nach längerem Stehen das Cerebrosid

absetzen. Das Sphingomyelin schwillt in Wasser nach Art der
meisten Phosphatide, und wird namentlich beim Kochen schleimig;
es vertheilt sich dann so, dass die Mischung eine trübe Emulsion
darstellt. Alle seine Verbindungen werden durch Wasser zersetzt,
und die mit ihm verbundenen Säuren oder Salze gehen in das
Wasser über; vermöge dieser Eigenschaft kann das Sphingomyelin
durch Dialyse von Säuren oder Salzen befreit werden. Allein das
Ende der Operation ist langwierig, und es ist vorzuziehen, z. B. die
letzten Reste von Chlor durch Mercuramin, von Cadmium durch
Hydrothion zu entfernen.

Bei der Analyse ergab das Sphingomyelin folgende Zahlen:

	Sphingomyelin.		Apomyelin.	
	Procente.	Atome P = 1.	Procente.	Atome P = 1.
C	65,37	51,86	67,01	54
H	11,29	107,52	11,35	109
N	2,96	2	3,00	2
P	3,24	1	3,23	1
O	17,14	10,2	14,69	9

Mit der durch die Theorie gebotenen Correction für den Wasserstoff ist die Formel daher $C_{52}H_{104}N_2PO_9 + H_2O$. Dieselbe ist der
Formel sehr ähnlich, welche ich für Apomyelin aus dem menschlichen Gehirn aufgestellt habe, nämlich $C_{54}H_{108}N_2PO_9$. Dieser Körper war aus einem Chlorplatinsalz durch Zersetzen mit Hydrothion
und Umkrystallisiren erhalten worden. Er enthielt noch 0,761 pCt.
Cl, welche bei der Berechnung der Analysen abgezogen wurden.

Chemolyse des Sphingomyelins in der Absicht, seine
chemische Constitution zu ermitteln. Ich habe darüber vier
verschiedene Experimente gemacht; das Sphingomyelin wurde jedesmal mit dem doppelten Gewicht krystallisirten Barythydrats, und
dem vierfachen Gewicht Wasser gemischt, und während mehrerer
Stunden in einem Platinrohr, oder einem Autoclaven auf 100° bis
105° erhitzt. In Experiment 1 wurden 6 g, in Experiment 2 12 g,
in Experiment 3 20 g, in Experiment 4 25 g Sphingomyelin verwandt, also im Ganzen 63 g Substanz. Um die Wiederholung von
ermüdenden Einzelheiten zu vermeiden, will ich die erhaltenen Producte summarisch beschreiben.

Sphingomyelinsäure. Wenn das Sphingomyelin nur wenige,
3—5 Stunden erhitzt wurde, gab es nur Neurin ab, und verwan-

delte sich in eine einstickstoffhaltige Säure, welche als in Alkohol und Aether unlösliches Baryumsalz zurückblieb. Also ein Sphingomyelin von der empirischen Formel $C_{33}H_{106}N_2PO_{12}$, gab $C_5H_{13}NO$ $+ C_{48}H_{93}NPO_{12}$. Das Baryumsalz enthielt P = 2,75 pCt, N = 1,27 pCt., also P : N = 1 : 1,02. Das neue phosphor- und stickstoffhaltige Product will ich Sphingomyelinsäure nennen. Das Neurin wurde zuweilen so annähernd genau erhalten, dass das reine Platinchloridsalz 1,1 g aus den theoretischen 1,3 g darstellte.

Sphingol. Wurde die Chemolyse während 10 Stunden bei 100° fortgesetzt, so wurde die Sphingomyelinsäure weiter gespalten, und zunächst ein in Aether und Alkohol löslicher Körper von vollständig neutralen Eigenschaften, wahrscheinlich ein Alkohol erhalten. Er gab in zweimal wiederholter Analyse Daten, aus welchen sich nur die Formel $C_9H_{18}O$, oder $C_{18}H_{36}O_2$ berechnen liess.

	Procente, Mittel.	Atomgew. ÷ O = 1.	
C	76,32	9 oder	18
H	12,61	18	36
O	11,07	1	2

Im Falle man das höhere Atomgewicht annimmt, hat der Alkohol die Formel der Stearinsäure, und ist daher das dritte Isomere derselben.

Sphingosin. Das zweite Stickstoffradikal wurde als ein dem Sphingosin aus den Cerebrosiden gleich oder sehr ähnlich constituirtes Alkaloid erkannt. Es wurde aus der absoluten Alkohollösung durch Schwefelsäure gefällt, und auf diese Weise von Sphingol getrennt. Es stellte sich in Experiment 1 als $2(C_{17}H_{35}NO_2) + H_2SO_4$ dar, aber in der dritten Chemolyse hatte es die Formel $2(C_{20}H_{41}NO_2)H_2SO_4$. Da nun in der vierten Chemolyse mit der grössten Menge Substanz ein neutraler Körper von der Formel $C_{35}H_{81}NO_5$, mit N = 2,18 pCt. erhalten wurde, also wahrscheinlich eine noch nicht gespaltene Verbindung von Sphingol mit Sphingosin, so ist es möglich, dass das Sulphat mit 20 C Sphingosin mit einer kleinen Beimischung dieses höheren stickstoffhaltigen Körpers war.

Sphingostearinsäure. Alkohol und Aether liessen ein Baryumsalz ungelöst, welches nach der Zersetzung durch Säure an Aether eine krystallisirende Fettsäure abgab, dieselbe gab bei der Analyse Resultate, welche zur Formel $C_{18}H_{36}O_2$ führten; sie schmolz bei 57°, daher beinahe gerade so viel unter der gewöhnlichen Stearinsäure, Schm.-P. 69,5°, als die Neurostearinsäure, Schm.-P. 84°, über derselben schmilzt. Die Säure ist daher das vierte Isomere der Stearinsäure. Ihr Bleisalz ist ebenfalls unlöslich in Alkohol und Aether.

Neue noch nicht definirte Säure. Neben dem in Alkohol und Aether unlöslichen Bariumsalz wurde ein in Aether lösliches gefunden; es war durch Alkohol aus der Aetherlösung fällbar. Es ist bis jetzt noch nicht näher untersucht worden.

Obwohl bei jeder Chemolyse der Gang beobachtet wurde, welcher zur Isolirung der Glycerophosphorsäure hätte führen müssen, wenn sie vorhanden gewesen, so wurde doch keine Spur dieser Säure erhalten. Das unlösliche Bariumsalz enthielt viel phosphorsaures Salz; das Bariumphosphat wurde isolirt, und daraus die Phosphorsäure dargestellt.

Theoretische Resultate dieser Chemolysen. Wenn ich mir die vielen Experimente ins Gedächtniss zurückrufe, welche ich über die Constitution anderer Phosphatide gemacht habe; wenn ich mich der Leichtigkeit erinnere, mit welcher z. B. aus Lecithin oder Kephalin glycerophosphorsaures Barium dargestellt, in Calciumsalz verwandelt und identificirt werden konnte, kann ich dem Verdacht keinen Augenblick Raum geben, dass in diesen vier Chemolysen des Sphingomyelins Glycerophosphorsäure zwar gebildet worden, aber der Beobachtung entgangen sei. Ich musste daher zum Schluss kommen, dass Glycerol im Sphingomyelin nicht vorhanden sei. Daraus folgte aber auch sogleich der Schluss, dass das in den meisten seither untersuchten Phosphatiden gefundene Glycerol nicht, wie seither allgemein angenommen worden war, zu deren Constitution erforderlich sei, in anderen Worten, dass diese Verbindungen nicht nothwendigerweise Glyceride oder Aether des Alkohols Glycerol seien, sondern eine andere Constitution besässen. Nun blieb der einzige gemeinschaftliche Factor in allen phosphorhaltigen Educten derjenige, welchem sie ihren Namen verdankten, nämlich die aus allen durch chemolytische Processe darstellbare Phosphorsäure. Es lag nun die Hypothese nahe, dass das grundlegende oder verbindende Radikal aller phosphorhaltigen Körper eben die Phosphorsäure selbst sei; dass in dieser Säure eine Molekel, oder zwei, oder drei Molekeln Hydroxyl durch die Radikale von Alkoholen, Säuren oder Basen ersetzt sein könnten, und dass an eine aus drei solcher Substitutionen hervorgehende Molekel noch ein viertes Radikal

durch Substitution eines Elements in einem bereits selbst
substituirten Radikal (als Seitenkette) oder durch Addition als Anhydrid angefügt sein könne. Mit Hülfe dieser
Hypothese nun liessen sich die folgenden Formeln aufstellen, die
zwar bereits in der sechsten Analecte gegeben worden sind, aber
hier recapitulirt werden müssen:

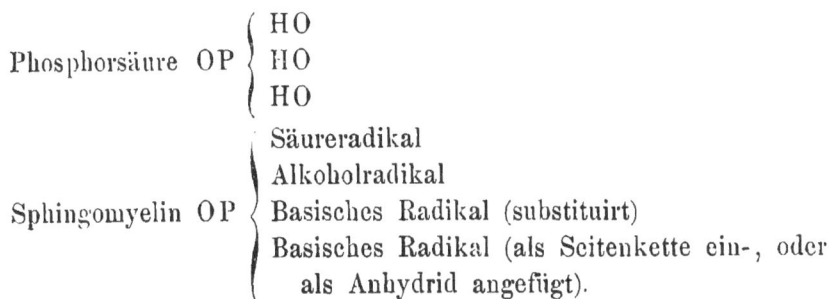

$$\text{Phosphorsäure } OP \begin{cases} HO \\ HO \\ HO \end{cases}$$

$$\text{Sphingomyelin } OP \begin{cases} \text{Säureradikal} \\ \text{Alkoholradikal} \\ \text{Basisches Radikal (substituirt)} \\ \text{Basisches Radikal (als Seitenkette ein-, oder} \\ \quad \text{als Anhydrid angefügt).} \end{cases}$$

Ich wiederhole nun die Formel, indem ich Elementarformeln
anstatt der functionellen Symbole setze:

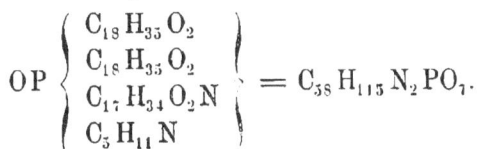

$$OP \begin{cases} C_{19} H_{35} O_2 \\ C_{18} H_{35} O_2 \\ C_{17} H_{34} O_2 N \\ C_3 H_{11} N \end{cases} = C_{58} H_{115} N_2 PO_7.$$

Dieser Formel müssen wir nach den Analysen der drei Sphingomyeline wenigstens 2 H_2O, vielleicht 3 H_2O zufügen, und erhalten
mit letzterem Zusatz $C_{58} H_{121} N_2 PO_{10}$ als die aus seinen Producten
synthetisch construirte Formel des Sphingomyelins.

Doch will ich bei der Unsicherheit, welche noch über das Atomgewicht des Sphingols, über das in Aether lösliche Bariumsalz, über
das dem Sphingosin so ähnliche Alkaloid herrscht, keine zu weit
gehenden Schlüsse ziehen. Es giebt unzweifelhaft verschiedene
Sphingomyeline, die zwar alle nach demselben Typus construirt sind,
jedoch an der Stelle des einen oder anderen Hydroxyls verschiedene
Radikale enthalten. Ich begnüge mich daher mit der These, dass
diese Untersuchung bewiesen hat, dass Sphingomyelin ein typisches
Educt aus dem Gehirn, und seiner Constitution nach ein Phosphatid
ist; dass es einen Alkohol, welcher nicht Glycerol ist, daneben eine
Fettsäure, und ausserdem zwei stickstoffhaltige Radikale als nächste
Kerne enthält.

Verbindungen des Sphingomyelins. Der Körper verbindet
sich mit Salzsäure und diese Verbindung ist in Alkohol etwas

löslicher als das freie Educt. Das Salz wird leicht durch wasserhaltige Lösungsmittel zersetzt, so dass während ein einfach salzsaures Sphingomyelin 3,76 pCt. HCl enthalten sollte, in einem aus Alkohol umkrystallisirten Präparat nur 1,32 pCt. HCl gefunden wurden.

Die Verbindungen des Sphingomyelins mit Chlorcadmium sind für seine Reindarstellung und Isolirung sehr wichtig. Es giebt zwei Verbindungen, und dieser Umstand hat zu vielen Mühen und Zweifeln Veranlassung gegeben, welche nur durch zahlreiche Präparate und Analysen und deren Discussion mit Hülfe von Hypothesen und der Atomtheorie beseitigt werden konnten. Ein Salz z. B. enthielt 16,86 pCt. $CdCl_2$, und entsprach der Formel $C_{51}H_{99}N_2PO_{10}CdCl_2$, welche 16,4 pCt. $CdCl_2$ erfordert. Ein anderes Salz aus dem menschlichen Gehirn enthielt 26,59 pCt. $CdCl_2$, und wurde deshalb als ein nicht ganz gesättigtes Salz mit zwei Molekeln $CdCl_2$ betrachtet. Denn das C_{51}-Sphingomyelin mit 2 $CdCl_2$ erfordert 28 pCt. $CdCl_2$; die Formel mit C_{52} 27,9 pCt. $CdCl_2$, das Apomyelin mit C_{54} 27,6 pCt. $CdCl_2$. Sphingomyelin ist daher, wie Amidomyelin, ein dipolares Alkaloid, und fähig, eine Molekel $CdCl_2$ an jedes seiner stickstoffhaltigen Radikale zu binden. Daraus folgt nun, dass irgend eine Verbindung von Sphingomyelin mit $CdCl_2$, welche Quantitäten des Metallsalzes enthält, die zwischen 16,4 pCt. und 28 pCt. liegen, eine Mischung des einfach Chlorcadmiumsalzes mit dem zweifach Chlorcadmiumsalz sein muss. Sie muss natürlich P : N = 1 : 2 enthalten. In Präparaten, in welchen diese Verhältnisse nicht bestehen, und in welchen die Proportion zwischen P : N sich denen von 2 : 3 nähern, kann die Verminderung des $CdCl_2$ durch die Gegenwart eines einstickstoffhaltigen Phosphatids wie Paramyelin hervorgebracht sein. Daraus folgt eine practische Regel, die bei Darstellungsprocessen sehr wichtig ist, nämlich dass je höher das $CdCl_2$ in einem Präparat gefunden wurde, desto wahrscheinlicher besteht es aus Sphingomyelin, oder bei niedrigem Kohlenstoffgehalt aus Amidomyelin. Wenn das $CdCl_2$ gegen oder unter 20 pCt. sinkt, so enthält der Niederschlag entweder viel von dem einfach Chlorcadmium-Sphingomyelin, oder enthält einen einstickstoffhaltigen Körper, welcher entweder ein dem Sphingomyelin analoger Körper, aber mit nur einem Stickstoffkern, oder ein niederes Phosphatid, wie Lecithin oder Paramyelin sein kann.

Wir haben daher die Bildung zweier Verbindungen des Sphingomyelins mit Chlorcadmium zu betrachten, und eine unbestimmte Anzahl von Mischungen dieser Verbindungen für möglich zu halten. Denn obwohl die Gegenwart eines Ueberschusses von $CdCl_2$ bei der ersten Bildung der Verbindungen wohl stets zur Sättigung führen dürfte, so werden doch wasserhaltige Solventien stets einen Theil des Salzes wieder dissociiren, und zur Bildung von Mischungen führen.

$C_{51} H_{99} N_2 PO_{10} +$ $CdCl_2$ At.-Gew. $= 1113$, enthält $16,4$ pCt. $CdCl_2$.

$C_{51} H_{99} N_2 PO_{10} + 2 (CdCl_2)$ At.-Gew. $= 1296$, enthält 28 pCt. $CdCl_2$.

Von den Sphingomyelinen mit höherem Kohlenstoffgehalt würde jedes zwei ähnliche Verbindungen haben können.

Alle diese Chlorcadmiumsalze sind wunderschön krystallisirt und weiss. Wenn sie aus Alkohol umkrystallisirt werden, vermindert sich ihre Löslichkeit; dies ist besonders bei nicht gesättigten Salzen der Fall, während gesättigte sich nicht leicht ändern. Man thut daher gut, bei der ersten Verbindung einen Ueberschuss von $CdCl_2$ zu verwenden, und die beim Umkrystallisiren entstehenden Mutterlaugen von Zeit zu Zeit zu prüfen, um zu sehen, ob sie nicht mehr lösliches ungesättigtes Salz, oder freies Sphingomyelin in Lösung halten. Alkohol von 85 pCt. Stärke, nachdem er mit Dicadmiumchlorid-Salz kochend gesättigt gewesen, und während 24 Stunden abgesetzt hat, hält in jeden 100 ccm 0,5 g (ein halbes Gramm) des Salzes in Lösung.

---

9. Ueber das Verhalten der Educte des Gehirns zu Wasser.

Der Umstand, dass manche Präparate aus dem Gehirn beim Behandeln und namentlich beim Kochen mit Wasser schleimig werden, ist schon oft beobachtet, aber nie erklärt worden. Dem „Protagon" namentlich war diese Eigenschaft als diagnostisch zuerkannt und danach wurde alles, was beim Kochen zähe wurde, „Protagon" benannt. Der Gedanke, dass dieser Erscheinung eine der Löslichkeit verwandte Eigenschaft zu Grunde liegen möge, ist, soweit mir bekannt, ausser von Köhler, von keinem anderen Autor geäussert worden. Die Eigenschaft, mit Wasser beim Kochen wie Stärkekleister zu schwellen, ist sowohl dem Lecithin und „Protagon", also phosphorhaltigen Substanzen, als auch dem „Cerebrin" Müller's zugeschrieben worden. Allein seit bekannt ist, dass die Cerebroside im reinen Zustande diese Eigenschaft nicht besitzen, führt die Beschreibung Müller's zu dem Schluss, dass die von ihm Cerebrin genannte Substanz kein Cerebrosid, und wahrscheinlich auch nicht frei von Phosphor gewesen sei. Doch könnte Müller's Cerebrin ein Amidolipotid gewesen sein; denn den stickstoffhaltigen Fetten kommt die Eigenschaft, in Wasser zu schwellen, auch theilweise zu. Allein die weitere Discussion dieser Frage hat jetzt keinen practischen Nutzen mehr, und müssen wir dieselbe denjenigen Forschern überlassen, welche im Stande sein werden, ein in allen Stücken auf Müller's Beschreibung passendes Präparat herzustellen.

Das Verhalten der Educte des Gehirns zu Wasser lässt sich nun endgültig nur an reinen Präparaten feststellen. Das Verhalten der Phosphatide in dieser Beziehung hatte ich schon vor dem Gelingen ihrer Reindarstellung erkannt, und in der That zum Zweck derselben benutzt. Aber die ganze physiologische und practisch chemische Tragweite dieser Eigenschaften, namentlich soweit sie den Phosphatiden angehören, ist erst in meinen spätesten Untersuchungen zu Tage gekommen, in welchen es mir gelang, wenigstens einen dieser Körper in klare reine wässrige Lösung überzuführen.

Bringt man irgend eines der isolirten Phosphatide im reinen trockenen Zustande in Wasser, so sinkt es unter, und wird von Wasser benetzt. Diese zwei Eigenschaften, höheres specifisches Gewicht als Wasser und Benetzbarkeit durch dasselbe, unterscheiden also die Phosphatide scharf von den Fetten und nähern sie an die Seifen an, mit denen die älteren Autoren auch gewisse Hirnextracte verglichen haben. Nachdem ein so in Wasser gelegtes Phosphatid, z. B. ein Stückchen reines Lecithin kurze Zeit darin verweilt hat, fängt es an zu quellen, an den dünnen Rändern durchscheinend zu werden und sich mit einer losen gequollenen Schicht über seine ganze Oberfläche zu bedecken. Beim Rühren oder Schütteln löst sich diese Schicht ab, und schwimmt in Wolken in dem Wasser; dieser Process wiederholt sich nun, bis die ganze Masse des Lecithins gequollen und in der Flüssigkeit vertheilt ist. Hat man das Rühren oder Schütteln mit der Vorsicht ausgeführt, keine Luftblasen in die Mischung zu bringen, so zeigen die Wolken gequollenen Lecithins zunächst Neigung, nach unten zu sinken; aber bei starkem Schütteln halten sie vermöge ihrer Viscosität Luftbläschen zurück und erheben sich nach den oberen Schichten des Wassers. Immer aber ist das ganze Wasser von feinen Partikelchen erfüllt, welche dasselbe trüb machen. In jedem Fall muss man zu diesem Experiment weniger als einen Theil trockene Substanz auf hundert Theile Wasser anwenden, und ein Theil in 300 Theilen Wasser zeigt die Phänomene noch besser. Dass viel Wasser zur Entwicklung der Phänomene erforderlich sei, kann man auf die Weise ermitteln, dass man zu einer gewogenen Menge Lecithin Wasser in gemessenen Mengen in Zwischenräumen zusetzt. Man findet dann, dass sich das gequollene Lecithin nicht eher gleichförmig vertheilt, als bis die Menge Wasser weit über das hundertfältige Gewicht gestiegen ist. Man erhält jedoch auch bei vieltägigem Stehen keine klare Flüssigkeit, wohl aber wird sie dünner und verliert täglich an ihrem schleimigen Charakter. Bringt man die Mischung auf einen Dialysator, so wird ihr nichts entzogen; und bringt man sie dann auf ein Filter, so fliesst schnell klares Wasser durch, bis sich die Poren des Filters durch das Lecithin verstopft haben, und die Filtration erst langsam wird und dann, wenn nur noch eine kleisterartige Masse auf dem Filter ist, still steht. Das aus Alkohol krystallisirte, reine trockene Lecithin ist demnach durch mehrtägiges Behandeln mit Wasser nicht in Lösung überzuführen. Betrachtet man die weissen, matt perlmutterartig aussehenden Partikelchen mit dem Mikroskop, so sieht man dieselben äusserst dünnen Tafeln wie in der Alkohollösung, die vielfach gefaltet sind, und häufig wie Nadelbündel aussehen. Wird dann so gequollenes, und vom Wasser abfiltrirtes Lecithin wieder in neues Wasser gebracht, so bleibt es darin suspendirt, sinkt aber soweit nach dem Boden, dass sich oben eine klare Wasserschicht bildet.

Dialyse des reinen Chlorcadmiumsalzes des Lecithins. Wird das reine, in der zweiten Analecte beschriebene Chlorcadmiumsalz des Lecithins $C_{43}H_{85}NPO_8 + CdCl_2$ in einem Mörser mit Wasser angerührt und dann der Dialyse auf dem von mir beschriebenen corrugirten Dialysator unterworfen, so verliert es bald die schleimige fadenziehende Beschaffenheit, und wird zur dünnen trüben Flüssigkeit, die durch das feinste Filtrirpapier, obwohl trüb, durchgeht. Bringt man sie, nachdem das Chlorcadmium ausdialysirt ist, auf ein neues gefaltetes Pergamentpapier und fährt zu dialysiren fort, so kommt ein Punkt, wo die Lösung auf dem Dialysator einen weissen Absatz macht, während sich die Flüssigkeit klärt. Untersucht man nun die abgehobene klare Flüssigkeit, so findet man, dass sie eine Lösung von Lecithin ist. Sie giebt mit Platinchlorid, Phosphor-

molybdänsäure, alkoholischem Chlorcadmium etc. charakteristische
Niederschläge; aber was das allermerkwürdigste ist, sie wird durch
Erhitzen zunächst ganz hell, beim Abkühlen trüb, und setzt das Lecithin beim Stehen als weissen Niederschlag ab. Sie gesteht dabei
nicht wie die Amidomyelinlösung zur gelatinösen Masse, wenigstens
nicht bei den bisher erhaltenen Concentrationsgraden. Der in Wasser
unlöslich bleibende Theil des dialysirten Salzes ist nun nothwendigerweise die unlösliche Form des Lecithins. Es ist daher klar,
was auch schon aus der Unlöslichkeit des aus Alkohol krystallisirten
und getrockneten Lecithins folgt, nämlich dass es zwei verschiedene Formen Lecithin, eine in Wasser leicht lösliche, und
eine darin unlösliche giebt.

Nach dem Krystallisiren aus Alkohol und Trocknen wird hauptsächlich die in Wasser unlösliche Modification erhalten. Aber bei
der Zersetzung des Chlorcadmiumsalzes werden beide Formen nebeneinander gebildet. Diese Scheidung wird indessen nur allmälig vollbracht. Nach der Entfernung des Chlorcadmium kommt ein Punkt,
wo die Flüssigkeit nicht in klare Lösung und Niederschlag getrennt
ist, sondern eine opake Mischung bildet, welche durch das beste Filtrirpapier trüb und ohne Rückstand zu hinterlassen durchläuft.
Dies ist dasselbe Verhalten wie das der direct aus dem Gehirn dargestellten Phosphatide, die nicht dialysirt worden sind. Solche gehen
auch durch siebenfaches schwedisches Papier, mit Druck, trüb durch.
Die Scheidung der Trübung von der reinen Lösung wird nur durch
lange Dialyse erhalten. Es ist nun möglich, dass sich dieses Phänomen auf folgende Weise erklären lässt. In der trüben direct oder
aus dem Chlorcadmiumsalz erhaltenen Lösung des Phosphatids sind
beide Modificationen der Substanz, die lösliche und die unlösliche
vorhanden. Kurz nachdem sie einige Zeit in dem Wasser gewesen
sind, sind die Partikelchen noch enge aneinander gelagert, und die
gelösten halten die ungelösten noch fest, so dass sie zusammen
durch die Poren des Filters gehen; die löslichen machen sozusagen
die Poren des Filters schlüpfrig für die unlöslichen. Sobald aber
durch fortgesetzten Einfluss des Wassers die letzteren ihre volle
Schwellung oder Hydratisirung erreicht haben, hört diese Anziehungskraft auf; das Wasser verdrängt gewissermassen die gelösten Leci-
thinmolekeln aus ihrer Apposition an die unlöslichen, und die gequollenen unlöslichen Molekeln folgen jetzt der Schwerkraft und

sinken zu Boden, und gehen dann auch nicht mehr durch die Poren des Filters, sondern bleiben auf demselben zurück.

Die durch Dialyse erhaltene wässrige Lösung des Lecithins wird also durch Erwärmen zunächst klarer, durch Kochen nicht gefällt; aber beim Abkühlen setzt sich ein Niederschlag ab, der alles vorher gelöste Lecithin zu enthalten scheint. Dieser Niederschlag ist bei erneutem Erhitzen wieder löslich, obwohl die Flüssigkeit nicht so klar wird als sie beim ersten Erwärmen war. Es ist daher wahrscheinlich, dass beim Uebergang des Lecithins in die unlösliche Form durch Erhitzen es zunächst nur seine Löslichkeit in kaltem Wasser einbüsst, jedoch die in heissem Wasser behält.

Das durch Krystallisation aus Alkohol dargestellte und in kaltem Wasser, darin es nur spurweise löslich ist, gequollene Lecithin ist beim Kochen mit Wasser gar nicht löslich.

Die durch Dialyse erhaltene klare Lösung des Lecithins in Wasser setzt beim Stehen beständig Flocken ab, die sich zu Boden senken. Es scheint demnach die Lösung allmälig alles Lecithin durch dessen spontane Verwandlung in die unlösliche Form zu verlieren.

Der Chlorplatinniederschlag sowohl für sich als der mit Salzsäure versetzte ist wie das oben beschriebene durch Kochen gefällte Lecithin beim Erhitzen in Wasser löslich, und wird beim Abkühlen wieder abgesetzt.

Das Kephalin hat vielleicht etwas mehr Verwandtschaft zum Wasser. Wenn man eine concentrirte Lösung des Kephalins in Aether in Wasser giesst, so wird das Phosphatid zunächst im gequollenen Zustand gefällt; in der Proberöhre kann man das Experiment so machen, dass die Mischung zur festen Masse gesteht und die Röhre umgedreht werden kann, ohne dass etwas ausfliesst. Die Fällung löst sich indessen in mehr Wasser ziemlich klar auf. Man kann also sagen, dass Kephalin in ätherhaltigem Wasser leicht löslich sei. In dieser Lösung nun bringen die verschiedenen Säuren und Salze, welche unter der Analecte über das Kephalin aufgezählt sind, Niederschläge hervor. Namentlich sind hier die Säuren wichtig, da sie die mit dem Kephalin stets verbundenen Alkalien und Erden, und ihre Salze, in Lösung behalten. Dieser Process der Lösung in ätherhaltigem Wasser und Fällung durch Säuren sollte deshalb jeder weiteren Behandlung des Kephalins vorhergehen. Die Säure wird leicht durch Dialyse entfernt.

Das trockne Kephalin schwillt auch für sich in Wasser und zertheilt sich, dem Lecithin ähnlich, zu einer opalisirenden Masse. Unter dem Mikroskop sieht man unendlich kleine Partikelchen; andere scheinen unsichtbar klein zu sein, zeigen aber ihre Gegenwart durch Irideszenz und die Reflexion polarisirten Lichtes an. Es ist nun merkwürdig, dass sich solche trübe Flüssigkeiten durch Druck filtriren lassen. ' Ich habe sie durch siebenfältiges schwedisches Filtrirpapier mit weniger als einer Atmosphäre Druck durchgehen sehen. Nach einiger Zeit verstopft sich indessen das Filter und die Filtration hört auf. Auf diese Art habe ich viele meiner Präparate, ehe mir das Verhalten der Phosphatide zu Chlorkadmium geläufig war, von Cholesterin befreit. Lässt man nämlich die Emulsion von Phosphatid und Wasser im genügend verdünnten Zustand lange ruhig stehen, so setzen sich weisse Partikelchen, die alles Cholesterin enthalten, ab; von diesem Absatz zieht man die Emulsion mit dem Heber ab und beobachtet dann bei einem gewissen Punkte, dass die Bildung des Absatzes aufhört.

Das Amidomyelin kann in vollständig klarer Lösung in Wasser erhalten werden. Man suspendirt das zweifach Chlorcadmiumsalz, $C_{44}H_{92}N_2PO_{10} + 2\,CdCl_2$, welches 30,37 pCt. $CdCl_2$ enthält, in Wasser und bringt es auf einen gefalteten Dialysator. Nach der während der nöthigen Zeit fortgesetzten Erneuerung des äusseren Wassers findet man dasselbe zuletzt frei von Chlorcadmium, und das Salz auf dem Dialysator in eine klare Lösung verwandelt, welche nun durch Filtrirpapier klar und ohne Rückstand durchfliesst. Diese Lösung hat die merkwürdige Eigenschaft, beim gelinden Erwärmen zu gerinnen. In dieser Beziehung ähnelt daher das Amidomyelin dem Eiweiss, indessen gerinnt es bei niedriger Temperatur als das letztere.

Es wäre nun nöthig, die übrigen Phosphatide, welche sich mit $CdCl_2$ verbinden, einem ähnlichen Experimente wie die Lecithin- und Amidomyelinverbindung zu unterwerfen, um zu sehen, ob sie beim Uebergang in den freien Zustand durch die Dialyse in Wasser löslich werden. Denn es ist nicht unwahrscheinlich, dass die meisten Phosphatide durch Verlust von Wasser unlöslich, durch Aufnahme von Wasser löslich werden. Zunächst verlieren mehrere derselben als $CdCl_2$ salz leicht Wasser und werden in Alkohol unlöslich. Dann haben mehrere, namentlich Myelin, Paramyelin und Amidomyelin, die Eigenschaft, wenn sie in starkem Alkohol erhitzt werden, sich schnell vor der Lösung mit Schmelzung in Anhydrite zu verwandeln. Diese setzen sich an das zum Lösen benutzte Glasgefäss fest, und obwohl sie sich beim Erhitzen mit frischem Alkohol erweichen, bleiben sie doch darin unlöslich. Es ist nöthig, sie lange mit Wasser zu erwärmen; dabei schwellen sie auf, gehen in einen schleimigen Zustand über und sind dann beim Zusatz von heissem Weingeist in demselben wieder löslich.

Das Phrenosin, wenn es von Phosphor frei ist, kann mit Wasser gekocht werden, ohne sich dadurch sichtbar zu verändern; es wird sicher nicht schleimig, wie die Cerebrinmischung, aus der es dargestellt ist. Das Sphingomyelin dagegen besitzt die Eigenschaft, in heissem Wasser in ausgezeichnetem Grade schleimig zu werden. Daraus lässt sich schliessen, dass man die Erscheinung als Reaction auf die Freiheit von Phosphatid benutzen kann; so lange ein Cerebrosid beim Kochen mit Wasser schleimig wird, enthält es Phosphatid; die Analyse bestätigt diese Inferenz vollständig. Wenn das Phosphatid entfernt ist, hört auch die Schwellbarkeit im Wasser auf.

Der Zusatz von vielerlei Säuren und Salzen zu den schleimigen Phosphatiden verursacht deren augenblickliche Contraction; häufig entstehen permanente Verbindungen, häufig auch nur transitorische, d. h. solche, die durch reines Wasser wieder getrennt werden. Das genauere Studium dieser Effecte scheint interessante Resultate zu versprechen.

Ein anderes Phosphatid, welches ich noch nicht genauer untersucht habe, hat die Eigenschaft, in heissem Wasser fest und in kaltem Wasser weich zu werden; es zieht beim Abkühlen Wasser an und nimmt es in sich auf, so dass es nicht davon abfiltrirt werden kann; beim Erhitzen auf dem Wasserbad schwitzt es das Wasser aus und zieht sich zusammen, und lässt sich dann leicht von demselben abfiltriren. Wirft man es dann wieder in frisches kaltes Wasser, so nimmt es bald seine geschwollene schleimige Gestalt und Beschaffenheit an.

Diese Eigenschaft repräsentirt eine Art von Uebergang von den Phosphatiden zu den Amidolipotiden. Denn die letzteren werden auch schleimig und hydratirt und geschwollen, aber nur in kaltem Wasser; wird das Wasser erhitzt, so geben sie das Hydrat- oder Colloidalwasser ab, ziehen sich zusammen und das Bregenin namentlich schmilzt zum klaren, dünnen Oel, welches wie gewöhnliches fettes Oel auf dem heissen Wasser schwimmt. Beim Abkühlen wird das Oel nicht fest, sondern trüb und schleimig und schwillt allmälig zu einer das Volum des geschmolzenen Zustandes um's Vielfache übersteigenden Grösse.

Das Verhalten der Cerebrinacide und Cerebrosulphatide gegen Wasser ist noch nicht näher studirt. Die Hirnsubstanz als ganze giebt ihr Colloidalwasser an Alkohol und Aether leicht ab, namentlich wenn sie in Aether gelegt wird, schwitzt sie Wasser aus, welches Eiweiss und Extractivstoffe enthält. Nur nachdem der Aether die Substanz stark entwässert hat, löst sich etwas Cholesterin und Lecithin mit Kephalin darin auf; es ist aber stets nur ein kleiner Antheil dieser Substanzen. Denn es ist eine merkwürdige Eigenschaft der Phosphatide, sich im wassergequollenen kolloidalen Zustand in Aether nicht zu lösen, und damit keine Berührung anzunehmen; dies gilt auch für die im wasserfreien Zustand in Aether in allen Verhältnissen löslichen Phosphatide, wie Lecithin und Kephalin.

---

10. Ueber das Kephalin und seine Varietäten.

Das Kephalin ist ein einstickstoffhaltiges Monophosphatid, und giebt bei der Chemolyse Neurin, Glycerophosphorsäure, Stearinsäure mit Schmelzpunkt 69,5, und eine zweite specifische Fettsäure, welche ich Kephalinsäure genannt habe. Es ist diese zweite Säure, welche gerade wie die Oelsäure dem Lecithin der Verbindung ihren besonderen Charakter aufdrückt. Es ist zwar leicht, bei dem allgemeinen Extractionsprocess der Hirnsubstanz das Kephalin und seine Varietäten in grossen Mengen zu isoliren, allein es ist ebensoschwer, die sich sehr ähnlich verhaltenden Educte von einander zu trennen und in einen Zustand chemischer Reinheit und Ruhe überzuführen. Daher lassen sich die grossen Züge der Eigenschaften und Zusammensetzung dieser Körper mit Sicherheit definiren, aber eine Methode der genauen chemischen Individualisirung aller atomistischen Einzelheiten ist noch nicht möglich gewesen. Diese Schwierigkeit rührt namentlich daher, dass das Kephalin, obwohl durchaus nicht leicht zersetzlich im Sinne, in welchem dies z. B.

vom Lecithin gilt, auf der anderen Seite sehr veränderlich ist, und
zwar in Weisen und Richtungen, die noch ihrer Erklärung harren.
Diese Veränderungen manifestiren sich dadurch, dass die Anfangs
ganz farblosen Educte, beim Verweilen an der Luft, beim Auflösen
in Aether, und bei jeder Operation zu ihrer Reinigung oder Combination mit Fällungsreagentien, sich mehr und mehr färben; die
Aetherlösung wird über Nacht roth, beim Eindampfen braun: sie
fluorescirt grün, und das trockene, einige Zeit aufbewahrte Kephalin
hat eine dunkelschwarzgrüne Reflexfarbe, während es in dünnen
Schnitten rothes Licht durchlässt. Selbst wenn so im Ansehen verändert, hat es von seinen anfänglich chemischen Eigenschaften keine
definirbare verloren, und ausser den erwähnten keine neuen gewonnen. Man findet durch die Chemolyse des Kephalins, dass diese
Veränderlichkeit das Hauptattribut der zweiten Fettsäure, der Kephalinsäure ist; denn sobald dieselbe in Freiheit gesetzt ist, fährt sie fort,
sich mit vergrösserter Schnelligkeit in derselben Richtung zu alte-
riren, in welcher vorher das Kephalin sich veränderte. Die Gegenwart von Aether giebt zu diesen Veränderungen die Hauptgelegen-
heit; selbst wenn man auf Umwegen eine kleine Menge weissen
Kephalins dargestellt hat, wird es stets durch die bis jetzt unumgängliche Behandlung mit Aether wieder gefärbt. Die Kephalinsäure
und ihre Salze sind aber bis jetzt als farblose Substanzen im trockenen Zustande nicht dargestellt worden. Nur das kephalinsaure Natron ist in der ersten Lösung ziemlich farblos; allein in dem Process
zur Trennung der Fettsäuren schon wird die Säure tiefgefärbt und
hat man Präparate in einen zur Analyse nur gerade fähigen Zustand
gebracht, so sind sie meist dunkelbraun. Diese Umstände bringen
dann in die stoichiometrische Behandlung der Educte und einiger
Zersetzungsproducte ein Element der Unsicherheit, welches durch
weitere Studien eliminirt werden muss. Namentlich wird bei allen
Analysen eine Quantität Sauerstoff gefunden, welche sich aus den
Sauerstoffmengen der Zersetzungsproducte nicht erklären, und wegen
des im Gegensatze mangelnden Wasserstoffes in der Summe der Producte keineswegs als einfache Addition von Wasser interpretiren
lässt. Um diese höchst lästigen Schwierigkeiten zu vermeiden, wird
es nöthig sein, anstatt des Aethers ein anderes Solvens zu finden,
mit welchem sich die zur Isolirung, Reinigung und Verbindung des
Kephalins nöthigen Operationen ohne derartige Schwierigkeiten ausführen lassen. Im grossen Ganzen gewähren alle Analysen die

Sicherheit, dass die Molekel des Kephalins sehr stabil ist, dass sich die bemerkten Veränderungen sozusagen an seiner Aussenseite abspielen. Selbst in Verbindung mit Metalloxyden oder Salzen, die zuweilen in atomischen Verhältnissen, zuweilen aber als Mischungen von freier Substanz mit solchen Verbindungen, niemals im übergesättigten Zustande erhalten werden, bewahrt die Molekel des Kephalins ihre empirische Zusammensetzung; beinahe niemals ändern sich die stoichiometrischen Verhältnisse zwischen Kohlenstoff, Stickstoff und Phosphor, es sei denn in einer nur ausnahmsfällig vorkommenden Weise, welche die Gegenwart eines zweistickstoffhaltigen Kephalins, des Amidokephalins, unverkennbar andeutet.

Seiner Menge nach ist das Kephalin das Hauptphosphatid des Gehirns; von keinem anderen Phosphatid kann man solche Quantitäten auf so directe Weise darstellen, als von ihm und seinen Varietäten. Seine Eigenschaften sind so besonders, dass es sich von allen anderen bekannten Phosphatiden leicht trennen und unterscheiden lässt.

Isolirung des Kephalins. Das entwässerte und zerkleinerte Hirn liefert bei der Extraction mit heissem Weingeist die „weisse Materie" Vauquelin's. Diese wird mit Aether erschöpft; die Aetherlösungen werden concentrirt, bis sie Cholesterin absetzen. Die abgegossene Aetherlösung wird dann der Kälte ausgesetzt, und wo möglich lange der Ruhe überlassen, um eine Mischung von Myelin, Sphingomyelin, Krinosin und einem Cerebrosid, und andere Materien abzusetzen. Die Mischung dieser Materien constituirt Frémy's „cerebrische Säure", und ist später für „Protagon" erklärt worden. Die von diesem Absatz abfiltrirte Lösung enthält nun hauptsächlich, und in absteigender Ordnung der Quantitäten, Kephalin und seine Varietäten, Lecithin, Myelin, Paramyelin, Cholesterin und andere Educte, welche hier nicht weiter in Betracht kommen; sie wird mit absolutem Alkohol gemischt, so lange noch ein Niederschlag oder auch nur eine Trübung erfolgt, und während 24 Stunden in der Kälte, wenn nöthig in einem Eisschrank stehen gelassen. Die Aether-Alkohollösung lässt sich dann klar von dem festen Niederschlag von Kephalin abgiessen. Dieser, Kephalin und Varietäten im freien Zustand sowohl als zum kleinen Theil in Verbindung mit Metalloxyden und Salzen enthaltende Niederschlag wird sofort in möglichst wenig Aether gelöst, abermals mit Alkohol gefällt und dann weiter gereinigt, wie sogleich beschrieben werden soll.

Die vereinigten Aether-Alkohollösungen werden zunächst durch Destillation von Aether befreit, und darauf mit alkoholischer Lösung von Bleizucker und Ammoniak gemischt, so lange ein Niederschlag entsteht. Der Niederschlag enthält denjenigen Theil der Kephaline, welcher in Aether-Alkohol löslich war, als Bleiverbindung, zugleich mit Myelinblei. Das Kephalinblei ist in Aether leicht löslich, das Myelinblei darin unlöslich, und dieses Verhalten giebt das Mittel zur Trennung der beiden Verbindungen von einander. Eine gewisse Menge Kephalin, oder vielmehr seiner Varietäten, der Kephaloidine, bleibt in der Mutterlauge der weissen Materie gelöst, und wird beim Abdampfen derselben in der buttrigen Materie erhalten. Aus dieser wird das Kephaloidin ebenfalls durch Bleizucker und Ammoniak gefällt. Aus dem Niederschlag zieht Aether das Kephaloidinblei aus, während Myelinblei ungelöst bleibt.

Reinigung des Kephalins. Man hat das erste Product zunächst durch Auflösen in Aether und Fällen mit Alkohol von Cholesterin zu befreien. Dann folgt die Behandlung mit Wasser und Säuren zur Entfernung einer gewissen Menge von Alkalien und Erdsalzen, die dem Körper anhängen. Zu diesem Zweck wird die Substanz mit wenigstens dem hundertfachen Gewicht Wasser emulgirt, bis sie zu einer dünnen lösungsartigen trüben Flüssigkeit vergangen ist. Man lässt dieselbe dann noch ruhig stehen, um Spuren von Cholesterin und unlöslichen Partikeln abzusetzen. Dann wird sie durch Papier mit Luftdruck filtrirt. Zu dem trüben Filtrat wird nun soviel Salzsäure gesetzt, als nöthig ist, alles Kephalin zu fällen. Beim Schütteln zieht sich der Niederschlag zusammen, und steigt oben auf die Flüssigkeit, welche ihrerseits mit einem Heber abgezogen wird. Man wäscht mit Wasser durch Aufgiessen und Decantiren aus, bis das Kephalin anfängt, schleimig zu werden, und sich zu lösen scheint. Es wird dann mit Alkohol von Wasser befreit, nochmals in Aether gelöst und mit Alkohol gefällt, im Vacuum getrocknet und ist dann zur Analyse und zu weiteren Studien seiner Eigenschaften fertig. Dass es bei dieser Behandlung keine Salzsäure zurückhält, ist durch specielle Analyse nachgewiesen worden.

Basen und Salze, welche durch Salzsäure von Kephalin getrennt werden. Die salzsaure Lösung, aus welcher, wie im vorigen Paragraphen beschrieben ist, das Kephalin ausgefällt worden ist, wird zur Trockne verdampft. Beim Erhitzen im Platintiegel entwickelt der Rückstand zunächst etwas Salmiak, und zeigt

auf diese Weise die Gegenwart einer kleinen Menge von Ammoniak im Kephalin an. Nach dem Glühen des Rückstandes, zur
Zerstörung einer kleinen Menge organischer Substanz, bleibt eine
etwas geschmolzene Asche, die nur theilweise in Wasser, aber leicht
in ganz verdünnter Salzsäure löslich ist. Ueberschuss von Ammoniak
fällt aus ihr eine Mischung von Kalk, Magnesia und Eisenoxyd,
verbunden mit Phosphorsäure.

Die ammoniakalische Lösung zeigt eine tiefblaue Farbe, von
Kupferoxyd hervorgebracht. Aus ihr kann man zunächst noch viel
Kalk durch oxalsaures Ammoniak fällen; diese Reaction zeigt, dass
dieser Kalk mit dem Kephalin in irgend einer Form, aber nicht als
phosphorsaurer verbunden war. Nach Entfernung des Kupfers durch
Schwefelwasserstoff wurden in der Lösung noch Natron und Kali
gefunden.

Es ist daher unzweifelhaft, dass das durch Aether und Alkohol
isolirte Kephalin neben viel freiem Kephalin eine gewisse Quantität
Kephalin enthält, welche mit Ammonium, Natrium, Kalium, Calcium,
Eisen und Kupfer in irgend welcher Form, und mit Calcium- und
Magnesium-Phosphat verbunden ist. Diese Erfahrung ist an vielen
Präparaten gemacht worden, welche im Ganzen viele hundert Gramm
wogen; die Kalk- und Kalisalze herrschten stark über die anderen
vor; kein Salz oder Oxyd wurde je vermisst. Aehnliche Basen und
Salze sind in den meisten Phosphatiden gegenwärtig. Ich habe dies
speciell für das Myelin nachgewiesen. Auch in der phosphatidhal-
tigen Cerebrinmischung sind dergleichen unorganische Substanzen
vorhanden, namentlich Kali, wie ich in vielen Analysen, welche in
der neunzehnten Analecte gegeben sind, nachgewiesen habe.

Das Kephalin lässt sich durch Dialyse seiner angesäuerten
Emulsion ebenfalls von Basen und Salzen befreien, und geht nicht
in das Dialysat über.

Entfärbung des Kephalins durch Eiweiss. Wenn man
einer Emulsion von 1 g Kephalin in 100 ccm Wasser 5 ccm filtrirten
frischen Hühnereiweisses zusetzt, und erhitzt, so findet kein Niederschlag statt; setzt man aber einen Tropfen Essigsäure zur Mischung,
so bildet sich ein Niederschlag, welcher alles Kephalin und alles
Eiweiss enthält. Aus diesem zieht absoluter Alkohol das Kephalin
aus, und hinterlässt es beim Destilliren als weisse Masse. Das Eiweiss seinerseits, nachdem es mit Alkohol und Aether gewaschen
und getrocknet ist, bleibt als pulverige Masse, der ganz ähnlich,

welche Aether und Alkohol aus Eidotter produciren, und wird nicht
hart und hornig, wie beim Trocknen ohne diese besondere Behandlung. Das so entfärbte Kephalin darf nicht wieder mit Aether in
Berührung gebracht werden, weil es alsdann schnell wieder Farbe
annimmt.

Entfärbung des Kephalins durch Thierkohle. Setzt man
zu einer Emulsion von 1 g Kephalin in 100 ccm Wasser 2 g reine
Thierkohle und schüttelt, so entzieht die letztere dem Wasser alles
Kephalin; die Combination auf dem Filter gesammelt, giebt an
kochenden absoluten Alkohol Kephalin ab, welches weniger gefärbt
als vorher, oder farblos ist.

Aetherlösungen des Kephalins werden durch Behandlung mit
sogar viel Thierkohle nicht viel entfärbt. Aber die abfiltrirte Kohle
hält viel Kephalin zurück, welches alsdann durch kochenden absoluten Alkohol ausgezogen und beim Abkühlen desselben in weissem
Zustand abgesetzt wird.

Elementar-Analysen des Kephalins. Ein Präparat des
Hauptkephalins, welches so viel wie möglich gereinigt und aus der
Wasseremulsion nach Filtration durch Salzsäure gefällt worden war,
wurde auf die gewöhnliche Weise analysirt und gab folgende Resultate:

Gefunden, Mittel		Theorie der		
Procente.	Atome.	Atome.	At.-Gew.	Procente.
C 60,00	41,7	42	504	60,28
H 9,39	78,3	79	79	9,44
N 1,68	1	1	14	1,67
P 4,27	1	1	31	3,70
O 24,66	12,9	13	208	24,88
100,00			836	

Wir werden im Folgenden sehen, dass diese Formel mit 13 O
von den chemolytischen Producten keineswegs unterstützt wird; dieselben leiten vielmehr zu einer Formel mit 8 O. Schon in der vorhergehenden empirischen Formel ist der Wasserstoff um mehrere
Atome unter der von $C_n H_{2n}$ geforderten Menge; wollte man nun
den Sauerstoff durch Wasseraddition erklären, also $C_{42} H_{69} NPO_8 +$
$5 H_2O$ schreiben, so würde diese letztere Schwierigkeit nur vergrössert; es ist aber wohl zu bemerken, dass diese hohe Sauerstoff-

zahl in vielen Verbindungen vorhanden ist, und daher einer weiteren
Erklärung bedarf.

Verhalten des Kephalins zu Lösungsmitteln. Wird Kephalin in viel Wasser gebracht, so schwillt es auf, wird schleimig,
und bildet zuletzt damit eine Verbindung, die Theils Emulsion,
Theils Lösung ist. Dass ein Theil des Kephalins wirklich im Wasser
gelöst ist, ergiebt sich daraus, dass das Wasser mit dem darin enthaltenen Kephalin durch siebenfaches schwedisches Filtrirpapier unter
weniger als Atmosphärendruck geht. Die Lösung ist aber immer
trüb. Dass ein anderer Theil nicht gelöst ist, folgt daraus, dass
derselbe sich im gelatinösen Zustand auf dem Filter ansammelt und
dasselbe zuletzt für Lösung ganz undurchgängig macht. Ich habe
schon unter der Analecte über die Phosphatide im Allgemeinen gezeigt, dass dieselben in zwei Modificationen vorkommen, eine in
Wasser lösliche und eine darin unlösliche. Das Gleiche gilt also
für Kephalin und zeigt sich klar bei diesem Filtrationsexperimente.
Man hat kein Recht zu schliessen, dass der gelöste Theil ein von
dem ungelösten verschiedener chemischer Körper sei; er besitzt nur
einen anderen Aggregatzustand und jeder kann in den anderen verwandelt werden. Das lösliche Kephalin wird durch Erhitzen der
wässrigen Lösung unlöslich; nach Entfernung des Wassers hat es
alle seine Löslichkeit in Aether und Alkohol behalten. Wird es
nun in Chlorcadmiumsalz verwandelt, und wird dieses durch Dialyse von Chlorcadmium befreit, so hat man wieder das in Wasser
gelöste Kephalin vor sich. Der Umstand, dass bei dieser Dialyse
alles Kephalin löslich wird, während bei der Darstellung aus Aether
und Alkohol nur ein Theil löslich, ein anderer unlöslich auftritt, ist
noch nicht erklärt. Die Phänomene beim Unlöslichwerden deuten
auf Anhydridbildung, dieselbe ist aber noch nicht bewiesen. Man
kann ebensowohl an ein Phänomen des Isomerismus denken.

Das aus Aetheralkohol isolirte Kephalin hält noch Wasser zurück, welches ihm im Vacuum über Schwefelsäure nur sehr langsam
entzogen werden kann. Man muss es öfter mit dem Pestel bear-
beiten, seine Masse ausbreiten und die Oberfläche erneuern, ehe es
in einen pulverisirbaren Zustand gebracht wird. Das in Wasser gequollene oder darin gelöste Kephalin kann der Mischung oder Lösung durch Aether nicht entzogen werden. Wird eine solche Lösung
oder Mischung mit Aether geschüttelt, so bildet sich eine gelatinöse
Emulsion, welche sehr lange bestehen bleibt und mit welcher Nichts

zu machen ist, so lange der Aether nicht durch Wärme ausgetrieben wird. Wird eine Aetherlösung des Kephalins in Wasser getröpfelt, so wird das Kephalin als schleimiges Hydrat gefällt; bei passenden Verhältnissen wird das gefällte Kephalin fest und die Mischung erstarrt, so dass das Gefäss umgedreht werden kann, ohne dass etwas ausfliesst. Wird die Fällung mit genügend Wasser verdünnt, welches Aether aufgelöst enthält, so geht alles Kephalin klar in Lösung; daher ist das Kephalin in mit Aether gesättigtem Wasser leicht und reichlich löslich. Wässrige Lösungen des Kephalins ohne Aether können mehrere Wochen stehen, ohne Erscheinungen der Zersetzung zu zeigen, auch spontaner Schimmelwuchs ist auf oder in denselben bis jetzt nicht bemerkt worden.

Kalter absoluter Alkohol löst etwas Kephalin, kochender mehr. 100 Theile kochenden absoluten Alkohols lösen 9 Theile Kephalin, setzen beim Abkühlen 2 Theile in Flocken ab und halten 7 Theile in Lösung. Die Löslichkeit in wässrigem Alkohol ist viel geringer. Wird ein Ueberschuss von Kephalin mit Alkohol gekocht, so wird der ungelöst bleibende Theil vielleicht auch in Anhydrid verwandelt, wie beim Amidomyelin, Paramyelin und Myelin der Fall ist, aber er behält seine Löslichkeit in Aether und Fällbarkeit durch Alkohol bei.

Das trockne Kephalin ist in Aether in allen Verhältnissen löslich; es krystallisirt nicht aus dieser Lösung und kann daraus nicht zum Absetzen wie aus einer Mutterlauge gebracht werden. Bei tiefen Kältegraden zwar wird eine solche Lösung theilweise fest, allein beim Versuch zur Trennung schmilzt der erstarrte Theil wieder, bevor die Trennung vollbracht ist. Die Aetherlösung wird schnell roth gefärbt, auch wenn sie Anfangs ganz farblos war; später fluorescirt sie mit grünem Licht. Von allen anderen Hirneducten zeigt nur Kephaloidin diese Erscheinung. Aus der concentrirten Aetherlösung wird Kephalin durch ein gleiches oder grösseres Volum Alkohol in weissen Wolken gefällt, welche sich zu Klumpen vereinigen, zu Boden sinken und an dem Gefäss hängen bleiben. Wird es oft in wasserfreiem Aether gelöst und mit absolutem Alkohol gefällt, so nimmt es zuletzt eine pulverige Beschaffenheit an und kann leicht im Vacuum getrocknet werden.

Reactionen der wässrigen Lösung des Kephalins. Eine filtrirte einprocentige Lösung giebt die folgenden Reactionen:

Salzsäure fällt alles Kephalin aus; die Mutterlauge giebt mit

Platinchlorid keinen Niederschlag mehr. Das gefällte Kephalin ist zunächst salzsauer; es ist als solches in Aether löslich, wird aber aus dieser Lösung durch Alkohol nicht gefällt, d. h. das salzsaure Kephalin ist in Alkohol leicht löslich. Aus der Aetheralkohollösung des salzsauren Kephalins fällt alkoholisches Platinchlorid salzsaures Kephalin-Platinchlorid, welches in reinem Aether leicht löslich ist, und daraus durch Alkohol gefällt wird.

Schwefelsäure, Salpetersäure, Phosphorsäure, Arsensäure fällen alles Kephalin aus der Lösung. Die Fällung mit Arsensäure namentlich ist sehr präcis, und das Product eines weiteren Studiums werth. Arsenige Säure giebt auch einen Niederschlag, allein die Flüssigkeit bleibt trüb.

Wässriges Platinchlorid mit Salzsäure fällt alles Kephalin, namentlich bei Gegenwart von Ueberschuss des Reagenz; auch Platinchlorid ohne Salzsäure verursacht eine voluminöse Fällung.

Barytwasser verursacht voluminöse Fällung. Kalkwasser desgleichen, aber der Niederschlag setzt sich nicht so rein ab, wie der mit Baryt. Ammoniak macht die Lösung etwas trüb, verursacht aber keinen Niederschlag.

Beinahe alle Metallsalze fällen die Lösung mehr oder weniger vollständig, so

Chlorcadmium: der Niederschlag ist käsig und setzt sich leicht ab.

Chlorzink, dem vorigen ähnlich.

Merkurinitrat verursacht einen dichten Niederschlag, der in Salpetersäure unlöslich ist; zuweilen ist er rosenroth und adhäsiv. Mit viel Wasser wird er wieder zersetzt und das Kephalin löst sich wieder auf.

Chlorbarium und Chlorcalcium verursachen dichte flockige Präcipitate. Gleich nach der Isolirung sind sie unlöslich in Wasser, unlöslich in Alkohol, leicht löslich in Aether, daraus durch Alkohol fällbar. Der Niederschlag enthält Chlorbarium und Chlorcalcium in Wasser gebracht trennen sich die Salze und werden ausdialysirt. Chlormagnesium verhält sich ähnlich.

Ferrichlorid verursacht nur eine gelbe Trübung und unvollkommenen Niederschlag.

Urannitrat macht weisse Trübung und unvollkommenen Niederschlag.

Die vier Kupfersalze: Nitrat, Chlorid, Sulphat und Acetat fällen die Lösung aus und bringen grünlichweisse Niederschläge hervor.

Merkurichlorid (Sublimat) macht die Lösung sehr trüb, bringt aber keinen Niederschlag hervor. Merkuriacetat fällt die Lösung augenblicklich und vollständig.

Silbernitrat giebt sogleich wohl definirten Niederschlag, welcher am Licht sich ein wenig schwärzt.

Goldchlorid und Salzsäure geben einen Niederschlag, welcher über Nacht schwarz wird.

Antimonchlorid macht einen guten weissen vollständigen Niederschlag.

Zinnchlorür giebt einen weissen vollständigen Niederschlag.

Zinnchlorid Niederschlag und trübe Lösung.

Bleizucker und Ammoniak geben vollständige Fällung.

Bleiessig giebt einen unvollständigen Niederschlag und eine trübe Flüssigkeit.

Alle diese Reactionen sind bei gewöhnlicher Temperatur ohne Erwärmen angestellt. Die meisten Niederschläge können nicht mit Wasser gewaschen werden, ohne entweder Säure oder Base oder Salz zu verlieren. Sie bleiben meist in Wasser unlöslich, bis sie beinahe frei von Reagens sind; dann löst sich entweder das Kephalin wieder, oder schwillt und verstopft das Filter. Unter diesen Reactionen sind gewiss noch viele, welche sich bei passender Behandlung zur besseren Präcisirung der Eigenschaften des Kephalins benutzen lassen. Inzwischen habe ich mit Chlorcadmium, Chlorplatin und Blei experimentirt. Die Verbindungen sind indessen bis jetzt nicht in stabilem Zustand erhalten worden; beim Umlösen geht stets etwas Salz oder Base verloren. Daher sind in dieser Richtung weitere Versuche mit den oben angeführten Reagentien sehr wünschenswerth.

Verbindungen des Kephalins. Kephalin und Chlorcadmium. Wenn durch den Filtrations- und Salzsäureprocess gereinigtes Kephalin in Aether gelöst, und mit alkoholischem Chlorcadmium gefällt wird; und wenn dieser Process wiederholt wird, so erhält man eine Verbindung, welche in Aether leicht löslich ist, und durch absoluten Alkohol wieder gefällt wird. In einem genauer untersuchten Präparat waren 89,38 Theile Kephalin und 10,62 Theile Chlorcadmium enthalten. Eine Verbindung von der Formel $C_{42}H_{79}NPO_{13}$,

CdCl$_2$ sollte 17,95 pCt. CdCl$_2$ enthalten. Es folgt daraus, dass von dem vorstehend beschriebenen Präparat nur 59 Theile aus dieser Verbindung, 41 Theile aber aus freiem Kephalin bestanden. Da nun dieses Kephalin zu verschiedenen Malen mit Ueberschuss von Chlorcadmium in Berührung war, und sich doch nicht damit sättigte, oder wenn es gesättigt war, beim Wiederauflösen und Fällen davon verlor, so ist zunächst klar, dass die Affinitäten des Kephalins für dieses Salz schwächer sind als die des Lecithins, des Paramyelins, Amidomyelins und Sphingomyelins; man kann vermuthen, dass diese Affinität grösser, vielleicht zu vollständiger Combination genügend sein würde, wäre es möglich, dem Kephalin das Salz in wasserfreier Lösung darzubieten. Da aber Wasser sowohl als wässrige Reagentien einen zersetzenden Einfluss auf die Verbindung ausüben, und Chlorcadmium nur in wasserhaltigem Weingeist, nicht in absolutem Alkohol löslich ist, so ist eine Sättigung des Kephalins durch einfaches Zusammenbringen seiner Aetherlösung mit alkoholischem Chlorcadmium nicht zu erreichen. Die organische Substanz in der eben beschriebenen Mischung hatte die Zusammensetzung des früher beschriebenen reinen Kephalins.

Theorie der		Gefundene	
Procente.	Atome.	Procente.	Atome.
C 60,28	42	59,97	41,6
H 9,44	79	9,53	79,4
N 1,67	1	1,53	1,0
P 3,70	1	3,96	1,0
O 24,88	13	25,00	13,0

Es muss hervorgehoben werden, dass durch die theilweise Verbindung mit Chlorcadmium der Sauerstoff in der organischen Molekel keine Veränderung erlitten hat.

Kephalin mit Salzsäure und Chlorplatin. Eine wässrige emulsive, aber filtrirte Lösung von Kephalin wurde mit einem Ueberschuss von mit Salzsäure angesäuertem Platinchlorid gemischt; es entstand ein gelbweisser Niederschlag, der sich gut absonderte, und mit Alkohol gewaschen wurde. Dadurch wurde der Niederschlag tief gelb und adhäsiv. Er löste sich vollständig in Aether, und wurde nach dem Filtriren mit absolutem Alkohol gefällt. Diese Lösung in absolutem Aether und Fällung mit absolutem Alkohol wurde wiederholt. Der Niederschlag fiel krümlich aus und war leicht im Vakuum zu trocknen.

Ein anderer Niederschlag, auf ähnliche Art bereitet, aber mit Wasser gewaschen, zeigte sich beinahe frei von Platinchlorid. Er wurde in Aether gelöst, mit alkoholischem Chlorplatin gefällt, wie der vorige behandelt, und mit ihm vereinigt.

Diese vereinigten Präparate enthielten Pt = 3,592 pCt., Cl = 3,265 pCt., folglich 1 Pt : 5 Cl. Ein Salz von der hypothetischen Formel $2 (C_{42} H_{79} NPO_{13}) + 2 HCl + PtCl_4$, Atomgewicht 2083 erfordert 9,5 pCt. Pt und 10,2 pCt. Cl Die analysirte Mischung bestand daher nur zu einem Drittheil aus Platinsalz, während zwei Drittheile unverbundenes Kephalin waren. In diesem Falle also gerade wie in der Chlorcadmiumverbindung wurde das Kephalin durch das Reagens vollständig aus der Emulsion in Wasser gefällt: allein das Reagens blieb nicht damit in vollständiger Verbindung: ein Theil nahm entweder kein Reagens auf, oder gab es wieder an die Lösungs- und Fällungsmittel ab.

Es ist nun nicht unmöglich, dass Kephalin, welches auf die im Obigen beschriebene Weise hydratirt und filtrirt worden ist, zur Darstellung an sich ungeeignet ist, eben weil es soviel Wasser enthält; nur ist alsdann noch nicht erklärlich, warum es nicht später, wenn es durch Aether und Alkohol der Hauptmasse des Wassers wieder beraubt ist, beim Darbieten der Reagentien in möglichst wenig gewässertem Zustand doch dieselben nicht aufnimmt, und sich nicht damit sättigt. Dieses Verhalten erfordert namentlich Angesichts der Erfahrungen mit Oxykephalin, welche sogleich erwähnt werden sollen, neue Studien.

Oxykephalin mit Chlorcadmium. $C_{42} H_{79} NPO_{14} + CdCl_2$. Dieses Präparat ist für das Studium des Kephalins wichtig, erstens weil es ohne den bei den oben beschriebenen Präparaten angewandten Process der Wasserbehandlung und Filtration dargestellt eine ganze Molekel Chlorcadmium auf eine Molekel des Educts enthielt, und daneben einen höheren Sauerstoffgehalt als das gewöhnliche Kephalin darbot. Es war in folgender Weise aus der weissen Materie vom Gehirn des Ochsen dargestellt worden. Der Aetherauszug aus der weissen Materie war mit Alkohol zur Gewinnung des Hauptkephalins gefällt worden: Zu der resultirenden Aether-Alkohollösung, welche alles Lecithin, viel Sphingomyelin, sodann Cholesterin, und das durch Alkohol nicht gefällte Kephalin enthielt, wurde Chlorcadmium gesetzt, so lange ein Niederschlag entstand. Dieser wurde nach der Isolirung mit Aether ausgezogen, und gab an diesen ein gefärbtes Salz ab. Dieses nach wiederholter Auflösung in Aether und Fällung durch Alkohol wurde analysirt mit folgenden Resultaten:

Gefundene Procente.		Atome, Cd = 1.	In 100 Organ. Materie.
C	48,12	42,21	58,71
H	7,55	79,47	9,21
N	1,43 ⎫ 81,95	1,07	1,74
P	3,524	1,18	4,30
O	21,33 ⎭	14,00	26,02
Cd	10,65 ⎫ 18,05	1,00	
Cl	7,40 ⎭	2,18	

Es entspricht also diese Verbindung ziemlich genau der Formel $C_{42}H_{79}NPO_{14} + CdCl_2$, also einer theoretischen vollständig gesättigten Chlorcadmiumverbindung des Kephalins, von dem es sich nur durch ein additionelles Sauerstoffatom unterscheidet. Die bereits beim Kephalin discutirte Schwierigkeit der Erklärung des hohen Sauerstoffgehaltes des Kephalins, die sich aus den Producten der Chemolyse bis jetzt nicht herleiten lässt, ist also hier in vergrössertem Maasse vorhanden. Unter solchen Umständen bedauert man mehr als gewöhnlich, dass es bis jetzt kein Mittel giebt, den Sauerstoff in organischen Verbindungen direct zu quantiren, und dass man gezwungen ist, seine Menge aus dem Deficit nach Quantirung aller anderen Elemente zu erschliessen. Da sich nun bei der Discussion der Analysen des hier betrachteten Präparats, wie bei der Discussion der Präparate der verschiedenen Kephaline überhaupt kein Datum herausstellte, welches uns berechtigt hätte, an dem Befund zu zweifeln, so habe ich denselben in die Theorie aufgenommen, und nenne den Körper einstweilen Oxykephalin, um damit anzudeuten, dass er mehr Sauerstoff als Kephalin enthält.

Peroxykephalin, $C_{42}H_{79}NPO_{15}$, und sein Bleisalz, $C_{42}H_{75}Pb_2NPO_{15}$. Ein Kephalinpräparat, welches nach längerem Frieren der Aetherlösung durch Fällung mit absolutem Alkohol erhalten worden war, wurde analysirt, ohne dass es mit Wasser oder Salzsäure behandelt worden war, und gab die folgenden Resultate:

Procente.	Atome.
C 57,750	42,85
H 8,902	79,26
N 1,573	1,00
P 3,680	1,05
O 28,095	15,63

Daraus lässt sich die Formel $C_{42}H_{79}NPO_{15}$ berechnen; der Kohlenstoff ist zwar etwas höher gefunden, die angenommene Atomzahl wird aber durch die folgende Bleiverbindung unterstützt. Man konnte nun bei diesem Präparat für möglich halten, dass der scheinbare Sauerstoff durch Beimischung von unorganischen Salzen bedingt sei, die den nicht mit Säure behandelten Phosphatiden stets, wie ich speciell bewiesen habe, anhängen. Allein auch für diese Hypothese war der über den im Kephalin enthaltenen Ueberschuss an Sauerstoff zu gross; es wurde daher versucht, den Verdacht der Gegenwart unorganischer Salze durch Combination mit Blei zu eliminiren. 10 g der analysirten Substanz wurden in Aether gelöst, und mit einer warmen alkoholischen Lösung von Bleizucker gefällt; die letztere wurde nicht im Ueberschuss zugesetzt, sondern es wurde mit der Zugabe derselben aufgehört, ehe die ganze Menge der gelösten Substanz gefällt war. Der isolirte Niederschlag wurde seinerseits in Aether gelöst, von wenig unlöslicher Materie abfiltrirt, abermals mit Alkohol gefällt, und wie gewöhnlich für die Analyse vorbereitet.

Gefundene Procente.	$C_{42}H_{75}Pb_2NPO_{15}$ erfordert:
C 38,367	39,436
H 5,760	5,868
N 0,9755	1,095
P 2,717	2,425
O 20,312	18,782
Pb 31,869	32,394

Aus dem Vergleich dieser Analyse mit der des freien Körpers geht zunächst hervor, dass zwei Atome Blei in derselben eingetreten sind; der Vergleich der Mengen von Sauerstoff zeigt, dass kein Grund vorliegt, anzunehmen, dass ein Theil des Bleies als Oxyd vorhanden sei: im Gegentheil, da der Wasserstoff in der Verbindung verglichen mit dem in dem freien Körper vermindert erscheint, so muss angenommen werden, dass eine Substitution von H_4 durch Pb_2 stattgefunden hat. Zieht man das Blei von der Verbindung ab, und führt H_1 ein, so erhält man für den organischen Theil derselben folgende Procente, die den in der originalen Substanz enthaltenen an die Seite gesetzt sind.

	Ursprüngliches Präparat von Peroxykephalin.	Organ. Snbstanz im Bleisalz des Peroxykephalins.
C	57,75	56,31
H	8,90	8,30
N	1,57	1,43
P	3,68	3,98
O	28,09	29,81

Der Phosphor ist, wie gewöhnlich etwas zu hoch, allein die durch Combination hervorgebrachte Veränderung ist nicht so gross, dass ein essentielles Verdrängen von unorganischen Salzen durch Blei könnte angenommen werden; insbesondere ist klar, dass der Sauerstoff durch die Verbindung der Substanz mit Blei nicht vermindert, sondern etwas erhöht worden ist.

Kephaloidin. Diese Substanz ist ihrer Haupteigenschaft nach Kephalin, und hat wahrscheinlich auch die Zusammensetzung des letzteren; allein sie zeigt einige physikalische Unterschiede von Kephalin, die ich es für nöthig halte, einstweilen zu verzeichnen. Sie wird nicht aus der weissen, sondern aus der buttrigen Materie erhalten, ist daher löslicher als das Kephalin. Nach der Fällung durch Alkohol wird das Kephaloidin niemals so fest als das Kephalin, sondern bleibt in einem weichen, dem Schusterpech ähnlichen Zustand. Auf der chemischen Seite bietet es wenigstens eine derselben Sonderbarkeiten in Bezug auf den Sauerstoff wie das Kephalin dar, indem es ein Oxykephaloidin bildet. Im Uebrigen sind seine Reactionen und Verbindungen denen des Kephalins so parallel, dass sie nicht besonders beschrieben zu werden brauchen.

Kephaloidinblei. Ein Präparat von Kephaloidin war durch Frieren von Myelin befreit, und durch Alkohol gefällt worden. Die nach Wiederholung dieses Processes durch Alkohol gefällte Substanz war in Wasser emulgirt und mit Bleizucker gefällt worden; nach Waschen mit Alkohol war sie in Aether gelöst, und mit Alkohol gefällt worden. Sie gab bei der Analyse folgende Resultate:

Procente im Mittel.		In 100 Thln. organ. Substanz.	Theorie von $C_{42}H_{79}NPO_{13}$.
C	50,983	60,88	60,28
H	7,721	9,22	9,44
N	1,017	1,21	1,67
P	3,666	4,37	3,70
O	20,353	24,32	24,885
Pb	16,260		

Ein zweibasisches Kephalinblei würde 19 pCt., ein einbasisches 11 pCt. Pb erfordern. Da nun das gefundene Blei dieser Hypothese nicht entspricht, und ausserdem in keinem geraden Verhältniss zu irgend einem anderen Elemente steht, so haben wir offenbar eine Mischung vor uns. Auch ist der Stickstoff zu niedrig und der Phosphor höher als die Theorie; aber im grossen Ganzen kommt die Substanz in Eigenschaften und Zusammensetzung dem Kephalin sehr nahe.

Oxykephaloidin mit Chlorcadmium. Die eben beschriebene Bleiverbindung war aus wässriger Emulsion gefällt worden, ein Process, von dem wir gesehen haben, dass er meistens eine wenigstens theilweise Abneigung des Kephalins, sich mit dargebotenen Reagentien zu verbinden, zur Folge hatte. Das jetzt zu beschreibende Präparat wurde daher nur durch den Aether-Alkohol-Process soweit thunlich gereinigt, mit Chlorcadmium verbunden, in Aether wiederholt tiefem Frost (—20°) ausgesetzt, mit Alkohol gefällt und analysirt.

Elemente in 100 Theilen.

C	52,796	Organische Materie 91,160
H	8,142	
N	1,500	
P	3,690	
O	25,032	
Cd	5,410	$CdCl_2$ 8,840
Cl	3,430	

Bei der Berechnung der Formel für die organische Materie wird $C_{42}H_{75}NPO_{14}$ erhalten. Das Chlorcadmium ist indessen für jede Hypothese zu niedrig, denn selbst nur eine Molekel desselben auf zwei Molekel Oxykephaloidin würde 9,8 pCt. $CdCl_2$ erfordern.

Wir haben daher hier ebenfalls eine Mischung eines Chlorcadmiumsalzes mit freier Substanz vor uns.

Folgende Vergleichung zeigt, dass das Oxykephaloidin zwischen
Oxykephalin und Peroxykephalin zu stehen kommt in allen Elementen, ausser dem Wasserstoff; das Peroxykephalin im Bleisalz zeigt
noch mehr Sauerstoff, und seine Procente sind beigesetzt.

	Oxykephalin (im $CdCl_2$-Salz).	Oxykephaloidin (im $CdCl_2$-Salz).	Peroxykephalin (frei).	Peroxykephalin (im Bleisalz).
C	58,71	57,91	57,750	56,31
H	9,21	8,82	8,902	8,30
N	1,74	1,64	1,573	1,43
P	4,30	4,04	3,680	3,98
O	26,02	27,45	28,095	29,81

Die Verbindungen aller Kephaline und Kephaloidine mit Säuren
oder löslichen Salzen werden durch Dialyse von diesen verbundenen
Substanzen vollständig befreit.

Die Chlorcadmiumverbindungen aller Kephaline und Kephaloidine
können in ätherischer Lösung durch Hydrothion nicht direct von
Cadmium befreit werden; das Schwefelcadmium bleibt nämlich in
Lösung und die Flüssigkeit nimmt eine gelbe Farbe an. Dieses
merkwürdige Verhalten beobachten beinahe alle Phosphatide; die in
Aether unlöslichen, wie das Lecithin-Chlorcadmium, gehen, wenn in
Aether suspendirt und mit Schwefelwasserstoff behandelt, mit gelber
Farbe in Lösung über.

Einige besondere Eigenschaften und Reactionen des
Kephalins. Wenn reines ganz trockenes Kephalin in einem Wasserofen auf 90^0 bis 100^0 erhitzt wird, so schmilzt es zu einem dunkelrothen durchscheinenden zähen Oel. Beim Abkühlen wird es wieder
fest, behält aber eine Klebrigkeit, die es vor dem Schmelzen nicht
besass, so dass es an den Fingern hängen bleibt, was es vor dem
Erhitzen nicht that. Wird dieses geschmolzene und wieder abgekühlte Kephalin mit Wasser behandelt, so schwillt es und löst sich
auf, wie vorher, aber die trübe Lösung oder Emulsion ist dunkler,
als die mit der Substanz vor der Schmelzung gemachte.

Wird das Kephalin bis zu beginnender Zerstörung erhitzt, so
giebt es schwere, stark riechende entzündliche Dämpfe aus, welche
beim Verbrennen mit Flamme dicke Wolken von Russ verbreiten.
Nach Abrauchen alles Flüchtigen auf dem Platinblech, oder im

Platintigel, bleibt eine voluminöse Kohle, welche von Phosphorsäure getränkt ist. Selbst wenn man die Phosphorsäure, soweit thunlich, durch Wasser auszieht, kann diese Kohle nicht ganz oxydirt werden. Bei hohen Hitzegraden, z. B. wenn man ein Leuchtgas-Gebläse auf den Boden des Platintigels richtet, kann diese Kohle nicht ohne Gefahr der Zerstörung des Platins verbrannt werden; bei grösserer Menge der Substanz wird das Platin sicher zerstört. Daher ist es gerathen, diese Kohle nie mit heissem Platin in Berührung zu lassen, sondern sie so mit Salpeter getränkt zu halten, dass sie leicht deflagrirt.

Wenn trockenes, so fein als möglich gepulvertes Kephalin mit Vitriolöl zusammengebracht wird, so nimmt es sogleich eine dunkel-rothbraune Farbe an, welche allmälig in schwarz übergeht. Wenn Zucker und Vitriolöl gleichzeitig auf Kephalin einwirken, so findet eine Art von Oleo-Cholid-Reaction statt. Aber der Process erfordert Zeit, während welcher die Mischung durch ein dunkelbraunes Stadium passirt, bis sie zuletzt tief purpurn wird. Allein die Farbe hat niemals die Lebhaftigkeit der mit Lecithin, oder den Cerebrosiden, oder mit Gallensäure erhaltenen. Das dunkle Zersetzungsproduct verdunkelt den chromatischen Effect der Reaction des reinen Körpers.

Chemolysen des Kephalins. Ich habe viele Experimente gemacht, um die Constitution des Kephalins und seiner Varietäten aus den Zersetzungsproducten zu ermitteln. In Bezug auf die Hauptkerne hat dies keine Schwierigkeit, allein der vierte Kern, der der sogenannten Kephalinsäure, war bis jetzt in einem definitiven reinen Zustand nicht zu erhalten. Um den Leser nicht zu ermüden, werde ich vom Detail der einzelnen Experimente absehen, und nur das Hauptsächliche beschreiben.

Beschränkte Chemolyse durch kaustisches Natron. Etwa 30 g Kephalin wurden mit 5 g krystallisirten Natronhydrats in einer Flasche mit Wasser während 9 Stunden erhitzt. Es bilbildeten sich dabei Häute auf der Mischung wie auf heisser Milch. Am anderen Tage wurde die Mischung während 9 Stunden gekocht. Nach dem Abkühlen wurde die Seife gelatinös. Sie wurde durch Salzsäure gefällt. Die gefällte Masse schmolz nicht in heissem Wasser, löste sich aber leicht in kaltem absolutem Alkohol. Zu dieser Lösung wurde alkoholische Lösung von Bleizucker gesetzt, wodurch ein voluminöser weisser Niederschlag entstand. Derselbe

wurde mit Alkohol gewaschen und war ganz unlöslich in Aether.
(Kephalinblei, oder kephalinsaures Blei wäre löslich gewesen.) Er
bestand aus kephalophosphorsaurem·Blei, und gab bei der
Analyse die folgenden Resultate:

Gefundene Procente.		÷ dus P = 1.
C	48,262	35,3
H	7,990	70,1
Pb	23,840	1,0
P	3,572	1,0
O	16,336	8,96

Daraus lässt sich die Formel $C_{36}H_{70}PbPO_9$ berechnen. Ziehen
wir das Blei ab und berechnen die 76,16 pCt. organische Materie
als 100 auf ihre Elemente, so erhalten wir:

		÷ P = 1.
C	63,369	34,9
H	10,491	69,3 + 2
P	4,691	1
O	21,449	8,8

Das Salz wurde in specieller Analyse ganz frei von Stickstoff
befunden. Die Berechnung der freien Säure ist wichtig für den
Vergleich mit dem ursprünglichen Kephalin. Der Kohlenstoff allein
liess uns annehmen, dass nur die zwei Hauptfettsäuren in Verbindung mit Phosphorsäure geblieben, und Neurin sowohl als Glycerol
ausgeschieden seien. Allein der hohe Betrag des Sauerstoffs spricht
für die Gegenwart des Glycerols, und ist auch in weitergehenden
Chemolysen die Trennung des Glycerols von der Phosphorsäure
nicht bemerkt worden. Jedenfalls ist alles Neurin ausgeschieden;
die Phosphorsäure ist mit den Hauptfettsäuren verbunden geblieben;
ob Glycerol gegenwärtig sei, kann weder absolut behauptet, noch
verneint werden. Im Falle es vorhanden ist, kann die Säure folgende Constitution haben:

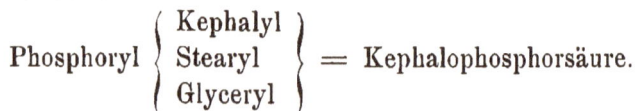

$$\text{Phosphoryl} \begin{cases} \text{Kephalyl} \\ \text{Stearyl} \\ \text{Glyceryl} \end{cases} = \text{Kephalophosphorsäure.}$$

Die ganze Menge des erhaltenen Salzes wog etwas mehr als
6 g. Die übrigen Fettsäuren wurden zunächst in Bleisalze verwandelt, welche in Aether löslich waren. Diese wurden darauf in Ba-
riumsalze verwandelt; von diesen war eines in Aether löslich,

kephalinsaures Barium, ein anderes darin unlöslich, wahrscheinlich stearinsaures Barium mit viel einer intermediären Säure
gemischt. Diese Salze wurden der weiteren Analyse nicht unterworfen.

Aus der Flüssigkeit, aus welcher die gemischten Fettsäuren
durch Salzsäure gefällt worden waren, wurde nach Neutralisation
der Säure die Glycerophosphorsäure durch Bleizucker gefällt; das
Bleisalz wurde durch Hydrothion zersetzt, die freie Säure durch Kalk
neutralisirt; die verdampfte Lösung gab beim Kochen krystallisirten
glycerophosphorsauren Kalk.

Die Salzmischung, aus welcher die Glycerophosphorsäure gefällt worden war, wurde zur Trockne verdampft, und mit absolutem
Alkohol ausgezogen. In dem angesäuerten Alkohol entstand durch
Platinchlorid ein Niederschlag von Neurinsalz, der indessen nur
einen Theil des im Kephalin vorhandenen Stickstoffs repräsentiren
konnte. Neben ihm war ein durch Aether aus alkoholischer Lösung
als Platinsalz fällbarer Körper vorhanden, welcher durch Oxydation
mit Schwefelsäure und Braunstein Essig- und Ameisensäure gab,
aber nicht näher definirt werden konnte.

Vollständige Chemolyse mit kaustischem Natron. In
diesem Experiment wurden 40 g Kephalin mit 5 g Natron in Wasser
während 18 Stunden gekocht. Nach dem Abkühlen blieb die Seife
jetzt flüssig. Die Säuren wurden durch Salzsäure ausgefällt, in Ammoniak gelöst, und durch Bleizucker in Bleisalze verwandelt. Diese
waren sehr voluminös, wurden getrocknet und mit Aether ausgezogen. Ein Salz, kephalinsaures Blei, löste sich auf, ein anderes,
stearinsaures Blei, blieb ungelöst.

Kephalinsaures Blei. Die gefärbte Aetherlösung wurde zunächst durch Alkohol gefällt. Das isolirte Salz wurde mit Aether,
Salzsäure und Wasser zersetzt; die isolirte Säure wurde mit Ammoniak und Chlorbarium in Bariumsalz verwandelt.

Stearinsaures Blei. Dasselbe wurde ebenfalls in Bariumsalz
verwandelt. Aus ihm zog kochender Alkohol eine kleine Menge
eines beigemischten Salzes aus; die Masse blieb in Alkohol unlöslich, und zeigte sich bei der Analyse als Stearat.

Glycerophosphorsaures Blei. In dieser Analyse fällte ich
die Glycerophosphorsäure mit Chlorbleilösung; das erhaltene Salz
betrug 38 pCt. der theoretischen Menge; es war also viel der Säure
in Phosphorsäure und Glycerol zersetzt, oder vielleicht besser ge-

sagt, gar nicht gebildet worden. Das Bleisalz wurde in Calciumsalz verwandelt, und reines krystallisirtes Salz analysirt. Es gab
60,8 pCt, $Ca_2P_2O_7$, während die Theorie 60,5 pCt. reines Pyrophos-
phat erfordert. Aus der Mutterlauge der Krystalle wurde durch
drei Volume Alkohol ein Salz gefällt, welches sich als **saures
Salz**, $C_6H_{16}CaP_2O_{12}$, manifestirte und über welches weiter unten
einige genaue Nachrichten gegeben werden sollen.

Die Mutterlauge der ersten Bleifällung wurde eingedampft und
mit Alkohol ausgezogen, um die Basen zu isoliren. Platinchlorid
brachte eine Fällung hervor, welche bei der Analyse als ganz aus
Ammoniaksalz bestehend gefunden wurde. Im Alkohol blieb eine
durch Aether fällbare Platinverbindung, welche mit Braunstein und
Schwefelsäure Ameisensäure lieferte.

Es ist aus den vorhergehenden Experimenten klar, dass bei der
Chemolyse mit kaustischem Natron das **Neurin** entweder nicht gebildet oder wieder zersetzt wird. Denn bei der ersten (unvollständigen) Chemolyse wurde nur wenig Neurin, bei der zweiten com-
pleten gar keins erhalten. Für die Darstellung der Glycerol- und
Neurinkerne ist daher die Zersetzung mit Aetznatron wenig geeignet;
aber sie scheint Vortheile für die Darstellung der Säuren zu besitzen, insofern dabei die Mischung viel weniger gefärbt wird als
bei der Chemolyse mit Baryt.

Chemolyse mit Baryt. 28 g Kephalin wurde mit 80 g Baryt
in viel Wasser 5 Stunden lang gekocht. Die gebildete Barytseife
wurde mit Aether in ein darin lösliches Salz, **kephalinsaures
Barium**, und ein in Aether unlösliches, **stearinsaures Barium**,
geschieden. Die alkalische Mutterlauge, durch Kohlensäure vom
Aetzbaryt befreit, wurde eingedampft und mit Alkohol gefällt; der
Niederschlag war **glycerophosphorsaures Barium**, welches bei
der Analyse aller Elemente, ausser Sauerstoff, Zahlen gab, die zur
Formel $C_3H_7BaPO_6$, H_2O führten. Die Alkohollösung gab mit
Platinchlorid eine Fällung von **Neurinsalz**.

Ich habe noch mehrere der vorigen ähnliche Chemolysen mit
Baryt ausgeführt. Sie haben den Vortheil, dass die stickstoffhaltigen
Kerne und die Glycerophosphorsäure besser zu isoliren sind, als
aus Natronlösungen. Dagegen haben sie den Nachtheil, dass man
viel Baryt verwenden muss, um alles Kephalin zu zersetzen. Denn
die Seifen ballen sich leicht zusammen und lassen dann den Baryt
nur schwer zu dem noch unzersetzten Kephalinbaryt dringen. Bleibt

nun Kephalin unzersetzt, so folgt es in allen Lösungen und Fällungen der Kephalinsäure und ihrer Salze. Zwar folgt das Kephalin
nicht gerade leicht in die wässrigen Ammoniaklösungen der Kephalinsäure, allein man ist immer genöthigt, als nächsten Beweis für
die Freiheit der letzteren von Kephalin sie durch den Process einer
quantitativen Analyse sowohl für Phosphor als für Stickstoff geben
zu lassen, um die absolute Abwesenheit beider Elemente festzustellen.

Die basischen stickstoffhaltigen Körper, welche bei
der Chemolyse der Kephaline erhalten werden. Sie gehen
zunächst alle in die alkoholische Lösung, welche bei Ausscheidung
des glycerophosphorsauren Bariums gebildet wird. Aus dieser Lösung muss man zunächst in den meisten Fällen eine Spur Baryt
durch Schwefelsäure genau ausfällen. Dann setzt man angesäuerte
alkoholische Lösung von Platinchlorid zu, wodurch alles Neurin in
Verbindung mit Salzsäure und Platinchlorid ausgefällt wird. Nach
dem Umkrystallisiren aus Wasser ist dieses Salz meist ziemlich rein,
enthält aber leicht etwas Kali, wenn das Kephalin nicht von dieser
Base durch die Behandlung mit Wasser und Salzsäure befreit worden war. Ein solches erstes Product gab bei der Analyse folgende
Resultate:

Procente.		$\div$ Pt = 1.
C	19,801	10,1
H	4,762	29,0
N	4,404	1,9
O	4,701	1,8
Pt	32,219	1,0
Cl	34,149	5,9

also ziemlich genau $2(C_5 H_{13} NO + HCl) + PtCl_4$.

Ein anderes directes Präparat derart gab:

Procente.		$\div$ Pt = 1.
C	19,981	10,3
H	4,719	29,3
N	4,735	2,0
O	4,443	1,7
Pt	31,832	1,0
Cl	34,290	6,0

also noch genauere Belege für die eben angeführte Formel.

Durch Umkrystallisiren allein lassen sich die Verhältnisse der Elemente noch etwas verbessern, allein ein ganz allen stoichiometrischen Anforderungen entsprechendes Präparat wird nur durch Entfernen des Platins durch Schwefelwasserstoff, Fällen der Base mit Phosphormolybdänsäure, Zersetzen des Niederschlags mit Baryt und Reconstruction des salzsauren Platinsalzes erhalten. Merkwürdig ist dabei, dass das reine Salz viel schlechter und undeutlicher krystallisirt, als das unreine, welches in den bekannten wohldefinirten Formen auftritt.

Neben dem Neurin kommen in dem Alkohol, aus welchem dasselbe ausgefällt worden ist, noch zwei andere Basen vor, welche im Folgenden beschrieben werden sollen. Wenn man in Betracht nimmt, dass bei der Chemolyse des Kephalins mit Natron beinahe alles Neurin zerstört wird, angenommen es sei zunächst gebildet worden, so könnte man sich nicht wundern, wenn bei der Chemolyse mit Baryt wenigstens ein Theil zu Grunde ginge oder verändert würde. Es wäre aber auch möglich, dass diese Basen in einem Theil des Kephalins präformirt wären, dass sie den Platz des Neurins im Hauptkephalin einnähmen und nicht nur durch Chemolyse von Neurin abgeleitet wären. Die Fragen lassen sich wohl durch weiteres Studium, z B. durch Untersuchung des Verhaltens des Neurins bei längerem Kochen mit Baryt, der Lösung näher bringen. Unterdessen gebe ich hier nur eine summarische Beschreibung dessen, was wirklich gefunden worden ist.

Zweite Base. Aus dem Alkohol, welcher das Neurinsalz geliefert hatte, wurde eine kleine Menge eines krystallisirbaren Platinsalzes erhalten, welches nach dem Umkrystallisiren bei der Analyse die folgenden Verhältnisse der Elemente ergab:

	Procente.	$\div Pt = 1.$
C	9,158	4,1
H	3,134	16,8
N	5,418	2,0
O	6,275	2,1
Pt	36,718	1,0
Cl	39,297	5,9

Daraus kann man die Formel $2(C_2H_7NO + HCl) + PtCl_4$ berechnen. Man könnte die im Salz enthaltene Base als Dimethylamin betrachten, in welchem das dritte Atom Wasserstoff durch Hydroxyl vertreten ist, oder man könnte es auch als Oxethylamin erklären:

$$CH_3 \ \atop CH_3 \ \Big\} \ N \qquad \text{oder} \qquad C_2H_5O \ \atop H \ \Big\} \ N,$$

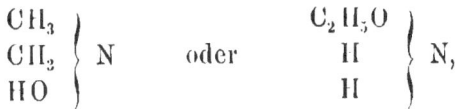

also als einen aus Neurin durch den Verlust von drei Radikalen Methyl und einem Radikal Wasser gebildeten Körper.

Dritte Base. Diese Base war als Platinsalz in Alkohol löslich und gab demselben eine braunrothe Farbe. Sie wurde durch viel Aether gefällt, und durch Auflösen in Alkohol und Fällen mit Aether gereinigt. Mehrere Gramm dieses Salzes wurden zunächst in öligem Zustand erhalten; die Substanz wurde indessen beim Trocknen fest und gab bei der Analyse:

	Procente.	÷ Pt = 1.
C	12,091	5,0
H	3,070	15,3
N	5,019	1,79
O	4,255	1,3
Pt	39,466	1,0
Cl	36,171	5,0

Daraus lässt sich die approximative Formel $C_5H_{14}N_2O$, HCl, $PtCl_4$ ableiten. Die Verbindung ist daher in mehreren Beziehungen anomal, könnte aber von Neurin durch Verdoppelung der Molekel und darauf folgende Zersetzung hergeleitet sein. Die hier als möglich gedachte Verdoppelung der Molekel des Neurins wird bei gewissen Reactionen desselben mit oxydirenden Substanzen wirklich beobachtet.

Stearinsäure und homologe Säuren. Die Säure oder Gruppe von Säuren, welche das in Aether und Alkohol unlösliche Bleisalz und Bariumsalz liefert, ist meistens gut krystallisirt und ganz weiss. Allein bei Schmelzpunktbestimmungen werden Zahlen erhalten, welche zeigen, dass man es nicht mit Stearinsäure allein zu thun hat. So wurde ein Präparat in vier Fractionen krystallisirt: No. 1 schmolz bei 68°, No. 2 bei 66°, No. 3 bei 62,5° und No. 4 bei 63,5°. Durch Umkrystallisiren, wobei viel Material in Lösung blieb, stieg der Schmelzpunkt der Hauptmenge der vier Fractionen auf 68°. Es wurde also in diesem Fall überhaupt keine bei 69,5° schmelzende reine Stearinsäure erhalten.

In einem zweiten Präparat, welches durch häufiges Umkrystallisiren und Digeriren mit Thierkohle gereinigt worden war, und welches aus weissen charakteristischen Krystallen bestand, wurde der

Schmelzpunkt 70^0 beobachtet. Diese Säure gab bei der Analyse Daten, welche genau zur Formel $C_{78}H_{36}O_2$, also der der Stearinsäure führten.

In einem dritten Präparat wurde der Schmelzpunkt 69^0 beobachtet. Auf vielen Umwegen liess sich reine Stearinsäure aus allen Präparaten darstellen, so dass bewiesen war, dass die Hauptmenge des chemolytischen Products aus dieser Säure besteht. Es war aber stets eine kleine Menge einer entweder unter dem Schmelzpunkt der Stearinsäure zergebende, wie z. B. Margarin- oder Palmitinsäure, oder einer darüber schmelzenden vorhanden.

Kephalinsäure. Zersetzt man das in Aether lösliche Bariumsalz mit Weinsäure, so bleibt eine tief gefärbte Säure in Lösung. Diese hinterbleibt nach dem Abdestilliren des Aethers als eine klebrige Masse zurück, an der noch keine Tendenz zum Krystallisiren beobachtet worden ist. Sie löst sich leicht in Ammoniakwasser, und diese Lösung liefert mit Chlorbarium ein Barytsalz. Aus diesem wird durch kochenden Alkohol eine kleine Menge eines Salzes ausgezogen, welches 19,65 pCt. Ba enthält. Der Rest des Salzes ist unlöslich in kochendem Alkohol.

Das kephalinsaure Barium löst sich in Aether mit rothbrauner Farbe, von welcher es bis jetzt durch kein Mittel hat befreit werden können. Um zu untersuchen, ob die Säure etwa Sauerstoff aufnähme, wurde eine Quantität derselben in einem Eudiometer über Quecksilber mit einem gemessenen Volum Sauerstoff eingeschlossen. Es wurde aber keine Verminderung des Sauerstoffs beobachtet. Es muss daher eine Oxydation nur in der Aetherlösung stattfinden, und ist in diesem Fall wahrscheinlich dem im Aether gebildeten Wasserstoffhyperoxyd zuzuschreiben.

Das mit kochendem Alkohol erschöpfte Salz wurde jetzt in Bleisalz verwandelt, das Bleisalz wurde in Aether aufgelöst und in drei Fractionen mit Alkohol gefällt; sie enthielten 38,07, 38,48 und 36,39 pCt. Pb; es waren daher wohl keine verschiedenen Säuren vorhanden. Diese Menge Blei entspricht beinahe einem zweibasischen Salz der unten als Bariumsalz zu beschreibenden Säure, $C_{19}H_{30}PbO_3$, welche 40 pCt. Pb erfordert. Aber wegen des Mangels an besserer Uebereinstimmung ist das Salz nicht weiter analysirt worden.

Das Bleisalz wurde nun in Bariumsalz zurückgeführt, und das durch essigsaures Barium gefällte Salz, dieses mal ohne in Aether gelöst und mit Alkohol gefällt gewesen zu sein, der Analyse unterworfen.

Gefundene Procente.	÷ Ba = 1.
C 59,556	37,3
H 8,488	63,8
Ba 18,28	1,0
O 13,673	6,4

Daraus kann man nothdürftig die Formel $Ba(C_{19}H_{31}O_3)_2$ berechnen,

Ein zweites Präparat, ähnlich dem vorigen dargestellt, also zweimal mit Barium und dazwischen mit Blei verbunden, jedoch zuletzt aus ätherischer Lösung mit Alkohol gefällt, gab bei der Analyse die folgenden Resultate:

Gefundene Procente.	÷ Ba = 1.
C 58,55	34,64
H 8,45	60,01
Ba 19,29	1,00
O 13,71	6,08

woraus sich als nächste Formel $Ba(C_{17}H_{30}O_3)_2$, oder $Ba(C_{18}H_{30}O_3)_2$ ergiebt.

Beim wiederholten Auflösen in Aether und Fällen mit Alkohol verlor dieses Salz sowohl Kohlen- als Wasserstoff, wie die folgende Analyse zeigt:

Gefundene Procente.	÷ Ba = 1.
C 57,82	33,20
H 8,14	56,10
Ba 19,89	1,00
O 14,15	6,09

Hieraus folgt die empirische Formel $Ba(C_{17}H_{29}O_3)_2$.

Aus diesem Salz wurde abermals die freie Säure dargestellt. Sie war bei gewöhnlicher Temperatur ein dunkles, zähes Oel, ganz in Alkohol löslich, und in dieser Lösung durch Thierkohle nicht zu entfärben. Bei Zusatz von Wasser zur Alkohollösung, oder beim Verdampfen des Alkohols setzte sich die Säure als Oel in Tropfen ab. Beim Schmelzen mit kaustischem Kali wurde sie nicht wie die Oelsäure gespalten, lieferte keine flüchtige, sondern nur eine braune Säure, welche alle Eigenschaften der Säure vor der Schmelzung hatte; sie gab ein Barytsalz mit etwa 19 pCt. Ba, welches in Aether löslich war.

Es ist somit bis jetzt noch nicht möglich gewesen, Präparate von dieser Säure und ihren Salzen darzustellen, welche die gewöhnlichen Garantien der Reinheit liefern. Dass man es indessen mit einer chemischen Individualität zu thun habe, geht aus dem absonderlichen Verhalten der Salze und Säure genügend hervor. Die Menge, in welcher die Kephalinsäure aus Kephalin erhalten wird, zeigt, dass sie eine der Hauptsäuren ist, und obwohl neben ihr eine kleine Menge einer analogen Säure vorkommt, deren Bariumsalz in kochendem Alkohol löslich ist, so ist dieselbe in Menge sehr unbedeutend. Die Kephalinsäure ist indessen diejenige Säure, deren Radikal dem Kephalin seinen besonderen Charakter verleiht, wie man daraus sieht, dass alle Verbindungen sowohl des Kephalins als der Kephalinsäure mit denselben Reagentien sich, soweit sie untersucht sind, vollkommen gleich verhalten.

Theorie der chemischen Constitution der Kephaline. Nach der bisher geläufigen Theorie des Lecithins kann man die Kephaline als Lecithine betrachten, in welchen an Stelle der Oelsäure eine besondere Säure, die Kephalinsäure, oder eine ihr ähnliche Säure eingetreten ist; als zweite Säure fungirt Stearinsäure, an ihrer Statt in kleinen Mengen eine höhere oder niedrigere Homologe. Wendet man aber nach den in der fünften Analecte gegebenen Daten die Hypothese der Constitution der Phosphatide auf die Kephaline an und nimmt an, dass sie nicht durch Glycerol, sondern durch Phosphoryl zusammengehalten werden, so erhält man für das hauptsächliche Kephalin die folgende Formel:

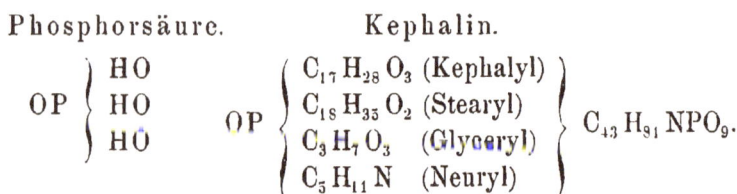

Phosphorsäure.   Kephalin.

$$OP \begin{cases} HO \\ HO \\ HO \end{cases} \quad OP \begin{cases} C_{17}H_{28}O_3 \text{ (Kephalyl)} \\ C_{18}H_{35}O_2 \text{ (Stearyl)} \\ C_3H_7O_3 \quad \text{(Glyceryl)} \\ C_5H_{11}N \quad \text{(Neuryl)} \end{cases} C_{43}H_{91}NPO_9.$$

Dabei ist angenommen, dass das Neuryl ein Hydroxyl in Glyceryl ersetze und demgemäss das Radikal ist, welches durch die Chemolyse am frühesten abgespalten wird. Auf diese Hypothese hin lässt sich die oben beschriebene Kephalophosphorsäure durch folgende Formel ausdrücken:

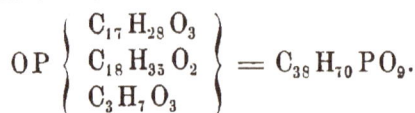

$$OP \begin{cases} C_{17}H_{28}O_3 \\ C_{18}H_{35}O_2 \\ C_3H_7O_3 \end{cases} = C_{38}H_{70}PO_9.$$

Ein Kephalin mit Palmityl, $C_{16}H_{31}O_2$, an Stelle des Stearyls würde die summarische Formel $C_{41}H_{77}NPO_9$, ein Kephalin mit Margaryl, $C_{17}H_{33}O_2$, würde die Formel $C_{42}H_{79}NPO_9$ haben. Im Fall es mehrere homologe Kephalinsäuren gäbe, wie die Resultate einiger Analysen anzudeuten scheinen, dann würde für ein Kephalyl von der Formel $C_{19}H_{30}O_3$, welches von Stearyl, Margaryl oder Palmityl begleitet sein könnte, jede der betreffenden Formeln um CH_2 zu vergrössern sein, woraus folgt, dass das complicirteste Kephalin 44 Atome Kohlenstoff enthalten könnte.

Dass diese Theorien den in den Kephalinen empirisch gefundenen Ueberschuss an Sauerstoff, sowie den relativen Mangel an Wasserstoff nicht erklären, ist schon oben auseinandergesetzt worden. Alle diese Schwierigkeiten, welche, wie mich viele Versuche gelehrt haben, nicht gering anzuschlagen sind, können nur durch weitere Forschungen überwältigt werden.

II. Ueber das Myelin, seine Bleiverbindung und seine Reactionen.

Das Myelin ist ein stickstoffhaltiges Phosphatid, welches im Hirn in nicht sehr grossen Mengen vorkommt, aber sich durch seine Verbindung mit Blei sehr scharf von anderen Phosphatiden trennen lässt. Man kann es zunächst ohne die Hülfe von Niederschlagsmitteln aus den mit kaltem absolutem Alkohol angefertigten Extracten der weissen Materie durch Concentration und langes Stehen in der Kälte isoliren; dann ist es mit Sphingomyelin gemischt, von welchem es durch Verbinden mit Blei und Ausziehen des Sphingomyelins mit kochendem Alkohol getrennt werden muss.

Bei der Extraction der weissen Materie mit Aether geht viel Myelin mit dem Kephalin in den Aether über. Bei der Concentration dieser Lösung setzt sich Myelin mit anderen Körpern ab, und muss von denselben durch den Bleiprocess getrennt werden. Diese Mischung wird daher mit Wasser emulgirt, mit Bleizucker und Ammoniak im Ueberschuss behandelt, und nach langem Stehen von der Flüssigkeit abfiltrirt. Diese Masse wird nun mit kochendem Alkohol erschöpft, wobei alles ausser Myelinblei in Lösung geht. Das letztere wird auch noch mit Aether ausgezogen.

Bei dem Kephalin in der Aetherlösung bleibt ebenfalls etwas Myelin gelöst, welches dann mit dem Kephalin bei Zusatz von Alkohol niederfällt. Dieser Niederschlag wird ebenfalls in Wasser emulgirt, mit Bleizucker und Ammoniak übersättigt, nach langem Stehen von der wässrigen Lösung abfiltrirt, in einem Tuch gepresst, mit Alkohol entwässert, und mit Aether ausgezogen; dabei löst sich Kephalinblei; dann wird das übrige Bleisalz mit kochendem Alkohol erschöpft, wobei sich alles ausser Myelinblei löst.

Es ist nun sicher, dass die Cerebrinmischung, selbst nach Erschöpfung mit Aether, viel Myelin enthält, und dass dies nur auf die Anfangs dieses Artikels beschriebene Weise mit absolutem Alkohol ausgezogen, und durch Blei isolirt werden kann. Dies ist nämlich die einzige Methode, das Myelin von den Cerebrinaciden zu trennen, ehe diese selbst durch Bleizucker und Ammoniak von den Cerebrosiden getrennt werden. Sind die Cerebrinacide einmal mit Blei verbunden, so giebt es bis jetzt kein Mittel, sie in diesem Zustand vom Myelinblei zu trennen. Das Myelinblei ist unlöslich in Benzol.

Isolirung des Myelins aus dem Myelinblei. Man suspendirt das fein gepulverte Salz in Alkohol, leitet Schwefelwasserstoff ein und erhitzt die Mischung allmälig zum Kochen. Wenn die Zersetzung vollendet ist, wird heiss filtrirt. Beim Stehen setzt sich weisses Myelin in Krystallen ab. Diese werden aus Alkohol umkrystallisirt. Dabei zeigen sie eine Tendenz, jene geflossenen unlöslichen Anhydrite zu bilden, von denen schon bei anderen Phosphatiden die Rede gewesen ist. Dieselben werden durch Behandlung mit etwas Aether, oder besser durch Emulgiren mit Wasser in heissem Alkohol wieder löslich gemacht.

Ich habe auch das Myelinblei in Aether mit Schwefelwasserstoff zersetzt, das Resultat ist aber wegen der geringen Löslichkeit des Myelins in Aether unbefriedigend. Es bleibt leicht Salz unzersetzt, und macht eine Wiederholung des lästigen Processes nöthig. Beim Abkühlen der Alkohollösung des Myelins bleibt nur wenig des Körpers gelöst, und diese Lösung giebt weder mit Platin- noch Cadmiumchlorid einen Niederschlag. Durch dieses Verhalten unterscheidet sich daher das Myelin von allen anderen bekannten Phosphatiden, die obwohl zum Theil in kaltem Alkohol nicht viel mehr löslich als das Myelin, doch mit Platin- oder Cadmiumchlorid, oder beiden, einen Niederschlag geben.

Eigenschaften des Myelins. Es krystallisirt aus Aether oder Alkohol beim Abkühlen der übersättigten Lösung in Kugeln oder beim langsamen Verdampfen einer kalten Lösung in Schüppchen von rhombischer oder ovoider Gestalt, welche nur mit dem Mikroskop bei $\times$ 400 gesehen werden. Beim oberflächlichen Betrachten erscheinen dieselben als gekrümmte Nadeln. Wenn es so fein aus absolutem Alkohol krystallisirt war, so bleibt es beim Trocknen im Vacuum über Schwefelsäure opak, und lässt sich pulvern; wird es aber mit Aether gewaschen, oder gepresst, und dann getrocknet, so wird es zum Theil opalin, durchscheinend, lässt sich wie Nusskern schneiden, und nach dem Trocknen ebenfalls pulvern. Das massive Myelin ist weiss wie gebleichtes Elfenbein, und das gepulverte ist ebenfalls ganz weiss. Feuchtes Myelin in absolutem Alkohol mit Hülfe von Wärme gelöst, setzt sich bei schnellem Abkühlen in Kugeln ab, welche in Flocken aneinander hängen. Die Lösung setzt beim Verdampfen kurze Nädelchen und Ballen derselben ab. Die von dem Absatz abfiltrirte kalt gesättigte Lösung des Myelins giebt mit alkoholischem Bleizucker sogleich einen Niederschlag von Myelinblei; dieselbe Lösung wird durch Platin- oder Cadmiumchlorid nicht gefällt.

Wird das Myelin mit Wasser behandelt und erhitzt, so schwillt es und wird schleimig, wie die übrigen Phosphatide, es ist aber noch nicht untersucht, inwiefern es in Wasser löslich ist. Wie sich aus der Darstellungsmethode ergiebt, ist es in Alkohol sehr leicht, beim Erhitzen löslich, wird aber beim Abkühlen schnell wieder abgesetzt, so dass wenig in Lösung bleibt. Auch in Aether löst es sich sehr spärlich, etwas mehr beim Erwärmen, als in der Kälte; die heisse Aetherlösung macht augenblicklich einen Absatz beim Abkühlen.

Reaction mit Schwefelsäure und Zucker. Wird Myelin mit Vitriolöl angerührt, so vergeht es oder löst sich auf; es entsteht keine Färbung in dieser Mischung; wird dieser Mischung aber Zuckersyrup zugesetzt, so nimmt sie augenblicklich eine tiefe purpurne Farbe an. Die Farbe hängt an Partikelchen, die beim Umrühren lebhaft purpurn erscheinen, und ist nicht in Lösung. Setzt man der Mischung Chloroform zu, so lösen sich die purpurnen Partikelchen leicht, und bilden eine purpurne Lösung mit besonderem

Spectrum. Das Myelin enthält daher ein Oleo-Cholid-Radikal in besonderer Form.

Diese Reaction ist ein weiterer Beweis, wenn solcher nöthig wäre, dass die Angabe von Gamgee, Myelin sei mit dem Lecithin Diakonow's identisch, falsch ist. Da das Lecithin dieses Autors zwei Stearinsäure-Radikale enthielt, so konnte es als Glycero-Neuro-Phosphatid kein Oleo-Cholid-Radikal enthalten. Stearyl oder Stearinsäure geben aber nicht die Oleo-Cholid-Reaction. Die Angabe von Gamgee war offenbar nicht auf Versuche basirt, sondern nur von einer oberflächlichen Aehnlichkeit der Form abstrahirt, und in allen Besonderheiten unbegründet.

Diagnose und Methode der Trennung des Myelins von anderen Educten des Gehirns. Myelin kann von Kephalin und seinen Verwandten zum Theil durch Aether getrennt werden, in welchem Myelin viel weniger löslich ist als Kephalin. Eine absolute Trennung des Myelins vom Kephalin wird durch deren Verbindung mit Blei erreicht; das Kephalinblei ist in Aether leicht löslich, das Myelinblei ist darin unlöslich.

Vom Lecithin, Paramyelin, Amidomyelin und Sphingomyelin wird das Myelin als Bleisalz getrennt; die ersten vier Körper gehen nämlich unter den Umständen, unter welchen Myelin sich mit Blei verbindet, und wahrscheinlich überhaupt, mit diesem Metall keine Verbindungen ein.

Von den Cerebrosiden kann Myelin vielleicht durch kochenden Aether ausgezogen werden. Es kann auch von der Cerebrinmischung durch absoluten Alkohol ausgezogen werden; zu der kalten Lösung wird Bleizucker gesetzt, und das Myelinblei wird durch seine Unlöslichkeit in kochendem Alkohol von Sphingomyelin, Kerasin etc. getrennt.

Kein Phosphatid kann als Myelin betrachtet werden, ehe es mit Blei verbunden, und als Bleisalz in Alkohol und Aether unlöslich befunden worden ist. Das Kochen mit Alkohol muss erschöpfend vorgenommen werden, da neben dem Myelinblei das in heissem Alkohol lösliche Bleisalz eines anderen Körpers vorkommt, welcher nicht Myelin schlechtweg ist, obwohl er eine Abart desselben sein kann.

Elementarzusammensetzung des Myelins. Bei der Analyse des Myelins sind Zahlen gefunden worden, welche im Folgenden mit der aus allen Analysen hergeleiteten Theorie verglichen sind:

Gefundene Procente.	Theorie der	
	Procente.	Atome.
C 63,409	63,15	40
H 9,833	9,86	75
N 1,794	1,84	1
P 4,087	4,07	1
O 20,874	21,05	10

Der Kohlenstoff wird zuweilen etwas niedriger gefunden; es ist nicht unmöglich, dass es Myeline giebt, welche im Kohlenstoff zwischen 40 und 44 Atomen variiren.

Myelinblei. Wird Bleizucker in alkoholischer Lösung zu einer heissen oder kalten Lösung von Myelin in Alkohol gesetzt, so fällt sogleich die Verbindung in dichten weissen Flocken aus. Wegen ihrer Unlöslichkeit in heissem Alkohol und Aether ist diese Verbindung für die Reindarstellung des Myelins sehr wichtig. Sie schrumpft stark beim Trocknen, lässt sich aber auf 100^0 erhitzen, und bleibt unverändert.

Gefunden in 100.	$\div$ Pb $= 1$.	$\div$ N $= 1$.	$\div$ P $= 1$.
C 50,88	44,63	41,56	40,38
H 7,89	83,05	77,35	75,13
Pb 19,76	1,00	0,93	0,90
N 1,44	1,07	1,00	0,97
P 3,28	1,10	1,02	1,00
O 16,75	11,01	10,25	9,96

Man sieht, dass das Bleisalz zu einer Formel mit C_{44} führt, wenn man vom Blei ausgeht, aber zu niedrigeren Zahlen, wenn man vom Stickstoff oder Phosphor als Einheit ausgeht. Die genauere atomistische Zusammensetzung kann nur durch weitere Forschungen mit Hülfe der Chemolyse ermittelt werden.

Ein aus reinem Bleisalz dargestelltes, umkrystallisirtes Myelin wurde in Wasser emulgirt, und mit wässrigem Bleizucker ohne Ammoniak behandelt. Das erhaltene Bleisalz gab bei der Analyse in 100 Theilen

$$Pb = 20,01$$
$$P = 3,40$$
$$N = 1,33$$
also $$Pb : P : N$$
$$= 1 : 1,1 : 1$$

wie gewöhnlich mit einem Ueberschuss von Phosphor. Allein die Uebereinstimmung ist genügend gross, um uns zu überzeugen, dass das Myelin mit seinen essentiellen Eigenschaften die ganzen Processe überdauert hat.

Da das Myelin die Essigsäure aus dem Bleizucker austreibt, so muss es als eine Säure betrachtet werden; da es ein ganzes Atom Blei aufnimmt, so fungirt es als zweibasische Säure. Andere als Bleiverbindungen sind bis jetzt noch nicht dargestellt.

---

12. Ueber die Diphosphatide, die Sulphatid-Phosphatide, die stickstofffreien Phosphatide des Gehirns und einige andere damit vergleichbare Phosphatide des Körpers.

1. Ueber das Assurin als Typus der zweistickstoffhaltigen Diphosphatide. Dieses merkwürdige Educt wird in den Alkoholextracten der Cerebrinmischung nach Entfernung des Myelins, Sphingomyelins und Kerasins angetroffen. Wenn man zu einer solchen alkoholischen Lösung mit Salzsäure angesäuertes alkoholisches Platinchlorid setzt, so entsteht ein Niederschlag, welcher beim Kochen unlöslich ist. In der Lösung bleibt ein Körper, der sich, wie es scheint, nicht mit Platinchlorid verbindet, und den, um ihn kurzer Hand zu kennzeichnen, ich einstweilen Istarin nennen will. Die beiden Körper Assurin und Istarin haben eine gewisse Anziehungskraft für einander, ganz ähnlich dem zwischen Sphingomyelin und Kerasin bestehenden Verhältniss, vermöge deren sie sich, wenn ihre Lösung eingeengt wird, in scheinbar einförmigen Massen von sternförmigen Krystallnadeln absetzen. Diese Verbindung aber, so einförmig sie auch aussieht, ist scheinbar niemals in bestimmten Verhältnissen, sondern die Ingredienzien wechseln in Menge je nach der Concentration und Temperatur der Lösung. Wird die Mischung vor der Anwendung von Platinchlorid häufig umkrystallisirt, so steigt der Phosphor in dem abgesetzten Theil, während der Stickstoff im Verhältniss dazu fällt. Das Istarin scheint daher in kaltem Alkohol etwas löslicher zu sein, als das Assurin. Allein eine Trennung der beiden Körper ist nur mit Hülfe des sauren Platinchlorids zu erreichen.

Salzsaures Assurin-Platinchlorid. Die Verbindung bildet ein krystallinisches Pulver, welches in kochendem Alkohol und in Aether unlöslich ist. Ich habe davon zwei verschiedene Präparate dargestellt und auf alle Elemente analysirt:

Synopsis der Resultate der Analysen und Theorie des ersten Präparats.

	Procente.	$\div$ Pt = 1.	Organ. Molekel.
C	49,25	91,20	45,6
H	8,74	194,22	97,0
N	2,50	3,95	1,97
P	6,52	4,66	2,33
O	13,69	19,00	9,5
Pt	9,03	1,00	
Cl	10,27	6,42	

Diese Daten führen zur Formel $2 (C_{46} H_{94} N_2 P_2 O_9, HCl) + PtCl_4$.

Synopsis der Resultate der Analysen und Theorie des zweiten Präparats.

	Procente.	$\div$ Pt = 1.	Organ. Molekel.
C	49,01	94,3	47
H	8,85	203	101
N	2,30	3,77	1,88
P	6,06	4,49	2,24
O	15,66	22	11
Pt	8,57	1	
Cl	9,55	6,18	

Diese Daten führen zur Formel $2 (C_{47} H_{101} N_2 P_2 O_{11}, HCl) + PtCl_4$. Diese letztere Formel differirt nicht so sehr von der vorigen, dass sich nicht annehmen liesse, die beiden Präparate enthielten einen und denselben Körper. Es wäre voreilig, eine detaillirte Discussion der Resultate vorzunehmen, ehe dieselben durch weitere Entwicklungen, namentlich Darstellung des freien Educts und Chemolyse desselben controlirt werden können. In jedem Fall ist es sicher, dass wir es mit einem Körper zu thun haben, in welchem das Radikal der Phosphorsäure zweimal enthalten ist, und welchen wir daher ein Diphosphatid nennen können. Derselbe enthält ferner zwei Atome Stickstoff, und nach der Analogie mit anderen Phosphatiden können wir annehmen, dass diese zwei Atome Stickstoff in zwei verschiedenen Radikalen enthalten sind. Jedoch auch für den Fall, dass die zwei Atome Stickstoff in einem und demselben Radikal enthalten wären, würde es gestattet sein, den Körper ein zweistickstoffhaltiges Phosphatid zu nennen; denn obwohl der Stickstoff in beiden Analysen etwas unterhalb der Theorie bleibt, erhebt er sich doch zu 3,77 Atomen in der zweiten, und zu 3,95 Atomen in der ersten Analyse verglichen mit Platin = 1.

Das Istarin, welches das Assurin begleitet, enthält keinen Phosphor, aber es ist sehr schwer von den letzten Spuren dieses Elementes zu befreien. Nach einigen vorläufigen Analysen kommt ihm die Formel $C_{40}H_{32}NO_6$ zu; es scheint daher zur Gruppe der bereits beschriebenen stickstoffhaltigen Fette oder Amidolipotide zu gehören. In der That, es hat beinahe dieselbe Formel als Bregenin, $C_{40}H_{31}NO_5$, doch bin ich vieler Darstellungen und Analysen ungeachtet über die Identität keineswegs sicher, und habe daher die Körper durch verschiedene Namen einstweilen getrennt gehalten.

2. Ueber die stickstoffhaltigen Phosphatid-Sulphatide. Einen Körper, welcher zu dieser Gruppe gehört, werde ich unter den Cerebrinaciden beschreiben, unter welchen er vorkommt, und von welchen er noch nicht ganz getrennt worden ist. Es ist noch fraglich, ob der Körper Phosphor enthält, oder nur mit Phosphatid gemischt ist. Die Beobachtung, soweit sie geht, ist zu bedeutend, um aus dem Gesicht gelassen zu werden; auf der anderen Seite kann die reine in derselben enthaltene Wahrheit nur durch eine Untersuchung im grössten Maassstabe entwickelt werden.

3. Die stickstofffreien Monophosphatide. Ein Körper, welchen man den Typus dieser Gruppe nennen könnte, wurde als Product der beschränkten Chemolyse des Kephalins gewonnen, und als Kephalophosphorsäure beschrieben. Zwei andere Körper dieser Art finden sich in der buttrigen Materie, und werden als Bleisalze aus ihr erhalten. Sie sind demnach Säuren; von ihnen ist die eine krystallisirt Lipophosphorsäure, die andere ist bis jetzt nur amorph erhalten und Butophosphorsäure genannt worden. Man könnte denken, dass sie Producte der Processe, und als solche der Kephalophosphorsäure analog seien; allein für diese Annahme ist kein Beweis vorhanden, und die Kephalophosphorsäure wird als spontanes Product nicht gefunden. Einstweilen werden die Säuren hier als Objecte für künftige Untersuchungen verzeichnet.

Ein mit der krystallisirten Säure dargestelltes Bleisalz enthielt

37,49 pCt. Pb, was einer zweibasischen Säure von Atomgewicht 345
entspricht; ferner 2,51 pCt. P, gleich 4 pCt. in der freien Säure,
und noch eine Spur Stickstoff. Die freie Säure schmolz und erstarrte wie eine Fettsäure, krystallisirte aus heissem Alkohol in
nierenartigen Knäueln von Nadeln, konnte aber bis jetzt noch nicht
weiter gereinigt und untersucht werden. Es wäre möglich, dass
der wenige darin enthaltene Stickstoff von einer kleinen Menge
Myelin herrührt, denn dieses ist das einzige bis jetzt bekannte
stickstoffhaltige Phosphatid, welches eine in Alkohol und Aether
unlösliche Bleiverbindung liefert. Aus dem Phorphor der frei ge-
dachten Säure berechnet sich ein Atomgewicht von 744, welches
mehr als das Doppelte der oben aus dem Blei berechneten Zahl
ist. Die Elemente sind also noch so incongruent, dass weiteres
Thereotisiren nutzlos wäre.

4. Vergleichende Betrachtung einiger anderen Phosphatide des Körpers.

a) Phosphatid der Milch, Lactophosphatid, Casein.
Nach den neuesten Untersuchungen hat Casein aus Kuhmilch folgende Zusammensetzung:

	Procente.	Atome S = 1.
C	52,96	197,8
H	7,05	316
N	15,65	50
S	0,716	1
P	0,847	1,224
O	22,87	63,8

Der Leser bemerkt hier das Wiederaufleben einer schon oft
gemachten Behauptung, nämlich, dass eine für rein eiweissartig ge-
haltene Substanz nicht nur Schwefel, sondern auch Phosphor als
nothwendigen Bestandtheil enthalte. Dies scheint mir aus allgemeinen Gründen sehr wahrscheinlich. In der That, die Phosphatide
des Gehirns haben einige Eigenschaften, die denen des Caseins so
ähnlich sind, dass frühere Untersucher dadurch zu dem Glauben
verleitet wurden, das Gehirn enthielte Casein. Da nun Casein bei
der Chemolyse etwa 4,12 pCt. Tyrosin liefert, und das Atomgewicht
des letzteren 181 ist, so muss das Atomgewicht des Caseins wenigstens 4393 sein. Wenn nun Casein ein Atom Schwefel enthielte,
so würde sein Atomgewicht dadurch auf 4469 bestimmt werden, was

von der durch das Tyrosin gegebenen Zahl nicht sehr abweicht; allein der Phosphor führt nur zu 3659. Da indessen der Phosphor analytisch immer etwas zu hoch gefunden wird, so brauchen wir dieser Differenz zunächst keine zu hohe Bedeutung beizulegen. Da auf der anderen Seite das Eiweiss wenigstens drei Atome Schwefel enthält, so können wir hoffen, durch weitere Studien eine bessere Proportion zwischen Schwefel und Phosphor zu finden, als die obigen Procente bis jetzt ergeben.

b) **Phosphatid der Galle, Cholophosphatid.** Es wird von Vielen angenommen, dass die Galle Lecithin enthalte. Diese Annahme ist auf die Thatsache gegründet, dass Ochsengalle, durch Chemolyse mit Baryt, Fettsäuren und Neurin liefert. In der That, das Neurin wurde zuerst als chemisches Zersetzungsproduct der Galle entdeckt, und Cholin benannt. Ich habe über diese Frage einige Versuche gemacht und bin zu dem Resultat gekommen, dass die Galle kein Lecithin, aber ein Phosphatid enthält, welches, soweit man aus der Zusammensetzung seines krystallisirten Chlorplatinsalzes schliessen kann, eine sehr complicirte Construction zu haben scheint. Die Formel, welche die Zusammensetzung dieses Salzes ausdrückte, war, wenn $P = 1$ angenommen wurde, $C_{32}H_{164}N_4PO_{36}$, $HCl + 2 PtCl_4$. Die Thatsache, dass Galle, ein Secret, welches den Zwecken der Verdauung und Anpassung der Speisen dient, neben den sogenannten specifischen Ingredienzien, Körper enthält, welche, wie Cholesterin, mit essentiellen Hirnsubstanzen identisch sind, oder wie dieses Cholophosphatid ihnen analog sind, zeigt, dass der biolytische oder biosynthetische Process, welcher in der Bildung von Galle seinen Abschluss findet, viel complicirter ist, als man seither vermuthet hat. Eine der hauptsächlichen Säuren in dem Cholophosphatid vom Ochsen ist Stearinsäure; es ist aber wohl zu bemerken, dass während aus frischer Galle durch Chemolyse Stearinsäure, durch Fällungsmittel aus gefaulter Galle Palmitinsäure erhalten wird. Die Fäulniss wirkt also anders, als die forcirte chemische Zersetzung. Die Ursache dieser Verschiedenheiten aufzuklären, muss weiteren Untersuchungen überlassen bleiben.

c) **Phosphatide des Bluts, Hämatophosphatide.** In einem nach Rollet's Vorschrift aus Ochsenblut angefertigten Präparat von krystallisirtem Hämin wurde ein Phosphatid als Beimischung gefunden. Es wurde aus dem Hämin durch eine Mischung von Benzol und Eisessig ausgezogen, und nach dem Abdestilliren dieser Lösungs-

mittel in heissem absolutem Alkohol gelöst. Aus dieser Lösung
wurde es durch Chlorcadmium gefällt; das weisse Salz wurde aus
heissem Alkohol umkrystallisirt und führte bei der Analyse zur
Formel $C_{76}H_{164}N_3P_2O_{14} + 2CdCl_2$. Daraus wurde nach der Analogie gewisser Präparate aus dem Gehirn geschlossen, dass es eine
Mischung von einem einstickstoffhaltigen mit einem zweistickstoffhaltigen Phosphatid sei. Bei der Behandlung mit Benzol wurde
diese Voraussetzung bestätigt, denn es wurde in kaltem Benzol lösliches Lecithin-Chlorcadmium und in heissem Benzol lösliches, in
kaltem unlösliches, mit Chlorcadmium nur halb gesättigtes Amidomyelin isolirt. Wir dürfen annehmen, dass diese Phosphatide aus
den Blutscheiben kamen und Elemente ihrer bioplastischen Constitution waren. Ueber die Art ihrer Anordnung in den Blutscheiben
kann indessen keine Vermuthung geäussert werden. Eine der vorigen gleich zusammengesetzte Mischung von Phosphatiden wurde
aus einem Aetherextract von Blutscheiben des Ochsen erhalten und
nach der Chlorcadmium- und Benzolmethode in ihre Bestandtheile
zerlegt.

d) Phosphatide der Wachsthumscentra, Zellenkerne,
Bioplasma, Cytophosphatide. Man weiss, dass Ansammlungen
gleichartiger Zellen, seien sie nun vegetabilischer Natur, wie Hefe,
oder thierischer, wie Sperma, Eiter oder von Gefässen und Binde-
gewebe befreite Leberzellen, eine besondere phosphorhaltige Substanz enthalten. Da man annahm, dass diese Substanz im Kern
enthalten sei, oder ihn ausmache, so wurde sie Nuklein genannt.
Dieser Name wäre untadelhaft, wenn alle bioplastischen Elemente,
welche die Substanz liefern, Kerne enthielten. Um diesen Einwurf
zu vermeiden, kann man als Nuklein das Phosphatid betrachten,
welches aus kernhaltigen Gebilden erhalten wird; das aus kernlosen
Gebilden erhaltene Phosphatid sollte einstweilen anders, z. B. Nuk-
leidin, bezeichnet werden. Es ist nicht unmöglich, dass, da, wie
wir oben gesehen haben, man aus einem und demselben kernlosen
Gebilde, wie z. B. Blutkörperchen, zwei verschiedene Phosphatide
erhalten kann, so auch ein kernhaltiges Gebilde nicht nur ein Phosphatid, sondern mehrere derartige Substanzen liefern kann. Hier
nehmen wir einstweilen auf die aus Zellenkernen und Zellen erhaltenen Phosphatide Rücksicht.

Man hat die Kerne bisher dadurch isolirt, dass man die sie
enthaltenden Zellen einer künstlichen Verdauung unterwarf. Der

unverdaut bleibende Theil wurde, da er in Gestalt nicht sehr verändert schien, als chemisch unveränderte Kernmaterie betrachtet.
Diese wurde nun mit verdünnter Kalilauge ausgezogen, und aus der
filtrirten Lösung wurde das sogenannte Nuklein durch verdünnte
Salzsäure gefällt. Dies wurde mit Alkohol und Aether gewaschen,
im Vacuum getrocknet und analysirt. Andere Untersucher vermieden
den Process der Verdauung, der bei cellulosehaltigen und scheinbar
kernlosen Zellen auch nicht viel genützt haben würde, und zogen
ihr Object, z. B. Hefe, mit Aetznatron direct aus. Hefenuklein auf
diese Weise bereitet, gab von 40,42 bis 41,22 pCt. C, von 5,15 bis
5,52 pCt. H, von 15,31 bis 15,99 pCt. N, 6,1 bis 6,29 pCt. P und
0,38 bis 0,41 pCt. S, oder im Mittel:

C	40,81
H	5,38
N	15,76
P	6,19
S	0,39

Allein eine viel grössere Anzahl von Analysen gab nur von
2,58 bis 3,98 pCt. P. Das Nuklein aus Eiterkörperchen gab von
2,28 bis 2,62 pCt. P, etwa 1,7 pCt. S, und von 14 bis 15,02 pCt. N,
neben 49,58 pCt. C und 7,10 pCt. H. Nuklein aus den rothen Blutkörperchen von Gänsen gab 6,04 bis 7,12 pCt. P und 0,4 pCt. S;
während sogenanntes Nuklein aus den Kerngebilden des Dotters von
Hühnereiern 7,10 pCt. P, 0,99 pCt. S und 13,46 pCt. N ergab.

Daraus kann man ersehen, dass unsere Wissenschaft von den
Nukleinen erst in der Entwicklung begriffen ist. Einstweilen können
im Grossen und Ganzen zwei Gruppen dieser Substanzen unterschieden werden, eine Gruppe, welche an 6 bis 7 pCt. P, eine andere,
welche nur 2 bis 3 pCt. P enthält. Die letztere ist besser bekannt,
als die erstere. Sie giebt durch langes Kochen mit Wasser eine
Reihe von Substanzen als Zersetzungsproducte ab, darunter Phosphorsäure, eine im Wasser lösliche Eiweisssubstanz, ein
Pepton und eine Mischung von drei Alkaloiden, Hypoxanthin,
Xanthin und Guanin, erkannt worden sind. Nach dem Studium
der Phosphorsubstanzen des Gehirns haben wir keine Schwierigkeit,
einen solchen Körper als ein Phosphatid zu erklären. Den Körper
mit hohem Phosphorgehalt könnten wir ein Di- oder Triphosphatid
zu sein vermuthen, während der Körper mit niedrigem Phosphorgehalt zu den Monophosphatiden zu rechnen sein dürfte, wenn in

der That, wie wiederum vermuthet werden dürfte, der Körper mit
hohem Phosphor nicht aus dem mit niedrigem durch Abspaltung
anderer Radikale abzuleiten ist. Es kann nicht zweifelhaft sein,
dass ein eingehendes Studium aller Phosphatide die Kenntniss der
Nukleine sehr erweitern wird.

13. Ueber das Kerasin, das zweite Cerebrosid.

Das Kerasin ist ebenso schwer in absolut reinem Zustand zu
gewinnen als sein Zwilling das Phrenosin. Wie dieses bleibt es
mit einer kleinen Menge eines Phosphatids gemengt, welches dieselbe Löslichkeit wie es selbst besitzt, und das sich bei ungezählten
Umkrystallisationen nur relativ vermindert, aber bis jetzt noch nicht
ganz ausgezogen worden ist. Ich habe mich daher begnügen müssen,
Analysen an einem Präparat auszuführen, welches noch 0,01 pCt.
Phosphor, also 1 Theil Phosphor in 10,000 Theilen Kerasin enthielt.
Andere namentlich chemolytische Versuche wurden an Präparaten
ausgeführt, welche von 0,08 bis 0,4 pCt. P, aber nicht darüber
enthielten, und diese gaben Einsicht in seine Constitution, welche,
wenn sie mit der aus der Behandlung der reinsten Präparate erhaltenen verglichen wird, von dem Einfluss der bis jetzt unvermeidlichen Beimischung unabhängig zu sein scheint. Im Uebrigen sind
die Nachrichten, welche ich über die Substanz gebe, obwohl sicher
soweit sie gehen, nur ein Fragment des ganzen sichtbaren Problems,
welches für sich eine Untersuchung erfordert, die an Umfang der
über das Phrenosin gegebenen wenigstens gleich sein muss.

Das Kerasin wird aus der durch Aether erschöpften weissen
Materie, nach Ausfällen der Cerebrinacide mit Bleizucker und Ammoniak, gemischt mit Phrenosin, Sphingomyelin und anderen Phosphatiden und Amidolipotiden, darunter namentlich dem in der Analecte über die letzteren beschriebenen Krinosin, erhalten. Die Eigenschaften des Kerasins, deren man sich am besten zu seiner Darstellung
bedient, sind die folgenden. Es ist leicht löslich in heissem Alkohol,
beinahe unlöslich in kaltem; es zögert sich aus dem warmen Weingeist abzusetzen, und wenn seine Menge nicht mehr als einen Theil
in 321 Theilen Weingeist von 84° beträgt, so wird es über einer

Temperatur von 28⁰ überhaupt nicht, und unter dieser Temperatur nur langsam abgesetzt. In dieses Verhältniss geben folgende Quantationen nähere Einsicht. 3,8878 g Kerasin von Menschen, auf dem Wasserbad getrocknet, wurden in 500 ccm heissen Alkohols von 84⁰ Stärke gelöst. Beim Abkühlen der Lösung setzte sich Kerasin bei 40⁰ ab, und der Absatz vermehrte sich während des Sinkens der Wärme. Nach Zusatz von 200 ccm Weingeist wurde alles Kerasin wieder durch Wärme gelöst. Beim Abkühlen wurde die Lösung jetzt trüb und machte einen Absatz bei 35⁰. Ein weiterer Zusatz von 50 ccm Weingeist deprimirte den Krystallisationspunkt auf 34⁰; fernere 100 ccm auf 33⁰; fernere 100 ccm auf 32⁰; drei weitere Zusätze von je 100 ccm Weingeist drückten den Krystallisationspunkt auf resp. 30⁰, 29⁰ und 28⁰ herab. Im Ganzen erforderten daher 3,8878 g Kerasin 1250 Weingeist, um bei 28⁰ in Lösung zu bleiben; ein Theil Kerasin erforderte 321 Theile.

Von einer weingeistigen Lösung von Kerasin, welche bei 28⁰ zu krystallisiren begann, wurden 50 ccm. bei dieser Temperatur filtrirt und zur Trockne verdampft. Der Rückstand wog 0,1558 g; 1 g Kerasin erfordert daher 320,92 ccm Weingeist bei 28⁰ zu seiner Lösung.

Phrenosin und Sphingomyelin setzen sich hauptsächlich über 28⁰ ab; das erstere vollständiger als das letztere. Von letzterem bleibt eine gewisse Menge mit Kerasin namentlich in absolutem Alkohol gelöst, und wie wir schon in der Analecte über Sphingomyelin gesehen haben, die beiden Körper scheinen einer die Löslichkeit des anderen zu vergrössern. Setzt man zu einer kalten klaren Lösung beider Körper Chlorkadmium, so fällt Sphingomyelin sogleich in Verbindung mit dem Salz aus, und gleich darauf erfolgt ein voluminöser Absatz von Kerasin; filtrirt man daher schnell vor dem Erscheinen des letzteren, so kann man die beiden Educte auf diese Weise ziemlich genau trennen. Kerasin verbindet sich nicht mit Blei; es wird daher durch diese Eigenschaft von Myelin und den Cerebrinaciden getrennt, welche beide sich mit Blei verbinden. Kerasin verbindet sich nicht mit Chlorkadmium, und dieses Reagens entfernt daher nicht nur Sphingomyelin, sondern auch Amidomyelin und Paramyelin als in kaltem Weingeist beinahe ganz unlösliche Salze. Kerasin ist weder in heissem noch kaltem Aether löslich; es giebt an kalten Aether alles Kephalin und Lecithin, und an kochenden Aether alles Krinosin ab. Wird Kerasin mit Aether einige Zeit in Berührung gelassen, so schwillt es auf; in diesem Zustande darf man es nicht auf Papier trockenen lassen, weil es dann hart wird, und sich so fest an das Papier hängt, dass das letztere nicht von ihm getrennt werden kann, ohne Fasern zurückzulassen. Wird Kerasin aus absolutem Alkohol in einer Flasche umkrystallisirt, und nach Abgiessen des Alkohols sich selbst überlassen, so dass der Alkohol verdampfen kann, ohne dass Wasser zu der Substanz tritt, so wird es weiss und pulverig, springt vom Glas ab und zeigt keine Neigung wachsig zu werden. War es mit Feuchtigkeit oder Aether in Berührung, so wird es hart und hornig oder wachsig beim Trockenen, und ist dann schwer zu pulvern.

Die weitere Reinigung des Kerasins beruht auf der Anwendung verschiedener Solventien. Es wird zunächst mit kochendem Aether ausgezogen; dadurch werden Krinosin und gelegentlich Bregenin entfernt. Zu dieser Episode kann auch kaltes Benzol benutzt werden. Das Kerasin wird dann aus Alkohol umkrystallisirt und mikroskopisch untersucht. Es bildet eine scheinbar gelatinöse Masse, welche unter dem Mikroskop in eine Unzahl feiner langer Nadeln aufgelöst wird. Der scheinbar gelatinöse Zustand ist wohl dadurch hervorgebracht, dass die dünnen Nadeln eine grosse Menge Alkohol durch Capillaranziehung zwischen sich zurückhalten. Man sieht keinerlei amorphe Materie, aber hier und da einige opake Rosetten von Phrenosin.

Man krystallisirt nun aus kochendem absoluten Alkohol um, bis weder Lösung noch Mutterlauge mit Chlorkadmium oder Chlorplatin einen Niederschlag giebt; dann sind die Phosphatide, soweit mit diesem Process möglich ist, entfernt. Um nun die letzten Reste Phrenosin zu entfernen, wird das Kerasin in wenigst möglich absolutem Alkohol gelöst, und während seiner Krystallisation mikroskopisch untersucht. Man findet dann, dass zuerst, z. B. während der ersten zwei oder drei Stunden, nur Kerasin in welligen, krystallisirten Massen, aber keine Rosetten von Phrenosin abgesetzt werden. Dann isolirt man die Krystalle schnell auf einem Tuch, presst die Mutterlauge aus und trocknet den Kuchen im Vakuum. Das sich später aus der Mutterlauge absetzende Kerasin enthält mehr oder weniger Phrenosin beigemischt, welches man wohl unterscheiden, aber nicht trennen kann. Dieses Präparat ist meist voluminös, und bedingt den Hauptverlust bei den Operationen.

Löslichkeit des Kerasins in Aceton. Bei 15° lösen 100 ccm Aceton 0,1576 g Kerasin auf; bei der Kochhitze des Acetons lösen 100 ccm desselben 1,0510 g Kerasin.

Löslichkeit des Kerasins in Benzol. Wird Kerasin mit Benzol geschüttelt, so bleibt es ungelöst, wird aber durchscheinend und gelatinös. Das abfiltrirte Benzol hinterlässt keine Spur von Rückstand beim Abdestilliren. Wird Kerasin mit Benzol erwärmt, so entsteht eine klare Lösung, die heiss filtrirt werden kann. Beim Abkühlen wird wieder alles Kerasin abgesetzt, und keine Spur bleibt in Lösung. Benzol kann daher benutzt werden, um Körper von Kerasin zu trennen, welche in kaltem Benzol löslich sind.

Reactionen des Kerasins. Kerasin giebt mit Vitriolöl und Zuckersyrup sogleich eine tiefe Purpurfarbe; mit Vitriolöl allein entsteht ein blässerer Purpur nur nach einiger Zeit. Wird Kerasin in heissem Chloroform gelöst, so erstarrt die Lösung nach dem Erkalten zu einer glasartigen Masse. Setzt man dieser Schwefelsäure und Zucker zu, so wird die Mischung erst gelblich, dann purpurn. Die purpurne Materie ist in viel Chloroform löslich, aber nicht in Eisessig. Die Purpurlösung zeigt vor dem Spektroskop ein schmales Absorptionsband zwischen C und D, und ein tief schwarzes Band zwischen D und F. Die unter dem Chloroform stehende saure Lösung ist gelblich und fluorescirt grün. Wenn etwas Kerasin in Chloroform gelöst und die Lösung dann mit Vitriolöl agitirt wird, so geht alles Kerasin in das letztere über, und das Chloroform bleibt farblos. Dies Verhalten beweist, dass das Kerasin frei von Cholesterin ist.

Elementar-Analyse und Theorie des Kerasins. Ein Präparat, welches aus 70 g Kerasin vom Ochsen durch häufiges Umkrystallisiren erhalten worden war, und noch 0,01 pCt. P. enthielt, gab bei der Analyse die in der ersten Gruppe hierunter befindlichen Zahlen.

Ein Präparat aus dem menschlichen Gehirn wurde ebenfalls häufig aus absolutem Alkohol umkrystallisirt und in der Kochflasche getrocknet. Es enthielt noch 0,073 pCt. P und gab bei der Analyse die zweite Gruppe von Zahlen.

Eine dritte Gruppe von Zahlen ist schon im Jahre 1874 von mir an einem Präparat von Kerasin vom Ochsen erhalten worden:

Kerasin aus Ochsenhirn.

Procente.	÷ N = 1.
C 69,54	42,29
H 11,69	85,32
N 1,92	1,00
O 16,85	7,68

Kerasin aus Menschenhirn.

Procente.	÷ N = 1.
C 69,01	44,23
H 11,44	88,00
N 1,90	1,00
O 17,65	8,46

Kerasin aus Ochsenhirn.

Procente.	÷ N = 1.
C 68,446	46,0
H 11,395	92,0
N 1,738	1,0
O 18,421	9,2

Da eine Formel mit 8 Sauerstoff aus theoretischen Gründen, wie wir unten sehen werden, vorzuziehen ist, so haben die beiden ersten Gruppen dieses Urtheil auf ihrer Seite. Doch kann eine absolute Formel durch empirische Analyse allein nicht gewonnen werden, sondern dazu sind viele Chemolysen und Analysen der Spaltungsproducte erforderlich. Von den im Vorstehenden gewonnenen Formeln, $C_{42}H_{85}NO_3$, $C_{44}H_{83}NO_8$, $C_{46}H_{92}NO_9$, ist keine mit der Formel des Phrenosins, $C_{41}H_{79}NO_3$ genau homolog; bedenkt man aber dass die Formel des Phrenosins selbst auch nur durch Chemolyse genau bestimmt werden konnte, so wäre möglich, dass Kerasin sich als mit Phrenosin homolog herausstellte. Jedenfalls ist es ihm analog constituirt, nämlich als Cerebrosid. Es wär aber auch möglich, dass es verschiedene Kerasine gäbe, die einander homolog sind.

Chemolyse des Kerasins. Kerasin ist ein Cerebrosid und gibt bei der Chemolyse mit verdünnter Schwefelsäure Cerebrose. In einigen Chemolysen mit Baryt, welche nicht erlaubten, die sauren Producte näher zu erforschen, konnten die basischen in zwei Formen identificirt werden, und die Cerebrose wurde daneben auch angetroffen.

So wurden 4 g Kerasin mit 8 g krystallisirten Barythydrats und einer kleinen Menge Wasser gemischt, bis sie einen dünnen

Teig bildeten. Die Mischung wurde dann in eine Platinröhre gefüllt, und während 14 Stunden auf 100° erhitzt. Die von Baryt
befreite wässerige Lösung gab die Reactionen der Cerebrose. Der
im Wasser unlösliche Theil der Producte wurde mit Alkohol ausgezogen. Als zu dem concentrirten Auszug alkoholische Schwefelsäure
gesetzt wurde, entstand ein Niederschlag von schwefelsaurem Sphingosin. Eine Materie wurde durch Schwefelsäure nicht gefällt, sondern blieb in Lösung; sie wurde als Psychosin erkannt, in kochendem Wasser aufgelöst, und mit einem grossen Ueberschuss von Aetzkali gefällt. Sie stieg nicht auf die Oberfläche der Flüssigkeit wie
Sphingosin, wenn die Mischung erwärmt wurde, sondern bildete eine
Art von erstarrtem Leim, eine Halbseife; Zusatz von mehr Aetzkali
brachte eine Art Emulsion hervor; die Lösung war heller, während
sie heiss war, dunkler nach dem Abkühlen, durch Aether wurde ihr
Nichts entzogen. Die einzige Art ihr das Alkaloid zu entziehen, bestand darin, dass man sie stark ansäuerte und viel Phosphormolybdänsäure zusetzte. Der mit Baryt zersetzte Niederschlag gab nach
dem Trocknen das Psychosin an Alkohol ab; dieses wurde dann in
Sulphat verwandelt. geprüft und analysirt.

Da das Sulphat mit Vitriolöl, ohne Zusatz von Zuckersyrup,
den Purpur Raspail's lieferte, so war es hauptsächlich Psychosin;
die Analyse zeigte jedoch, dass ihm eine kleine Menge Sphingosin
beigemischt war.

Analyse des erhaltenen Sulphats, verglichen mit der
Zusammensetzung des Psychosin-Sulphats und des Sphin-
gosin-Sulphats.

Gefunden in 100 des Products aus Kerasin.	In 100 von Psychosinsulphat $2(C_{23}H_{45}NO_7)H_2SO_4$.	In 100 von Sphingosinsulphat $2(C_{17}H_{35}NO_2)H_2SO_4$.
C 54,67	55,65	60,11
H 10,48	9,27	10,78
SO₄ 10,59	9,67	14,37

Es folgt aus dem Vorgehenden, dass Kerasin, wie sein Zwilling
Phrenosin, ein Cerebrosid ist, d. h. dass es den Zucker Cerebrose
und daneben wenigstens zwei andere Radicale enthält. Von diesen
Radicalen ist das stickstoffhaltige wahrscheinlich mit dem aus Phrenosin erhaltenen Sphingosin identisch. Das andere Radical ist
sicherlich das einer Fettsäure, allein die Natur und genaue Zusammensetzung dieser Fettsäure sind noch nicht ermittelt worden.

14. Ueber die Cerebrinacide und Cerebrosulphatide, oder Cerebrinkörper, welche sich mit Metalloxyden verbinden.

Die folgenden Beobachtungen machen weiter keinen Anspruch als den als Wegweiser bei künftigen vollkommenen Untersuchungen zu dienen. Von einigen Körpern ist nur grade ermittelt worden, dass sie als chemische Individuen existiren, sie sind aber nicht im reinen Zustand erhalten worden. Andere sind in künstlicher Verbindung mit Reagenzien dargestellt worden. Zwei sind in einem Zustand von Semikrystallisation (in Sphärokrystallen und Gruppen mikroskopischer Nadeln) isolirt worden, so dass ihre Erscheinung und Reactionen der Annahme, dass sie sich dem Zustand der Reinheit nähern, einige Wahrscheinlichkeit geben. Aber die einzige definitive Controle ihrer wirklichen Zusammensetzung, Bestimmung der Atomgewichte durch Verbindungen, und Ermittelung der Constitution durch Chemolyse, konnte noch nicht auf sie angewandt werden.

Trennung der Cerebrinacide von der Cerebrinmischung durch Bleizucker und Ammoniak. Dieser Process ist bereits unter der das Phrenosin betreffenden Analecte beschrieben worden, und darf daher hier nur in Kürze erwähnt werden. Die mit Aethererschöpfte Cerebrinmischung wird in heissem Weingeist aufgelöst, und zu der Lösung wird eine heisse Lösung von Bleizucker in Weingeist und dann Ammoniak gesetzt so lange ein Niederschlag stattfindet. Die durch Bleisalz unfällbare Lösung wird heiss von dem Niederschlag abfiltrirt. Der letztere enthält die hier zu betrachtenden Körper, während die Weingeistlösung die Cerebroside und andere Substanzen enthält, welche sich unter diesen Umständen nicht mit Blei vereinigen.

Die Bleisalze. Der durch Bleizucker und Ammoniak erzeugte Niederschlag wird mit kochendem Alkohol von 85° erschöpft, um alles Phrenosin und Kerasin auszuziehen. Er wird dann getrocknet, gepulvert und mit kaltem Benzol behandelt. Ein Theil der Bleisalze löst sich auf, ein anderer bleibt ungelöst Der lösliche Theil enthält das Bleisalz eines säureartigen Cerebrosids, welches ich Cerebrinsäure genannt habe.

Die Cerebrinsäure. Die, wie im vorigen Paragraphen beschrieben, erhaltene Benzollösung wird zur Trockene destillirt, der Rückstand wird gepulvert und in 85proc. Weingeist suspendirt. Die Mischung wird mit Schwefelwasserstoff gesättigt, währenddem zum Kochen erhitzt, und die alkoholische Lösung wird heiss vom Schwefelblei abfiltrirt. Beim Abkühlen setzt sich ein weisser Körper ab, welcher hauptsächlich aus Cerebrinsäure besteht. Dieselbe wird aus absolutem Alkohol umkrystallisirt und im Vacuum getrocknet. Sie erscheint unter dem Mikroskop in kleinen Nadeln; ist in heissem Benzol wie die Cerebroside löslich, und wird beim Kühlen als gelatinöse Masse abgesetzt. Sie wird beim Erhitzen auf 100° nicht schwarz, und giebt mit Vitriolöl allein nur eine schwache Purpurfarbe. Bei der Elementaranalyse gab die Substanz im Mittel

$$
\begin{array}{ll}
C & 67,00 \\
H & 11,36 \\
N & 1,59 \\
O & 20,05
\end{array}
$$

Diese Zahlen lassen eine empirische Formel $C_{49}H_{99}NO_{11}$ berechnen; bei Annahme der höchsten Kohlenstoffprocente jedoch stellt sich die Formel $C_{59}H_{113}NO_{9}$ heraus. Diese grossen Differenzen zeigen wiederum, dass zur genauen Feststellung der Zusammensetzung und des Atomgewichts Verbindungen oder Chemolysen nothwendig sind.

Wird die Cerebrinsäure in einem Trockenapparat bei langsam durchstreichender trockener Luft auf eine Temperatur von 150° bis 210° während mehrerer Stunden erhitzt, so verliert sie von 7,55 bis 11,76 pCt. an Gewicht; das entweichende Gas besteht hauptsächlich aus Wasser mit Spuren organischer Materie. Der Wasserverlust beträgt bei Annahme der Formel mit höherem Kohlenstoff zwischen 4 und 6 Molekeln, je nach der Temperatur und der Dauer der Einwirkung. Der Rückstand ist schwärzlich braun, und leicht in Aether löslich, daraus durch Alkohol fällbar. Er verhält sich also geradeso wie die Caramele aus den Cerebrosiden, und die Reaction ist in der That ein Grund die Cerebrinsäure als ein Cerebrosid zu betrachten. Sie unterscheidet sich aber von Phrenosin z. B. durch einen viel geringeren Stickstoff- und etwas höheren Sauerstoffgehalt. Auch war sie noch nicht ganz frei von Phosphor.

Das in Benzol unlösliche Bleisalz. Dieser Theil des Bleiniederschlags hatte eine aschgraue Farbe, und diese leitete auf den Verdacht, dass ein kleiner Theil des Bleis durch irgend einen Einfluss in Sulphid verwandelt worden sein möchte. Es wurde daher eine gewogene Probe mit Soda und Quecksilberoxyd verbrannt, und in dem Rückstand wurden Schwefelsäure und Phosphorsäure auf die gewöhnliche Weise bestimmt. Danach enthielt das Bleisalz 1,62 pCt. S, 2,97 pCt. P; aus einer anderen Analyse ergab sich die Menge des darin enthaltenen Bleies als 23,27 pCt. Die 76,73 proc. organische Materie enthielt daher wenigstens 3,74 pCt. P. Wie sich aus der nachfolgenden Darstellung ergiebt, enthielt das Salz wenigstens fünf verschiedene organische Educte, von welchen indessen bis jetzt nur eines im reinen Zustande erhalten worden ist.

Zersetzung der Bleiverbindung mit Oxalsäure. Die Verbindung wurde mit der doppelten Menge der nach der Berechnung erforderlichen Quantität Oxalsäure in Alkohol während einiger Zeit gekocht, bis sie ganz zersetzt schien. Die Alkohollösung wurde heiss von dem oxalsauren Blei abfiltrirt und zur Krystallisation hingestellt. Das oxalsaure Blei enthielt nur eine Spur von Sulphat, so dass die Hauptmasse des Schwefels in der Verbindung weder als Sulphat noch als Sulphid vorhanden gewesen sein konnte. Die abgesetzte krystallisirte Mischung von Educten enthielt noch viel Schwefel und Phosphor, jedoch in vermindertem Verhältnisse, so dass angenommen werden musste, es sei schwefel- und phosphorhaltige Substanz in dem Alkohol beim Ueberschuss der Oxalsäure geblieben. Die Mischung wurde trocken mit Benzol ausgezogen, an welches sie eine kleine Menge eines in Nadeln krystallisirenden Körpers abgab. Sie wurde dann aus heissem Benzol umkrystallisirt; nach Befreiung von Benzol in einem sehr grossen Volum absoluten Alkohols gelöst und auf 38° abgekühlt; unter diesen Umständen wurde ein charakteristisches Educt abgesetzt, welches ich Sphärocerebrin genannt habe.

Sphärocerebrin. Der Körper setzte sich in schweren Sphärokrystallen ab, die dem Glase so fest anhingen, dass die Mutter-Lösung bei 40° klar abgegossen werden konnte. Die Krystalle wurden zweimal aus absolutem Alkohol fractionirt; eine concentrirte Lösung setzte die Hauptmasse des Körpers zwischen 43 und 41° ab. Bei 40° wurde filtrirt.

Unter dem Mikroskop betrachtet erscheint der Körper in runden Ballen von gleichförmiger Grösse, welche alle einen vom Centrum ausgehenden dreistrahligen Schatten zeigen. Werden die Ballen gerollt, so sieht man, dass sie aus drei keilförmigen Segmenten bestehen, welche aus fächerartig zusammengefügten Nadeln gebildet

sind; drei solche Keile sind so zusammengesetzt, dass ihr scharfer
Rand die Achse der Kugel bildet. Durch gelinden Druck mit dem
Deckglas spalten sich die Kugeln beinahe regelmässig in die drei
keilförmigen Segmenten.

Wird Sphärocerebrin mit Vitriolöl vermischt, so giebt es nur
eine sehr schwache röthliche, an Flocken hängende Färbung, welche
der der Cerebroside nicht ähnlich ist. Es ist frei von Schwefel und
enthält nur noch eine unwägbare Spur Phosphor. Bei der Elementar-
Analyse giebt es Zahlen, welche in folgender Zusammenstellung
summirt sind:

	Procente.	Atome.
C	62,75	58
H	11,08	123
N	1,23	1
O	24,94	17,3

In seinen Haupteigenschaften gleicht das Sphärocerebrin der
Cerebrinsäure, aber in der Zusammensetzung differirt es weit davon,
namentlich durch einen geringen Gehalt von Stickstoff und einen
viel höheren Betrag von Wasserstoff und Sauerstoff, Unterschiede,
welche sich viel stärker an allen Elementen in der procentigen Zusammensetzung, als in den berechneten Atomzahlen darstellen. Aus
20 g Bleisalz, enthaltend 15,49 organische Verbindungen, wurden
nur 1,50 g Sphärocerebrin isolirt.

Andere aus dem Bleisalz isolirte Educte. Die absolute
alkoholische Lösung, welche, wie oben erwähnt, das Sphärocerebrin
oberhalb 40° abgesetzt hat, bildet bei weiterem Abkühlen auf 32°
einen voluminösen Absatz, und es erfolgt eine Pause in der Präci-
pitation. Wenn man dann schnell abfiltrirt, so findet man, dass in
diesem Stadium 9,59 g aus den 15,49 originaler Materie abgesetzt
worden sind. Ich will dieses als das (der Quantität nach) hauptsächliche Product bezeichnen.

Die abfiltrirte Lösung macht bei 30 bis 29° einen neuen Absatz,
der beinahe die ganze im Alkohol gelöste Materie einschliesst. Er
wiegt 4,04 g und mag als das (der Menge nach) zweite Product
bezeichnet werden.

Das hauptsächliche Product war eine Mischung eines Phosphatids mit wenigstens einem cerebrinartigen Körper. Das im Vacuum getrocknete Präparat verlor bei 90° noch 3,48 pCt. Wasser.
Es gab bei der Elementaranalyse die folgenden Zahlen:

Procente.

C 59,28
H 10,09
N 1,30
P 0,37
O 28,96

Wir müssen zunächst den Phosphor vermittelst einer Hypothese eliminiren. Angenommen also, aller Phosphor sei als ein Phosphatid von der Formel $C_{44}H_{83}NPO_8$ vorhanden und könnte aus dem Präparat entfernt werden, dann würde ein Körper bleiben, welcher, auf die Hypothese hin, dass er ein Atom Stickstoff enthielte, etwa die Formel $C_{53}H_{113}NO_{21}$ haben könnte. Von diesem Körper würden dann mehr als sieben Molekel auf eine Molekel des Phosphatids gegenwärtig sein. Allein da wir keinerlei Garantie für die Einheit des Körpers haben, sind weitere Speculationen von nur geringem Werth.

Merkwürdig aber ist jedenfalls die ganz empirische Thatsache, dass von der Cerebrinsäure mit 20,05 Sauerstoff dieses Element im Sphärocerebin auf 24,94 pCt., und im hauptsächlichen Product auf 28,96 pCt. steigt, während der Kohlenstoff pari passu von 67,00 auf 62,57, und 59,28 pCt. fällt — Verhältnisse, welche zu weiteren Forschungen einzuladen geeignet sind.

Das zweite Product ist noch nicht weiter geprüft, nicht analysirt worden. Es enthält ohne Zweifel Portionen des Schwefelkörpers. Allein dieser ist gleichzeitig mit den oben beschriebenen Körpern nicht zu isoliren; was man bis jetzt thun kann, um ihn zu concentriren, wird unten angegeben werden.

Durch den Process der fractionirten Krystallisation haben wir somit aus dem in Benzol unlöslichen Bleisalz folgende Präparate abgeschieden, welche dem Gewicht nach geordnet sind:

1. Hauptproduct, Mischung eines Phosphatids mit einem
   Cerebrinacid . . . . 9,59 g,
2. zweites Product, mehr löslich als das Vorhergehende 4,04 g,
3. Sphärocerebrin, am wenigsten löslich in Alkohol . 1,50 g,
4. Nädelchen, löslich in Benzol . . . .   . . 0,36 g,
5. Schwefelhaltige Körper . . . . —

Diese vorläufige Kenntniss ist an nur 20 g der Bleiverbindung erhalten worden; ich habe daher keinen Zweifel, dass die Untersuchung grösserer Mengen schnell zu definitiven Resultaten führen wird.

Das schwefelhaltige Cerebrinacid, Cerebrosulphatid. Dieser Körper wurde zunächst in der oben beschriebenen Bleiverbindung, namentlich durch die Verfärbung derselben erkannt. Gleichzeitig entdeckte ich ihn in dem Niederschlag, welchen Barytwasser in der Mischung der Cerebrinkörper, die noch nicht mit Blei behandelt worden ist, hervorbringt. Er bleibt aber stets mit einem Phosphatid gemischt, sodass nicht entschieden werden kann, ob Phosphor und Schwefel einem und demselben Körper, oder verschiedenen Körpern angehören. Der Stickstoff ist in dem concentrirtesten Präparat so niedrig, dass er kaum ein halbes Atom auf ein Atom Schwefel beträgt, also von einer Beimischung herrühren könnte.

Hier muss ich eine Beobachtung erwähnen, welche zufälliger Weise gemacht wurde, sich aber vielleicht für die hier behandelte Frage benutzen lässt. Ich untersuchte die Gehirne von sechs ganz jungen Kätzchen, welche mit Chloroform getödtet worden waren. Der mit Aether angefertigte Auszug dieser Organe wurde concentrirt und zum Krystallisiren hingestellt. Nach langem Stehen zeigten sich in der Flüssigkeit kleine Krystalle, welche unter dem Mikroskop aus Nadeln und Octaedern bestanden, und sich bei der Untersuchung als reiner Schwefel herausstellten. Diese Beobachtung veranlasste mich, alle mir bekannten Educte besonders auf Schwefel zu analysiren. Für die Phosphatide, die isolirt sind, kann ich daher mit Bestimmtheit erklären, dass sie Schwefel nicht enthalten. Ein Gramm des reinsten Kephalins gab nur eine unwägbare Spur von Barytsulphat; und so mit Lecithin und den Myelinen. Da nun das Barytsalz der Cerebrinacide bei der Analyse so viel Schwefel ergab, dass derselbe einer einfachen Verunreinigung mit Sulphat nicht zugeschrieben werden konnte, so wurden alle Präparate auf unoxydirten Schwefel untersucht, und derselbe in bedeutenden Mengen darin gefunden. Ich versuchte nun den Körper auszuziehen, oder wenigstens zu concentriren, und verfuhr zu diesem Zweck wie folgt.

600 g der Cerebrinmischung vom Menschen wurden in Portionen von je 100 g in drei Liter heissen Alkohols gelöst. Zu der kochenden Lösung wurde heisses, bei gewöhnlicher Temperatur gesättigtes Barytwasser in ganz dünnem Strome einfliessen gelassen, so dass das Kochen keinen Augenblick unterbrochen wurde. Auf jede 100 g in je drei Liter Alkohol wurden 450 ccm Barytwasser gesetzt. Die Mischung wurde noch einige Momente gekocht, und dann die klare Lösung von dem adhäsiven Niederschlag abgegossen. Dieser Nieder-

schlag wurde beim Abkühlen hart und liess sich pulvern. Er wurde
mit kochendem Alkohol erschöpft, wozu viele erneute Pulverisationen
nöthig waren. Die in kochendem Alkohol löslich bleibenden Substanzen sind hauptsächlich Phrenosin, Kerasin und Phosphatide:
denn die Angabe, dass sich die Cerebrinsubstanz durch Barytwasser
von Phosphor befreien lasse, fand ich in vielen Experimenten nicht
bestätigt.

Was Barytwasser niederschlägt, ist eine Mischung von Barytverbindungen, welche noch vieler Untersuchung bedürfen. Für den
Zweck der gegenwärtigen Untersuchung wurde die trockene und
gepulverte Masse mit Benzol ausgezogen. Dazu ist folgendes Verfahren nöthig. Wenn das Pulver einige Zeit in Benzol gelegen hat,
so bedeckt sich jede kleine Partikel mit einer geschwollenen Sphäre
von in Benzol unlöslicher Materie. Diese verhindert alsdann das
Benzol, in das Innere der Partikeln zu dringen. Um diesen Miss-
stand zu vermeiden, muss man das Pulver abwechselnd mit kaltem
Benzol und heissem Alkohol behandeln, bis keines dieser Lösungsmittel etwas mehr auszieht.

Die in kaltem Benzol lösliche Materie. Die Lösung wird
durch Ruhe, Filtration und Decantiren geklärt, bis bei längerem
Stehen keinerlei Absatz mehr zu sehen ist. Sie wird dann concentrirt und abermals geklärt. Dann wird absoluter Alkohol zugesetzt,
so lange ein Niederschlag entsteht. Der Niederschlag wird mit
kochendem absolutem Alkohol ausgezogen und im Vakuum über
Vitriolöl getrocknet.

Die schwefelhaltige Barytverbindung. Die wie oben
beschrieben erhaltene Barytverbindung bildete ein etwas gefärbtes
Pulver, welches bei 70^0 getrocknet wurde. Bei der Elementaranalyse gab es folgende Zahlen:

	Procente.	Atome (S = 1).
C	30,86	20,57
H	4,88	39
N	0,74	0,42
S	4,00	1
Ba	35,30	2
P	2,55	0,65
O	21,67	10

Die Discussion dieser Zahlen giebt schon einige Fingerzeige für

weitere Forschungen. Schwefel ist zu Barium wie 1:2; Kohlenstoff
zu Wasserstoff ebenso, sodass die Hauptradikale der Fettsäurenreihe
anzugehören scheinen. Aber Phosphor und Stickstoff stehen in keinem
geraden Verhältniss zu einander, und scheinbar in keinem zu Schwefel
oder Barium. Wir haben daher unzweifelhaft eine Mischung vor
uns, aber wohl von Substanzen, welche einige Analogie mit einander
haben.

In mehreren anderen kleineren Präparaten war viel weniger
Schwefelkörper vorhanden, sodass der Schwefel auf 1,95 bis 1,06 pCt.,
der Phosphor auf 1,15 pCt., das Barium auf 32,97 bis 22,14 pCt.
fielen. Das unebenmässige Fallen von Phosphor und Schwefel scheint
anzuzeigen, dass der Phosphor entweder ganz oder zum Theil in
einem von dem Schwefelkörper verschiedenen Körper enthalten ist.

15. Ueber die einfacheren Alkaloide und die Amidosäuren des Gehirns.

1. Die Alkaloide. Da wir oben gesehen haben, dass einige
Phosphatide sich als Alkaloide verhalten können, so hatte der Verfasser bei der Wahl des Titels der gegenwärtigen Analecte Sorge
zu tragen, dass dieselben ausgeschlossen blieben. Dies ist durch
das Adjectivum, welches die zu beschreibenden Alkaloide als einfachere charakterisirt zu erreichen gesucht worden, und die Phosphatide, als Alkaloide betrachtet, können daher zur weiteren Geltend-
machung des gesuchten Gegensatzes als complicirte bezeichnet
werden. Die einfacheren Alkaloide enthalten nur vier Elemente.
Vermöge ihrer Leichtlöslichkeit in Wasser werden sie in dem letzten wässrigen Auszug des Gehirns erhalten, sind aber auch in grossen
Mengen Weingeist genügend löslich, um vermöge desselben aus dem
Gehirn ausgezogen und nach Abscheidung aller Educte aus der
Phosphatid-, Cerebrosid- und Cholesterinreihe und Verdampfung des
Alkohols in der letzten Mutterlauge erhalten zu werden. Ihre Ge-
genwart in diesen Auszügen wird durch die gewöhnlichen Fällungs-
mittel für Alkaloide, Goldchlorid, Jod in Jodkalium, Sublimat in
Jodkalium, Pikrinsäure, Gerbsäure, Phosphormolybdän- und Phos-

phorwolframsäure angezeigt. Bei genügender Concentration kann man das meiste Hypoxanthin in krystallinischem Zustand zum Absetzen bringen und isoliren; ein Theil desselben bleibt aber stets gelöst und muss in Verbindung ausgefällt werden. Nach vielen Versuchen bin ich bei der reinen Phosphormolybdänsäure als dem geeignetsten Reagenz zur Trennung der Alkaloide stehen geblieben und habe folgenden Operationsgang eingehalten. Die wässrige Lösung, gerade wie sie von der „letzten öligen Materie" abgegossen worden ist, wird mit Schwefelsäure versetzt und dann mit Aether bis zur Entfernung aller Milchsäure, Bernsteinsäure, Ameisensäure und sie begleitender kleiner Mengen noch nicht näher bekannter Säuren ausgezogen. Zu der wässrigen Lösung, die wenigstens 5 pCt. H_2SO_4 enthalten muss, wird dann Phosphormolybdänsäure gesetzt, so lange ein Niederschlag entsteht und bis sich derselbe gut absetzt; dazu ist ein Ueberschuss der Säure nöthig. Dieser Niederschlag wird zunächst abfiltrirt, dann aber in einer Flasche durch Umschütteln und Decantation und wiederholte Filtration mit Wasser, welches wenigstens 5 pCt. H_2SO_4 enthält, gewaschen. Er wird dann mit Baryt zersetzt, wobei Ammoniak entweicht, und die erhaltene Lösung wird eingedampft. Dabei setzt sich zunächst Hypoxanthin ab, welches auf verschiedene bekannte Weisen gereinigt werden kann, namentlich durch Verbindung mit Silbernitrat und Krystallisiren aus heisser Salpetersäure. Bei der Zersetzung des Silbersalzes zunächst mit Ammoniak, dann mit Schwefelwasserstoff, ist zu beachten, dass die Mischung von Schwefelsilber und Hypoxanthinlösung zunächst schwarz und unfiltrirbar ist. Man muss sie daher, wie das zersetzte Kupferleucin, zunächst zur Trockne verdampfen und so das Schwefelsilber zum Zusammenballen bringen. Dann kann man mit frischem kochendem Wasser das reine Hypoxanthin ausziehen und zum Krystallisiren bringen.

Die Mutterlauge von der ersten Hypoxanthinkrystallisation enthält die weiteren Alkaloide, die bis jetzt nicht krystallisirt werden können. Sie haben die Eigenschaften der sogenanntem Extractivmaterien, und werden nicht nur durch die specifischen Reagentien für Alkaloide, sondern auch durch Bleisalze, wenigstens zum grossen Theil, gefällt. Einige sind sehr veränderlich und reduciren Goldchlorid, damit sich wieder andere verbinden. Ich habe einen Niederschlag aus salzsaurer Lösung der Alkaloide mit Goldchlorid dargestellt und nach dem Trocknen im Vacuum analysirt. Er enthielt

24,658 pCt. freies Gold und daneben die anderen Elemente in den folgenden Verhältnissen:

	Procente.	÷ Au = 1.
C	19,447	15,14
H	2,221	20,75
N	9,499	6,33
Cl ⎱	15,200	4,00
Au ⎰	21,055	1,00
O	7,890	4,60

Diesen Verhältnissen kann man durch die Formel $C_{13}H_{20}N_6O_5$, HCl, $AuCl_3$ einen übersichtlichen Ausdruck geben. Solche Analysen haben nur den Werth vorläufiger Reactionen. Selbst wenn man ein durch die Reaction geschaffenes Product vor sich hätte, ist die Kenntniss der Elementarverhältnisse von einigem Werth. Aber es ist klar, dass Goldchlorid zur Darstellung der reinen Educte nicht dienen kann.

Zur vollständigen Entfernung des Hypoxanthins aus diesen Extractivalkaloiden habe ich sie auch wohl mit Salpetersäure angesäuert und mit Silbernitrat versetzt; dabei wird Hypoxanthin gefällt, die Extractivalkaloide bleiben in Lösung. Sie werden nun wieder durch den Phosphormolybdänprocess isolirt und weiter behandelt. Sie halten stets durch Kohlensäure nicht fällbaren Baryt zurück, haben also auch saure Eigenschaften. Diesen Baryt muss man natürlich vor Anwendung anderer Reagentien genau mit Schwefelsäure ausfällen.

In einem so dargestellten Präparat vom Ochsen wurde zunächst eine Trennung versucht dadurch, dass man das Alkaloid mit Salzsäure neutralisirte, in Alkohol löste und mit Aether fällte. Dadurch wurde ein viel einfacherer Körper erhalten, der beim Fällen mit Goldchlorid viel metallisches Gold producirte und bei der Analyse folgende Zahlen gab:

C	27,37
H	3,71
N	11,88
O	13,836
Au	31,864
Cl	11,34

Nimmt man nur als Hypothese an, dass dem Chlor als vier Atomen 1 Atom Gold entspricht, so sind von den 31,864 Gold nur

15,7 in Verbindung, 16,164 als freies Gold vorhanden. Der Stickstoff beläuft sich auf etwa 10 Atome zu einer Molekel Goldchlorid,
die Verbindung, nach dem letzteren gemessen, ist daher von der
oben beschriebenen sehr verschieden. Zieht man aber alles Gold
und Goldchlorid von der Verbindung ab und berechnet die Elemente
mit $N = 6$, so erhält man die Verhältnisse $C_{16}H_{25}N_6O_6$, die mit
den Elementen des ersten Goldsalzes eine nicht gerade entfernte
Aehnlichkeit haben.

Hat man aus der Mischung der Alkaloide das Hypoxanthin und
die sich mit Goldchlorid verbindenden Substanzen entfernt, so bleibt
ein Alkaloid in Lösung, welches abermals durch Phosphormolybdänsäure isolirt wird. Es hält Baryt in Lösung und wird in Verbindung damit durch Alkohol gefällt. Es bleibt als unkrystallisirbare
Masse selbst nach monatelangem Stehen. Es ist durch einen starken
Geruch nach menschlichem Sperma ausgezeichnet.

Ich habe diese Aufzeichnungen gegeben hauptsächlich damit
diese Körper bei künftigen Forschungen nicht aus den Augen verloren werden mögen. Ich zweifle nicht, dass es gelingen wird, sie
in solche Verbindungen zu bringen, dass ihre Natur und Function
stoichiometrisch festgestellt werden kann.

2. Die Amidosäuren. Diese Körper kommen im Gehirn nur
in sehr kleinen Mengen vor, sodass man sie leicht vermisst, im Fall
man nicht mit grossen Quantitäten Material arbeitet. Es ist in der
That schon die Frage aufgeworfen worden, ob sie, als stete Producte
der Fäulniss der Eiweisssubstanzen, nicht aus beginnender Zersetzung
zu erklären seien. Es giebt manche Thatsachen, welche auf den
Anfang der postmortalen Zersetzung gleich nach dem Aufhören der
Circulation des Blutes hinweisen, so das Auftreten von Hypoxanthin
und Milchsäure in Geweben und Flüssigkeiten kurz nach dem Tode,
welche wenn dem lebenden Thiere direct entnommen und dem Bereich
der Fäulnissagentien durch chemische Mittel entzogen, diese Substanzen nicht enthalten. Die Existenz dieses Zweifels soll hier nur
angedeutet, seine Begründung oder Widerlegung jedoch nicht versucht werden. Denn zu einem solchen Unternehmen ist eine ganz
besondere Klasse von Experimenten nöthig, die erst mit Nutzen
unternommen werden können, wenn die Statik des Chemismus der
gerade todten, aber nicht manifest zersetzten Gewebe und Flüssigkeiten, also die Wissenschaft, welche man anatomische Chemie
nennen kann, vollständig ausgebildet sein wird. Da nun z. B.

gerade das Gehirn viel Hypoxanthin und Milchsäure liefert, so entsteht die Frage, ob nicht auch in ihm diese Substanzen erst nach
dem Tode entstehen, und vor demselben nicht als solche in dem
Gewebe vorhanden sind. Die Frage dehnt sich daher auf Alkaloide
sowohl als Amidosäuren, und Säuren, die aus Kohlehydraten her-
stammen können, aus. Sie könnte auch durch Experimente, welche
nachweisen, dass die fraglichen Substanzen in den unmittelbar dem
lebenden Organismus oder der Circulation entnommenen Materialien
nicht vorhanden sind, nur zum kleinen Theil beantwortet werden.
Denn sie könnten Resultate des gesunden Lebensprocesses sein,
während des Lebens wie der Harnstoff beständig aus dem Gewebe
entfernt und umgewandelt werden, sich aber gleich nach Aufhören
der Circulation und während der Fortdauer des bioplasmatischen
Lebens und vor Anfang der eigentlichen Verwitterung oder Fäulniss
ansammeln. Es müssten daher nicht nur die Thatsache ihrer Bildung,
sondern auch ihre Genese, die Art ihrer Bildung und die Substanzen,
aus welchen sie sich bilden, ermittelt werden, um zu einem richtigen
Schluss über die ganze Frage zu gelangen.

Die Amidosäuren werden durch die für Alkaloide passenden
Fällungsmittel nicht niedergeschlagen, bleiben also zunächst in deren
Mutterlauge bei den unorganischen Salzen und Kohlehydraten, oder
im Fall Glykogen nicht vorhanden sein sollte, bei dem Inosit. Es hat
sich als praktisch herausgestellt, den Syrup der Mischung zunächst
mit absolutem Alkohol zu behandeln, und dadurch in zwei Theile,
einen löslichen und einen unlöslichen zu scheiden. Der lösliche Theil
enthält in diesem Fall viel Inosit und kleine Mengen anderer Materien,
der unlösliche die Amidosäuren, etwas Inosit und andere Materien.

Der in Alkohol lösliche Theil wird vom Alkohol befreit und
der Rückstand wird mit Bleizuckerlösung gefällt. Der Niederschlag
enthält hauptsächlich Phosphat und Chlorid, aber auch etwas Inosit,
welcher nicht leicht für sich erhalten werden kann. Das Filtrat
wird dann mit Bleiessig und geringen Mengen Ammoniak behandelt.
Der Bleiniederschlag enthält fast allen Inosit an Blei gebunden; er
wird mit Schwefelwasserstoff zersetzt, die Lösung wird eingedampft,
mit Alkohol bis zur Trübung versetzt, und beim Stehen krystallisirt
daraus fast aller Inosit in den bekannten blumenkohlartigen Massen.
Die Mutterlauge vom Inosit enthält eine kleine Menge eines dritten
Alkaloids, welches nach Verdampfen des Alkohols und Ansäuren
der Lösung durch Phosphormolybdänsäure gefällt werden kann.

Nach Entfernung der Schwefel- und Phosphormolybdänsäure enthält die Lösung nur noch unorganische Alkalien.

Der in Alkohol unlösliche Theil des Extractsyrups wird mit einem Minimum von Wasser angerührt, und zur Krystallisation hingestellt. Der vorhandene oder sich bildende Niederschlag wird abfiltrirt und gepresst. Bei der Behandlung mit kaltem Wasser giebt er an dieses Leucin und homologe Körper ab, während Tyrosin ungelöst bleibt. Allen Körpern hängen noch Spuren extractiver Alkaloide an.

Das Leucin wird am besten so gereinigt, dass man dasselbe in wenig heissem Wasser löst und der Lösung Merkurinitrat vorsichtig zusetzt, so lange ein Niederschlag entsteht. Dieser Niederschlag enthält Alkaloid, aber kein Leucin. Aus dem Filtrat entfernt man das Quecksilber mit Schwefelwasserstoff, neutralisirt die Salpetersäure mit Ammoniak, verdampft zur Krystallisation, setzt noch etwas Alkohol zu und sammelt und presst das Leucin. Es wird durch Umkrystallisiren aus wässerigem Alkohol rein erhalten. Man prüft es am besten durch Elementaranalyse und Verbindung mit Kupfer, wie in einer späteren Analecte beschrieben werden wird.

Das Tyrosin wird mit wenig Salzsäure und Thierkohle gekocht, mit essigsaurem Natron gefällt und aus Ammoniak umkrystallisirt. Man identificirt und prüft es auf die gewöhnliche Weise, oder durch Verbindung mit Sublimat, wie unten beschrieben werden wird.

In der Flüssigkeit nun, aus welcher die Amidosäuren erhalten worden sind, bleiben einige merkwürdige organische Materien und unorganische Salze. Wird sie mit Wasser verdünnt und mit Bleizucker gefällt, so entsteht ein Niederschlag, welcher mit Schwefelwasserstoff zersetzt, eine Flüssigkeit liefert, die beim Concentriren und Mischen mit Alkohol ein farbloses zähes Kalisalz absetzt. Wegen dieses sonderbaren Verhaltens wurde das Kali durch Platinchlorid speciell nachgewiesen. Das Filtrat vom Bleizuckerniederschlag liefert mit Bleiessig noch ziemlich viel Inosit. In dem Filtrat vom Inosit-Blei ist immer noch etwas Alkaloid vorhanden, welches durch Phosphormolybdänsäure getrennt werden kann. Dann bleiben nur noch Alkalien in der Lösung. Ich habe die letzte Mutterlauge mit Dampf destillirt, aber kein Glycerol erhalten. Auch ist unter den Alkaloiden Neurin nicht gefunden worden. Daraus folgt, dass bei dem Alkoholextractionsprocess Phosphatide nicht in der Weise zersetzt werden, wie gewöhnlich angenommen wird.

---

16. Alkohole, Carbohydrate und stickstofffreie organische Säuren des Gehirns.

1. Cholesterin. Es ist nicht nöthig die allgemeinen Eigenschaften des Cholesterins hier auseinander zu setzen, da dieselben in den besseren chemischen Werken genügend beschrieben sind. Ueber die Constitution desselben ist so gut wie Nichts bekannt und über seine physiologische Function herrscht gleiches Dunkel. Es begleitet die Phosphatide in Geweben und Secreten, und spielt eine sicher bedeutende Rolle in pflanzlichem sowohl als thierischem Bioplasma. Chemisch fungirt es als monodynamischer Alkohol, allein im Körper ist es bis jetzt nicht in Verbindung, sondern nur im freien Zustand angetroffen worden. Allein obwohl im unverbundenen Zustand gegenwärtig, so ist es doch so fein vertheilt oder gelöst, dass es unter normalen Verhältnissen nicht sichtbar ist. Die Lösung ist offenbar durch die Integrität der Gewebssäfte oder Secrete zu Stande gebracht, denn wenn diese aufhört, verlässt das Cholesterin den gelösten Zustand, krystallisirt und ist von diesem Momente an ein todter Fremdkörper. Die Atherome der Arterien sind derartige Ablagerungen von Cholesterin mit phosphorsaurem Kalk; die Gallensteine des Menschen sind am häufigsten Krystallisationen von Cholesterin, welche sich unter dem Einfluss einer der Fäulniss der Galle sehr ähnlichen krankhaften Zersetzung derselben in den Gallenwegen gebildet haben. Im Gehirn ist das Cholesterin in sehr grossen Mengen vorhanden. In den Processen zur Trennung der Educte des Gehirns von einander, welche in früheren Analecten beschrieben worden sind, geht dasselbe hauptsächlich in die das Kephalin enthaltende Aetherlösung über; aus dieser erhält man Cholesterin direct durch Concentration und Kälte in Krystallbüscheln, welche sich nach Behandlung mit kaustischem Natron durch Umkrystallisation aus Weingeist leicht rein erhalten lassen. Aber das ganze Cholesterin aus den Educten zu entfernen ist eine schwierige und zeitraubende Operation. Kephalin und Myelin müssen zunächst mit Blei gefällt und mit kochendem Alkohol von Cholesterin befreit werden. Die anderen Phosphatide müssen alsdann, soweit möglich, mit Cadmiumchlorid verbunden und durch Aether von Cholesterin befreit werden.

Die alkoholischen Lösungen, aus denen die weisse Materie abgesetzt worden war, oder die buttrige und letzte ölige Materie bedürfen derselben Behandlung. Nach der Fällung mit Chlorcadmium folgt die Fällung mit Chlorplatin. Man hat zuletzt nach Vereinigung aller Auszüge mit der letzten Mutterlauge eine weingeistige Lösung von Cholesterin mit Amidolipotiden. Aus dieser muss das Cholesterin soviel als möglich durch Krystallisation abgeschieden werden; die letzteren Mischungen sind bis jetzt nicht ohne Zerstörung der Amidolipotide durch kaustisches Natron zu trennen; aus den in Wasser gelösten Seifen wird das Cholesterin durch Aether ausgezogen. Ohne Behandlung mit kaustischem Natron ist das Gehirncholesterin nicht von Beimischungen zu befreien, die auch dem ganz farblosen und perlenweiss krystallisirten Präparat hartnäckig anhängen. Wenn so dargestellt, ist es dieselbe Substanz wie die aus menschlichen Gallensteinen erhaltene. Es schmilzt bei 145°, krystallisirt aus Weingeist als Monohydrat von der Formel $C_{26}H_{44}O + H_2O$, und verliert sein Wasser bei 100° oder im Vacuum. Während es aus Weingeist in rhombischen Tafeln krystallisirt, wird es aus Chloroform oder Benzol in wasserfreien Nadeln abgesetzt. Es dreht das polarisirte Licht nach der Linken; Aetherlösung bei 15°: (α) D $= -31,12°$; Chloroformlösung: (α) D $= -36,61°$. Es ist unlöslich in Wasser, wenig löslich in kaltem wässrigem Weingeist, leicht löslich in von 5 bis 9 Theilen kochenden Alkohols, desto mehr, je stärker der Alkohol ist. Es kann im Vacuum bei 360° unverändert destillirt werden. Versucht man es bei gewöhnlichem Luftdruck zu destilliren. so wird es zum Theil in Kohlenwasserstoffe verwandelt. Wird es mit Uebermangansäure in Essigsäurelösung oxydirt, so giebt es Cholestensäure, $C_{25}H_{40}O_4$, und ähnliche Säuren mit 5 oder 6 Atomen Sauerstoff. Durch Oxydation von in Essigsäure gelöstem Cholesterin mit Chromsäure erhielt ich eine Säure von der Formel $C_{24}H_{39}O_5$ und andere Producte. Mit Salpetersäure giebt es Cholesterinsäure, $C_{12}H_{16}O_7$, dieselbe, welche durch Salpetersäure aus Cholsäure erhalten wird, und dadurch eine chemische Verwandschaft zwischen Cholesterin und Gallensäuren manifestirt. Mit Brom giebt Cholesterin ein Additionsproduct, $C_{26}H_{44}OBr_2$; mit concentrirter Schwefel- oder Phosphorsäure giebt es eine Zahl von isomeren Kohlenwasserstoffen, welche Cholesterylene heissen. Cholesterin giebt einige sehr charakteristische Reactionen. Wird es mit Vitriolöl und ein wenig Jod behandelt, so nimmt es nach einander die Farben violet, blau, grün und roth an. Die Reaction ist nützlich um die Substanz unter dem Mikroscop zu erkennen. Wird ein wenig Cholesterin mit einem Tropfen Salpetersäure bei gelinder Wärme abgetrocknet, so bleibt ein gelber Fleck, welcher, wenn er noch warm mit Ammoniak bedeckt wird, eine rothe Farbe annimmt; diese letztere wird durch fixe Alkalien nicht verändert.

Mit Vitriolöl und Chloroform giebt es eine dunkel rothe Mischung, welche interessante Spectralphänomene darbietet. Sie lässt zunächst nur roth durch; beim Verdünnen zeigt sie zwei Absorptionsbänder, ein breites in Gelb und Grün, und ein schwächeres am Uebergang von Grün in Blau. Bei weiterem Verdünnen spaltet sich das erste Band in zwei Bänder, während das Band in Grün-Blau unverändert bleibt. Giesst man die Lösung in eine Porzellanschale, so wird sie schnell blau, grün und zuletzt farblos.

Mit Vitriolöl und Eisessig giebt Cholesterin ebenfalls eine dunkelrothe Flüssigkeit, welche vor dem Spectroskop zunächst nur roth durchlässt; beim Verdünnen erscheinen zwei Bänder, ein schwaches in Roth, und ein starkes in Orange und Gelb. Bei weiterem Verdünnen erscheint ein breites drittes Band, welches bis F reicht. Das mittlere Band der schwefelsauren Chloroformlösung ist daher im Eisessig nicht vorhanden, das breite Band der Chloroformlösung ist aber gegenwärtig. Das dritte Band der Eisessiglösung findet sich nicht in der Chloroformlösung. Es werden daher wenigstens zwei gefärbte Körper in diesen Reactionen hervorgebracht.

Die Isomerismen des Cholesterins habe ich bereits in der vierten Analecte, p. 70, erwähnt, und es möge hier auf dieselbe verwiesen sein. Wie leicht das Cholesterin Isomere bildet, geht auch aus der bereits erwähnten Bildung mehrerer isomerer Cholesterylene hervor. Auch durch seine Neigung zur Bildung dieser Atomenspiele gleicht das Cholesterin der Cholsäure, welche ebenfalls, wie wir sehen werden, verschiedene interessante Phänomene des Isomerismus entwickelt.

Ich habe wiederholt aus Gehirn Cholesterin erhalten, welches bei 137° schmolz, also bei der Temperatur, bei welcher nach älteren Autoren Cholesterin überhaupt schmelzen sollte. Ich habe dieser Varietät den Namen Phrenosterin beigelegt, obwohl es mir noch nicht gelungen ist, es stets mit denselben Eigenschaften darzustellen. Da es bei derselben Temperatur als das Isocholesterin aus Wollfett schmilzt, so ist es desto mehr der Beachtung werth, als die Methode das letztere vom Cholesterin zu trennen möglicher Weise eine nützliche Anwendung finden könnte.

2. Der Inosit. Dieser Zucker findet sich im Parenchym der meisten Gewebe des Thierkörpers, in grösster Menge in Muskeln und Gehirn. Er findet sich auch in Pflanzen, wie Bohnen und Sauterne Trauben. Er krystallisirt als Dihydrat, $C_6 H_{12} O_6 + 2 H_2 O$, und ist ohne Einfluss auf polarisirtes Licht. Er ist der alkoholischen Gährung nicht, wohl aber der milchsauren fähig, und die dabei erzeugte Milchsäure ist optisch inactiv. Mit Salpetersäure liefert er ein dreifach nitrirtes und ein sechsfach nitrirtes Substitutionsproduct $C_6 H_9 (NO_2)_3 O_6$ und $C_6 H_6 (NO_2)_6 O_6$. Inosit wird durch Bleiessig vollständig aus seiner Lösung niedergeschlagen; nach der Zersetzung dieser Verbindung mit Hydrothion, Concentration der Lösung und Zusatz von Alkohol krystallisirt der Inosit; durch Umkrystallisiren wird er in Massen von weissen Nadeln erhalten. Folgende Reaction für Inosit ist sehr charakteristisch; der Inosit muss aber rein sein und die Operation mit der grössten Umsicht ausgeführt werden. Man bringt die zu prüfende Substanz in wässeriger Lösung auf das Volum weniger Tropfen und fügt ein Tröpfchen Mercurinitrat hinzu. Es entsteht ein gelblicher Niederschlag, welcher soviel wie möglich über die Seiten einer Porzellanschale ausgebreitet wird. Erwärmt man nun die Schale mit grosser Vorsicht zur Trockniss der Substanz, so färbt sich der Rückstand, vorausgesetzt dass kein Ueberschuss des Reagenz genommen worden ist, zunächst weisslich-gelb, dann rosen- dann dunkelroth, je nach der Menge des gegenwärtigen Inosits. Die Farbe verschwindet, wenn das Porzellan sich abkühlt, erscheint aber wieder, wenn es gelinde erhitzt wird. Wenn nach dem Erscheinen der Farbe die Schale im Geringsten überhitzt wird, so zersetzt sich die Mischung plötzlich, obwohl ohne Feuererscheinung und wird schwarz. Inosit reducirt die Fehling'sche Lösung nicht. Sein Verhalten zu Kupfersalzen ist erst durch folgende von mir gemachte Beobachtungen genauer festgestellt worden.

Verbindung des Inosits aus Gehirn mit Kupferoxyd. Wenn man zu einer heissen wässerigen Lösung von Inosit (aus Ochsenhirn) eine gesättigte Lösung von essigsaurem Kupfer setzt, so entsteht sogleich ein hellgrüner Niederschlag. Setzt man das Kupfersalz im Ueberschuss zu, so dass das Filtrat eine blaue Farbe hat, und erwärmt die Mischung, so fällt beinahe aller Inosit in Verbindung aus der Lösung. Der grüne Niederschlag von Inositkupfer kann mit reinem Wasser erhitzt werden, ohne dass sich mehr als Spuren von Kupfer in dem Wasser auflösen; es bleibt farblos, giebt aber eine bräunliche Färbung mit Ferrocyankalium und Essigsäure. Der hellgrüne Niederschlag wird beim Trocknen im Luftbad dunkelgrün und giebt bei der Analyse Zahlen, welche zur Formel $C_6 H_{12} O_6 + 3 CuO$ führen.

Wenn man die Verbindung mit reinem Wasser nur erwärmt, so wird sie nicht verändert; wenn man sie aber in einem Platin- oder Glasgefäss kocht, so zersetzt sich ein Theil an der Stelle, an welcher das Gefäss am höchsten erhitzt ist. Wenn man eine Lösung von Inosit in Wasser mit Ueberschuss von essigsaurer Kupferlösung auf dem Wasserbad bei gelinder Hitze verdampft, so wird aller Inosit in die eben beschriebene unlösliche Verbindung übergeführt. Der Ueberschuss des Acetats kann mit warmem Wasser ausgewaschen werden, aber der Niederschlag darf weder in Platin noch Glas mit Wasser gekocht werden, da sich alsdann ein rothbraunes, an den Gefässwänden anhängendes Zersetzungsproduct bildet. Die Kupferoxydverbindung des Inosits ist in Essigsäure ohne Rückstand löslich, und die Lösung ist nur schwach gefärbt. Sie ist löslich in Ammoniak mit tiefblauer Farbe. Wird sie in trockenem Zustand auf einem Platinblech erhitzt, so deflagrirt sie unter Funkensprühen und entwickelt saure Dämpfe. Es bleibt ein rother Rückstand, welcher, wenn er in die Luft geworfen wird, Feuer fängt und verbrennt, daher einen wahren Pyrophor vorstellt. Wahrscheinlich geben die drei Molekel Kupferoxyd zunächst die Hälfte ihres Sauerstoffs ab, und es bleibt feinvertheiltes Oxydul mit feinvertheilter Kohle gemischt, welche Mischung dann in der Luft Feuer fängt und vollkommen verbrennt. Wenn man ein Häufchen der Inosit-Kupferoxydverbindung auf dem Platinblech an einem Ende erhitzt, so fängt es Feuer und brennt dann ohne weiteres Erhitzen durch die ganze Masse. Es bleibt ein rother Rückstand, welcher, wenn er in die Luft geworfen wird, ebenfalls Feuer fängt und verglimmt.

Löst man die Inosit-Kupferverbindung in verdünntem Ammoniak und dampft ganz gelinde ein, so setzt sich ein hellgrüner Niederschlag ab, welcher, im Vakuum getrocknet, die Zusammensetzung $C_6 H_{12} O_6 + 3 CuO + 3 H_2 O$ hat (40,10 pCt. Cu gefunden; Theorie 40,10 pCt. Cu). Beim Trocknen bei 110° verliert er die drei Molekel Wasser und wird $C_6 H_{12} O_6 + 3 CuO$ (45,38 pCt. Cu gefunden; Theorie 45,2 pCt. Cu).

Der Inosit aus Menschenhirn giebt mit essigsaurem Kupfer auch eine Verbindung, die aber nicht die beinahe mathematische Regelmässigkeit der Verbindung des Inosits aus Ochsenhirn zeigt. Es wurden gefunden in fünf nach einander aus derselben Lösung des prächtig krystallisirten Inosits hervorgebrachten Niederschlägen die folgenden Mengen von Wasser und Kupfer:

1) H_2O bei 110° ausgetrieben 1,53 pCt.; Cu 47,48 pCt. (trocken bei 110°),
2) „ „ 110° „ 1,77 „ „ 51,23 „ „ „ 110°),
3) „ „ 110° „ 2,85 „ „ 47,73 „ „ „ 110°),
4) „ „ 110° „ 1,34 „ „ 49,81 „ „ „ 110°).

Diese Niederschläge enthielten daher 2,4 bis 6 pCt. mehr Kupfer als dem mit drei Molekeln Kupferoxyd verbundenen Inosit entspricht. Wenn ich sie in Ammoniak auflöste, um, wie ich hoffte, das oben beschriebene Trihydrat zu erhalten, so entstanden missfarbige Zersetzungsproducte, welche keine stoichiometrische Behandlung zuliessen. Aus diesen Thatsachen ziehe ich den Schluss, dass der Inosit aus Menschenhirn entweder von dem Inosit aus Ochsenhirn ganz verschieden ist, oder dass er mit einem zweiten weniger stabilen Kohlehydrat gemischt ist. Dieses merkwürdige Verhalten ist eingehender weiterer Studien sehr würdig.

Der Inosit ist ein hexadynamischer Alkohol und bildet zwei nitrirte Aether. In ähnlicher Weise, obwohl nicht durch Substitution von Wasserstoff, bildet er eine Verbindung mit drei Molekeln Kupferoxyd und eine andere mit ebensoviel Kupferoxyd und drei Molekeln Wasser. Dass diese Verbindungen nach Triaden erfolgen, giebt einigen Aufschluss über die Constitution des Inosits.

3. Die Milchsäure. Wie ungenügend seither die Art und Weise gewesen ist, in welcher auch einfache Untersuchungen der Educte des Gehirns ausgeführt worden sind, ergiebt sich aus den in den Handbüchern zu lesenden Angaben über die Milchsäure des Gehirns. Sie wird von Müller, Gorup-Besanez und anderen Nachschreibern, auch von Autoren, welche sich auf eigene Experimente stützen, wie Gscheidlen, als Gährungsmilchsäure bezeichnet. Sie ist aber in der That nach meinen Untersuchungen sowohl beim Menschen, als Ochsen, nur Para- oder Fleischmilchsäure. Ich habe oben unter der Analecte über die Alkaloide schon angegeben, wie sie aus dem mit Schwefelsäure angesäuerten Wasserextract des gesammten Hirns vor Fällung der Alkaloide mit Aether ausgezogen wird. Der Aether wird abdestillirt und die zurückbleibende Säure

einige Zeit erhitzt, wobei eine Spur Ameisensäure übergeht. Die Milchsäure wird alsdann mit kohlensaurem Zink neutralisirt und das erhaltene Salz wird durch häufige Krystallisation gereinigt. Zwei Beimischungen sind namentlich auszuscheiden, eine gefärbte Materie, welche bei den verschiedenen Abdampfungen nach und nach unlöslich wird und abfiltrirt werden muss (sie verhält sich dem aus Harn erhaltenen Alkaloid ähnlich, welches eine allmälig unlöslich werdende Verbindung mit dem Zink eingeht, und bedarf natürlich in einer systematischen Betrachtung aller Hirnceducte eingehender Studien) und wenigstens eine zweite Säure, nämlich die Bernsteinsäure, welche als Zinksalz in den Mutterlaugen bleibt. Das krystallisirte fleischmilchsaure Salz enthält nicht nur die besonderen Mengen von Krystallwasser, welche es von dem parallelen Salz der Gährungsmilchsäure unterscheiden, sondern es hat auch die optischen Eigenschaften, welche ihm, wie der freien Säure, besonders sind, und an der Gährungsmilchsäure und ihren Salzen nicht beobachtet werden.

Zinksalz aus dem Gehirn des Menschen.
Bestimmung des Krystallwassers.
Präparat 1. 0,6002 g im Vacuum getrocknet, verloren bei 103—110° 0,0730 g Wasser, gleich 12,82 pCt.
Präparat 2. 1,6540 g, welche im Vacuum über Schwefelsäure nicht an Gewicht verloren, gaben beim Trocknen bei 105—108° während neun Stunden 0,2135 Verlust, gleich 12,90 pCt.
Die Theorie des fleischmilchsauren Zinks erfordert 12,82 pCt. Wasser.
Bestimmung des Zinks im krystallwasserhaltigen Salz, im Vacuum über Schwefelsäure getrocknet.
Präparat 2a. 0,4897 g mit kohlensaurem Natron gefällt etc., gaben 0,1418 ZnO, gleich 28,9 pCt. ZnO, oder 23,24 pCt. metallisches Zink.
Präparat 2b. 0,5415 g gaben 0,1571 ZnO, gleich 23,28 pCt. Zn.
Die Theorie des fleischmilchsauren Zinks erfordert 23,35 pCt. Zn.

Zinksalz aus dem Gehirn des Ochsen.
Bestimmung des Krystallwassers.
Präparat 1. 0,3546 g verloren 0,0454 g, gleich 12,80 pCt. H_2O.
Bestimmung des Zinks im wasserfreien Salz.
Präparat 2a. Bei 105° getrocknet 0,2174 gaben 0,0723 ZnO, gleich 26,69 pCt. Zn.

Präparat 2b. 0,1440 gaben 0,0479 ZnO, gleich 26,69 pCt. Zn.
Die Theorie erfordert 26,79 pCt. Zn.

Ausser den vorigen wurden noch zwei Bestimmungen des Zinks durch Verbrennen ausgeführt, und zwar nach dem Vorgang von Wislicenus, wie er express angiebt, im Platintiegel.

(Mensch.) Präparat 1. wasserfrei; 0,2378 liessen 0,0785 ZnO, gleich 33,01 pCt. ZnO.

(Ochse.) Präparat 1. wasserfrei; 0,1591 gaben 0,0524 ZnO, gleich 32,93 pCt.

Theorie fordert für das wasserfreie Salz 33,38 pCt. ZnO. In beiden Fällen hatte der Platintiegel Zinkflecken. Diese von Wislicenus gebrauchte Bestimmungsart des Zinks ist daher nicht besonders gut.

Optische Phänomene der Milchsäure aus Menschenhirn und ihres Zinksalzes. Ich stellte freie Milchsäure aus krystallisirtem Zinksalz durch Zersetzung mit Schwefelwasserstoff dar, entfärbte noch mit Thierkohle, verdampfte und liess lange stehen. Die klare wässerige Säure wurde dann von einem Wölkchen Absatz abgegossen. Länge der Röhre des Polarisators = 220 mm, Inhalt = 26 cc, Licht gelb. Die Polarisationsebene war um 1°20' nach Links gedreht.

Dieselbe Säure wurde nun durch Kochen mit Zinkoxyd in Zinksalz verwandelt und die gesättigte Lösung desselben in den Polarisationsapparat gebracht. Die Polarisationsebene war um 3°15' nach Links gedreht. Dieses Zinksalz wurde nun abermals zersetzt und die concentrirte freie Säure während zwei Monaten sich selbst überlassen und von einem kleinen Absatz abgegossen. Diese Säure nun in eine Röhre von 100 mm Länge gebracht und dem polarisirten Lichtstrahl ausgesetzt, drehte die Polarisationsebene nach Rechts, in dem besonderen Fall dieser Säure von unbestimmter Stärke, um 2°17' (Mittel von sieben Beobachtungen).

Diese Thatsachen beweisen, dass die Milchsäure aus Menschenhirn, sowie ihr Zinksalz optisch activ sind. Den genauen Grad dieser Activität und seiner Veränderungen hier zu bestimmen, liegt ausser meiner Absicht.

Nach dem Vorhergehenden kann gar kein Zweifel darüber sein, dass die Milchsäure aus dem Gehirn des Menschen und Ochsen Fleischmilchsäure ist. Ich beweise daher für das Gehirn, was Erlenmeyer für das Fleisch bewiesen hat, nämlich, dass es nur eine Milchsäure enthält.

Daher gehören die Angaben von W. Müller, Gorup-Besanez und R. Gscheidlen, dass die im Gehirn vorkommende Milchsäure gewöhnliche Gährungs- und keine Fleischmilchsäure sei, zu den falschen Thatsachen. Müller untersuchte, wie ich, das Gehirn von Menschen und Ochsen. Zwischen ihm und mir würde daher nur ein einfacher Widerspruch existiren, wenn sich der Befund von Müller nicht erklären liesse. Gscheidlen aber in seinem Aufsatz „Ueber die chemische Reaction der nervösen Centralorgane" untersuchte das Gehirn von Hunden und einem Pferde. Es stünde ihm daher frei zu behaupten, dass Hund und Pferd gewöhnliche und nicht Fleischmilchsäure im Hirn haben, hätte er überhaupt bewiesen, dass er Gährungsmilchsäure in Händen hatte. Allein eine Wasserbestimmung an einem Zehntel Gramm Calciumlactat ist ein viel zu dürftiges Material zur Entscheidung einer so wichtigen Frage. Dann ist gerade das Kalksalz der Milchsäure am allerwenigsten geeignet, durch seinen Wassergehalt die Frage zu entscheiden, da dieser Wassergehalt in verschiedenen Präparaten der Fleischmilchsäure scheinbar capriciös wechselt. So wurde früher häufig angegeben, der fleischmilchsaure Kalk enthalte 24,83 pCt. Krystallwasser. Wislicenus bestimmte dasselbe jedoch zu 27,09 pCt., so dass zwei Molekel Salz neun Molekel Krystallwasser enthielten.

Allein meine obige optisch active und mathematisch präcise Zinksalze liefernde Milchsäure gab keines der erwarteten Kalksalze. Aus Wasser liess es sich gar nicht krystallisiren, da es entweder flüssig blieb, oder zum festen Kuchen erstarrte. Aus verdünntem Weingeist aber krystallisirte es leicht, in weissen voluminösen verfilzten Krystallmassen. Nach langem Liegen in trockner Luft enthielten dieselben 21,2 pCt. Krystallwasser, bei 105° weggehend. Ferner 14,20 und 14,08 pCt. Calcium. Nun erfordern:

das Salz mit 2 Molekel H_2O
14,17 pCt H_2O und 15,74 pCt. Ca;
das Salz mit 3 Molekel H_2O
19,89 pCt. H_2O;
das Salz mit 4 Molekel H_2O
24,82 pCt. H_2O und 13,76 pCt. Ca;
das Salz mit $4^1/_2$ Molekel H_2O gab
27,09 pCt. H_2O.

Demnach ist mein Kalksalz ein dem Wislicenus'schen analoges, niederes Hydrat, mit etwa $3\frac{1}{2}$ Molekeln Krystallwasser, oder eine Mischung von zwei Salzen, einem mit 4 und einem mit 3 Molekeln Wasser.

Jedenfalls also giebt es schon drei krystallisirte Kalksalze der Fleischmilchsäure, nämlich mit $3\frac{1}{2}$, mit 4 und mit $4\frac{1}{2}$ Molekeln Krystallwasser. Sind dieselben Mischungen, so ist die Sache desto schwieriger. Jedenfalls folgt aus dem Vorgehenden, dass das Kalksalz der Fleischmilchsäure zur Bestimmung ihrer Natur am allerwenigsten geeignet ist, und dass daher die geringen Versuche von Müller und Gscheidlen, wenn überhaupt welche, nur eine sehr geringe Beweiskraft haben, keinesfalls aber im Stande sind an meinen Thatsachen zu rütteln.

4. Die Bernsteinsäure. Die Mutterlaugen der Zinksalze von Menschen- und Ochsenhirn waren Mischungen und gaben mit Eisenchlorid, nicht in der Kälte, aber beim Kochen, rostbraune Niederschläge, welche sich im Ueberschuss des Eisenchlorids mit dunkelrother Farbe lösten. Sie wurden vorsichtig mit Zusatz von kohlensaurem Baryt gefällt und die Eisenniederschläge wurden mit Schwefelsäure zersetzt. Aus der sauren Lösung zog Aether eine Säure aus, welche im Wasser leicht löslich war, beim Verdampfen der Lösung krystallisirte, beim Erhitzen schmolz und in weissen Dämpfen sublimirte. Die Dämpfe hatten einen scharfen Geruch und verdichteten sich zu weissen Krystallen. Die Säure sublimirte vollständig ohne Kohle zu hinterlassen. Die sublimirten Krystalle lösten sich in Wasser und gaben eine klare farblose Lösung. Die mit kohlensaurem Natron neutralisirte Lösung gab den primären Niederschlag mit Eisenchlorid wieder; sie gab einen weissen Niederschlag mit salpetersaurem Quecksilberoxydul, welcher durch Kochen nicht verändert wurde; da Goldchlorid darin keine Veränderung hervorbrachte, so ist Malonsäure ausgeschlossen; Urannitrat gab keine Reaction. Die Lösung des Sodiumsalzes gab nach dem Kochen und Concentriren einen Niederschlag mit Chlorbarium, welcher in Salpetersäure löslich, daraus durch Ammoniak fällbar war; etwas Alkohol vermehrte diesen Niederschlag Die Säure war daher Bernsteinsäure, $C_4H_6O_4$.

Obwohl demnach die Bernsteinsäure ein normales Educt des Gehirns ist, so kommt sie doch nur in sehr kleinen Mengen darin vor. Müller hatte bei seinen Versuchen über Milchsäure auch auf Bern-

steinsäure gefahndet, ohne sie jedoch zu finden. Dies ist durch ver-
verschiedene Umstände erklärlich. Zunächst war seine Methode zur
Isolirung der Säure nicht geeignet (er erwartete, dass sie aus der
concentrirten Milchsäure auskrystallisiren würde) und dann war das
von ihm benutzte Material wahrscheinlich an Menge ungenügend.

---

17. Allgemeine Methode zur Isolirung der Educte des Gehirns.

Obwohl im Obigen schon viele Einzelheiten der Processe der
Darstellung der Educte angegeben worden sind, scheint es mir doch
angemessen, den Vorgang cursorisch zu beschreiben, so dass ihn
jeder sich dafür Interessirende auch im kleinen Maasstab ausführen
kann. Es ist wohl am besten menschliche Gehirne zu verwenden,
da diese die specifischen Educte in grösster Menge enthalten. Wenn
diese nicht zu haben sind, thun Ochsengehirne für allgemeine phy-
siologisch-chemische Zwecke beinahe gleich gute Dienste. Fünf
Ochsengehirne, wie sie hier in London erhalten werden, wiegen im
Durchschnitt 1780 g oder acht Gehirne wiegen sechs Pfund englisch.
Sie werden schnell gewaschen und von Blut gereinigt, und die
Häute werden mit Pincetten entfernt. Die reinen Stücke von Hirnsubstanz werden dann in kleine flache Stücke geschnitten und in
Alkohol von 85 pCt. Stärke gelegt. Der Alkohol muss genügend
stark bleiben die Gehirnsubstanz zu erhärten und vollständig vor
der geringsten Zersetzung zu bewahren. Der Alkohol wird wenigstens einmal gewechselt. Diese Alkoholaufgüsse werden dann von
etwas Eiweiss durch Kochen befreit, filtrirt, destillirt, und der wässrige Auszug, den sie hinterlassen, wird auf dem Wasserbad zu Ex-
tractdicke eingedampft und dem Wasserextract zugefügt, welches
bei den späteren Operationen erhalten wird. Dieser erste Auszug
ist meistens frei von specifischen Hirneducten, und enthält neben
der geringen Menge von Eiweiss hauptsächlich Extractivsubstanzen
und Salze.

Nachdem die Hirnsubstanz in Alkohol wohl gehärtet worden
ist, wird sie durch eine Zerkleinerungsmaschine in kleine Stückchen
zerschnitten und mit frischem Alkohol angerührt. Sie wird nun

durch ein Haarsieb gerieben, welches 144 Maschen auf dem Quadratzoll besitzt, und an welchem jeder der zwölf Haarbündel, welche den Quadratzoll in einer Richtung kreuzen, aus acht einzelnen Pferdehaaren besteht. Das Zerreiben auf dem Sieb wird mit einer scheibenartigen steifen Bürste mit langem Stiel ausgeführt. Die so durch ein Sieb getriebene Hirnsubstanz ist im Zustand eines feinen Breies oder Purrees, und für die Erschöpfung mit Alkohol fertig. Andere Methoden der Zerkleinerung, namentlich z. B. das empfohlene Zerreiben in einem Mörser, sind entweder viel langsamer oder mühsamer, und führen kaum oder nur sehr langsam zum Ziel. Alle Methoden, welche das Hirn nicht zu einem möglichst feinen Teig oder Brei zerreiben, sind zu verwerfen, da aus unvollkommen zerkleinerter Hirnsubstanz die Educte nur sehr unvollständig ausgezogen werden.

Der feine Hirnbrei wird nun mit viel Alkohol unter beständigem Umrühren auf 70° erhitzt und dann auf ein bereit gehaltenes Tuchfilter, welches über ein geräumiges Gefäss gespannt ist, gegossen. Sobald der heisse Weingeist aus dem unterdessen bedeckten Filter abgelaufen ist, wird der Brei in das Kochgefäss zurückgebracht, mit neuem Alkohol erhitzt und von neuem filtrirt. Diese Operation wird etwa fünfmal wiederholt, wonach der Hirnbrei meist von allen Educten befreit ist, die bei dieser Temperatur ausgezogen werden. Der Rückstand wird dann im Tuch gepresst oder mit Alkohol während einiger Stunden gekocht und abermals filtrirt. Um alles in Alkohol lösliche auszuziehen muss man ausser den fünf ersten Auszügen, wohl 14 bis 15 neue Portionen Alkohol und langes Kochen anwenden, und selbst dann ist es noch nicht sicher, dass die Eiweisssubstanzen nicht noch Anhydrite einiger Phosphatide, sogenanntes Stearokonot von Couerbe enthalten.

Während der letzten 20 Jahre ist häufig angegeben worden, dass sich gewisse Hirneducte beim Erhitzen über 45° zersetzten, z. B. namentlich das sogenannte Protagon. Diese Angabe rührt von der Beobahtung her, dass sich gewisse Phosphatide bei schnellem Erhitzen in namentlich starkem oder absolutem Alkohol in geschmolzener und danach in Alkohol unlöslicher Form, nämlich als die oben erwähnten Anhydrite absetzen. Diese lästige Umwandlung wird durch Anwendung von verdünntem Alkohol oder durch eine etwa 45° nicht übersteigende Temperatur ziemlich vermieden. Auch die Wirkung von heissem Wasser führt die Anhydrite wieder in den

in Alkohol löslichen Zustand zurück. Eine Zersetzung von irgend
welcher Substanz durch kochenden Alkohol ist bis jetzt durchaus
nicht nachgewiesen worden. Daher haben auch einige Apologeten des Protagon in späteren Publicationen ihre Beschränkung
der zur Ausziehung des Gehirns zu benutzenden Temperatur auf
45° fallen lassen, aber erst nachdem ich bewiesen hatte, dass die
von ihnen früher heftig behauptete Zersetzung nicht stattfindet, und
dass Alkohol bei 45° viel Materie im Gehirn ungelöst lässt.

Die weisse Materie. Die vereinigten Alkoholauszüge werden
etwa 12 bis 24 Stunden lang im Kühlen stehen gelassen. Danach
findet man, dass sie eine grosse Menge eines weissen, aus Krystallen
und Krümeln gemischten Absatzes gemacht haben, während
sie selbst klar, aber gelblich gefärbt sind. Man sammelt den Niederschlag auf einem Tuch und presst ihn tüchtig aus. Wie er aus dem
Tuch kommt, stellt er einen harten weissen Kuchen dar, welcher in
Stücke gebrochen werden kann und „die besondere weisse Materie“
von Vauquelin ist. Wo immer in meinen Untersuchungen „weisse
Materie“ „oder W.-M.“ angegeben ist, ist dieses Präparat gemeint. Es
enthält beinahe alle Cerebroside, Cerebrinacide, viel Cholesterin,
Kephalin, Myelin und Lecithin und kleinere Mengen anderer Materien. Seine weitere Behandlung ist in den Analecten über die
Cerebroside und über die Kephaline bereits gegeben worden. Man
kann die weisse Materie im gepressten Zustand in verschlossenen
Flaschen lange aufheben, ohne dass sie sich zersetzt; in absolutem
Alkohol giebt sie an diesen eine Materie ab, welche im Licht gelb
wird; in Aether giebt sie an denselben eine Mischung von Substanzen ab, von welchen das Kephalin schnell roth wird. Daher
muss man das Ausziehen mit Aether so schnell als möglich bewerk-
stelligen.

Die buttrige Materie. Das alkoholische Filtrat von der
weissen Materie wird nun in der Platinblase destillirt, bis eine
Probe beim Abkühlen einen Absatz macht. Die Flüssigkeit wird
abermals zum Abkühlen hingestellt und der Niederschlag, welcher
nach dem Sammeln auf einem Tuche eine weiche butterartige Consistenz besitzt, wird abfiltrirt und gepresst. Dieser Niederschlag
enthält viel Cholesterin, Lecithin und andere Phosphatide, aber nur
kleine Indicationen von Cerebrosiden und Cerebrinaciden; er enthält
die Amidolipotide und wird weiter behandelt, wie in verschiedenen
Analecten angegeben ist.

Die letzte ölige Materie. Das Filtrat von der butterigen Materie wird abermals destillirt, so lange brennbarer Spiritus übergeht, alsdann aber in einer Porzellanschale auf dem Wasserbad verdampft. Sobald die letzten Spuren Alkohol weggehen, bilden sich ölige Tropfen auf der Flüssigkeit, die sich zu grösseren Massen vereinigen und an die Wände des Gefässes hängen. Sie bilden die letzte ölige Materie. Diese scheidet sich scharf von der wässerigen Flüssigkeit während sie heiss ist, aber beim Abkühlen schwillt sie, wird flockig und kann nicht filtrirt werden. Sie wird daher durch Dekantiren getrennt. Sie enthält Phosphatide und Cholesterin, aber namentlich Amidolipotide, von welchen ihr sonderbarer Charakter bedingt wird. Wenn man nur wenig von der Materie hat, ist es gerathen, sie mit der butterigen Materie zu vereinigen.

Die wässerige Lösung. Die von der letzten öligen Materie getrennte wässerige Lösung enthält nun alle Extractive, Inosit, milchsaure Salze, Alkaloide, Amidosäuren und unorganische Salze. Sie wird nun so behandelt, wie unter den Analecten über diese Substanzen specieller nachgewiesen ist.

Einige Autoren haben geglaubt, für die Reinigung des Gehirns von Blut besondere Sorge tragen zu müssen, und haben zu diesem Behuf Wasser durch den abgetrennten Kopf des nach jüdischer Manier durch Halsabschneiden getöteten Thieres gespritzt. Diese Operation ist bei grösseren Untersuchungen, zu denen man beträchtliche Mengen von Material bedarf, nicht leicht durchzuführen; sie scheint aber auch überhaupt unnöthig, da bei genügender Manipulation in den Hirnstücken kein Blut zurückbleibt. Couerbe hat zuerst, und andere Autoren haben nach ihm, das Gehirn zunächst durch Aether eines Theils seines Wassers beraubt. Dieser Vorgang giebt eine sich unter dem Aether sammelnde wässerige Lösung von Extractsubstanzen, die etwas Eiweiss enthält; als Methode die Gegenwart von gelöstem Eiweiss zu zeigen, ist der Process daher nützlich. Da aber nach dem Aether doch Alkohol angewendet werden muss und alle alkoholischen Auszüge mit Aether behandelt werden müssen, ist diese erste Aetherbehandlung im Allgemeinen nutzlos. Sie ist aber obendrein auch schwierig wegen des vielen erforderlichen Aethers, und der sehr langen, zur Ausführung der Methode erforderlichen Zeit, die sich nach Baumstark auf drei Monate beläuft. Mit Alkohol kann man mehr in drei Tagen erreichen. Nach

Baumstark soll das Gehirn nach der Aetherbehandlung während
zwei Monaten mit Alkohol behandelt und getrocknet werden. Man
kann es dann freilich pulvern, ist aber dann im vierten oder fünften
Monat damit nicht weiter, als mit meiner Alkoholbehandlung am
vierten Tag nach dem Zerreiben im Sieb. Daher fürchte ich, dass
die Baumstark'sche Methode nicht viele Jünger machen wird.

Von Lösungsmitteln sind bei diesen Processen der ersten
Extraction und der folgenden Zerlegungen erforderlich zunächst
grosse Mengen 85 proc. Alkohols; dann absoluter Alkohol; ferner
grosse Mengen Aether; dann grosse Mengen Benzol. Aceton ist bei
der Umkrystallisation von Cerebrosiden nützlich, aber nicht nothwendig. Von Fällungsmitteln sind erforderlich Bleizucker in Alkohol
gelöst und Ammoniak; Bleiessig in Wasser; grosse Mengen von Chlorcadmium in Alkohol gelöst; Chlorplatin in Alkohol gelöst und Salzsäure; Phosphormolybdän- und Phosphorwolframsäure, beide in reinem
krystallisirtem Zustand; Goldchlorid; essigsaures Kupfer in Alkohol
und in Wasser; Schwefelsäure; salpetersaures Silber und Salpetersäure, Schwefelwasserstoff. Vom allergrössten Nutzen ist endlich
die Millon'sche Base oder Mercuramin, vermöge deren man irgend
eine Säure aus alkoholischer oder wässeriger Lösung entfernen
kann, ohne die basischen Theile der Lösung zu geniren. Ausserdem sind natürlich für Reactionen und besondere Sättigungen und
Salze alle Reagentien des gewöhnlichen Laboratoriums erforderlich,
oder doch gelegentlich nützlich. Kaustischer Baryt namentlich ist
zur Zersetzung der phosphormolybdän- und wolframsauren Niederschläge und zur Entfernung des zu ihrer Fällung nöthigen Ueberschusses von Schwefelsäure, dann zur Chemolyse der Cerebroside
und Phosphatide in beträchtlichen Mengen erforderlich. Alle Reagentien dürfen nur in absolut reinem Zustand verwendet werden.

Der Leser sieht nun, dass durch Alkohol und Aether das Gehirn in sechs Conglomerate von Materien zerlegt wird, aus welchen
durch specielle Lösungs- und Fällungsmittel die einzelnen Educte
isolirt und dann gereinigt werden. Indem ich die genaue analytische Definition dieser Educte auf die weiter unten gegebene
Aufzählung derselben in systematischer Ordnung verschiebe, zähle
ich sie hier nur auf, wie sie sich in den einzelnen Conglomeraten
finden:

1. Erste Extractivsubstanzen (in dem zum Erhärten der
Gehirnsubstanz verwendeten Alkohol.

2. Unlöslicher Eiweiss- und Geweberückstand, enthaltend Neuroplastin, Eiweiss und Nuklein, oder Cytophosphatid.

3. Weisse Materie, enthaltend:
   a) Kephalin (mit Varietäten und Verbindungen),
   b) Lecithin (mit Varietäten und Verbindungen),
   c) Paramyelin (mit Varietäten und Verbindungen),
   d) Myelin (mit Varietäten und Verbindungen),
   e) Amidomyelin (mit Varietäten und Verbindungen),
   f) Cholesterin und Phrenosterin,
   g) Cerebrinmischung, oder Mischung von Cerebrosiden, Cerebrinaciden, Cerebrosulphatiden und Amidolipotiden, mit Sphingomyelin und Assurin.

4. Buttrige Materie, enthaltend
   a) Kephaloidin (mit Varietäten und Verbindungen),
   b) Lecithin (mit Varietäten und Verbindungen),
   c) Paramyelin (mit Varietäten und Verbindungen),
   d) Myelin (mit Varietäten und Verbindungen),
   e) Amidomyelin (mit Varietäten und Verbindungen),
   f) Sphingomyelin und Assurin (geringe Menge),
   g) Cholesterin und Phrenosterin,
   h) Cerebrinmischung (geringe Menge),
   i) Amidolipotide.

5. Letzte ölige Materie, enthaltend
   a) Lecithin,
   b) Paramyelin,
   c) Oelige lipoide Materie (Cerebrol von Berzelius), enthaltend Amidolipotide.

6. Letzter wässriger Gehirnauszug, enthaltend
   a) Alkaloide,
   b) Amidosäuren und Imide,
   c) Kohlenhydrate,
   d) Organische Säuren und Salze,
   e) Unorganische oder Mineralsalze.

Wenn ich in dieser Aufzählung einen Ausdruck, wie z. B. „Kephalin, mit Varietäten und Verbindungen" brauche, so rechne ich darauf, dass dem Leser die Definition desselben aus der die Kephaline behandelnden Analecte vollständig verständlich sein wird. Unter Verbindungen sind hier diejenigen mit unorganischen Basen und Salzen gemeint, welche mit den freien oder unverbundenen

Educten gemischt sind. Dass die Gegenwart dieser Basen und Salze
auf chemischer Verbindung beruht und nicht nur die Folge einer
Beimischung, eines sogenannten Anhängens von Unreinigkeiten ist,
geht daraus hervor, dass sie nur durch stärkere chemische An-
ziehungsmittel, also namentlich Säuren, von den Educten getrennt
werden können. Daher kommt es auch, dass der letzte wässrige
Auszug nur einen Theil der in Wasser löslichen Salze enthält, andere sind über das zweite, dritte, vierte und fünfte Product vertheilt,
und Kalk ist z. B. im Kephalin, Kali in der Cerebrinmischung in
solchen Mengen enthalten, dass sie durch keine, natürlich darin gegenwärtige mineralische Säure gesättigt sein können, sondern mit
den Educten in directer Verbindung stehen müssen. Die Varietäten
sind wohl leichter nebeneinander zu erkennen als von einander zu
trennen, allein die Mittel zur genauen Scheidung werden wohl bald
gefunden werden. So kannte man vor meinen Untersuchungen die
Phosphatide mit zwei Stickstoffatomen gar nicht, und nachdem ich
mich von deren Existenz vollständig überzeugt hatte, konnte ich sie
lange nicht von den Phosphatiden mit einem Stickstoffatom trennen.
Jetzt kann man die bekannten relativ leicht und vollständig isoliren.
In dem Hauptpräparat jedes Educts herrscht das typische Educt an
Menge meist so vor, dass seine Varietäten in den Hintergrund treten,
und als Unreinigkeiten betrachtet, auf die Haupttheorie keinen sehr
störenden Einfluss ausüben. Deshalb darf aber die äusserste Präcision für ihre Isolirung als Desideratum, namentlich für quantitativ
physiologische Zwecke, nicht aus den Augen verloren werden, wie
ich bei der Betrachtung der Abarten der Kephaline schon dar-
gelegt habe.

18. Systematische Gruppirung, diagnostische Definition und Versuch zur Quantirung der Educte des Gehirns.

Durch eine solche Gruppirung, wie die hier versuchte, gewinnt
man eine Uebersicht über die Anzahl und Mannigfaltigkeit der Educte,
und wird in den Stand gesetzt, dieselben vermöge der in den einzelnen Analecten enthaltenen Detailangaben deutlich zu definiren und
von einander zu trennen. Kein anderes Organ des Körpers enthält

oder giebt, selbst wenn man z. B. bei Drüsen ihr Sekret einschliesst,
eine solche Zahl und Masse der chemisch interessantesten Substanzen,
wie das Gehirn. Ich behaupte durchaus nicht, alle vorhandenen
Immediatprinzipien isolirt zu haben, sondern bin mir im Gegentheil
bewusst, dass noch eine Anzahl der Isolirung und Definition harrt.
So ist wahrscheinlich neben dem Bregenin in der letzten öligen Materie ein permanent öliges Amidolipotid oder stickstoffhaltiges Fett
vorhanden, das bis jetzt weder von allem Bregenin noch von allem
Cholesterin getrennt werden kann. Ich will dasselbe einstweilen
mit Berzelius als Cerebrol bezeichnen. Dann kommt neben dem
Myelin, dessen Bleisalz in Alkohol und Aether unlöslich ist, ein
Phosphatid vor, dessen Bleisalz in kochendem Alkohol löslich, in
kaltem unlöslich ist. Sodann ist nicht sicher, ob der schwefelhaltige
Körper, der mit den Cerebrinaciden geht, nicht auch Phosphor neben
Stickstoff enthält, oder ob nicht zwei schwefelhaltige Körper vorkommen, deren einer Phosphor, der andere Stickstoff enthält. Sodann müssen die stickstofffreien Phosphatide besser definirt werden,
als sie es bis jetzt sind; mit der Trennung der Cerebrinacide ist
nur ein Anfang gemacht worden, wie man aus der Aufzählung der
Mengen der definirten und nicht definirten Substanzen sehen kann.
Die extractiven Alkaloide bedürfen vieler weiterer Studien, ehe man
sie definitiv formuliren kann. Aber diese Mängel einzelner Glieder
des Systems stören das System selber durchaus nicht, während umgekehrt die Existenz des Systems gerade den Wunsch erweckt, die
noch fehlenden oder unvollkommen ausgearbeiteten Glieder besser
kennen zu lernen.

Gruppe der phosphorhaltigen Educte oder Phosphatide.

Untergruppe der einstickstoffhaltigen Monophospha-
   tide ($N : P = 1 : 1$).
   Lecithine,
   Kephaline,
   Paramyeline,
   Myeline.
   (Sphingomyelinsäure, ein Product.)
Untergruppe der zweistickstoffhaltigen Monophospha-
   tide ($N : P = 2 : 1$).
   Amidomyelin,
   Amidokephalin,

Sphingomyelin,
Apomyelin.

Untergruppe der zweistickstoffhaltigen Diphosphatide (N : P = 2 : 2).

Assurin.

Untergruppe der stickstoffhaltigen Phosphatid - Sulphatide.

Cerebrosulphatid, Körper aus der Gruppe der Cerebrinacide, wahrscheinlich Phosphor und Stickstoff neben Schwefel enthaltend (?).

Untergruppe der stickstofffreien Monophosphatide.

Lipophosphorsäure,
Butophosphorsäure (beide aus der buttrigen Materie).
(Kephalophosphorsäure, ein Product aus Kephalin).

Gruppe der stickstoffhaltigen phosphorfreien Educte.

Untergruppe der Cerebroside.

Phrenosin,
Kerasin.

Untergruppe der Cerebrinacide.

Cerebrinige Säure,
Sphärocerebrin,
Mehrere andere noch nicht definirte Principien.

Untergruppe der Cerebrosulphatide.

Schwefelhaltiger Körper.

Untergruppe der Amidolipotide, oder stickstoffhaltigen Fette.

Bregenin,
Krinosin.

Untergruppe der Alkaloide.

Hypoxanthin,
Gladiolin,
Tennysin.

Untergruppe der Amidosäuren und Amide.

Leucin und Homologe,
Tyrosin,
Harnstoff.

Gruppe der Educte, welche nur drei Elemente enthalten.

Untergruppe der stickstofffreien Alkohole.

Cholesterin,

Phrenosterin (?).

Untergruppe der Kohlehydrate.

Inosit,

Glykogen (?).

Untergruppe der stickstofffreien organischen Säuren.

Ameisensäure,

Fleischmilchsäure,

Bernsteinsäure,

Oxyglycerinsäure (?).

Gruppe der organoplastischen oder Albuminsubstanzen.

Untergruppe der stickstoffhaltigen Sulphatid - Phosphatide.

Neuroplastin,

Gangliocytin, Cytophosphatid (ein Nuklein).

Untergruppe der stickstoffhaltigen Sulphatide.

Albumen,

Collagen.

Gruppe der unorganischen Principien, Säuren, Basen und Salze einschliessend, welche theils in den Wasserextracten, theils in Verbindung mit vielen der im Vorhergehenden genannten Educte vorkommen.

Schwefelsäure,

Salzsäure und Chlor in Chloriden,

Phosphorsäure,

Kohlensäure,

Kali,

Natron,

Ammoniak,

Kalk,

Magnesia,

Kupfer,

Eisen,

Mangan,

in Verbindung mit Educten, ihre Basen bildend, oder in Verbindung mit Phosphorsäure, und dann als Phosphate mit Educten verbunden; oder in Verbindung mit Mineralsäuren, als Mineralsalze frei in den Flüssigkeiten und Extrakten.

Thonerde, Kieselerde, Fluor zweifelhaft.

Die Diagnose der aufgezählten Educte von einander ist meistens sehr leicht, wenn es sich nur darum handelt, die Gegenwart des einen oder anderen derselben nachzuweisen. Sehr schwer aber ist im Ganzen die Trennung aller Educte eines und desselben Präparats von einander, in einer Weise, dass man die Resultate zu quantitativen chemisch-physiologischen Schlüssen benutzen kann. Ich will nun im Folgenden die Haupteigenschaften jedes Educts angeben, vermöge deren man dasselbe in einer Weise aus dem Gehirn darstellen kann, dass sich die erhaltene Menge der wirklich vorhandenen sehr nähert.

Die Lecithine lösen sich leicht in Alkohol und Aether und müssen mit Chlorcadmium (oder Chlorplatin) gefällt werden. Dabei werden aber Kephaline, Paramyeline und Amidomyeline mitgefällt, welche im Fall der Chlorcadmiumsalze auf folgende Weise zu trennen sind. Die Kephalinsalze werden alle durch kalten Aether vollständig ausgezogen; dabei geht auch alles Cholesterin in Lösung, welches etwa von den Niederschlägen mit niedergerissen war. Die Mischung von Lecithin-, Paramyelin- und Amidomyelin-Cadmiumchlorid-Verbindungen wird dann durch Behandlung mit Benzol getrennt, wie in der Analecte über Lecithin des Näheren beschrieben ist. Das Lecithin-Chlorcadmium ist in kaltem Benzol leicht löslich und kann nach Abdestilliren des Benzols gewogen werden. Dagegen ist es in Aether nicht löslich und kann durch denselben gereinigt werden. Aus der Lösung in Benzol wird es durch Alkohol reiner gefällt, aber die Mischung hält etwas davon neben dem Farbstoff in Lösung. Es ist in heissem Alkohol leicht, in kaltem sehr schwer löslich. Durch Dialyse wird es von allem Metallsalz befreit. Die Benutzung der Chlorplatinsalze des Lecithins verdient wegen der Löslichkeit derselben in Aether und Fällbarkeit durch Alkohol weitere Beachtung, namentlich zur gelegentlichen Trennung von anderen Phosphatiden, deren Chlorplatinsalze in Aether unlöslich sind.

Die Paramyeline sind in Gegenwart von Lecithin leicht in Alkohol und Aether löslich; durch absoluten Alkohol und absoluten Aether kann man etwas Paramyelin rein erhalten; aber vom Lecithin kann Paramyelin nur als Chlorcadmiumsalz vollständig getrennt werden. Das Paramyelin-Chlorcadmium ist in kaltem Alkohol und Aether unlöslich; es ist löslich in kochendem Alkohol, löslich in kochendem Benzol, und wird daraus beim Abkühlen vollständig abgesetzt. Da hierbei das Lecithin-Chlorcadmium in Lösung bleibt, ermöglicht

Benzol eine genaue Trennung beider Verbindungen. Das Paramyelin-Chlorcadmium kann durch Dialyse oder Hydrothion und Mercuramin vom Metallsalz befreit werden. Im reinen Zustand ist es in Alkohol und Aether wenig löslich und lässt sich durch Umkrystallisiren reinigen. Bei quantitativen Bestimmungen wird man das Paramyelin einstweilen als Chlorcadmiumsalz, wie es sich aus dem Benzol absetzt, wiegen; seine Chlorplatinverbindung verdient für stoichiometrische Zwecke weiterer Studien.

Die Amidomyeline sind in kaltem Aether und Alkohol wenig, in heissem Alkohol leicht löslich. Sie werden durch Chlorcadmium gefällt und die Verbindungen sind in heissem Alkohol löslich, in kaltem unlöslich; sie sind unlöslich in kochendem und kaltem Benzol, und können auf diese Weise von den Chlorcadmiumverbindungen der Lecithine und Paramyeline getrennt werden. Man kann also das Amidomyelin-Dichlorcadmium, welches in kochendem Benzol unlöslich bleibt, wiegen. Das Amidomyelin kann durch Dialyse von Chlorcadmium vollständig befreit werden und bleibt alsdann in Wasser klar gelöst auf dem Dialysator zurück. Beim Erhitzen gerinnt diese Lösung. Die Chlorplatinverbindungen des Amidomyelins verdienen weiterer Studien. Die Trennung und Diagnose des Amidomyelins von den anderen zweistickstoffhaltigen Phosphatiden ist schon oben berührt worden. Sie ist bis jetzt nur sehr theilweise auszuführen, und Mittel zu einer quantitativen Scheidung müssen noch gefunden werden.

Die obigen drei Kategorien von Körpern werden durch Bleizucker und Ammoniak nicht gefällt; dagegen werden die Myeline, Kephaline (und Cerebrinacide) durch dieses Reagenz gefällt und in Bleiverbindungen verwandelt, welche so besondere Eigenschaften haben, dass sie dadurch nicht nur von den bereits abgesonderten Phosphatiden, sondern auch von einander getrennt werden können.

Die Kephaline sind in Aether leicht, in Alkohol wenig löslich; der letztere fällt die Hauptmasse derselben aus concentrirter Aetherlösung. Daher kann man auf diese Weise viel Kephalin isoliren. Sie verbinden sich mit Blei, Platinchlorid und Chlorcadmium; diese Verbindungen sind alle in Aether leicht löslich, durch Alkohol daraus fällbar. Durch ihre Löslichkeit in Aether werden die Blei-Kephaline leicht von den Bleiverbindungen der Myeline getrennt, welche in Aether ganz unlöslich sind. Durch die Löslichkeit des Kephalin-Chlorcadmiums in Aether kann dasselbe gelegentlich von

denjenigen Phosphatiden getrennt werden, deren Chlorcadmiumsalze in Aether unlöslich sind. Unter den vielen Reactionen der
Kephaline, deren Existenz nur gerade bekannt ist, die aber noch
nicht näher studirt sind, giebt es sicher noch manche, die sich zu
Quantationen verwenden lassen.

Die Myeline sind Säuren; das Hauptmyelin ist zweibasisch
und wird bis jetzt nur als Bleisalz isolirt, welche Verbindung in
Aether und Alkohol auch beim Kochen unlöslich ist. Ein zweites
Phosphatid, welches sich mit Blei verbindet, und dann in kaltem
Alkohol und Aether unlöslich, aber in kochendem Alkohol löslich
ist, will ich einstweilen als das zweite Myelin bezeichnen. Es verliert an Löslichkeit durch Kochen des Bleisalzes mit Alkohol, wobei
sich immer etwas unlöslicher Anhydrit, wie bei den freien Phosphatiden und ihren Chlorcadmiumverbindungen bildet. Daher muss
man zum Isoliren den ersten Absatz aus der kochenden Alkohollösung benutzen und ihn nach Erschöpfen mit Aether (von Cholesterin) wiegen. Ihren Löslichkeitsverhältnissen in Alkohol und Aether
nach muss viel der Myeline in der Cerebrinmischung bleiben, und
daraus in die Mischung der Verbindungen der Cerebrinacide mit
Blei übergehen. Durch diese Behandlung mit Blei werden daher
die Myeline nicht nur von den oben behandelten Phosphatiden, sondern auch von dem Sphingomyelin und Apomyelin getrennt, welche
sich nicht mit Blei verbindend, zunächst bei den Cerebrosiden bleiben.
Man sieht also jetzt schon, dass die Myeline in wenigstens zwei
Portionen erhalten werden; eine Portion aus den Anfangs in Aether
als Mischung löslichen Phosphatiden, eine zweite Portion, welche der
Aether nicht auszieht, sondern in der Cerebrinmischung zurücklässt.

Das Sphingomyelin bleibt zunächst bei den Cerebrosiden,
da es in Aether kaum löslich ist und sich mit Blei nicht verbindet.
Es wird aus den Cerebrosiden durch absoluten Alkohol ausgezogen.
Man verfährt dazu in der Weise, dass man die Mischung der Cerebroside in viel heissem absolutem Alkohol löst und erkalten lässt.
Man trennt bei 30—26°, wie unter Phrenosin beschrieben ist; man
isolirt abermals das Kerasin aus der kalten Alkohollösung; diese
enthält nun Sphingomyelin, Apomyelin und Kerasin gelöst, wie in
den respectiven Analecten gezeigt ist. Aus dieser Lösung wird nun
Sphingomyelin durch Chlorcadmium gefällt, und nach Ausziehen des
Krinosins mit heissem Aether, gewogen. Den Grad der Reinheit bestimmt man durch Elementaranalyse, namentlich des Phosphors und

Stickstoffs. In Bezug auf die genaue Trennung des Apomyelins vom Sphingomyelin lassen sich noch keine definitiven Regeln aufstellen; es indessen wahrscheinlich, dass Platinchlorid und Alkohol dabei gute Dienste leisten werden.

Das Assurin wird weder von Blei noch Chlorcadmium gefällt, bleibt daher in den Lösungen, aus denen die vorhergehenden Phosphatide gefällt worden sind, und wird seinerseits durch Platinchlorid gefällt und isolirt.

Die stickstofffreien Monophosphatide werden durch Bleizucker aus der Lösung der buttrigen Materie gefällt. Meistens enthalten sie noch etwas Myelin, welches einen kleinen Gehalt an Stickstoff bedingt. (So enthielt ein Präparat 37,49 pCt. Pb, 2,51 pCt. P und 0,51 pCt. N.) Von diesem können sie durch Umkrystallisiren der von Blei befreiten Substanzen getrennt werden. Von den freien Säuren ist eine in kaltem Alkohol löslich, die andere darin sehr schwer löslich. Eine weitere Verfolgung dieser Eigenschaften dürfte zu einer genauen Trennung führen.

Die Cerebrinmischung wird zunächst durch Bleizucker in die zwei Untergruppen der Cerebroside und Cerebrinacide gespalten. Man kann wohl allen Phosphor der Cerebrosidmischung auf Rechnung des Sphingomyelins und Apomyelins setzen, daher aus der Bestimmung des Phosphors einen Schluss auf die Menge dieser in der Mischung vorhandenen Phosphatide ziehen.

Phrenosin kann von Kerasin nur unvollkommen durch Krystallisation getrennt werden, wie unter der Analecte diese Körper betreffend beschrieben ist.

Die Bleiverbindungen der Cerebrinacide theilt man zunächst durch Benzol in eine darin lösliche und eine darin unlösliche Portion. Ausser den angegebenen Processen zur Darstellung einzelner Educte lassen sich Regeln zur Quantirung noch nicht aufstellen, da hier noch eine Zahl von Körpern zu isoliren ist. Man erhält aber durch Elementaranalysen, namentlich Bestimmungen des Schwefels, Phosphors und Stickstoffs in Mischungen, Aufschluss über die relativen Mengenverhältnisse der erkannten Ingredienzien.

Die Amidolipotide. Bregenin bleibt in den endlichen Alkohollösungen der buttrigen und letzten öligen Materie; Krinosin ist aus Cerebrosiden und Chlorcadmiumniederschlägen der Phosphatide, welchen es allen in kleiner Menge beigemischt ist, durch kochenden Aether auszuziehen, und setzt sich aus demselben beim Abkühlen vollständig ab. Daher ist es nicht schwer auch von Bregenin und Cholesterin zu befreien, die in kaltem Aether löslich sind. Bregenin ist in kaltem Alkohol leicht löslich, aus heissem krystallisirbar. Eine genaue Methode, es von Cholesterin quantitativ zu trennen, lässt sich noch nicht geben.

Das Cholesterin (und Phrenosterin) erhält man bei der Hirnanalyse in vielen Portionen, z. B. aus der ersten Aetherlösung durch Krystallisiren; aus der Mutterlauge der Bleiverbindungen der Myeline durch Krystallisiren mit dem zweiten Myelin, aus welchem es durch Aether ausgezogen wird; aus den Mutterlaugen der Chlorcadmiumsalze der Phosphatide. Man kann es zuletzt nur durch Kochen mit Kali in alkoholischer Lösung reinigen.

Die stickstofffreien Säuren werden aus der wässrigen mit Schwefelsäure angesäuerten Lösung durch Aether ausgezogen und weiter behandelt und getrennt, wie beschrieben ist.

Die Alkaloide werden alsdann aus derselben sauren Lösung durch Phosphormolybdänsäure gefällt und weiter studirt, wie beschrieben ist.

Aus der Mutterlauge wird die Schwefelsäure durch Baryt und der Inosit durch Bleiessig gefällt. Aus dem Niederschlag erhält man allen Inosit durch den beschriebenen Process.

Leucin, Tyrosin und Harnstoff werden dann durch Alkohol getrennt. Tyrosin wird zuerst unlöslich; Leucin krystallisirt später und kann als Kupfersalz ziemlich genau ausgefällt und bestimmt werden. Der Harnstoff bleibt im letzten Alkohol und kann als Nitrat, Oxalat, oder Quecksilberoxydverbindung bestimmt werden.

Die unorganischen Salze werden auf die bekannte Weise getrennt und bestimmt. Nach dem, was unter den Phosphatiden angegeben ist, muss man sie aus allen diesen entweder durch Säuren ausziehen, oder durch Fällungsmittel deplaciren, und dann in der Mutterlauge suchen.

Die durch die Alkoholbehandlung gefällten oder veränderten Eiweisssubstanzen sind bis jetzt noch nicht zu trennen. Man hat versucht, das Gangliocytin (oder Nuklein) durch Verdauen des Eiweisses mit Pepsin und Säure zu isoliren. Dieser interessante Versuch verdient weitere Ausbildung, und wird dann sehr gute Resultate liefern, wenn es gelungen sein wird, die Eiweisssubstanz von Anhydriden der Phosphatide frei zu halten oder zu befreien.

Nach Glykogen, welches in der Eiweisssubstanz junger Thiere gefunden worden ist, habe ich bis jetzt in dem Neuroplastin von Menschen und Ochsen vergeblich gesucht.

---

19. Experimentalkritik einiger neueren Arbeiten über das Protagon.

Das chemische Präparat aus dem Gehirn, welches von Vauquelin „besondere weisse Materie" benannt, nach Ausziehen mit Aether von Couerbe als „Cerebrot" gekennzeichnet und analysirt worden war, wurde von O. Liebreich in Hoppe-Seyler's Laboratorium zu Tübingen eingehender analysirt und auf einige seiner Zersetzungsproducte studirt. Die aus dieser Arbeit hervorgehende Hypothese, nämlich dass dieses „Protagon" ein einheitlicher chemischer Körper und „ein sogenanntes unmittelbares constituirendes Princip des Gehirns sei", wurde zunächst von Physiologen und physiologischen Chemikern ziemlich allgemein angenommen und gelehrt, bis Diakonow, ebenfalls ein Studirender im Laboratorium zu Tübingen, dieselbe in Frage stellte. Der letztere Autor bekräftigte damit eine schon von Strecker geäusserte Vermuthung, das „Protagon" möchte eine Mischung oder Verbindung von Lecithin mit Cerebrin sein. Hierbei wurde „Lecithin" als der von Gobley entdeckte, von Strecker besser definirte Körper aus Eigelb, „Cerebrin" als die von Müller beschriebene aus dem Gehirn dargestellte Substanz in Rechnung gebracht. An dieser Hypothese wurde nicht viel geändert durch den Umstand, dass ein aus dem Gehirn durch Diakonow dargestelltes „Lecithin" in Eigenschaften und Zusammensetzung von dem durch Strecker aus Eigelb erhaltenen bedeutend abwich. Es schien nur eine Thatsache zu Gunsten der gleichzeitig gemachten Hypothese zu sein, dass es eine Anzahl von dem Lecithin ähnlichen oder analogen Körpern geben möge. Von dieser Zeit nun wurde die Hypothese vom „Protagon" wieder ebenso schnell und allgemein verlassen, als sie angenommen worden war. Allein im Jahre 1879 veröffentlichten Gamgee und Blankenhorn neue von ihnen ausgeführte Untersuchungen, auf Grund welcher sie die Hypothese von Neuem aufnahmen und das „Protagon" für eine einheitliche chemische

Verbindung erklärten, jedoch demselben anstatt der Liebreich-
schen Formel $C_{116}H_{241}N_4PO_{22}$, die sehr verschiedene Formel
$C_{160}H_{309}N_5PO_{35}$ zuschrieben. Durch die Bemerkungen, welche die
letztgenannten Autoren über meine das Gehirn betreffenden Untersuchungen gemacht hatten, fand ich mich veranlasst die Hypothese
vom „Protagon" einer speciellen Experimental-Kritik zu unterwerfen.
Dieselbe resultirte in einer Bekräftigung des aus allen meinen früheren Untersuchungen hervorgehenden Schlusses, dass das „Protagon"
kein einheitlicher Körper, sondern ein Conglomerat von verschiedenen Körpern sei, welche sich durch Lösungs- und Fällungsmittel in
definitive chemische Principien trennen lassen. Die betreffenden der
Royal Society mitgetheilten Discussionen sind in deutschen Kreisen
wenig bekannt geworden. Nachdem nun im vorigen Jahre Baumstark sich von Neuem für die chemische Individualität des „Protagon" erklärt hat, scheint es mir geboten, die Aufmerksamkeit der
Interessenten auf die Thatsachen zu richten, welche diese Auffassung
als gänzlich unbegründet erscheinen lassen.

Es ist bemerkenswerth, dass während der zwanzig Jahre, welche
seit der Veröffentlichung der Untersuchungen Liebreich's verflossen
sind, sich dieser Autor an den verschiedenen Discussionen über die
Hauptfrage nicht betheiligt hat. Diess ist desto mehr zu bedauern,
als er allein (zuletzt in Verbindung mit Baeyer) sich bemüht hat
über die aus der chemischen Spaltung des „Protagons" entstehenden
Körper Aufklärung zu verschaffen. Wenn man aber annehmen
dürfte, dass Liebreich über das „Protagon" jetzt bessere Kenntnisse
besitzt als seine Apologeten, so wäre jene Enthaltung leicht erklärt.
Uebrigens unterstützt Baumstark die durch Gamgee und Blankenhorn vertheidigte Modification der „Protagon"-Hypothese. Die
letzteren Autoren haben von den von ihnen zur Unterstützung ihrer Ansicht angemeldeten Spaltungsproducten des „Protagon" bis heute keine
Kenntniss gegeben. Dieser Umstand dürfte zu dem Schluss berech-
tigen, dass sie Materialien zu einer solchen Mittheilung nicht erhalten haben.

Die Untersuchung Baumstark's führt die Aufschrift „Ueber
eine neue Methode das Gehirn chemisch zu erforschen." Diese
Methode, ob alt oder neu (sie wurde schon von Couerbe gebraucht)
bedingt einen bedeutenden Aufwand an Zeit, da zwei bis fünf Monate für die darin beschriebene vorläufige Entwässerung des Gehirns
mit Aether erforderlich sind. Erst dann fängt die Entwässerung mit

Weingeist und Alkohol an, und erst nachdem das so chemisch entwässerte Gewebe auch noch physisch getrocknet und gepulvert ist,
wird es mit warmem Weingeist ausgezogen. Das einzige dabei erhaltene angebliche Immediat-Product ist „Protagon", alle anderen
daneben erhaltenen Materien werden für Zersetzungsproducte erklärt.

Diese Methode ist somit durch ihr Resultat charakterisirt. Da
man das reine „Protagon" auf dem von Liebreich und seinen
englischen Nachfolgern betretenen Wege in eben soviel Tagen darstellen kann, wie Baumstark Monate bedarf, so ist für den Zeitverlust kein Grund vorhanden. Da aber alle Materien des Spiritusauszugs ausser „Protagon", nach Baumstark Zersetzungpro-
ducte sind, so ist klar, dass die Methode der Absicht des Erfinders
keineswegs entspricht. In der That, ausser dem Vortheil des Nach-
weises von etwas gelösstem Eiweiss in der sich unter dem Aether
sammelnden Diffusionsflüssigkeit bietet die Methode nur Unbequemlichkeiten, die Keinem entgehen werden, welcher alle Processe der
Vorgänger einem eingehenden practischen Vergleich unterwirft.

Baumstark ist vollständig berechtigt die Vorläufer auf dem
Gebiet der Hirnanalyse einer sachlichen Kritik zu unterziehen; allein
die Einwände, welche er gegen frühere Erforschungsversuche macht,
sind meistens mangelhaft, einige gar nicht begründet. Von Gyps-
wasser und Bleizuckerlösung meint er, dass sie entschieden von „ein-
greifendster Wirkung auf manche Gehirnbestandtheile sein mussten".
Nach ihm haben fast alle Hirnuntersucher „den Fehler begangen"
„mit zu starkem Alkohol, und dann in zu hoher Temperatur das Hirn
zu extrahiren und zwar meistens, nachdem es nur mangelhaft mit
Aether erschöpft war. Dadurch wurden viele Zersetzungsproducte
der ursprünglich im Gehirn vorhandenen Verbindungen in die weitere Arbeit gebracht." Diese eingebildete Furcht vor Zersetzungsproducten, welche wohl zunächst von den Angaben Liebreich's herzuleiten ist, lässt ihn nicht los, und dictirt alle seine Schritte. Er
giebt nun keinen einzigen Beweis von der Existenz von Immediat-
Materien, die etwa zersetzt worden wären. Bei einer Anklage auf
Diebstahl oder Mord ist doch die erste Bedingung der Glaubwürdig-
keit, dass eine Sache gestohlen oder eine Person getödtet worden
sei. Demgemäss sollte bei obigem Verdacht in der Hirnchemie
doch gefordert werden, dass eine Anfangs vorhandene Materie ver-
schwände, und neue, vorher nicht vorhandene an ihre Stelle träten.
Aber nichts dergleichen ist bewiesen. Gewiss werden Eiweiss und

Gewebe sowohl durch Aether als Alkohol gründlich verändert, aber ausser der Abspaltung des Colloidalwassers nicht zersetzt. Allein die in Alkohol, Aether und anderen beständigen Solventien lösslichen Hirnbestandtheile werden bei richtiger Behandlung von den letzteren nicht, oder nur zum kleinsten Theil, und nicht in zerstörender Weise afficirt. So färbt sich das Kephalin, und in geringerem Grade das Lecithin in Aether. Aber wie schwer sie und die vielen anderen Educte des Gehirns zu zersetzen sind, das lernt man erst, wenn man sich daran macht sie durch chemische Agentien zur Zersetzung, d. h. Spaltung in einfachere Gruppen von Atomen zu zwingen.

Die Vorstellung vieler Autoren, dass sich die durch Spiritus aus dem Gehirn ausziehbaren Materien leicht und bei weiterer Behandlung unaufhörlich zersetzen, ist hauptsächlich das Resultat der Unbekanntschaft mit den besonderen Eigenschaften dieser Materien. Zunächst haben die Materien lösende Eigenschaften aufeinander, und werden viel weniger löslich, wenn sie isolirt sind. Lecithin löst Paramyelin leicht in Alkohol und Aether; Paramyelin für sich ist in Alkohol kaum, in Aether nur wenig löslich. Kerasin und Sphingomyelin sind zusammen in absolutem Alkohol löslich; fällt man aber das Sphingomyelin durch Cadmiumchlorid aus und filtrirt schnell ab, so fällt alsdann Kerasin, das sich mit dem Reagenz nicht verbindet, aus der Lösung. Alle phosphorhaltigen Substanzen haben die Eigenschaft im gequollenen colloidirten Zustand in Aether unlöslich zu sein; sie werden zum Theil durch Wasser aus der Aetherlösung gefällt; dagegen sind sie in diesem Zustand in Weingeist zum Theil leicht löslich. Wenn sie aber aus Weingeist abgesetzt, in absoluten Alkohol gebracht werden, so löst sich nur ein Theil, ein anderer wird in Anhydrit verwandelt, der sich als festes Harz an das Gefäss festsetzt und nun in Alkohol auch beim längsten Kochen ganz unlöslich ist. Dieses Absetzen von unlöslichem Anhydrit in concentrirtem oder absolutem Alkohol beim Erwärmen oder Kochen ist von vielen Autoren für ein Zeichen von „Zersetzung" angesehen worden. Einige haben dieses Phänomen als einen Absatz von „Unreinigkeiten" angesehen, und Liebreich z. B. schreibt vor, man solle das Protagon umkrystallisiren, bis es keine harzartigen Tropfen (womit nur solche geschmolzene Anhydrite gemeint sein können) mehr absetze. Die Anhydirung solcher Substanzen zeigt sich auch in deren Verbindungen, z. B. mit Cadmiumchlorid; sie werden dann in kochendem Alkohol weniger löslich oder unlöslich.

Wiederum ist die Eigenschaft einiger Phosphatide mit Wasser zu schwellen und eine kleisterartige Masse zu bilden als Zeichen von Zersetzung angesehen worden. Dieselbe Eigenschaft besitzen die phosphorfreien stickstoffhaltigen Fette, welche ich Amidolipotide genannt habe. Einige derselben schwimmen als klares Oel auf kochendem Wasser, aber beim Erkalten werden sie nicht etwa fest, wie gewöhnliche thierische Fette, bleiben auch nicht in dem öligen Zustand, sondern werden colloid, schwellen bei längerer Berührung mit Wasser zu weichen seifenartigen Massen, und sind nicht leicht zu manipuliren. So oft nun physiologische Chemiker diese merkwürdigen Eigenschaften beobachteten, vermutheten sie, dass „Zersetzung" vorgegangen sei.

Einige Phosphatide haben die umgekehrte Eigenschaft, beim Erhitzen in Wasser fest und beim Abkühlen und Stehen mit Wasser wieder colloidirt und schmierig zu werden. Einige Phosphatide sind in kaltem Wasser leicht löslich, gelatiniren aber schon bei 40^0 und werden unlöslich, wie das Amidomyelin, welches auf ein Atom Phosphor zwei Atome Stickstoff enthält. Wenn ich auf Grund dieser Thatsache den Vorwurf Baumstark's retorquiren wollte, könnte ich sagen, er habe den Fehler begangen überhaupt Weingeist und eine Temperatur von 45^0 zur Extraction des Gehirns anzuwenden, weil dadurch Gehirnstoffe, d. h. unmittelbare Principien ohne Zweifel verändert, nach seiner Ausdrucksweise „zersetzt" würden.

Wenn man nun weiss, dass die Mutterlauge des „Protagon" beinahe alles ächte Lecithin, sodann stickstofffreie Phosphatide, ferner wenigstens zwei stickstoffhaltige Fette ohne Phosphor, sogenannte Amidolipotide enthält, so kann man bemessen, welchen Werth der Angabe von Baumstark beizulegen sei, dass dieselbe „entschieden nur Zersetzungsproducte enthalte". Er hat sie ohne die geringste Untersuchung an ihr anzustellen, durch Verseifen mit Baryt auf Neurin, Glycerophosphorsäure und Fettsäuren verarbeitet, als ob es bewiesen wäre, dass sie nur Zersetzungsproducte des Lecithins enthielte. Solche Producte auf diese Weise erhalten, haben kaum einen diagnostischen Werth, namentlich da aus der Mischung von vielen Fettsäuren kaum eine rein, und über deren Complex keinerlei Uebersicht zu erhalten ist.

Wenn aber nun die Mutterlauge des „Protagon" nur Zersetzungsproducte enthielte, wie wäre anzunehmen, dass das „Protagon" selbst auch nur frei von solchen, ja nicht ebenfalls nur ein Zersetzungsproduct, oder eine Mischung von derartigen Producten sein sollte. Ich will aber aus der Angabe Baumstark's weiter keinen Vortheil ziehen, weil ich selbst nicht glaube, dass diese Mutterlauge nur, oder überhaupt bemerkenswerthe Mengen von Zersetzungsproducten enthält.

Da nun Baumstark das ächte Lecithin in der „Protagon"-Mutterlauge als Zersetzungsproduct verworfen hat, so ist man nicht erstaunt zu finden, dass er bezweifelt, das Lecithin könne aus dem Gehirn dargestellt werden. Er sagt, es sei nur einmal von Diakonow aus dem Gehirn gewonnen worden, habe aber bei der Analyse nur wenig „befriedigende" Resultate für Phosphor und Stickstoff gegeben.

Damit bin ich nun bei einem Hauptmangel der Arbeiten und Ansichten Baumstark's angelangt. Derselbe besteht darin, dass, obwohl er gelegentlich von Lecithinen als einer Mehrzahl spricht, er doch die Existenz von nur einer Phosphorsubstanz, nämlich des besagten Lecithins annimmt, und nun damit als mit einem unveränderlichen Werthe rechnet, ohne je zu analysiren, ohne je zu untersuchen, ob Strecker's, Diakonow's und das Lecithin vieler anderen Autoren identische Objecte sind. Dass im Gehirn eine ganze Anzahl sehr verschiedener Phosphatide vorkommt, hätte er schon aus den Arbeiten von Couerbe, welche er anführt, und aus denen von Köhler, welche ihm unbekannt zu sein scheinen, lernen können, von anderen Quellen ganz zu geschweigen.

Ebenso fehlt ihm jede Definition für das „Cerebrin", welches er aus seinem reinen „Protagon" mit Barytwasser darzustellen versucht. Bei dieser Gelegenheit ignorirt er die ganze Kritik, welche über diesen Gegenstand gepflogen worden ist, und zeigt seine Unbekanntschaft mit dem Gegenstand durch die Angabe, „die ganze Technik der Darstellung (des Cerebrins) aus dem Rohmateriale sei eine überaus einfache".

Bei der chemischen Erforschung des Gehirns ist kein einziger Schritt einfach. Ausser Cholesterin ist bis jetzt kein einziger Körper auf einfachem Wege durch Krystallisation aus Solventien darstellbar. Ohne die Verwendung von Bleizucker, Cadmiumchlorid, Säuren, Schwefelwasserstoff, Platinchlorid, Ammoniak, Mercuramin und anderen Reagentien ist an eine Trennung und Reindarstellung der Immediat-Körper gar nicht zu denken. Schon das Kali folgt in alle „Protagon"-Präparate, und da Baumstark sein „Protagon" nicht besonders als frei von Kali anführt, ist anzunehmen, dass er dasselbe nicht darauf geprüft hat.

Ferner können nicht alle in Alkohol löslichen Körper durch dieses Mittel aus der Hirnsubstanz bei einer Temperatur von nur 45° entfernt werden, sondern zur vollständigen Erschöpfung ist Kochhitze erforderlich, und bei Extraction mit 14 bis 15 neuen Mengen Alkohol stundenlanges Kochen, mag sich nun dabei verändern was will. Es ist mir in der That wahrscheinlich, dass die in Alkohol unlösliche Albuminsubstanz, das Neuroplastin, eine gewisse Menge solcher Anhydrite zurückhält, die sich auch bei noch so langem Kochen in Alkohol nicht lösen. Nur durch diese Annahme kann ich die grosse Menge von Fettsäuren erklären, welche bei der Chemolyse des durch kochenden Alkohol „erschöpften" Eiweissrückstands des Gehirns erhalten werden. Zur weiteren Erforschung dieser Frage müsste Neuroplastin, welches an Alkohol und Aether beim Kochen nichts mehr abgiebt, mit Benzol behandelt werden; nach Entfernung des Benzols müsste das Neuroplastin in Wasser aufgeweicht und abermals mit heissem Alkohol ausgezogen werden. Im Fall nach dieser Behandlung das Neuroplastin bei der Chemolyse mit Baryt noch soviel Fettsäuren ausgiebt als vorher, müssen dieselben als Kerne des Neuroplastins selber, und nicht als Beimischungen betrachtet werden. Da man aber diese letzten Portionen der Alkoholextracte der Hirnsubstanz alle für sich behalten kann, ist es nicht nöthig das Resultat der Extraction bei 45°, das reine „Protagon", damit zu trüben.

Baumstark hat eine absonderliche Ansicht über die Definition des Effects der Wärme, welcher gewöhnlich Schmelzung genannt wird. Andere verbinden mit dem Wort Schmelzpunkt den Begriff eines Wärmegrades, bei welchem ein Körper aus dem festen in den flüssigen Zustand, und zwar ohne chemische Veränderung übergeht. Für diese giebt es daher keinen Schmelzpunkt des „Protagon", indem sich dasselbe schon bei 150° zersetzt, um bei 200° erst flüssig zu werden, und dann bei 220° Wasser unter Kochen auszustossen. Alle Ingredenzien des „Protagon" gehen nämlich zunächst in Anhydrite über, die Cerebroside aber bilden wahre Caramele. Daher ist das geschmolzene anhydrirte „Protagon" zum grössten Theil in Alkohol unlöslich, in Aether löslich geworden, und die Lösung hat eine dunkel braune Farbe, die ihr nicht entzogen werden kann, da sie dem Caramel eigenthümlich ist.

Von der Erforschung des Gehirns sagt Baumstark am Schluss
seines zweiten Abschnitts, dass „im Grossen und Ganzen die Verhältnisse viel einfacher liegen, als aus den Arbeiten von Thudichum
und Parcus hervorzugehen scheint". Dieser Satz proponirt ebenfalls einen sehr beklagenswerthen Irrthum. Das directe Gegentheil
ist der Fall, das Gehirn ist das complicirteste Laboratorium des
menschlichen oder thierischen Körpers. Die Vielfältigkeit der Materien, welche durch chemische Mittel ausgezogen werden, ist an genügenden Mengen leicht und schnell zu beweisen. Manche diagnostischen Hülfen lässt Baumstark ganz ausser Acht, z. B. die
Pettenkofer'sche oder Raspail'sche Reaction, oder die Reaction
mit Vitriol-Oel allein. Lecithin z. B. giebt diese Reaction mit Zucker
augenblicklich und in höchster Intensität; Phrenosin giebt dieselbe
mit Schwefelsäure allein, aber langsam; alle diese Phänomene sind
des weiteren aus der Gegenwart der Kerne der Oelsäure im Lecithin, und des Sphingosins und der Cerebrose im Phrenosin schon
lange erklärt.

Von den früheren Arbeiten möchte ich nur die von Vauquelin
und Gobley klassisch nennen. Frémy's Versuch hat nur Un-
brauchbares geliefert und Verwirrung in die Literatur gebracht. Seine
Oelphosphorsäure ist geradezu eine auf keinerlei Analyse gegründete
Hypothese, und seine „cerebrische Säure" eine Mischung von in
Aether löslichen Phosphatiden mit ebenfalls darin löslichen Amido-
lipoiden. Beide sind in Aether wenig löslich, daher nur aus grossen
Mengen Lösung abgesetzt und beim Anrühren mit wenig Aether unlöslich. Die Arbeit Couerbe's war nützlich aber nicht klassisch.
Bibra's Untersuchungen haben für die Kenntniss specifischer Ingredienzien des Gehirns keinerlei Werth, geben aber einen grossen Betrag nützlicher Information über gewisse physiologische Verhältnisse.
Leider sind viele seiner Resultate falsch berechnet und erlangen
einigen Werth erst durch Umrechnung. Von den anderen Licht-
trägern, welche Baumstark anführt, wird es Zeit sein zu reden,
wenn die Natur und Dauer des durch sie verbreiteten Lichts festgestellt ist.

Ich gehe nun zur Beschreibung einiger einfachen Experimente
über, welche beweisen, dass das „Protagon" eine Mischung ist.
Zunächst ist hier der Einfluss hervorzuheben, welchen kochender
Aether auf dasselbe ausübt. Er zieht nämlich phosphorhaltige Substanzen aus, welche aber in kaltem Aether nur theilweise löslich

sind. Diese Thatsache hätte wohl jeder vorurtheilsfreie Chemiker
so gedeutet, dass das „Protagon" eine Mischung sein müsse, aus
welcher kalter Aether einen Theil, heisser Aether einen weiteren
Antheil auszieht; ein dritter Theil wird überhaupt in Aether nicht
gelöst. Die letztere Thatsache soll sogleich weiter betrachtet werden, da sie von den „Protagon"-Apologeten ignorirt wird. Also
durch kochenden Aether wird das „Protagon" schon in drei Gruppen
zerlegt. Will man dieses Verhalten gebührend benutzen, so muss
man „Protagon" in einem passenden Apparat mit kochendem Aether
erschöpfen, d. h. man muss so lange kochenden Aether über dasselbe
leiten und abtröpfeln lassen, als derselbe noch etwas auszieht. Ist
dann das „Protagon", wie Baumstark behauptet, unverändert,
schwer in kaltem, leicht in warmem Aether löslich, so muss alles
„Protagon" von dem Filter und durch dasselbe in das Aetherkoch-
gefäss gehen und sich dort durch Concentration oder Abkühlung,
oder beides absetzen. Nun ist ganz sicher, wie auch die Protagonisten gefunden haben, dass was Aether ungelöst lässt oder absetzt,
weniger Phosphor enthält, als das „Protagon"; folglich muss das in
Aether gelöste mehr Phosphor enthalten, als das „Protagon" enthielt.

Hier muss ich nun ferner darauf aufmerksam machen, dass,
obwohl die Protagonisten aus ihren Experimenten mit Aether an
„Protagon" gleiche Schlüsse ziehen, ihre Experimente selbst keineswegs gleich sind. Gamgee und Blankenhorn kochten „Protagon",
dessen Gewicht nicht angegeben wird, mit einer grossen Menge Aether
während 15 Stunden, liessen dann erkalten und untersuchten den
Absatz, der dann nur 0,72 pCt. P enthielt, also mehr als ein Viertel
seines Phosphors verloren hatte. Welche Substanz und wieviel des
angewandten „Protagon" aber in dem kalten Aether gelöst blieb,
wird mit keiner Sylbe erwähnt. Wir können daraus schliessen, dass
die Menge nicht gross und demnach sehr reich an Phosphor gewesen
sein muss. Auch ist nicht angegeben, ob sich alles „Protagon" im
kochenden Aether löste oder nicht.

Baumstark auf der anderen Seite krystallisirte aus Aether
um und hatte daher eine in Aether vollständig lösliche Substanz
vor sich, also wohl einen Körper, der bereits mit heissem Aether
aus „Protagon" ausgezogen worden war. Beim sogen. Umkrystallisiren und Kochen der Lösung nun fiel der Phosphor in dem sich
beim Abkühlen absetzenden Theil in acht Stadien, also bei achtmal
wiederholtem Processe von 1,0286 pCt. auf 0,6094 pCt. herunter.

Jedes dreistündige Kochen mit Aether verringerte den Phosphor um
etwa ein Zehntel des im „Protagon" enthaltenen. Auch dieser Autor
giebt keine Auskunft über die Substanz, welche der Aether beim
Abkühlen in Lösung behielt; er sagt nichts über die Verhältnisse
zwischen den angewandten Mengen von „Protagon", von Aether und
kein Wort über die erhaltene Menge von Absatzproduct.

Gegenüber nun dieser für sie sehr unbequemen Thatsache
nehmen die Protagonisten folgende Stellung ein. Sie behaupten,
der kochende Aether zersetze das „Protagon", nehmen also die alte
Ausflucht aus bekannten Schwierigkeiten. Dabei sind sie ganz naiv
verwundert darüber, dass dieser Kochprocess dennoch zu keinem
vollständig phosphorfreien Körper führt. Es ist nun klar, dass, wenn
„Protagon" durch Kochen mit Aether zersetzt würde, dann bei genügend langem Kochen und genügender Aethermenge alles „Protagon" zersetzt werden müsste. Aber bei 0,7 oder 0,6 pCt. Phosphor
hören die Experimente und Argumente jedesmal auf.

Wenn, wie Baumstark behauptet, „Protagon" in kaltem Aether
schwer löslich ist, so muss eine genügende Menge Aether zuletzt
alles „Protagon" auflösen. Dies ist indessen experimentell nicht der
Fall. Ich habe mehrere Pfunde „Protagon" bei 45° dargestellt, mit
kaltem Aether erschöpfen lassen; dabei waren die verschiedenen
Mengen „Protagon" in zehn weissen Glasflaschen von $2^1/_2$ l Capacität
eingeschlossen; sie wurden jede jedesmal mit 2 l Aether gefüllt, mit
dem Glasstöpsel verschlossen, zugebunden und wiederholt geschüttelt.
Nach dem Absetzen wurde dann der Aether mit dem Heber entnommen und destillirt. Dieser Process wurde bis zur Erschöpfung wiederholt, d. h. bis je 2 l Aether nur wenige Centigramm Materie hinterliessen. Dabei wurde wohl aus dem „Protagon" viel Phosphorsubstanz
ausgezogen, allein die Masse desselben blieb so ungeheuer gross im
Vergleich zu den zuletzt erhaltenen Centigrammen, dass an ein vollständiges Auflösen in Aether gar nicht zu denken war. Also ist die
Löslichkeit des „Protagons" in kaltem Aether praktisch nicht vorhanden.

Diese Thatsache wird nun von der Theorie, welche man aus
den durch anderweitige Processe getrennten Ingredienzien des Protagon gewinnt, vollständig unterstützt. Phrenosin und Kerasin, die
hauptsächlichen Cerebroside, sowie cerebrinige Säure und ähnliche
Cerebrinacide sind eben weder in kaltem, noch heissem Aether löslich. Das Sphingomyelin, ein Phosphatid, welches auf 1 Phosphor

2 Stickstoff enthält, ist ebenfalls in Aether kaum löslich, sogar wenn man etwas Salzsäure zusetzt. Da nun diese Substanzen alle mit noch mehreren aus dem „Protagon" durch Processe ausgeschieden werden, welchen kein Adept einen zersetzenden Einfluss zuschreiben kann, so ist schon durch sein Verhalten zu Aether allein das „Protagon" gerichtet.

Aus meinem Roh-„Protagon" zieht Aether grosse Mengen Cholesterin, Phosphatide und Amidolipotide aus. Unter den Phosphatiden sind namentlich die Kephaline in Aether sehr löslich; andere Phosphatide der Myelingruppe sind in Aether nur wenig löslich. Die letzteren kann man aus dem Aether durch allmälige Concentration vor dem Kephalin und Cholesterin zum Absetzen bringen; sie enthalten auch phosphorfreie Amidolipotide. Sie machen die Masse der cerebrischen Säure (Acide cérébrique) Frémy's aus, und was er so nennt, ist von ihm aus grossen Mengen Aetherlösung durch Concentration und Anrühren des Rückstands mit wenig Aether als in diesem wenigen Aether unlöslicher Theil erhalten worden. Wenn daher Baumstark's „Protagon" wirklich ganz in Aether löslich ist, so ist es dasselbe Product wie Frémy's cerebrische Säure. In diesem Fall wird er sich vergeblich bemühen, daraus sein hypothetisches undefinirtes „Lecithin" und „Cerebrin" abzuspalten. Er wird aber mineralische Basen und Salze in der Mischung finden, die ihre Löslichkeit modificiren und die durch Säuren extrahirt werden müssen, ehe an Reinheit und Analyse auch nur gedacht werden kann.

Es ist also nicht der geringste Beweis vorhanden, dass kochender Aether das „Protagon" zersetze; aber selbst im Fall er es zersetzte, geht der Process so langsam vor sich, dass (falls es in Aether löslich ist) es daraus umkrystallisirt werden kann, ohne erheblich an Eigenschaften oder Phosphor zu verlieren. Da es nun gar keinen denkbaren Nutzen hat, das einmal in Aether aufgelöste „Protagon" dann auch noch überhaupt, geschweige denn während drei- bis vierundzwanzig Stunden zu kochen, so muss ich diesen Aether-Kochexperimenten nicht nur jede Beweiskraft für die Zersetzungshypothese, sondern auch jeden anderen Nutzen absprechen. Noch mag notirt werden, dass nach Baumstark, obwohl das reine „Protagon" durch Kochen mit Aether so leicht „zersetzt" wird, es doch auf der anderen Seite „gegen chemische Agentien eine verhältnissmässig grosse Widerstandsfähigkeit besitzt; man muss lange mit Barytwasser kochen, um das phosphorfreie Cerebrin daraus zu gewinnen".

Wir haben oben hervorgehoben, dass nach Baumstark die
Mutterlauge des „Protagon" nur Zersetzungsproducte enthalten soll,
obwohl er von der Natur dieser Producte gar keine Nachricht giebt.
Aber die aus dieser Mutterlauge früher abgesetzte Substanz ist ein
einzig, nur „Protagon". Nur später hören wir ganz beiläufig, dass
es „hartnäckig fremde" phosphorhaltige Stoffe zurückhält, die sich
dadurch bemerklich machen, dass sie erstens den Schmelzpunkt des
„Protagon" erniedrigen, und zweitens, dass sie einen höheren Phosphorgehalt, als dem „Protagon" zukommt, in die letzte Mutterlauge
bringen". Auch diese verunreinigenden Verbindungen werden als
Zersetzungsproducte aus ursprünglich vorhandenem „Protagon" auf-
gefasst.

Allein A. Gamgee, welchen Baumstark sonst so parallel bestätigt, hatte bereits im Jahre 1880 die Eineinzigkeit des „Protagon"
aufgegeben. Dies war etwa ein Jahr nach der Publikation meiner
Arbeit über den Gegenstand. Er sagt, es könne keinem Zweifel
unterliegen, dass das „Protagon" im Gehirn von grossen Mengen
eines Körpers, oder einer Anzahl von Körpern begleitet sei, welche
einstweilen bequem unter dem Namen Cerebrin eingereiht werden
könnten; ebenso seien neben dem „Protagon" kleinere Mengen anderer phosphorhaltiger Substanzen vorhanden, welche beinahe denselben Betrag an Phosphor wie das Lecithin enthielten, dieselben
Zersetzungsproducte wie das letztere lieferten und ausserordentlich
schwer zu isoliren seien. Also von „Zersetzungsproducten" im
„Protagon" ist hier gar nicht mehr die Rede. Nach Baumstark
soll warmer Alkohol, besonders wenn man 50⁰ überschreitet, das
„Protagon" noch leichter zersetzen, als kochender Aether. Aber
nach Gamgee ist das reine „Protagon" sehr widerstandsfähig
gegen sogar kochenden Alkohol, selbst wenn das Kochen Stunden
lang fortgesetzt wird. So in seinem Handbuch von 1880, das
Baumstark wohl nicht gelesen hat. Allein in ihrem Artikel von
1879 waren Gamgee und Blankenhorn noch überzeugt, dass
sich „Protagon" in alkoholischer Lösung über 50⁰ erhitzt, zu zersetzen beginnt und deshalb nicht über 45⁰ erhitzt werden darf.

Diese Schwenkung war ebenfalls das Resultat meiner Schrift
von 1879. Aber ein noch viel wichtigeres Resultat derselben war
die Errichtung von Seiten Gamgee's von zwei Categorien von
„Protagon", der des reinen und der des unreinen. Er sagt, neben
„Protagon" und anderen phosphorhaltigen Substanzen ziehe Alkohol

bei 45° aus dem Gehirn eine sehr beträchtliche Menge eines Körpers aus, den er einstweilen „Pseudo-Cerebrin" nennt. Er isolirt denselben vermittelst des in meiner Schrift angegebenen Processes der fractionirten Krystallisation aus seinem „unreinen Protagon" und giebt ihm die Formel $C_{44}H_{92}NO_6$. Dies ist deshalb weiter nichts als mein Phrenosin mit ein wenig Kerasin, welches nicht ganz weggeschafft worden war. Jedenfalls ist „die sehr beträchtliche Menge" dieses Körpers ein interessantes Object für diejenigen, welche, nachdem sie geraden Weges beim reinen „Protagon" angelangt sind, nun auf Umwegen den Fortschritt zum „unreinen Protagon" zu unternehmen gedenken.

Nun bin ich an dem Punkt angelangt, wo ich dem geneigten Leser, den ich um die Fortdauer seiner gütigen Geduld bitte, die Experimente summarisch vorlegen kann, welche den Traum von der Einheit und chemischen Individualität des „Protagons" zerstört haben. Ich habe in früheren Aufsätzen die hauptsächlichsten Körper beschrieben, welche in diesem Präparat versammelt sind, sodass meine Beweisführung eine mehrfache Sicherheit hat, nämlich eine kritische, eine empirische und eine statistisch-rationelle.

Erstes Experiment. Zwölf Ochsengehirne wurden mit 85grädigem Weingeist bei 45° ausgezogen. Alle Auszüge wurden auf 0° abgekühlt und bei dieser Temperatur 24 Stunden erhalten. Die abgesetzte weisse Materie wurde mit Aether erschöpft. Sie wurde nun der fractionirten Krystallisation unterworfen, und dadurch in die folgenden acht Producte zerlegt. A. Fünf Liter Weingeist bei 45° gaben eine Lösung, welche, nachdem sie bei 17° während 16 Stunden gestanden hatte, ohne auf 0° abgekühlt zu sein, eine weisse Materie, die Hauptmasse des „Protagon", absetzten; diese wog trocken 30,9 g. Aus diesem Präparat zogen grosse Mengen Aether 1 g Stoff aus, (Product No. I. 1 der Tabelle), welcher 0,52 pCt. Phosphor enthielt. Die in Aether nicht gelösten 30 g des einmal umkrystallisirten „Protagon" (Product No. I. 2 der Tab.) enthielten 1,057 pCt. Phosphor, also genau die Menge des berufenen reinen Artikels, daneben aber 0,76 pCt. an Kalium.

Die weingeistige Mutterlauge, welche die beinahe 31 g weisse Materie abgesetzt hatte, gab bei fünftägigem Stehen bei 17° einen zweiten voluminösen Absatz, welcher trocken 3 g wog und 1,13 pCt. P sowie 0,22 pCt. K enthielt (Product No. I. 3.). Das Filtrat von diesem Niederschlag wurde nun während 18 Stunden auf 0° abgekühlt,

und setzte eine Materie ab (Product No. I. 4), welche trocken 5 g
wog und 2,02 pCt. P, sowie 0,39 pCt. K enthielt. Das Filtrat von
diesem vierten Product gab Niederschläge mit Cadmiumchlorid,
Platinchlorid und Bleizucker, und nachdem der Weingeist abdestillirt war, blieben 10 g eines gelblichen Rückstands, welcher 2,91 pCt. P
und Spuren von K enthielt. (Product No. I. 5.)

B. Die weisse Materie, aus welcher 5 l Weingeist die Mischung
der 5 eben beschriebenen Producte ausgezogen hatte, wurde noch
2 mal, im Ganzen mit ungefähr 4 l Weingeist bei 45⁰ ausgezogen.
Die Lösungen machten einen weissen Absatz, welcher trocken 8 g
wog, 0,76 pCt. P und 1,44 pCt. K enthielt (Product No. I. 6).

C. Eine bedeutende Menge weisser Materie, welche sich in dem
ersten Alkohol bei 45⁰ aufgelöst hatte, blieb bei der zweiten Behandlung mit Alkohol bei 45⁰ auch bei längerem Digeriren ungelöst. Sie wog
trocken 13 g und enthielt grosse rhombische Krystalle, welche, obwohl
dem Cholesterin an Gestalt ähnlich, doch in Alkohol und Aether unlöslich und deshalb nicht Cholesterin waren. Aus den 13 g Rückstand zog
Aether 0,4508 g einer Materie aus, welche 0,41 pCt. P. enthielt.
(Product No. I. 7.) Was dann zurückblieb, also Materie unlöslich
in Alkohol bei 45⁰ und unlöslich in Aether wog mehr als 10 g, und
ist Product No. I. 8; es enthielt nach einmaligem Umkrystallisiren
0,108 pCt. P.

Die 8 Fractionen sind in folgender Tabelle so zusammenge-
stellt, dass man ihre Mengen und ihren relativen Gehalt an Phosphor und Kalium übersehen kann:

Nummer des Products.	Gewicht in Gramm.	Phosphor pCt.	Kalium pCt.
No. I. 1	1,0	0,52	?
„ 2	30,0	1,057	0,76
„ 3	3,0	1,13	0,22
„ 4	5,0	2,02	0,39
„ 5	10,0	2,91	Spuren
„ 6	8,0	0,76	1,44
„ 7	0,4508	0,41	—
„ 8	12,0	—	—
„ 8 umkrystallisirt	10,0	0,108	Spuren

Es muss nun hier gleich hervorgehoben werden, dass alle die,
welche über „Protagon" geschrieben haben, alle in der obigen Tabelle verzeichneten Producte ausser No. 2 ganz ausser Betracht gelassen haben, obwohl dieselben mehr als die Hälfte des Gewichts
des ersten Auszugs ausmachen. Eine derartige Erforschung ist denn
doch zu beschränkt, selbst wenn man sich begnügt anzunehmen,
dass, was nicht nur unbewiesen, sondern auch sehr unwahrscheinlich ist, diese 32 g aus mehr als 62 g „Zersetzungsproducte" wären.
Aber ausserdem haben diese Autoren eine grosse Menge weisser Materie ausser Acht gelassen, welche durch Spiritus bei 45° überhaupt nicht aus dem präparirten Hirnbrei ausgezogen wird, sondern
zu ihrer Lösung viel Alkohol und Kochhitze erfordert.

Das „Protagon" constituirt daher nur dreissig Theile aus beinahe siebenzig Theilen, welche siebenzig Theile wiederum nur ein
Theil, wenn auch der überwiegende Theil, der ganzen Menge weisser
Materie sind, welche Spiritus bei 45° auszieht. Denn aus dieser
ganzen Menge wurde ja alles in kaltem Aether lösliche ausgezogen,
und zwar in obiger Operation mit solcher Sorgfalt, dass 2 l Aether
mit der ganzen weissen Materie aus 12 Ochsengehirnen nur ein
Decigramm Rückstand hinterliessen. Es ist wohl eine gerechtfertigte
Annahme, dass „Protagon" kaum ein Drittel des ganzen Betrags
der Materien ausmacht, welche durch Alkohol bei 45° und bei Kochhitze aus dem Hirn ausgezogen werden.

In Bezug auf das Kalium muss bemerkt werden, dass es keineswegs die einzige unorganische Beimischung dieser Auszüge ist. Auch
die in Aether löslichen Educte enthalten alle unorganische Stoffe, wie
Frémy zuerst an seiner „cerebrischen Säure" zeigte, und wie ich
für alle Educte des weiteren nachgewiesen habe.

D. Zur Trennung des „Protagon" in Körper von verschiedener
chemischer Zusammensetzung wurde absoluter Alkohol bei 45° verwandt. Das Product No. I. 2, wie oben beschrieben, welches also
dem „einmal umkrystallisirten Protagon" entspricht und 0,76 pCt.
Kalium enthält, wurde mit 1¼ l absoluten Alkohols während
20 Stunden bei 45° digerirt. Es blieben 7,6 g ungelöst und in demselben (Product No. I. 9) waren 0,94 pCt. P und 1,67 pCt. K enthalten. Die alkoholische Lösung setzte bei 20° in 3 Stunden 8 g
Materie ab, entsprechend dem „zweimal umkrystallisirten „Protagon".
Sie enthielt 0,83 pCt. P und 1,41 pCt. K und bildet Product No.
I. 10 der folgenden Tabelle. Die von diesem Absatz getrennte

Lösung setzte beim Stehen während drei Tagen und einer
Durchschnittswärme von 21° einen neuen Niederschlag ab, welcher
4,3 g wog, 0,26 pCt. P, 0,22 pCt. K enthielt und in der Tabelle
als Product No. I. 12. aufgeführt ist. Die Mutterlauge hinterliess
nach der Destillation 5,9 g Materie (Product No. I. 12), in welcher
1,77 pCt. P und 0,14 pCt. K nachgewiesen wurden.

U e b e r s i c h t   d e r   P r o d u c t e ,   w e l c h e   a u s   „P r o t a g o n“   d u r c h
F r a c t i o n i r u n g   a u s   a b s o l u t e m   A l k o h o l   e r h a l t e n   w u r d e n.

Nummer des Products.	Gewicht in Gramm.	Phosphor pCt.	Kalium pCt.
No. I. 9	7,6	0,94	1,67
„ 10	8,0	0,83	1,41
„ 11	4,3	0,26	0,22
„ 12	5,9	1,77	0,14

Der Leser wird sogleich bemerken, wie sich durch die Veränderung des Lösungsmittels und die Fractionirung der Phosphor verschiebt und in der Mutterlauge vermehrt. Nach dem Phosphor zu
urtheilen ist gar kein „Protagon“ mehr übrig. Wiederum helfen
sich die Apologeten mit der Annahme von „Zersetzung“, um über
die Thatsache hinaus zu kommen. Es ist ab zuviel verlangt, wenn
B a u m s t a r k vorschlägt, „das nicht mit äusserster Vorsicht ausgeführte Umkrystallisiren z. B. aus zu starkem Alkohol“ als „eine
tief eingreifende Reaction“ zu betrachten, an einer Substanz, die 4
oder 5 Monate lang in Aether gelegen hat, dann Spiritus und absoluten Alkohol erduldet, dann getrocknet und mit Spiritus bei 45°
ausgezogen worden ist. Die geforderte Vorsicht, deren Elemente
aber nicht definirt sind, und der zu starke Alkohol spielen hier dieselbe Rolle, wie früher die allzuhohen Wärmegrade. Dergleichen
tendenziöse Zimperlichkeiten sind aber keine wissenschaftlichen Argumente.

Das Präparat No. I. 8. der ersten Tabelle, welches in Alkohol
bei 45° unlöslich war, löste sich vollständig in 300 ccm kochenden
Weingeists, und liess nur etwa 1 g Papierfasern und Eiweiss ungelöst auf dem Filter zurück. Beim Abkühlen setzte sich schnell ein
Niederschlag ab, welcher 10 g wog und 0,108 pCt. P. mit Spuren
von Kali enthielt.

Alle 12 Producte enthielten, wiewohl in sehr verschiedenen Verhältnissen, Phosphatide, Cerebroside, Cerebrinacide und Lipotide; die Mutterlaugen setzten alle unreines Kerasin ab, und gaben reichliche Niederschläge mit Cadmiumchlorid und Platinchlorid.

Zweites Experiment. 6 Ochsengehirne wurden mit grossen Mengen Weingeist von 85 pCt. bei 45° extrahirt. Die Lösung wurde bei 16° stehen gelassen, ohne sie auf 0° abzukühlen. Die abgesetzte weisse Materie wurde isolirt und mit Aether erschöpft. Sie wog trocken 25 g und enthielt 0,87 pCt. P. Das ganze wurde nun in Weingeist von 85 pCt. gekocht, worin es sich vollständig löste. Der beim Kühlen abgesetzte Niederschlag enthielt 0,84 pCt. P. Der Phosphor war daher durch eine Umkrystallisation verringert worden. Diese Substanz wurde nun durch Behandlung mit Spiritus von 85 pCt. bei 45° in vier Theile fractionirt.

A. Zwei Liter Spiritus nach dem Digeriren mit dem „Protagon" gaben einen Absatz beim Abkühlen (Product No. II. 1), welcher trocken 11 g wog und 0,91 pCt. P, sowie 0,88 pCt. K .enthielt. Die Mutterlauge hinterliess 2,3 g gelblich weisse Materie (Product No. II. 2), welche 1,83 pCt. P und 0,87 pCt. K enthielt.

B. Die Materie, welche Weingeist in A. nicht gelöst hatte, wurde wieder mit Weingeist 18 Stunden lang bei 45° digerirt, und die Lösung gab beim Kühlen einen Absatz (Product No. II. 3), welcher 3,9 g wog und 0,74 pCt. P, sowie 1,04 pCt. K enthielt.

C. Die Materie, welche Spiritus in B. ungelöst gelassen hatte, wurde abermals mit einem Liter Spiritus bei 45° während 6 Stunden digerirt. Die Lösung gab beim Abkühlen einen Niederschlag (Product No. II. 4), welcher 1,6 g wog und 0,46 pCt. P, sowie 1,23 pCt. K enthielt.

D. Nach diesen drei Extractionen mit Spiritus bei 45° blieben 4,4 g ungelöst (Product No. II. 5), welche 0,12 pCt. P und 0,54 pCt. K enthielten.

Die Mutterlaugen von B. und C. enthielten sehr wenig Materie. Alle Fractionen zusammen wogen 23 g, während die Anfangs genommene Materie 25 g wog, so dass was in den Mutterlangen und durch die Operationen verloren ging, sich nicht auf mehr als 2 g beläuft.

Synopsis der in Experiment II. durch Ausziehen von
„Protagon" mit Spiritus bei 45⁰ erhaltenen Fractionen.

Nummer des Products.	Menge in Gramm.	Phosphor pCt.	Kalium pCt.
No. II. 1	11,0	0,91	0,88
„ 2	2,3	1,83	0,87
„ 3	3,9	0,74	1,04
„ 4	1,6	0,46	1,23
„ 5	4,4	0,12	0,54

Man bemerkt hier abermals die wechselnden Verhältnisse von
Phosphor und Kalium, und dass keine zwei Fractionen dieselbe
Menge von Phosphor oder Kalium enthalten. Alle Fractionen sind
Mischungen derselben Art, wie die im Experiment I. in denselben
Stadien erhaltenen Mischungen; in den correspondirenden Fractionen
beider Experimente zeigen P und K dieselben Verhältnisse und sind
in beinahe derselben Menge gegenwärtig; wenigstens beschreibt jedes
Element ungefähr dieselbe Curve in beiden Experimenten. Das
Kochen mit Weingeist hatte daher keine grössere Veränderung in
der Materie hervorgebracht, als die fractionirte Lösung bei 45⁰ in
Experiment I. Das äussere Ansehen der Fractionen war dasselbe,
wie das der correspondirenden Fractionen in Experiment I. und bei
weiterer Prüfung und Trennung gaben sie die wohlbekannten Constituenten gerade wie die Producte des Experiments I.

Drittes Experiment. Eine Quantität weisser Materie vom
menschlichen Gehirn wurde mit Aether erschöpft und das Product,
60 g an Gewicht, mit 4 l Weingeist bei 45⁰ während 18 Stunden
digerirt. Es blieben 4,5 g ungelöst (Product No. III. 1.), welche
nach Auflösung in kochendem Weingeist und Filtration von etwas
Eiweiss 0,46 pCt. P und 0,26 pCt. K enthielten. Die 4 l Lösung
wurde schnell auf 21⁰ abgekühlt und während 4 Stunden stehen
gelassen. Der Niederschlag wog 32 g (Product No. III. 2.) und
enthielt 0,87 pCt. P und 0,41 pCt. K. Das Filtrat von diesem
Hauptniederschlag wurde nun während 18 Stunden in Eiswasser
gestellt und setzte einen Niederschlag ab, welcher nach dem Trocknen weiss und wachsartig war, 8,6 g wog (Product No. III. 3.)
und 1,69 pCt. P., sowie 0,17 pCt. K enthielt. Die Mutterlauge

hinterliess nach der Destillation nahezu 12 g eines gelblichen, wachsartigen Körpers (Product No. III. 4.), welcher 2,85 pCt. P und 0,09 pCt. K enthielt.

Synopsis der Fractionen, welche durch Weingeist bei 45⁰ aus menschlichem Protagon erhalten wurden.

Nummer der Fract.	Menge in Gramm.	Phosphor pCt.	Kalium pCt.
No. III. 1	4,5	0,46	0,26
„ 2	32,0	0,87	0,41
„ 3	8,6	1,69	0,17
„ 4	12,0	2,85	0,09

Man sieht nun hier wieder, wie sich mit fractionirter Lösung der Phosphor verschiebt, so dass keine einzige Fraction die dem „Protagon" zugeschriebene Menge dieses Elements zeigt. Im letzten Experiment kommt keine einzige Fraction dem verlangten Phosphorgehalt auch nur nahe. Wenn, wie in Experiment I. der verlangte Phosphorgehalt wirklich zufällig gefunden wird, so verschiebt er sich wieder hoffnungslos durch fractionirte Lösung.

Durch dieses Experiment der fractionirten Lösung, das mit allen von den Apologeten des „Protagons" verlangten Cautelen ausgeführt ist, mit Spiritus bei 45⁰, ohne kochenden Aether, ohne Reagentien, geht die ganze „Protagon"-Hypothese in Stücke. Es ist daher auch ganz unnöthig, sich auf weitere Kritik, z. B. der physikalischen Eigenschaften dieses Products einzulassen, obwohl der, welcher die verschiedenen Ingredienzien kennt, sie leicht sogar nur mit dem Mikroskop nachweisen kann.

Derjenige aber, welcher die Ingredienzien des „Protagon" kennt und sie isolirt hat, kann den Apologeten desselben gegenüber behaupten, dass, selbst angenommen, jeder der von ihm isolirten Körper sei ein Spaltungsproduct einer vorher existirenden höher zusammengesetzten Materie (wofür nicht der allergeringste Grund vorliegt), doch diese Körper zusammen nicht und niemals „Protagon" als einheitliche chemische Verbindung bilden konnten. Denn die relativen Mengen sind sich so wenig äquivalent im chemischen Sinne, dass sie einander nicht sättigen konnten. Man kann daher mit voller Logik behaupten, die Ingredienzien der weissen Materie bewiesen, dass das „Protagon" unmöglich sei. So z. B. ist das Krinosin ein

von mir entdecktes stickstoffhaltiges Fett, welches in heissem Aether
leicht löslich, in kaltem ganz unlöslich ist, im Vergleich zu dem
Cerebrosid Phrenosin in so kleiner Menge vorhanden, dass es in
obiger Verbindungshypothese gar nicht in Betracht kommen könnte.

Es wird nun mancher Leser fragen, wie es komme, dass die
Apologeten des „Protagon" ein so scheinbar einförmiges Präparat
und mit demselben eine so auffallende Concordanz der Elementar-
Analysen hervorbringen. Dies schien mir nach vielen Arbeiten am
Gehirn gar nicht besonders schwierig. Man braucht nur gleiche
Mengen Hirn und Extractions- und Lösungsmittel zu verwenden und
annähernd gleiche Zeiten und Temperaturgrade zu beobachten, um
stets Extracte von beinahe gleicher Zusammensetzung zu erhalten.
Dies kommt daher, dass das Hirn jeder Species eine ziemlich unwandelbare Zusammensetzung hat und daher unter gleichen Bedingungen gleiche Extracte liefern muss. Daher auch die Aengstlich-
keit der Apologeten, den einmal gefundenen Process nicht zu verändern, nicht fractionsweise zu krystallisiren, keinen kochenden
Aether, keinen absoluten Alkohol, keine Reagentien zu verwenden.

Einige der Apologeten des Protagon und ihrer physiologischen
Sympathisirer sind gegen jeden Widerspruch äusserst empfindlich,
was um so mehr überraschen muss, wenn man die Sorte von Kritik,
welche diese Herren namentlich anonym, aber auch in mit ihrem
Namen versehenen Schriften ausüben, einen Augenblick betrachtet.
Zunächst behandeln sie Untersuchungen, die sie nicht verstehen, mit
Geringschätzung, dann aber, wenn sie den Werth und die Wahr-
haftigkeit derselben einsehen, benutzen sie dieselben zur Formulirung
ihrer eigenen „neuen" Methoden. Diese Art, sich aus eigenen Irrthümern hinaus und in fremde Entdeckungen hineinzuschleichen,
kommt auch auf anderen Gebieten der physiologischen Chemie vor.
Im gegenwärtigen Fall muss der Versuch misslingen, da die Kluft,
welche zwischen den Versuchen der Protagonisten und meinen
eigenen Untersuchungen liegt, glücklicherweise so tief und breit ist,
dass sie durch keine Künstelei überbrückt werden kann.

20. Ueber die von verschiedenen Autoren „Cerebrin" genannten Substanzen.

Der Name Cerebrin wurde, soviel mir bekannt ist, zuerst von Kühn (1828) benutzt, um ein aus Gehirn erhaltenes Product zu bezeichnen, welches wahrscheinlich aus einer Mischung von phosphorhaltigen Substanzen mit Cholesterin bestand. Es war nämlich nichts weiter als der Aetherauszug der weissen Materie. Den in Aether unlöslichen Theil der weissen Materie, welcher später zuweilen Cerebrin genannt, oder aus welchem sogenanntes Cerebrin dargestellt wurde, nannte Kühn Myelokon oder Markpulver. Er folgte darin wohl nur L. Gmelin, der neben Cholesterin ein pulverförmiges Fett unterschieden, aber nicht besonders benannt hatte. Bald darauf benutzte Lassaigne (1830) den Namen „Cerebrin", um, soweit ich den Bericht verstehe, damit denjenigen Theil der Ingredienzien des optischen Nerven und der Retina, welcher in Alkohol löslich ist, zu bezeichnen. Das pulverförmige Hirnfett, welches nun gerade so dargestellt wurde wie das spätere Protagon, wurde von Couerbe (1834) Cerebrot genannt; er beging dabei den Irrthum, in welchen auch Baumstark letzthin wiederum gefallen ist, den weissen Absatz aus den concentrirten Aetherauszügen der weissen Materie für mit dem Residuum dieser weissen Materie selbst, also dem Protagon, identisch zu halten und ebenfalls Cerebrot zu nennen. Ganz in derselben Manier hat Frémy den weissen Absatz aus dem Aetherauszug der weissen Materie cerebrische Säure genannt, und wohl mit dem Hauptresiduum der weissen Materie für identisch gehalten, obwohl dies nicht klar ausgedrückt ist Gobley (1850) nannte den mehr pulverförmigen Antheil der weissen Materie zunächst „cerebrische Materie"; späterhin, da er dieselbe auch aus der klebrigen Materie von Eiern durch Alkohol und Säure (also möglicher Weise ein Salz) darstellte, „Cerebrin". Alle diese Materien wurden als phosphorhaltig betrachtet, und von seinem Cerebrin im besonderen meinte Gobley, dass es von Lecithin verschieden sei, und dass der darin enthaltene Phosphor von Lecithin nicht herrühren könne. Zum vierten Mal endlich holte Müller (1858) den Namen Cerebrin als Kennzeichen einer neuen Substanz herbei, welche er mit Hülfe von Baryt-

wasser aus dem Gehirn isolirt und, wie er glaubte, des Phosphors
entledigt hatte. Diese Untersuchung Müller's hatte namentlich die
Wirkung, dass sie die Existenz phosphorfreier stickstoffhaltiger Verbindungen im Gehirn wahrscheinlich machte. In dieser Beziehung
ist es von geringer Bedeutung, dass, wie wir jetzt wissen, Müller's
Cerebrin, mit der Formel $C_{17}H_{33}NO_3$, kein Educt, sondern ein Ope-
rationsproduct oder eine Mischung, und dann auch nicht ganz frei
von Phosphor war; es hätte sogar nur eine Hypothese sein, und
doch zu nützlichen Resultaten führen können. Die Müller'sche
Untersuchung wäre ohne Zweifel noch viel fruchtbarer gewesen,
hätte ihr Autor nicht die 8 Jahre älteren Untersuchungen Gobley's beinahe gänzlich vernachlässigt. Von dieser Periode an
wurde die Lehre von Müller's Cerebrin ziemlich allgemein angenommen und in Handbüchern gelehrt, bis die in 1864 publicirte
„Protagon"-Hypothese derselben eine solche Concurrenz machte,
dass sie sogar von Gorup-Besanez, unter dessen Leitung Müller
gearbeitet hatte, im Jahre 1867 aufgegeben, und mit der letzteren
vertauscht wurde. In dem in diesem Jahre erschienenen Handbuch
der physiologischen Chemie von Gorup-Besanez wird Cerebrin gar
nicht mehr als besonderes Educt, sondern nur beiläufig mit Frémy's
cerebrischer Säure als „Zersetzungsproduct" des Protagons aufgeführt. Allein nach der kurzen Periode des Vorwaltens der „Protagon"-Hypothese folgte bereits im Jahre 1868 die noch unendlich
schlechtere von der Mischung oder Verbindung von Müller's „Cerebrin", mit „Lecithin" als constituirender Masse des „Protagon".
Für diese letztere waren namentlich die wohl wegen Krankheit des
Autors in unreifem Zustand mitgetheilten Versuche Diakonow's
verantwortlich. In der im Jahre 1878 erschienenen Auflage seines
Werkes rehabilitirte Gorup-Besanez das „Cerebrin" Müller's,
und relegirte „Protagon" als Anhang in Kleindruck unter sein
Kapitel vom „Lecithin". Aus diesen Schwankungen kann man ersehen, wie wenig wissenschaftliche Ueberzeugung einerseits, und
sachkennende Kritik andererseits bei diesen Darstellungen zur Verwendung kam. In meinen ersten, in den Anfang der siebenziger
Jahre fallenden Untersuchungen behielt ich den Namen und Begriff
von Müller's Cerebrin noch bei, obwohl es mir nöthig schien die
Formel zu verdoppeln. Denn aus einem Körper mit nur drei Atomen
Sauerstoff konnte ein zuckerähnlicher Körper, wie ich ihn dargestellt
hatte, durch Abspaltung nicht leicht erhalten werden. Allein später

überzeugte ich mich, dass ein Körper von den Eigenschaften und der Zusammensetzung von Müller's „Cerebrin" unter den ohne Baryt erhaltenen Educten des Gehirns nicht gefunden werde. Ich formulirte schon im Jahre 1874 Phrenosin und Kerasin als phosphorfreie stickstoffhaltige Educte aus einer Mischung, welche nach mir eine grössere Anzahl ähnlicher Körper neben phosphorhaltigen enthielt, und behielt für den Complex der vorigen die Benennung Cerebrine als einen Pluralis bei. Die Substanz, welche Geoghegan im Jahre 1879, und zwar nach dem Vorgang von Diakonow mit Baryt aus „Protagon" darstellte und wiederum „Cerebrin" benannte, konnte keinerlei Vertrauen erwecken. Die von dem Autor ganz irrig als $C_{57}H_{110}N_2O_{23}$ berechnete Formel ist, nach seinen analytischen Daten zu schliessen etwa, $C_{53}H_{106}NO_{11}$. Dieselbe ist ausserdem ganz uncontrolirt; die corrigirte nähert sich wohl den Formeln einiger Cerebrinacide, die aber durch den Darstellungsprocess ausgeschlossen scheinen, während es von den Cerebrosiden, zu denen es nach der Darstellung gehören müsste, weit verschieden ist. Beim Versuch zur Chemolyse wurden keine Resultate erhalten, welche hätten die Formel controliren, oder Wesentliches über die Zusammensetzung lehren können. Ausserdem enthält die Darstellung der Arbeit von Geoghegan Widersprüche, welche jeden Versuch zu ihrer Verwerthung vereiteln. Es ist daher vergebliches Bemühen, wenn Autoren von. systematischen Werken ihren Lesern dieses Product als das „völlig reine Cerebrin" vorführen. Eine bei weitem bessere Untersuchung über diesen Gegenstand als die vorhergehende ist von Parcus im Jahre 1881 gemacht worden; obwohl er Baryt verwandte, und seine analytischen Resultate nicht richtig zu deuten wusste, erhielt er doch ziemlich reines Phrenosin, wie es von mir zuerst beschrieben worden ist. Er meint auch dasselbe sei frei von Phosphor gewesen; allein seine Angabe über das Verhalten desselben mit kochendem Wasser zeigt, dass es noch Phosphatid enthielt. Das Homocerebrin dieses Autors ist wesentlich das zuerst von mir beschriebene Kerasin, aber noch mit mehreren anderen Educten gemischt. Auch wird ihm fälschlich Löslichkeit in Aether zugeschrieben, welche nicht ihm, sondern einem beigemischten Educt, dem von mir zuerst beschriebenen Amidolipotid Krinosin zukommt. Auch Parcus erhielt beim Versuch zur Spaltung seiner Körper consequenter Weise nach seiner eigenen Angabe nur unentwirrbare Mischungen. Die Versuche von Bourgoin (1874) zur Dar-

stellung eines Cerebrins und die bereits in der Analecte über das
„Protagon" gekennzeichnete Pseudo-Entdeckung eines Pseudo-Cere-
brin genannten Körpers durch Gamgee (1880) erschöpfen wohl die
Liste der über diesen Gegenstand gemachten Arbeiten.

Unter diesen Umständen war an eine definitive Auffassung oder
Lehre auf der Basis der angezogenen Versuche nicht zu denken.
Wer könnte in zuverlässiger Weise definiren, was irgend einer der
genannten Autoren unter dem Symbol „Cerebrin" behandelt oder
behandelt zu sehen wünscht. Kaum einer von ihnen könnte sein
Präparat zum zweiten Mal darstellen, und keinem anderen Untersucher ist es geglückt die beschriebenen Versuche zu wiederholen.
Aus Formeln wie denen von Müller, $C_{17}H_{33}NO_3$, der nach den Analysen corrigirten Formel von Geoghegan $C_{53}H_{106}NO_{11}$, der Formel
des Pseudo-Cerebrin von Gamgee $C_{44}H_{92}NO_8$, der von Parcus für
sein Cerebrin am wahrscheinlichsten gehaltenen Formel $C_{80}H_{160}N_2O_{15}$
lässt sich keinerlei Definition für „das Cerebrin" aufstellen, aus den
Beschreibungen der ihnen zu Grunde liegenden Präparate lässt sich
keinerlei Identität derselben, und Nichts über die Zusammensetzung
und Function derselben erschliessen. Nur eine aus der Masse der
Widersprüche eminirende Thatsache springt ins Auge, nämlich dass
in dem Alkoholauszug des Hirnbrei's, welcher zuerst den bezeich-
nenden Namen der „besonderen weissen Materie" erhielt, und nach
Erschöpfung mit Aether und Umkrystallisiren „Protagon" genannt
wurde, neben Phosphatiden stickstoffhaltige phosphorfreie Substanzen
enthalten sind, von denen sich mehrere durch differenzirende Fäl-
lungs- und Lösungsmittel als Educte oder Immediat-Prinzipien darstellen lassen.

Dass die weisse Materie oder das sogen. „Protagon" eine
Anzahl von mit einander nicht in Verbindung stehenden und ebenso
mit Phosphatiden nicht verbundenen stickstoffhaltigen Körpern enthalte und folglich ein Aggregat oder eine Mischung sei, habe ich
bereits im Jahre 1874 bewiesen. Seitdem nun haben sich die Beweise in meinen Händen so angehäuft und verstärkt, dass sie gar
nicht mehr anzufechten sind, ja von einigen meiner Gegner, obwohl
in Verkleidung, adoptirt werden. Baumstark meint zwar, dass die
Verhältnisse einfacher lägen, als Parcus, den ich, obwohl ich seine
Mittheilungen kritischen Betrachtungen unterwerfen musste, gerne
zur Unterstützung meiner Ansicht herbeirufe, und ich, Thudichum,
annähmen. Dabei muss ich aber constatiren, dass Parcus, unter

der Leitung von Drechsel, sowohl ohne die Hülfe, welche ihm meine Untersuchungen hätten gewähren können, als auch gegen mich gearbeitet hat, und dass ich aus seinen Untersuchungen auch nicht das Kleinste habe lernen können. Der einzige erfolgreiche Theil der Arbeit von Parcus erlangt erst Werth durch meine Interpretation derselben. Diese Interpretation aber ruht auf Untersuchungen, die ich während vieler Jahre ausgeführt habe und deren Hauptergebnisse theils in früheren Analecten bereits dargestellt worden sind, theils im Folgenden beschrieben werden sollen. Hier soll indessen noch festgestellt werden, dass die Ansicht von Baumstark, die Einfachheit der Educte des Hirns betreffend, von keiner Kritik der entgegenstehenden Untersuchungen unterstützt ist, während diese Ansicht selbst bereits seit langer Zeit vor einer eingehenden Kritik in Stücke gegangen ist.

Es kann hier die Aufmerksamkeit des Lesers auf den Umstand gerichtet werden, dass die Cerebrinsubstanzen unter denjenigen Gegenständen sind, auf welche sich eine Praxis gerichtet hat, die bereits in der ersten Analecte gekennzeichnet worden ist; eine Praxis, die darin besteht, dass gewisse Lehrer der physiologischen Chemie ihre Schüler sowohl mit vermeintlich faktischem, als mit vermeintlich kritischem Material für sogenannte Original-Untersuchungen versehen. Die Kritik steht natürlich jedem Laboranten frei, und es ist sogar zu wünschen, dass er sie übe; sie sollte jedoch alsdann auf Originalstudien und nicht auf mangelhafte persönliche Mittheilungen oder kurze Auszüge in berichtenden Journalen gegründet sein. Es ist aber auch so nicht wahrscheinlich, dass jungen Leuten, welche in das Leben einzutreten suchen, ein Vortheil aus solcher Praxis erwachse, oder dass der Wissenschaft damit gedient sei. Ich will nur drei derartige die Cerebrinsubstanzen zum Theil oder ausschliesslich behandelnde Arbeiten anführen, bei deren jeder die Annahme einer falschen Stellung zu den Errungenschaften der Wissenschaft die Autoren beinahe um den ganzen Lohn ihrer Arbeit betrogen hat. Nach den Resultaten der Analecte über das Lecithin kann es gar keinem Zweifel unterliegen, dass die Resultate der Arbeit eines so strebsamen, einem frühen traurigen Tode erlegenen jungen Mannes, wie Diakonow, für die Behandlung der uns beschäftigenden Fragen völlig nutzlos sind, ja sogar dass sie, indem sie eine grosse Frage auf kleine Dimensionen zu beschränken schienen, Schaden angerichtet haben. Man mag noch so sehr überzeugt sein, dass

Geoghegan mit dem besten Willen und den besten Kräften an der
ihm von seinem Lehrer gestellten Aufgabe gewirkt hat, ohne dass
man deshalb der Nothwendigkeit enthoben wäre, die Unzulänglich-
keiten der Untersuchung in näherer Kritik darzulegen. Danach ist
aus der ganzen Mühe kein einziges positives Resultat erstanden.
Ich habe mich nur schwer dazu verstehen können, die ohne Zweifel
mühevolle Arbeit von Parcus einer eingehenden kritischen Untersuchung zu unterziehen. Allein wenn solches Vorgehen von An-
fängern durch zum Theil berühmte öffentliche Professoren an berühmten Universitäten nicht nur gefördert, sondern seine ganz tran-
sitorischen Resultate auch ohne Discussion oder Originalkritik als
definitive Errungenschaften der Wissenschaft adoptirt und der gelehrten Welt vorgesetzt werden, dann müssen alle persönlichen Rücksichten weichen, und eine scharf logische Behandlung auch der geringsten Controvers-Materie muss an ihre Stelle treten. Dann wird
die Polemik nicht nur zur individuellen Ehrensache, sondern aus
öffentlichen Rücksichten unvermeidlich, wenn es gilt, die Folgen
falscher Auffassungen abzuwehren, welche die Grundlagen jedes
wissenschaftlichen Fortschritts gefährden.

Um nun dem Leser meinen Standpunkt in diesen und ähnlichen
Controversen, zu deren jeder ich durch äussere Angriffe genöthigt
worden bin, genau zu definiren, stelle ich zunächst fest, dass alle
Arbeiten über das Gehirn, welche ich in den letzten zehn Jahren
veröffentlicht habe, systematisch von Kritik anderer Untersuchungen
frei gehalten worden sind; meine Darstellung der ganzen Literatur
der Hirnchemie ist so objectiv gehalten, dass ich z. B. von französischen Collegen darüber die freundlichsten Anerkennungen erhalten
habe. Als Dank für diese systematische Mässigung habe ich jedoch
von Seiten einiger englischen und deutschen Autoren nur erneute
Angriffe erfahren. Unter den vorigen hat sich namentlich A. Gamgee,
früher Professor der Physiologie in Manchester, ebensowohl durch
Invective, als Mangel an Sachkenntniss ausgezeichnet. Als er im
Jahre 1878 durch einen Zufall, dessen Geschichte ich genau kenne,
mit meinen Untersuchungen zuerst bekannt wurde, war seine Kenntniss der Hirnchemie genau definirt durch den Betrag des Paragraphen,
welchen er darüber in seiner Uebersetzung von Hermann's Handbuch der Physiologie geschrieben hatte. Er hatte jedoch schon früher
die Absicht gefasst, als physiologischer Chemiker zu figuriren, und
da seine früheren Original-Debüts diesen Drang nicht befriedigten,

meinte er sich durch wiederholte Angriffe auf meine Thätigkeit in Ansehen setzen zu können. Als er auch damit nicht durchdrang, folgten die „Protagon"-Forschungen von Gamgee und Blankenhorn, welche dieselben in vielen englischen und deutschen Zeitschriften verbreiteten. Es versteht sich von selbst, dass ich nach den darin enthaltenen erneuten Angriffen, Polemik, namentlich vor der Royal Society in London, unternehmen musste. Wie sehr dieselbe den Standpunkt Gamgee's cernirte, ergiebt sich daraus, dass er keine bessere Ausflucht zu finden wusste, als zum Plan meiner Abwehr die Hülfe seines Collegen, des Professor (jetzt Sir Henry) Roscoe, der sich mit Hirnproblemen niemals beschäftigt hatte und darüber keinerlei Kenntniss besass, anzurufen. Ich war genöthigt, in einer längeren Darlegung die gänzliche Werthlosigkeit der von Professor Roscoe zur Rettung der „Protagon"-Hypothese ausgeführten Experimente nachzuweisen.

In dem einzigen bis jetzt erschienenen Bande seines Handbuchs der physiologischen Chemie, welches vor seinem Erscheinen als eine Uebersetzung der verschmolzenen Handbücher von Kühne und Hoppe-Seyler angekündigt war, führt Gamgee diese Behandlung der Hirnchemie auf eigene Faust weiter, aber bereits mit den in früheren Analecten dargestellten Modificationen, welche das directe Resultat meiner gegen ihn gerichteten Publikationen sind. Dieselben haben die Lehre vom Protagon so modificirt, dass, genau betrachtet, an derselben gar nichts übrig bleibt. Es ist diese letzte Handbuch-Phase, welche Baumstark ohne Zweifel übersah, als er sich auf die früheren Publikationen seiner Gewährsmänner zu stützen glaubte. Das „unreine Protagon" und das daraus erhaltene „Pseudo-Cerebrin" sind bis auf die dabei gewählten Adjective herab die ächten Symbole dieses Vorgehens.

Ich behaupte nun, dass wie von den „Protagonen", so von allen „Cerebrinen" ohne Ausnahme keines in der Reihe der geltenden chemischen Educte geblieben ist, oder zu bleiben die Stärke hatte. Sie sind dahingegangen und haben von ihrem Dasein nur den Schatten der Erinnerung übrig gelassen. Bedenkt man den Betrag von Arbeit, welchen diese falschen Thatsachen schon verursacht haben, und welchen ihre endliche Hinwegschaffung aus der Literatur noch verursachen wird, so kann man nicht bezweifeln, dass sie bei Weitem mehr Schaden als Nutzen gestiftet haben.

21. Ueber zwei isomere Leucine.

Da ich es namentlich bei pathologischen Untersuchungen sehr
schwierig gefunden hatte, Extracte von Organen von Leucin zu befreien oder das Leucin quantitativ darzustellen, so sah ich mich nach
Mitteln um, diese Substanz durch Verbindung in weniger löslichem
oder unlöslichem Zustande zu fällen. Dazu schien mir nach un-
genügenden Versuchen mit Bleisalzen und Quecksilbersalzen Kupfersalz am passendsten. Denn die Verbindungen des Kupfers mit
Leucin schienen wenigstens in kaltem Wasser beinahe unlöslich,
hatten aber dabei die vortheilhafte Eigenschaft, in heissem Wasser
etwas mehr löslich zu sein. Um diese im Allgemeinen bekannten
Verhältnisse näher zu ermitteln, wurden die folgenden Versuche
gemacht.

Die Kupferverbindung des gewöhnlichen Leucins. Gewöhnliches Leucin aus Eiweisssubstanzen durch den Schwefelsäure-
process abgespalten und durch Quecksilbernitrat und Umkrystallisiren aus Alkohol vollständig gereinigt, wurde in Wasser gelöst und
mit Kupferacetat versetzt. Der erste Niederschlag wurde entfernt. Das blaue Filtrat wurde nun verdampft und gab einen zweiten
Niederschlag, der ausserdem so gekennzeichnet sein soll, dass er
der erste durch Concentration erhaltene genant ist. Dieser
letztere wurde durch Schwefelwasserstoff zersetzt, die Lösung wurde
concentrirt und setzte rhombische Tafeln von Leucin ab, welche sowohl wie ihre Mutterlauge ganz geschmacklos waren. Sie wurden
abermals mit Kupfer verbunden und der Niederschlag wurde isolirt.
Er wurde jetzt mit einer genügenden Menge Wasser bis zur vollständigen Lösung gekocht, und die Lösung wurde nach dem Filtriren weiter studirt, wie folgt.

a) 730 ccm der kochend gesättigten Lösung setzten ab, hauptsächlich unmittelbar nach der Filtration, nur zum kleinsten Theil
während 24stündigem Stehen, hellblaue Krystalle, welche trocken
0,1790 g wogen; danach war ein Theil der Verbindung aus 4078
Theilen kochenden Wassers abgesetzt worden.

b) 630 ccm des klaren hellblauen Filtrats von der eben beschriebenen Krystallisation wurden zur Trockne verdampft und hinter-

liessen 0,1048 g blauen Rückstands, so dass ein Theil in 6011 Theilen kalten Wassers löslich gewesen war.

c) 100 ccm liessen beim Verdampfen 0,0162 g Rückstand, was einer Löslichkeit von einem Theil in 6172 Theilen Wasser entspricht.

Es folgt aus diesen Daten, dass 730 ccm der kochend gesättigten Leucin-Kupferlösung 0,3000 Theile Salz enthielten; von diesen wurden 0,179 g beim Abkühlen niedergeschlagen, während 0,1210 bei gewöhnlicher Temperatur in Lösung blieben. Die Löslichkeit des Salzes in kochendem Wasser ist daher ein Theil in 2433. Das ist ungefähr das Doppelte der Löslichkeit des unten zu beschreibenden Glykoleucinkupfers.

Es wird gewöhnlich in chemischen Werken angegeben, das Leucin löse sich in 27 Theilen Wasser bei gewöhlicher Temperatur. Ich finde als das Resultat specieller Experimente, die ich mit reinem geschmacklosem Leucin angestellt habe, dass sich 1 Theil in 30 Theilen Wasser bei 15° löst. (Wir werden weiter unten sehen, dass sich 1 Theil Glykoleucin in 82 Theilen Wasser bei 18° löst.) Das geschmacklose Leucin löst sich in 658 Theilen Alkohol von 75 pCt. Stärke. Durch die Verbindung mit Kupfer wird daher die Löslichkeit des Leucins sehr bedeutend vermindert.

Macht man eine kochend gesättigte Lösung eines unbestimmten Leucinkupfers und findet man, dass dieselbe unmittelbar nach dem Filtriren bei Kochhitze einen krystallisirten Absatz macht, so kann man ziemlich sicher sein, dass dieser Absatz nur aus der Verbindung von geschmacklosem Leucin mit Kupfer besteht; die heiss gesättigte Lösung des Glykoleucinkupfers verhält sich insofern anders als sie einen Absatz nur nach längerem Stehen macht.

Stabilität und Regelmässigkeit der Zusammensetzung des Leucinkupfers. Aus ersten Niederschlägen erhält man Kupfersalze, die entweder Homologe des Leucins oder heterogene Beimischungen enthalten. Die Mengen dieser Beimischungen sind stets gering, sie sind aber schwierig zu entfernen. Durch Ausziehen mit wenig kochendem Wasser werden die löslicheren, darunter alle niedrigeren Homologen gänzlich entfernt. Man zersetzt nun mit Hydrothion und verwandelt das krystallisirte Leucin zum zweiten Mal in Kupfersalz durch essigsaures Kupfer und Wärme. Dieses verhält sich nun wie oben beschrieben ist. Man quantirt nun das Kupfer in den aufeinanderfolgenden Niederschlägen, und hört nicht auf zu

reinigen, bis man ein Salz mit der theoretischen Menge gefunden
hat. Auf diese Weise erhielt ich in einem ersten krystallinischen
Absatz 19,15 pCt. Cu; die Mutterlauge dieser Krystalle gab beim
Concentriren einen Niederschlag mit 19,56 pCt. Cu (Theorie 19,60 pCt.
Cu); das Filtrat von diesem Niederschlag liess beim Verdampfen zur
Trockniss einen Rückstand mit 20,39 pCt. Cu.

Es ist nun vor allen Dingen nöthig, die Körper herauszufinden,
welche in den früheren Niederschlägen das Kupfer herabdrücken,
in den späteren erhöhen. Mit kleinen Mengen Material ist dies zunächst nicht leicht zu machen, allein mit grösseren Mengen kann
man allmälig die ganze Geschichte aller Theile der Amidomischung
entwickeln. Es ist sehr schwer, das Leucin durch Krystallisiren
vollständig von Tyrosin und von einem zweiten, dem Tyrosin
ähnlich sehenden Körper, der aber dessen Reaction nicht giebt,
zu befreien. Als ich 22 g schön krystallisirtes Leucin in zwei
Hälften theilte, und die eine in Kupfersalz verwandelte, erhielt ich
einen Niederschlag mit 17,25 pCt. Cu. Das Filtrat setzte beim Verdampfen eine Verbindung mit 18,18 pCt. Cu ab. Es wurde nun die
andere Hälfte des Leucins aus einer grossen Menge Wasser umkrystallisirt und sehr langsam erkalten lassen, dabei setzte es noch eine
merkliche Menge Tyrosin ab. Die Leucinlösung wurde nun mit
Kupfer behandelt und lieferte ein Präparat mit 19,60 pCt. Cu. Die
Mutterlauge aber gab ein Kupfersalz einer niedrigen Amidosäure,
welche einen süssen Geschmack hatte, aber nicht Glykoleucin war.
Auch dieses Kupfersalz kann noch Tyrosin in Lösung halten und
in den Absatz überführen. Wird die Lösung mit Schwefelwasserstoff zersetzt und heiss filtrirt, so kann sie Tyrosin absetzen, welches die Kupfersalzlösung, genau dasselbe Volum einnehmend, nicht
absetzte. Und selbst dieses Tyrosin ist noch nicht rein; denn wenn
es umkrystallisirt wird, so hält seine Mutterlauge den schon erwähnten Körper zurück, der beim Abdampfen in mikroskopischen
feinen Nadeln, dem Tyrosin sehr ähnlich, krystallisirt, aber die Queck-
silbernitritreaction nicht giebt; nur eine Spur von Rosenroth erscheint
beim Zusatz des Reagenz, welche sogleich verschwindet und die
Lösung farblos lässt.

Leucin, durch Krystallisation aus der Amidomischung von der
Chemolyse des Neuroplastins durch Baryt erhalten, wurde in
Kupfersalz verwandelt, und obwohl es keinen deutlich süssen Ge-
schmack gehabt hatte, wurde die Methode darauf angewandt, ver-

möge deren die beiden Isomeren getrennt werden. Hierbei verfuhr
ich besonders in der Weise, vermöge deren ich das Glykoleucin
zuerst isolirte, nämlich mit Ausziehen durch oft wiederholte kleine
Mengen kochenden Wassers. Dabei wird zunächst hauptsächlich gewöhnliches Leucinkupfer ausgezogen, während sich Glykoleucin im
ungelöst bleibenden Theil ansammelt. Ganz zuletzt bleibt nur Glykoleucinkupfer übrig; die Lösungen behandelt man wie oben beschrieben ist; der sofort erscheinende Absatz ist gewöhnliche, der beim
langen Stehen sich bildende ist Glykoleucinverbindung. Der erste
Niederschlag, der mit grossen Mengen Wassers siebenmal ausgekocht
worden war, gab ein Salz, welches bei 110^0 getrocknet, 19,60 pCt.
Cu, also die theoretische Menge enthielt. Der zweite Niederschlag
wurde neunmal mit grossen Mengen Wasser ausgekocht und das ungelöst bleibende Salz enthielt 19,49 pCt. Cu. Die Mutterlauge, aus
welcher der erste und zweite Niederschlag durch essigsaures Kupfer
gefällt worden war, wurde eingeengt und setzte einen Niederschlag
ab, der nur mit kaltem Wasser gewaschen, aber nicht gekocht wurde;
er enthielt 19,60 pCt., also wieder die theoretische Menge. Ich vereinigte dann den ersten und zweiten Niederschlag, zersetzte ihn mit
Hydrothion in heissem Wasser und krystallisirte das erhaltene Leucin aus Wasser und Weingeist. Bei der Elementaranalyse gab es
sehr genau die der Theorie des Leucins, $C_6H_{13}NO_2$, entsprechenden
Zahlen.

Das Glykoleucin, das erste Isomere des Leucins, hatte
ich zuerst synthetisch durch den Bromprocess aus käuflicher Capron-
säure erhalten. Da ich nun an dem Leucin, welches aus dem am
wenigsten löslichen Kupfersalze des Leucins und chemolytisch aus
Neuroplastin dargestellt worden war, denselben süssen Geschmack
wie am synthetischen bemerkte, so studirte ich den Gegenstand
weiter, und es gelang mir das Glykoleucin vom gewöhnlichen ge-
schmacklosen Leucin vollständig durch die bereits wiederholt angezogenen Pocesse zu trennen. Nachdem ich die Bedingungen der
Trennung der Kupfersalze genau festgestellt hatte, unterwarf ich
alle Präparate dem Process der allmäligen und dann der absoluten
Trennung der beiden Isomeren. Fällt man eine Mischung der in
Wasser gelösten Leucine allmälig mit Kupferacetat, so geht die
Hauptmenge des Glykoleucins in die ersten Niederschläge über.
Kocht man diese mit Wasser, so löst sich mehr gewöhnliches als
Glykoleucin. Daher kann man stets etwas reines Glykoleucinkupfer

als letzten Rückstand erhalten. Die Abkochungen setzen gewöhnliches Leucinkupfer augenblicklich ab, während Glykoleucinkupfer
nur bei längerem Stehen abgesetzt wird. Die Mutterlauge enthält
die ihrer Löslichkeit entsprechenden Mengen beider Verbindungen,
und kann abermals nach den eben geschilderten Principien behandelt werden. Zuletzt bleibt eine Mutterlauge oder Mischung, die
nicht getrennt werden kann, sie ist aber im Vergleich zu den getrennt zu erhaltenen Isomeren an Menge nicht bedeutend. Es ist
klar, dass man wegen der geringen Löslichkeit beider Verbindungen
in jeder Operation nur kleine Mengen der Substanzen erhalten kann.
Ich stellte sieben Präparate von Glykoleucinkupfer dar, zersetzte sie
mit Schwefelwasserstoff und krystallisirte jedes Product für sich.
Von diesen unterwarf ich die drei grössten der Elementaranalyse
und fand, dass sie alle die genaue atomistische Zusammensetzung
des Leucins hatten. Ich vereinigte dann die sieben Präparate, welche
zusammen 7,53 g wogen, löste die Masse in heissem Wasser und
fällte mit Kupferacetat in zwei Fractionen. Die erste enthielt
19,20 pCt. Cu, die zweite 19,45 pCt. Cu. Ein achtes Präparat von
Glykoleucin wurde ebenfalls mit Kupfer verbunden; der Niederschlag enthielt 19,45 pCt. Cu; die Mutterlauge setzte beim Concentriren ein Salz ab, welches 19,42 pCt. Cu enthielt. Diese Zahlen
stimmen ziemlich genau mit der Theorie des neutralen Kupferleucins
$2(C_6H_{12}NO_2)Cu$, oder $C_{12}H_{24}CuN_2O_4$. Ich habe das Salz n e u t r a l
genannt, weil, wie wir sehen werden, es ein halbbasisches Salz mit
24,58 pCt. Cu giebt, welches, im Fall man seine Bildung nicht vermeidet, zu vielen Schwierigkeiten Veranlassung geben kann.

Löslichkeit des Glykoleucinkupfers in kaltem und
kochendem Wasser. Man kocht das reine Salz lange mit Wasser
und lässt die Lösung absetzen, und filtrirt. 200 ccm bei 16,5°
liessen 0,0228 g Rückstand, wonach 1 Theil in 8772 Theilen Wasser
gelöst war.

Da das gewöhnliche Leucinkupfer sich in 6172 Theilen Wasser
auflöst, so ist das Glykoleucinkupfer viel weniger löslich als das
gewöhnliche. Das reine Salz wird beim Kochen mit Wasser nicht
verfärbt, namentlich nicht schwarz. Dies muss hervorgehoben werden, da in den Mutterlaugen der Amidomischung ein mehr löslicher,
süss schmeckender Körper vorkommt, welcher beim Verdampfen mit
essigsaurem Kupfer allmälig Oxydul und zuletzt Oxyd bildet.

200 ccm der kochend gesättigten Lösung des Glykoleucinkupfers

liessen 0,0449 g Rückstand, wonach 1 Theil in 4454 Theilen kochenden Wassers gelöst war; das Salz ist also ungefähr noch einmal so löslich in heissem als in kaltem Wasser. Beim Abkühlen wird die Lösung zunächst nur trüb; langes Stehen ist erforderlich, damit sich das in der Kochhitze gelöste Salz als sichtbarer und trennbarer Niederschlag absetze. Dieser erscheint unter dem Mikroskop in kleinen Schuppen und Täfelchen, welche zu Ballen und Kugeln conglomerirt sind. Viele Schüppchen sind deutlich rhombisch, andere rhombo-hexagonal.

Elementaranalyse des Glykoleucins. Obwohl mir die Elementaranalyse von drei Präparaten keinen Zweifel gelassen hatte und die Kupferquantationen ziemlich genau ausgefallen waren, stellte ich doch aus allen Präparaten freies Glykoleucin dar, krystallisirte es um und unterwarf es der Elementaranalyse mit folgenden Resultaten:

Theorie der			Gefundene Procente		
Atome.		Procente.	a)	b)	c)
6 C	72	54,96	54,92	—	—
13 H	13	9,92	10,02	—	—
N	14	10,69	—	10,61	10,72
2 O	32	24,43	—	—	—
	131	100,00			

Das Glykoleucin giebt die Inositreaction mit salpetersaurem Quecksilberoxyd nicht. 100 Theile seiner gesättigten kalten Lösung halten 1,22 Theile Glykoleucin in Lösung, oder 1 Theil Glykoleucin ist in 82 Theilen Wasser löslich. Es ist daher viel weniger löslich als das gewöhnliche Leucin, von welchem 1 Theil nur 30 Theile Wasser bei 15° zur Lösung bedarf.

Der süsse Geschmack des Glykoleucins wird an seinen Krystallen wegen dieser Schwerlöslichkeit viel langsamer und schwieriger bemerkt, als an seiner Lösung. Von dieser giebt ein Tropfen einen deutlich süssen Geschmack über einen grossen Theil des Mundes. Die Intensität der Süssigkeit ist nicht viel geringer, als die des Inosits.

Bemerkungen über einige andere Verbindungen des Leucins mit Kupfer. Nachdem im vorigen festgestellt worden ist, dass bei der Chemolyse des Neuroplastins mit Baryt zwei verschiedene, aber isomere Leucine entstehen, erscheint es zunächst

nöthig, zu untersuchen, ob und inwieweit andere frühere Untersuchungen über das Leucin und seine Verbindungen, und die aus
ihm abgeleiteten Körper, z. B. Leucinsäure, dadurch afficirt werden.
Zwar ist anzunehmen, dass die meisten Untersuchungen an gewöhnlichem Leucin ausgeführt worden sind, was ich namentlich aus der
richtigen Bestimmung der Löslichkeit des Körpers in Wasser, und
aus dem Umstand schliesse, dass ich bis jetzt aus der aus Eiweisssubstanzen erhaltenen Amidomischung kein Glykoleucin erhalten
habe. Allein daraus kann nicht geradezu gefolgert werden, dass
dasselbe nicht darin vorkommt, sondern es sind neue eingehende
Untersuchungen über diesen Gegenstand erforderlich. Hier möchte
ich nur die Aufmerksamkeit der Forscher auf einige Leucinverbindungen richten, welche in früheren Untersuchungen erhalten worden
und weiterer Discussion durchaus würdig sind.

So erhielt Gössmann (Ann. d. Chemie. 91, 133.) durch Sättigen einer Lösung von Leucin mit Kupferoxydhydrat bei Kochhitze
und vorsichtiges Einengen der Lösung eine dunkelblaue Verbindung,
welche ihm 41,33 pCt. C, 6,69 H und 18,20 Cu ergab. Daraus ist
der Schluss gezogen worden, dass diese Verbindung durch Anlage-
rung von Kupferoxyd entstanden, also $2(C_6 H_{13} NO_2) + CuO$, und nicht
durch Substitution von Wasserstoff durch Kupfer, also $2(C_6 H_{12} NO_2)Cu$
sei. Andere wieder hielten die Verbindung für ein Hydrat des neutralen Salzes, also für $2(C_6 H_{12} NO_2)Cu + H_2O$. Allein für letztere
Theorie ist der Wasserstoff viel zu niedrig, nämlich 6,69 pCt. anstatt
der theoretischen 7,61 pCt., Kohlenstoff und Kupfer ebenfalls zu
niedrig gefunden worden. Um die Verbindung nach Gössmann
darzustellen, muss man offenbar mit sehr verdünnter Leucinlösung
arbeiten, damit man nicht eine halbbasische Verbindung erhalte,
welche, wie ich sogleich zeigen werde, in concentrirten Lösungen
bei Gegenwart von überschüssigem Kupferoxyd entsteht.

Halbbasisches Leucinkupfer. Darstellung. Man setzt
einer Leucinlösung eine gesättigte Kupfervitriollösung zu, so lange
bis eine Probe der Mischung mit Kali einen Niederschlag giebt.
Die tiefblaue Lösung wird nun mit einem Ueberschuss von feuchtem
kohlensaurem Baryt gekocht, bis eine filtrirte Probe ganz frei von
Schwefelsäure ist. Die erhaltene Lösung wird eingedampft und setzt
eine lichtblaue Masse krystallinischer Körnchen ab. Diese werden
mit Wasser und Alkohol gewaschen und getrocknet. Das Product
gab bei der Analyse 24,14 pCt. und 24,64 pCt. Cu und 8,30 pCt. N.

Dieselbe Verbindung erhielt ich, als ich Leucinlösung mit frisch im Wasserstoffstrom reducirtem Kupferdraht während mehrerer Tage kochte; sie wurde aus der heiss filtrirten Lösung abgesetzt und enthielt 24,42 pCt. Cu.

Wahrscheinlich dieselbe, oder wenigstens ein hauptsächlich diese Verbindung enthaltender Niederschlag wurde durch Zusatz von Kupferoxydhydrat zu einer Lösung von salzsaurem Leucin, welches aus Quecksilbersalz dargestellt worden war, erhalten. Er enthielt 23,64 pCt. Cu. Dass er vielleicht mit ein wenig neutralem Salz gemischt war, ist wahrscheinlich dadurch, dass die auf diesen Niederschlag folgenden Niederschläge aus derselben Lösung neutrale Salze waren. Ich werde auf dieses Präparat zurückkommen. Auch beim Abdampfen einer Mutterlauge von neutralem Kupfersalz, das mit essigsaurem Kupfer dargestellt war, erhielt ich ein Salz mit 23,17 pCt. Cu. Die beiden letzten Präparate führe ich als zufällig erhalten und nicht kontrollirt, nicht in meine Theorie ein.

Es ist nun ganz klar, dass die Verbindung zwei Atome Kupfer auf drei Molekel Leucin enthält, und die einzige zu beantwortende Frage betrifft die Manier, in welcher das Metall darin disponirt ist, ob es nämlich Wasserstoff ersetzt, oder ob wenigstens ein Atom Kupfer als Kupferoxyd mit der dritten Leucinmolekel verbunden ist. In jedem Fall ist der Zusammenhang zwischen den beiden Molekeln schwer zu erklären, wenn man nicht annehmen will, dass das Leucin zwei durch Metall ersetzbare Atome Wasserstoff enthält. Mit der aus letzterer Hypothese hervorgehenden Theorie stimmen übrigens die Analysen am besten:

			In 100.	Gefunden, Mittel.
18 C	216		—	—
35 H	35		—	—
2 Cu	126,8		24,58	24,47
3 N	42		8,14	8,30
6 O	96		—	—
	515,8			

Diese Verbindung steht daher in der Mitte zwischen dem beschriebenen neutralen Salz $C_{12}H_{24}CuN_2O_4$ und einem hypothetischen nicht dargestellten Salz $C_6H_{11}CuNO_2$, welches nach der Theorie 32,95 pCt. Cu enthalten sollte. Ich will indessen die Betrachtungen über dieses Salz nicht ausdehnen, da es erst von Neuem an jeder der beiden Isomeren studirt werden muss, ehe mit seiner Theorie Fortschritt gemacht werden kann.

Fällung von Leucin aus thierischen Flüssigkeiten in der Form des halbbasischen Salzes. Hat man Extracte aus Organen oder Geschwülsten von Leucin zu befreien, so kann man sich dazu der Eigenschaft des Leucins dieses Salz zu bilden, bedienen. Man entfernt die Eiweisssubstanzen, fällt mit Bleizucker aus, verdampft zur Krystallisation, behandelt die getrennten Krystalle mit heissem Weingeist, entfernt den Weingeist und sättigt nun die wässerige Lösung mit Kupfer durch Zusatz von Sulphat im Ueberschuss und Kochen mit kohlensaurem Baryt. Beim Abdampfen setzt sich die Verbindung in grünlich-blauen Krusten oder Häuten allmälig ab. Drei auf einander folgende Absätze aus einem Leberextract enthielten 23,26 pCt. Cu, 23,12 Cu und 22,92 pCt. Cu. Für erste Präparate, die noch Farbstoff enthielten, waren dieselben der Theorie nahe genug. Es ist nun zu ermitteln, ob man die Verbindung nicht auch durch Auflösen von Kupferoxydhydrat im Ueberschuss direct darstellen kann. Denn bei dem Barytprocess kann unlösliches Leucinsalz mit dem schwefel- und kohlensauren Baryt gemischt bleiben und ist dann nur schwierig auszuziehen oder geht verloren.

Verhalten des salzsauren Leucins zu Kupferoxyd. Zu einer Quantität neutralen salzsauren Leucins aus der Quecksilberverbindung dargestellt, in kochendem Wasser gelöst, wurde Kupferoxydhydrat gesetzt. Es entstand sogleich eine Lösung, dann ein Niederschlag, welcher 23,64 pCt. Cu enthielt, also das halbbasische Salz war. Seine Mutterlauge wurde zur Trockne verdampft, wobei man im Rückstand die blaue Leucinverbindung von dem grünen Chlorkupfer leicht unterscheiden konnte. Das letztere löste sich leicht in wenig Wasser; der blaue Niederschlag enthielt 18,17 pCt. Cu, war also hauptsächlich das neutrale Salz. Alle Mutterlaugen und Waschwasser der zwei ersten Niederschläge wurden nun vereinigt, verdampft und von Neuem mit Kupferoxyd behandelt, bis eine Trübung zu erscheinen anfing; es bildete sich ein dritter Absatz, welcher 18,11 pCt. Cu enthielt. Das Filtrat wurde nun mit Kupferoxyd gesättigt und zur Trockne verdampft. Das Chlorkupfer wurde wieder ausgewaschen und der gebildete neue Niederschlag analysirt; er enthielt 18,33 pCt. Cu. Die Filtrate wurden wieder verdampft und bildeten ein fünftes unlösliches Salz, dem nur noch wenig Chlorkupfer beigemengt war. Das Salz enthielt 18,56 pCt. Cu. Man sieht, dass das Leucin beim Abdampfen seiner Lösung mit Chlorkupfer die Salzsäure gerade so leicht austreibt, wie die

Essigsäure aus dem Acetat des Kupfers oder des Quecksilbers. Die nach einander erhaltenen Niederschläge enthielten folgende Mengen Kupfer:

No. 1.   No. 2.   No. 3.   No. 4.   No. 5.
23,69 pCt. 18,17 pCt. 18,11 pCt. 18,33 pCt. 18,56 pCt. Cu.

Alle diese Kupfermengen sind etwas niedriger als die Theorie der betreffenden Salze: nur die letzte entspricht der Theorie des hypothetischen Hydrats des neutralen Salzes, dessen Existenz aber bis jetzt noch nicht bewiesen ist. Als erste Producte sind diese Präparate aber schon sehr annehmbar. Da der Process indessen langwierig ist, so wird es sich empfehlen, wenn man Leucin von Salzsäure befreien will, mit Ammoniak abzudampfen und durch Alkohol zu krystallisiren. Mit dem vorstehenden Kupferprocess erhält man übrigens alles Leucin als Kupfersalz im unlöslichen Zustand und frei von Chlor.

Das Leucin hat wahrscheinlich noch viele Eigenschaften, die sich zu seiner Isolation bei physio-pathologischen Untersuchungen benutzen lassen. So wird es durch überschüssiges essigsaures Quecksilberoxyd vollständig aus der Lösung entfernt. Ein solcher Niederschlag enthielt 57,09 pCt. Hg, was sich der Menge Hg, welche in einem Salz von der Formel $C_{12}H_{24}HgN_2O_4 + HgO$ enthalten ist, nämlich 59,17 pCt. nähert.

Die Amidomischungen von pathologischen wie chemolytischen Flüssigkeiten enthalten ausser Leucin andere Amidosäuren, welche sich mit Kupfer zu löslichen oder unlöslichen Salzen verbinden. Von den in Wasser löslichen werden einige durch Alkohol gefällt, andere nicht. Auch einige Alkaloide geben ähnliche Verbindungen. Unter den letzteren ist auch eines, welches beinahe genau die Zusammensetzung des Leucins hat, möglicherweise aber ein Leucein $C_6H_{11}NO_2$ ist. Das Verhalten dieses letzteren zu Kupferoxyd ist noch nicht untersucht. Ich führe diese Dinge an, um hervorzuheben, dass aus Amidomischungen erhaltene Kupferverbindungen vielseitige Behandlung und Analyse bedürfen, ehe sie als Leucinverbindungen oder als rein ausgesprochen werden können. Aber wenn man ihnen diese Sorgfalt zuwendet, so geben sie, wie der erste Theil dieser Analecte zeigt, sehr genaue Resultate.

22. Ueber die Alkaloide des menschlichen Harns.

Alkaloide werden gewöhnlich als vom Typus Ammoniak durch Substitution von Wasserstoff durch zusammengesetzte Radikale abgeleitet gedacht; die Radikale können homogen oder heterogen, das Ammoniakgerüst kann einmal oder mehrmals vorhanden sein, und dadurch die Gelegenheit zu einer grossen Zahl von Substitutionen geben. Die am besten bekannten Repräsentanten dieser Klasse von Verbindungen sind die synthetisch erhaltenen Amine und Ammoniakbasen; aber die für den menschlichen Verkehr wichtigsten sind die häufig mit giftigen oder heilenden Eigenschaften versehenen vegetabilischen Alkaloide, wie die aus Opium, der Chinarinde oder der Brechnuss erhaltenen. Von diesen letzteren sind über 100 in der Wissenschaft verzeichnet, und wenn wir die im thierischen Körper gefundenen dazu rechnen, erhalten wir über zweihundert. Es scheint indessen, als ob die Definition der Klasse bisher zu beschränkt gewesen sei, sowie auch die Methoden sie aufzusuchen zu einseitig waren. Man glaubte z. B. lange, dass Alkaloide meist in Wasser sehr wenig löslich seien, bis einige darin sehr lösliche, wie Colchicin entdeckt wurden. Es wird nun nöthig sein die Definition in mehreren Richtungen zu erweitern, so dass eines Theils die Eiweisssubstanzen und ihre Derivate, die Peptone, andern Theils gewisse Educte aus Säften und Geweben, sowie gewisse Producte der Chemolyse aus specifischen Educten, z. B. des Gehirns darin aufgenommen werden können. Unter den Educten aus dem Gehirn haben mehrere Phosphatide ausgesprochene alkaloidische Eigenschaften, obwohl sie sich auf der anderen Seite auch als Säuren verhalten. Die neutralen Hirnsubstanzen, welche wie Phrenosin und Kerasin nach dem Typus der Glykoside construirt sind, und einen reduzirenden rechtsdrehenden Zucker, die Cerebrose liefern, geben ihren Stickstoff in Gestalt eines sehr starken Alkaloids, des Sphingosins, aus, dessen schwefelsaures Salz in absolutem Alkohol ganz unlöslich ist.

Unter den im folgenden zu beschreibenden Alkaloiden sind ebenfalls einige, welche neben den basischen alternative saure Eigenschaften zu erkennen geben. Sie sind darin denjenigen am ähnlichsten, welche aus den Säften der Muskelsubstanz isolirt werden können, aber bis jetzt noch wenig studirt worden sind.

Unter den bis jetzt bekannten Reagentien zur Isolirung der uns beschäftigenden Alkaloide ist die Phosphormolybdänsäure das beste. Der Niederschlag, welchen sie mit einer grossen Zahl organischer Basen giebt, ist in stark saurer Flüssigkeit wenig löslich, und kann daher von Säuren, Salzen und indifferenten Körpern, wie Harnstoff, leicht getrennt werden. Die Phosphorwolframsäure hat ähnliche Eigenschaften, ihre Salze sind indessen etwas löslicher als die der Phosphormolybdänsäure. Aus beiden Niederschlägen werden die Säuren durch kaustischen und kohlensauren Baryt leicht entfernt, und man erhält so eine wässrige Lösung mehrerer Alkaloide, die nun durch verschiedene Mittel getrennt werden müssen.

Zur Anwendung dieser Säuren wurde der Harn auf folgende Weise vorbereitet. Er wurde filtrirt, und zu jedem Liter wurde eine abgekühlte Mischung von 50 ccm Vitriolöl mit 100 ccm Wasser gefügt. Zu dieser sauren Mischung wurde nun eine Lösung von phosphormolybdänsaurem Natron gefügt, 200 g des Salzes in jedem Liter, mit Schwefelsäure stark angesäuert, so dass eine tiefgelbe Lösung der Säure vorhanden war. Von dieser Säure wurde soviel zugesetzt, als nöthig war den Harn vollständig auszufällen. Mit der Phosphorwolframsäure wurde ähnlich verfahren, nur muss man ihre Lösungen und Niederschläge noch kühler und saurer halten als die der Phosphormolybdänsäure, da sie, wie gesagt, löslicher sind, und die Löslichkeit durch Wärme und Mangel an Säure befördert wird.

Die Scheidung des Niederschlags von der Flüssigkeit geschieht theils durch Absitzen lassen und dekantiren, theils durch Papierfilter. Der Niederschlag ist jedoch schwierig auf dem Filter zu waschen, ich habe ihn daher stets in eine Stöpselflasche gespült, und darin mit Wasser gewaschen, welches 5 pCt. Vitriolöl enthielt. Das erste Waschwasser wird dekantirt, und der dünne Schlamm dann auf dem Filter gesammelt. Durch Wiederholung des Processes kann man den Niederschlag beinahe vollständig von Alkalien und Chlor befreien.

Der Niederschlag wird nun mit heissem concentrirtem Barytwasser zersetzt. Bei einiger Uebung kann man den Zeitpunkt, zu welchem die Zersetzung vollendet ist, an der Veränderung der Farbe von Niederschlag und Flüssigkeit ziemlich genau beobachten. Der Ueberschuss von Baryt wird durch Kohlensäure gefällt. Während der ganzen Operation wird die die Mischung enthaltende Kochflasche im kochenden Wasserbad heiss gehalten. Nach Beendigung der Zersetzung und Barytfällung wird heiss filtrirt.

Flüchtige Basen. Beim ersten Zusatz von Baryt zum Niederschlag werden flüchtige Basen frei, welche man durch passende Apparate in Salzsäure sammeln kann. Die Chloride, oder nach erneuter Destillation und Bindung an Schwefelsäure, die Sulphate lassen sich durch absoluten Alkohol einigermassen trennen. Ein aufgelöstes Salz wurde als Trimethylamin enthaltend erkannt; was ungelöst bleibt ist gewöhnliches Ammoniaksalz.

Absatz von harnsaurem Baryt. Das die Alkaloide enthaltende Filtrat setzt beim Abkühlen und Stehen meistens etwas harnsauren Baryt ab. Die Harnsäure ist wahrscheinlich in dem Phosphormolybdänsäure-Niederschlag nur als durch Säure gefällte Beimischung, und nicht in Verbindung enthalten. Das Barytsalz setzt sich durch Stehen und einiges Concentriren so vollständig ab, dass in späteren Operationen keine Spur davon erscheint. In Fällen, wo grosse Genauigkeit erforderlich ist, kann man jede Spur von Harnsäure durch Mercuramin aus der Lösung entfernen. Hypoxanthin habe ich aus diesen Lösungen oder Niederschlägen, so oft ich auch methodisch danach gesucht habe, nie erhalten.

Die Lösung. Man hat nun eine wässrige alkalische Lösung von mehreren Alkaloiden vor sich, die sich bis jetzt nicht alle durch einen und denselben Process trennen lassen. Man muss daher zum Nachweis alle verschiedenen Processe benutzen. Dabei wird ein oder das andere Alkaloid etwas verändert, namentlich oxydirt, wie aus den später folgenden Einzelheiten näher ersichtlich ist. Die Lösung enthält zunächst Urochrom, wie aus der Farbe und der Reaction ersichtlich ist, dass sie mit starken Säuren beim Kochen Uromelanin-, Uropittin- und Omicholin-Producte liefert. Nach Entfernung des Urochroms lässt sich durch Alkohol Reducin, an Baryt gebunden fällen. Die alkoholische Lösung enthält Kreatinin, Kreatin, eine von mir entdeckte Base, mit Theobromin isomer, daher Urotheobromin genannt; ferner ein Alkaloid, welches eine unlösliche Verbindung mit Zinkoxyd bildet, und nach seiner elementaren Zusammensetzung mit dem genannten Reducin verwandt ist, daher einstweilen Parareducin genannt werden mag. Das zuletzt isolirte Alkaloid verbindet sich mit Platinchlorid und enthält einen aromatischen Kern, der beim Erhitzen den angenehmen Geruch des durch Hitze verflüchtigten Tyrosins verbreitet; dieses Alkaloid mag daher vorläufig als Aromin bezeichnet werden.

Erster Process. Entfernung des Urochroms durch Bleisalze, und Fällung des Reducin-Bariums durch Alkohol. Man setzt zu der gelben Lösung Bleizucker, Bleiessig und zuletzt eine Spur Ammoniak, und filtrirt den Niederschlag ab. Derselbe ist zur Darstellung des Urochroms zu gebrauchen, wird aber hier nicht weiter berücksichtigt werden. Das Filtrat wird durch Hydrothion von Blei befreit, und unter beständigem Umrühren zur Trockniss verdampft. Der Rückstand wird mit absolutem Alkohol gekocht und die Lösung kochend filtrirt. Auf dem Filter bleibt ein voluminöses Bariumsalz, das Reducin-Barium, während andere Alkaloide, namentlich Kreatinin in dem Alkohol gelöst bleiben.

Reducin-Barium. Es hinterlässt beim Verbrennen reinen kohlensauren Baryt. Es ist leicht in Wasser löslich, und wenn zu dieser Lösung etwas Salpetersäure und dann Silbernitrat gesetzt wird, so entsteht ein Niederschlag, der augenblicklich, ohne erwärmt zu werden, dunkel und dann schwarz wird. Eine Mischung von Mercuro-Nitrat und -Nitrit giebt sofort einen schwarzen Niederschlag. Mercurichlorid (Sublimat) giebt einen weissen Niederschlag, welcher durch Kochen nicht verändert wird. Essigsaures Kupfer und Kochen bedingt einen flockigen Niederschlag, der schnell braun wird. Fehling'sche Flüssigkeit wird von der Lösung des Reducin beim Kochen nicht verändert. Bei der Elementar-Analyse gab die trockene Substanz C = 27,092 pCt., H = 4,282 pCt., N = 15,850 pCt., Ba = 25,400 pCt., O = 27,376 pCt. Betrachtet man das Reducin unter den Umständen als einbasische Säure, so kann man der Verbindung die Formel $2(C_6 H_{11} N_3 O_4)Ba, H_2O$ zutheilen. Betrachtet man es als zweibasische Säure, so könnte die freie Substanz die Formel $C_{12}H_{24}N_6O_9$ haben. Der geneigte Leser ist nun gebeten diese Zahlen als vorläufige Resultate zu betrachten, welche durch weitere Studien controlirt oder modificirt werden können. Der Hauptbeweis, dass Reducin ein Alkaloid sei, ist aus der Methode seiner Darstellung hergeleitet. Dass es sich mit einer Base verbindet, darf kaum befremden, da eine Zahl basischer Substanzen bekannt ist, welche sich ähnlich verhalten.

Kreatin und Kreatinin. Die von dem eben beschriebenen Reducin abfiltrirte alkoholische Lösung wird zur Trockne verdampft und der Rückstand abermals mit absolutem Alkohol ausgezogen, um

Kreatin von Kreatinin zu trennen. Das Kreatin bleibt ungelöst und wird nach Auflösen in heissem Wasser und Behandeln mit Thier-kohle umkrystallisirt. Es giebt dann Krystalle, welche durch Ver-lust von 12,08 pCt. Wasser in vacuo über Schwefelsäure sich als Kreatin manifestiren. Man weiss, dass Kreatinin, wenn es aus seinen Verbindungen befreit wird, oder sogar bei langem Stehen in Wasser, oder in Barytwasser, leicht in Kreatin übergeht. Man erhält daher bei Untersuchungen auf Kreatinin neben demselben stets Kreatin in Lösung.

Verbindungen des Kreatinins mit Goldchlorid und Salzsäure. Das Kreatinin aus Menschenharn ist schwer in ganz reinem Zustande darzustellen; selbst dem mit Chlorzink abgeschie-denen Präparat haftet meistens eine gelbliche Farbe an. Auch das in vorstehendem Process erhaltene ist noch nicht rein, selbst wenn man es aus krystallisirtem Kreatin durch Schwefelsäure hergestellt hat. Es ist daher gerathen, es in jedem Falle in salzsaures Gold-chloridsalz zu verwandeln. Zu diesem Behuf kann man das schwe-felsaure Salz mehrmals aus Alkohol umkrystallisiren, und das in weissen Tafeln krystallisirte Salz in Wasser aufgelöst mit Chlor-Barium genau ausfällen. Zu der concentrirten Lösung setzt man überschüssige Salzsäure und dann etwas Goldchlorid, worauf ein flockiger Niederschlag erfolgt, der nicht in Wasser löslich ist. Dieser wird entfernt; zur Lösung setzt man jetzt einen Ueberschuss von Goldchlorid, worauf entweder sogleich oder nach einiger Zeit Kry-stalle der gesuchten Verbindung entstehen. Dieselbe hat nach vielen genauen Analysen die durch die Formel $C_4 H_7 N_3 O$, HCl, $AuCl_3$ aus-gedrückte Zusammensetzung. Sie bildet sich nur in Gegenwart einer viel grösseren Menge Salzsäure, als von ihr gebunden wird. Aus Wasser kann sie nicht ohne Veränderung umkrystallisirt werden; löst man sie in reinem Wasser auf, so krystallisirt eine Verbindung in Warzen, welche der Formel $C_4 H_7 N_3 O$, $AuCl_3$ ent-spricht. Dieselbe bildet sich auch beim Vermischen von salzsaurem Kreatinin mit Goldchlorid, oder von Chlorzink-Kreatinin mit Gold-chlorid. In allen diesen Fällen geht also Salzsäure in das zur Lö-sung benutzte Wasser über, wenn dasselbe nicht vorher durch neue Salzsäure stark sauer gemacht worden ist. Die Unterschiede der Verbindungen ergeben sich aus folgendem Vergleich ihrer procen-tischen Zusammensetzung:

Kreatinin-Goldchlorid.		Salzsaures Kreatinin-Goldchlorid.	
4 C	11,53	4 C	10,60
7 H	—	8 H	1,77
3 N	10,09	3 N	9,27
O	—	O	—
Au	47,26	Au	43,45
3 Cl	25,58	4 Cl	31,36

Bei Gegenwart von freier aber an Menge ungenügender Salz-säure erhält man auch Mischungen von beiden Salzen. Man hat an den Goldbestimmungen ein gutes Kriterium der Reinheit eines even-tuellen Präparats. Die reinen Krystalle sind sehr beständig; so lange neben ihnen Gold reduzirt wird, ist eins der andern Alkaloide neben Kreatinin in Lösung. Man erhält nach Entfernung des Goldes durch Hydrothion und der Salzsäure durch Mercuramin sehr reines Kreatinin, das aus Alkohol umkrystallisirt wird.

Eine wässrige Lösung von Kreatinin oder seiner Zinkchlorid-Verbindung verursacht in einer schwachgelben Lösung in Ferri-chlorid eine dunkelrothe Färbung.

Die alkoholische Lösung, aus welcher man das Kreatinin z. B. durch Chlorzink gefällt hat, enthält das unten zu beschreibende Para-Reducin und das Aromin. Da diese Körper aber durch den im obigen beschriebenen Bleiprocess nicht so gut von dem Uro-theobromin befreit werden, wie durch den zu beschreibenden Kupferprocess, so sei die Vorschrift zu ihrer Darstellung bis nach diesem verschoben.

Zweiter Process. Fällung des Urochroms und Uro-theobromins durch essigsaures Kupfer. Setzt man zu der durch Zersetzung des Phosphormolybdänniederschlags erhaltenen Mischung von Alkaloiden essigsaures Kupfer, so entsteht ein volu-minöser, Anfangs grün, später rehgelb aussehender Niederschlag; die Farbenänderung beruht offenbar auf einer Reduction des Kupfers; und diese Erscheinung tritt nur in saurer, nicht in alkalischer Lösung auf. (Löst man den grünen Niederschlag in einem Ueber-schuss von kaustischem Kali, wobei die Lösung eine tief blaue Farbe annimmt, so findet beim Kochen eine missfarbige Zersetzung und theilweise Reduction statt.) Es ist daher gerathen die Lösung so-viel wie möglich neutral zu halten; der Niederschlag kann alsdann mit Wasser gekocht und dadurch verdichtet und zum Auswaschen geeigneter gemacht werden. Der Kupferniederschlag wird nun mit

Hydrothion zersetzt; die vom Schwefelkupfer getrennte Lösung wird gekocht und eingedampft. Bei einer gewisse Concentration setzt sie Krusten, und beim Abkühlen ein Pulver ab. Diese Absätze sind die neue Base, das Urotheobromin. In der Lösung bleibt neben einer kleinen Menge dieser Base hauptsächlich Urochrom, welches sich durch Eisenchlorid fällen und auf andere Art nachweisen lässt.

Urotheobromin. Man wascht die Absätze mit kaltem Wasser, löst sie in heissem, filtrirt und lässt krystallisiren. Diess wird so oft wiederholt, als nöthig ist, um die Substanz ganz farblos und in rombischen Schuppen von Perlmutterglanz krystallisirt zu erhalten. In diesem Zustand ist die Base leicht löslich in absolutem Alkohol, mehr in heissem als kaltem, sublimirt nach Schmelzung ohne Zersetzung, und giebt bei der Elementaranalyse Zahlen, welche zur Formel $C_7 H_8 N_4 O_2$ führen. Sie ist auf die Zunge gebracht Anfangs geschmacklos, entwickelt aber nach einiger Zeit einen bitteren niemals intensiven Geschmack.

Das Alkaloid hat daher dieselbe Zusammensetzung wie das Theobromin aus Cacao, ist aber mit demselben keineswegs identisch. Dies wird durch die folgenden Unterscheidungszeichen festgestellt. Die Base aus Harn ist viel löslicher in Wasser als das Theobromin, und giebt nicht mit Silbernitrat in verdünnter Salpetersäure jenes krystallisirte Doppelsalz, welches Theobromin so leicht liefert. Die Base aus Harn wird durch essigsaures Kupfer vollständig gefällt und der Niederschlag ist unlöslich in kochendem Wasser; das Theobromin dagegen wird durch essigsaures Kupfer nicht gefällt. Das Urotheobromin wird auch durch Bleiessig und Ammoniak, sowie durch Pikrinsäure gefällt; diese Fällungen sind Verbindungen; eine krystallisirte Fällung, welche concentrirte Natronlauge in einer concentrirten Urotheobrominlösung hervorbringt, ist vielleicht reines Alkaloid. Vom Xanthin unterscheidet sich das Urotheobromin durch seine Leichtlöslichkeit in Wasser, Löslichkeit in Alkohol und Sublimirbarkeit, Eigenschaften, welche dem Xanthin fehlen. Vom Hypoxanthin ist das Urotheobromin namentlich leicht durch sein Verhalten zu Silbernitrat in saurer Lösung zu unterscheiden und zu trennen.

Alle obigen Nachrichten über dieses neue Alkaloid aus dem menschlichen Harn, Elementaranalysen und Formel eingeschlossen, sind von mir schon im Jahre 1879 in den Annals of Chemical Medicine, Vol. I., p. 166 veröffentlicht worden. Im Jahre 1884 hat nun Georg Salomon dieselbe Base wiederum entdeckt und Paraxanthin benannt. Da mir nun die Priorität dieser Entdeckung ohne Zweifel zukommt, so ist die Mittheilung Salomon's als eine auf einem anderen Wege gewonnene Bestätigung meiner Beschreibung zu betrachten.

Der letzte Process, welchen Salomon zur Darstellung seiner Base anwandte, mag hier erwähnt werden. Harn mit Ammoniak alkalisirt wurde durch Zusatz von ammoniakalischer Silbernitratlösung ausgefällt. Der Niederschlag wurde durch Hydrothion zersetzt; das Filtrat wurde eingedampft, wobei sich Harnsäure absetzte; auf Zusatz von Ammoniak erfolgte eine fernere Abscheidung von Urat mit Phosphaten und Kalkoxalat; die filtrirte Lösung wurde von Neuem mit Silbernitrat gefällt und der Niederschlag in Salpetersäure von 1,1 spec. Gew. aufgelöst. Beim Erkalten fiel rasch das salpetersaure Silber-Hypoxanthin. Die salpetersaure von dem Niederschlag getrennte Lösung wurde nun mit Ammoniak versetzt, wobei sich, jetzt zum dritten Male, Xanthinsilber und Paraxanthinsilber ausschieden. Der Niederschlag wurde auf einem Filter gesammelt, mit Schwefelwasserstoff heiss zerlegt; die Mischung wurde heiss filtrirt und eingedampft; dann wurde ihr Ammoniak zugesetzt, wodurch in 12—24 Stunden die letzten Reste von Phosphaten und Oxalaten ausfielen. Das Filtrat wurde nun weiter eingedampft bis Trübung eintrat und beim Stehen setzte es jetzt in 24 Stunden Xanthin ab. Das Filtrat setzte bei weiterem Einengen noch etwas Xanthin ab. Zuletzt krystallisirte Paraxanthin aus, welches durch Abpressen und Umkrystallisiren aus heissem Wasser gereinigt wurde. Es bildete eine schneeweisse, sehr lockere, blätterige Masse von schönem Seidenglanz. Paraxanthin gerade wie Theobromin und Xanthin färben sich beim Eindampfen mit Chlorwasser und Abtrocknen auf Platinblech roth. Diese Rothfärbung geht bei allen drei Substanzen auf Zusatz von Natronlauge oder Ammoniak in ein schönes, aber schon in der Kälte rasch verschwindendes Blauviolett über (Rochleder). Die drei Basen geben die complicirtere Weidel'sche Reaction. Weder Theobromin noch Paraxanthin ist durch Quecksilbersalze (unorganischer Säuren) fällbar. Das Paraxanthin giebt beim Erhitzen Geruch nach Isonitril. Es hat dieselbe Formel wie das Dioxymethylpurin (methylirte Harnsäure), ist aber nicht damit identisch.

Xanthin und Theobromin sind mit Coffeïn homolog. Theobro-

min ist Dimethylxanthin (Fischer). Daraus folgt nun auch, dass
Paraxanthin nicht Dimethylxanthin ist.

Mehreren Forschern ist es nicht gelungen, aus normalem Harn
Xanthin oder Hypoxanthin darzustellen. Aus Harn von Leber- und
Nierenkranken habe ich jedoch wiederholt Hypoxanthin dargestellt.
Bei dem präcisen Verhalten des Hypoxanthinsilbernitrats, seiner
gänzlichen Unlöslichkeit in kalter Salpetersäure ist wohl anzunehmen,
dass diese negativen Resultate so zu erklären sind, dass nur sehr
kleine Mengen vorhanden sind, .und dass man daher grosse Mengen
Harn verarbeiten muss (500 l), um ein characteristisches Präparat
zu erhalten. Das Xanthin ist viel leichter darzustellen, da es bei
der Concentration seiner Lösungen stets unlöslicher wird, und sich
z. B. beim Abdampfen der Urotheobrominlösung von Zeit zu Zeit
ausscheidet und dann in Wasser unlöslich bleibt.

Wir kennen jetzt also drei Isomere von der Formel $C_7 H_9 N_4 O_2$,
Theobromin aus Cacao, das Dioxymethylpurin (methylirte Harnsäure)
und die Base aus Harn, das Urotheobromin.

Das dritte neue Alkaloid, Parareducin. Formel der unlöslichen Zinkoxydverbindung: $C_6 H_9 N_3 O, ZnO$. Hat man durch Blei
oder Kupfersalze das Urochrom und Urotheobromin aus der Mischung
der Alkaloide entfernt und nach Fällung der eingeführten Metalle
den Abdampfungsrückstand mit absolutem Alkohol behandelt, um
Reducin, später Kreatin zu fällen, so bleibt eine Lösung, welche
Kreatinin, Parareducin und Aromin enthält. Setzt man derselben alkoholisches Zinkchlorid zu, so entsteht ein Niederschlag,
den man nach zwölfstündigem Stehen isolirt. Er ist in heissem
Wasser nur theilweise löslich; was sich löst, ist hauptsächlich
Kreatininzinkchlorid; was ungelöst bleibt, ist die Zinkoxydverbindung
des Parareducins. Die Lösung des Kreatininzinkchlorids setzt nach
dem Concentriren Krystalle dieses Salzes ab; zuletzt bleibt eine
syrupartige Mutterlauge, aus welcher durch Zusatz von viel Wasser
ein Niederschlag erhalten wird, der nun auch in reinem Wasser
unlöslich ist; die Mutterlauge abermals zum Syrup concentrirt, verliert noch mehr Salzsäure und giebt beim Zusatz von viel Wasser
den letzten Niederschlag von Parareducin-Zinkoxyd. Danach enthält
die Lösung nur noch durch Platinchlorid fällbares Aromin.

Diese unlösliche Zinkverbindung wird auch bei der Darstellung
des Kreatinins aus Harn nach der Methode Liebig's häufig beobachtet, ist aber noch nicht näher untersucht worden.

Sie ist leicht löslich in Säuren, wie Essig- oder Schwefelsäure; in diesen Lösungen giebt Phosphormolybdänsäure einen characteristischen Niederschlag, woraus folgt, dass die Substanz den Character eines Alkaloids bewahrt hat. Sie ist ebenfalls löslich in Ueberschuss von kaustischem Ammoniak. Für sich erhitzt, verbreitet sie einen abscheulichen Geruch und lässt nach dem Glühen reines Zinkoxyd. Sie ist ganz unlöslich in Wasser und kann mit ihm gekocht werden, ohne sich scheinbar zu verändern. Nachdem die Verbindung an der Luft getrocknet ist, giebt sie im Vacuum und bei allmäligem Erhitzen auf 170^0 während 34 Stunden in verschiedenen Präparaten von 13,18 pCt. bis 15,73 pCt. Wasser ab und bleibt dann beständig.

Bei der Analyse gab die Verbindung die folgenden Resultate: $C = 33,34$ pCt.; $H = 3,90$ pCt.; $N = 18,91$ pCt.; $ZnO = 36,84$ pCt.; $O = 7,01$ pCt. Diese Zahlen führen zu einer empirischen Formel: $C_6 H_9 Zn N_3 O_2$, oder $C_6 H_9 N_3 O, ZnO$. Der durchschnittliche Verlust an Wasser beläuft sich auf ziemlich genau zwei Molekel, wovon wenig mehr als ein Drittel zwischen 100^0 und 170^0 weggeht. Man könnte daher für die lufttrockene Verbindung die Formel $C_6 H_9 N_3 O, ZnO + 2H_2 O$ in Betracht nehmen.

Mit Hülfe dieser vorläufigen Daten kann man nun an ein weiteres Studium der Substanzen, namentlich ihre Darstellung im freien Zustande, gehen. Diese Studien sind indessen mit der Schwierigkeit verknüpft, dass sich die Alkaloide, das Urochrom, eingeschlossen, bei Berührung mit Reagentien leicht verändern. Sie kommen aber, namentlich in Verbindungen, das Reducin mit Baryt, das Parareducin mit Zink, bei Ruhepunkten an, von welchen aus die chemische Forschung ziemliche Sicherheit bietet.

Das vierte neue Alkaloid, Aromin. In den alkoholischen Mutterlaugen, aus welchen Zinkchlorid das Kreatinin und Parareducin gefällt hat und dann auch in der Mutterlauge dieses letzteren, bleibt ein Alkaloid gelöst, welches man durch Platinchlorid direct aus alkoholischer Lösung fällen kann. Diese Platinverbindung wird durch Auflösen in Wasser etwas zersetzt, wahrscheinlich durch Verlust an Säure, zuletzt aber bleibt sie stabil; sie enthält einen aromatischen Kern, welcher beim Erhitzen der Verbindung auf dem Platinblech als Dampf zum Vorschein kommt und noch angenehmer als das vorsichtig trocken destillirte Tyrosin riecht. Dieser Eigenschaft halber habe ich es einstweilen als Aromin bezeichnet. Die Verbindung ist bis jetzt noch nicht analysirt worden. Es ist

zu rathen, das Alkaloid aus den Mutterlaugen nochmals durch den
Phosphormolybdänprocess zu isoliren, ehe man an seine Verbindung
mit Platin geht.

Der Harnfarbstoff oder das Urochrom. Der Darstellungsprocess zeigt, dass der Harnfarbstoff ein Alkaloid ist. Diejenigen,
welche die gleichzeitige Existenz mehrerer Harnfarbstoffe annehmen,
müssen diesen Satz dann so formuliren, dass die Harnfarbstoffe Alkaloide sind, denn in dem mit der Molybdänverbindung ausgefällten
Harn bleibt keiner übrig. Das Urochrom ist sehr veränderlich, namentlich oxydirbar und reducirbar. Durch Oxydation wird es tiefer
gefärbt, durch Reduction entfärbt. Es ist wohl der schwierigste
Gegenstand der Chemie des Harns. Es reducirt das Kupfer der
Urotheobrominverbindung sowohl in schwach saurer als stark alkalischer Lösung. Diese Reaction hat in den Händen vieler Untersucher zu der Vorstellung Veranlassung gegeben, dass sie es mit
Zucker zu thun hätten. Das Urochrom wird durch Bleisalze ziemlich vollständig gefällt; viele andere Metallsalze fällen es ebenfalls,
allein daneben die Alkaloide der Xanthinreihe. Von diesen nun wird
es durch Eisenchlorid in schwach saurer Lösung ziemlich genau getrennt, indem es damit eine unlösliche Verbindung eingeht. Daher
fällt das Urochrom aus Harn, der durch Baryt von Phosphor- und
Schwefelsäure befreit ist, mit den sogenannten Extractivsäuren, der
Kryptophan- und Paraphansäure, an Eisenoxyd gebunden aus. Aus
dieser Mischung werden die Säuren isolirt, wie ich anderwärts beschrieben habe.

Man kann aber das Urochrom aus präparirtem Harn durch
Eisenchlorid für sich isoliren, wenn man die extractiven Säuren
vorher durch Merkuramin auszieht; oder wenn man, wie oben, alle
Alkaloide durch den Phosphormolybdänprocess von allen Säuren
scheidet und dann zu ihrer Mischung Eisenchlorid setzt. Nach einigen vorläufigen Experimenten ist es mir sehr wahrscheinlich, dass
durch fractionirtes Umkrystallisiren der Mischung der Phosphormo-
lybdän- und Wolframniederschläge aus Wasser schon eine Trennung
einiger Alkaloide zu Wege gebracht werden kann.

Bei der Zersetzung des Harnfarbstoffs durch stärke Mineralsäuren
erhält man stets die von mir als Uromelanin, Uropittin, Omicholin
und Omicholsäure beschriebenen Producte. Von diesen ist das Uromelanin an Menge vorherrschend und an Qualität am beständigsten.
Die Mittheilungen, welche vor Kurzem Plósz über Uromelanin und

seine Abstammung von einer farblosen Substanz gemacht hat, sind
von dem grössten Interesse, seine Untersuchungen bedürfen aber viel
grösserer Ausdehnung und Präcisirung, bevor sie sich für die Betrachtung der uns hier beschäftigenden Alkaloide verwerthen lassen.
So ist Plósz der Ansicht, das von ihm beschriebene Uromelanin sei
identisch mit dem seinerzeit von Heller beschriebenen Urrhodin.
Dies ist indessen nicht der Fall. Das Urrhodin Heller's ist ziemlich derselbe Körper, den Plósz als „Urorubin" beschreibt. Ich
habe nachgewiesen, dass es aus einem Chromogen durch Salzsäure
entsteht, keinen Stickstoff und etwa 80 pCt. Kohlenstoff enthält,
ein besonderes Absorptionsspectrum giebt und deshalb kein Isomeres
des Indigoblaus ist, für welches es unter dem Namen Indirubin zuweilen irrigerweise erklärt wurde. Diesem von Heller entdeckten
Product sollte daher der Name Urrhodin bleiben, namentlich da
der Name Urorubin bereits für ein ganz verschiedenes rothes Product in Gebrauch ist.

Die Quantitäten der im Harn täglich ausgeschiedenen Alkaloide
sind wahrscheinlich viel grösser als die Menge, welche man durch
die im Obigen geschilderten Processe wirklich isoliren kann. Man
muss stets einen grossen Ueberschuss der fällenden Säure anwenden,
so dass sich der reichliche Niederschlag gut und schnell absetzt.
Dieser Niederschlag ist nun an sich (der Hauptmenge nach) in reinem, namentlich warmem Wasser leicht löslich und bedarf, um ihn
möglichst unlöslich zu machen, der Gegenwart von wenigstens 5 pCt.
Schwefelsäure oder Salpetersäure in der Lösung und einer möglichst
niedrigen Temperatur. Mit allen diesen Vorsorgen bleibt doch ein
Theil der Alkaloide in Lösung in der Mutterlauge. Dann bemerkt
man, dass die Phosphormolybdänsäure zum Theil reducirt wird, und
die Lösung eine grüne Farbe, eine Mischung von blauem Oxyd mit
gelber Säure annimmt. Es wäre möglich, dass ein oder das andere
der Alkaloide, z. B. Reducin, an diesem Process Theil nähme und
dann durch Acquisition neuer Eigenschaften der Fällung entkäme.
Dann ist die Zersetzung des Niederschlags mit Baryt jedenfalls
schwerfällig, und es ist mir wahrscheinlich, dass Körper aus der
Xanthingruppe theilweise dabei verloren gehen. Allein diese Mängel
der Methode sind geringfügig im Vergleich zu ihrer positiven Wirk-
samkeit. Ich selbst habe keinen Zweifel, dass für jedes einzelne
Ingredienz des Harns allmälig ein specifisches Lösungs- oder Fällungsmittel gefunden werden wird. Dafür geben die Erfolge der Processe,

welche sich auf Isolirung des Harnstoffs, der Harnsäure, des Kreatinins, der Extractivsäuren und jetzt der Alkaloide richten, die beste Aussicht.

Physiologische Bedeutung und ausgeschiedene Mengen der Harnalkaloide. Dass die meisten Alkaloide des Harns Producte der Umwandlung der Eiweisssubstanzen sind, ist wohl nicht zu bezweifeln. Ein Theil derselben könnte jedoch auch von den Speisen, z. B. beim Fleischfresser aus dem Fleisch direct, abgeleitet sein; die Xanthingruppe könnte einen Zuwachs durch die in Cacao, Thee, Kaffee enthaltenen Basen erfahren; das Guanin der Peruanischen Vogelexkremente könnte von dem bei Fischen reichlich vorhandenen Guanin wenigstens zum Theil herrühren; bei den Fischen selbst aber wäre wiederum ein Theil des Guanins aus dem Umstand abzuleiten, dass sie einander unaufhörlich auffressen. Ueber diese Frage können nur weitere Forschungen und Erwägungen einigen Aufschluss geben.

Ueber die im menschlichen Harn ausgeschiedenen Mengen von Alkaloiden besitzen wir nur wenige Beobachtungen. Die ersten quantitativen Bestimmungen des Kreatinins (und Kreatins) sind von mir im Jahre 1857 gemacht und in der ersten Auflage meines Werkes „The Pathology of the Urine“, London 1858, mitgetheilt worden. Das Mittel aus 26 Beobachtungstagen an zwei Männern, alles Kreatin als Kreatinin berechnet, ergab 0,745 g in 24 Stunden. Bei einer durchschnittlichen Ausscheidung von 30 bis 40 g Harnstoff giebt dies ein Verhältniss von 1 zu 40 bis 55. Da sich die Harnsäure auf 0,5 g in 24 Stunden belief, so giebt dies ein Verhältniss derselben zu Kreatinin wie 1 zu beinahe 1,5.

Directe Beobachtungen über die Menge des Harnfarbstoffs sind nicht bekannt. Ich habe einige Beobachtungen über die Menge der durch Chemolyse zu erhaltenden Zersetzungsproducte gemacht, und als Mittel von 11 Beobachtungstagen die folgenden Mengen von Producten für den Harn eines Tages erhalten: Uromelanin ($C_{36}H_{43}N_7O_{10}$) 0,3164 g; Uropittin, Omicholin und Omicholsäure zusammen 0,2346 g. Diese Mengen können nur als Minima betrachtet werden, denn nach einer Angabe von Plósz beträgt die nach seinem Verfahren aus der täglichen Harnmenge zu erhaltende Quantität 5 bis 6 g und darüber, so dass das Uromelanin unter den organischen Stoffen des Harns an Menge unmittelbar nach dem Harnstoff folgen, und jeden der übrigen organischen Körper bedeutend übertreffen würde.

Vermöge der specifischen Fällungsmittel für Alkaloide kann man nun finden, welcher Antheil des Stickstoffs des Harns den Alkaloiden im Ganzen zukommt; vermöge des Merkuramins kann man den Theil des Harnstickstoffs, welcher den Säuren, namentlich den extractiven zukommt, ermitteln. Durch Merkuramin und Silbernitrat lässt sich der Harn so von Säure- und Alkaloidstickstoff befreien, dass fast reiner Harnstoffstickstoff in Lösung bleibt, wie ich in einer Analecte, die Titrirung des Harnstoffs betreffend, besonders nachweisen werde.

23. Ueber einige Reactionen des Harns und einiger seiner Bestandtheile mit Jod und Jodsäure.

Absorption von Jod. Pettenkofer beobachtete zuerst, dass Harn die blaue Jodstärke entfärbe. Schönbein experimentirte dann mit sogenanntem Jodwasser, d. h. eine Lösung von Jod, welche früher als in reinem Wasser bestehend, angesehen, aber später als von der Gegenwart von Ammoniak im Wasser oder auf der Oberfläche des Jods abhängig erkannt wurde. Schon der grosse Unterschied zwischen den Angaben verschiedener Beobachter über die Löslichkeit des Jods in Wasser belehrt uns, dass wir es hier mit sehr veränderlichen Bedingungen zu thun haben; denn während einige 1 Thl. Jod in 7000 Theilen Wasser gelöst sein lassen, haben andere 1 Thl. Jod in 500 Thl. Wasser gefunden. Wie dem auch sei, Schönbein verwandte eine stark röthlich braune Lösung von Jod in Wasser. Wenn ein Volum frischen, sauren, gelben Harns mit 4 Volumina solchen Jodwassers vermischt wurde, so war nach wenigen Minuten die Fähigkeit der Mischung Stärke zu bläuen verschwunden; im Laufe mehrerer Tage konnten der Mischung noch weitere zehn Volumina Jodwasser zugesetzt werden, ohne dass Stärke eine Bläuung in der Mischung hervorbrachte. Die Verbindung des Jods mit den Componenten des Harns wurde durch Wärme beschleunigt.

Wenn zu einer Mischung von 4 Vol. Jodwasser mit 1 Vol. Harn, welche für sich Stärke nicht bläut, etwas Schwefelsäure gesetzt wird, so erhält sie die Fähigkeit Stärke zu bläuen. Diese Erscheinung rührt von der Bildung von Jodsäure her.

Harn, welcher durch Thierkohle von Farbstoff (und wahrscheinlich anderen Materien) vollständig befreit worden ist, bindet auch noch Jod, aber nur zwei Drittheile der Menge, welche er vor der Entfärbung binden konnte. Schönbein schloss daraus, dass der Harnfarbstoff eine der oxydirbaren jodaufnehmenden Materien des Harns sei, und sah das Verschwinden der Farbe des Harns nach dem Jodzusatz als weiteren Beweis für die Richtigkeit dieser Ansicht an.

Da Harnsäure und ihre Salze Jodwasser und Jodstärke entfärben, so ist ein Theil der Reaction des Harns diesen zuzuschreiben. Die sauren Urate des Kali, Natrons und Ammoniaks absorbiren Jod schneller als freie Harnsäure. Die in dieser Reaction erhaltene Flüssigkeit, an sich unfähig Stärke zu bläuen, erhält diese Fähigkeit durch Zusatz verdünnter Schwefelsäure. Diese Reaction ist der Gegenwart von Jodsäure zuzuschreiben, welche durch die erste Reaction des Jods mit dem Kali und Natron der Urate gebildet wird. Denn während ein Theil des Jods auf die Harnsäure wirkt, reagirt ein anderer auf die alkalischen Basen, und erzeugt gleichzeitig Jodid und Jodat. Wird nun der Mischung verdünnte Schwefelsäure zugesetzt, so werden Jodwasserstoffsäure und Jodsäure frei, und indem sie aufeinander reagiren setzen sie ihrerseits wieder Jod in Freiheit. Da nun der Harn nicht nur Harnsäure, sondern auch Urate mit alkalischer Basis enthält, so erklärt sich der Umstand, dass eine Mischung von Jodwasser und Harn, welche Stärke nicht färbt, durch Zusatz von Schwefelsäure die Fähigkeit erhält, Stärke zu bläuen.

Die gewöhnlichen Ziegelmehlabsätze des Harns, die Urate, reagiren mit Jodwasser und Jodstärke geradeso wie der Harn selber. Harnstoff hat keinen Einfluss auf diese Reagentien.

Wird dem Harn starke Schwefel- oder Salzsäure zugesetzt, so reagirt er mit Jodwasser viel langsamer, als ohne den Säurezusatz. Hat man z. B. zu 100 g Harn 5 Tropfen Vitriolöl gesetzt, und fügt dann ein der Mischung gleiches Volum von Jodwasser zu, so verstreichen bei der gewöhnlichen Temperatur 15 bis 20 Minuten, ehe die Fähigkeit Stärke zu bläuen verloren ist; während dieselbe Menge Harns das vierfache Volum Jodwasser beinahe augenblicklich seiner Fähigkeit Stärke zu bläuen beraubt. Aehnlich wird auch Indigotinctur nur langsam von Jod entfärbt, wenn starke Säure gegenwärtig ist, in beinahe neutraler Lösung jedoch geht die Zerstörung schnell vor sich.

Reduction der Jodsäure. In seinen Versuchen hatte Schönbein nicht bemerkt, dass Jodsäure mit Harn oder einem seiner Bestandtheile eine Reaction eingeht. Bei der Verfolgung der Reaction der schwefelcyansauren Salze mit Jodsäure, und der Frage nach der Gegenwart dieser Salze im Harn, fand ich die Reaction der Harnsäure mit Jodsäure. Dadurch verlor die Jodsäure ihren Werth als Reagenz auf Rhodan im Harn, während sie denselben für Speichel- und Nasensecret behielt.

Reaction der Harnsäure mit Jodsäure. Eine kalt gesättigte Lösung von Harnsäure in Wasser, durch zweitägiges Stehen einer Abkochung erhalten, giebt bei Anwendung von 100 ccm mit Jodsäure und Stärke eine schwache blaue Färbung. Wird diese kalt gesättigte Lösung mit dem zehnfachen Volumen Wasser verdünnt, so geben 10 ccm davon gar keine Reaction mehr.

1 ccm einer kalt gesättigten Lösung von harnsaurem Kali giebt eine sehr starke Reaction.

Dass Harnsäure nicht der einzige Körper im Harn ist, welcher Jodsäure reducirt, geht aus folgenden Experimenten hervor.

Reaction des Harns mit Jodsäure. Giebt man zu frischem Harn einige Tropfen einer Lösung eines jodsauren Salzes, etwas lösliche Stärke und ein wenig verdünnte Schwefelsäure, so nimmt die Mischung augenblicklich eine tief blaue Farbe an. Nimmt man Jodid anstatt Jodat, so erhält man keine derartige Reaction. Die Farbe bleibt lange bestehen, wird aber nach längerer Zeit purpurn, dann roth und verschwindet zuletzt gänzlich. Die Reaction gelingt noch mit $\frac{1}{10}$ ccm Harn in 10 ccm Wasser, obwohl damit zur Erscheinung der Farbe längere Zeit erforderlich ist. $\frac{1}{5}$ ccm in 10 ccm giebt die Reaction augenblicklich, und 1 ccm in 10 ccm Wasser giebt eine so starke Reaction, dass die Mischung schwarz erscheint. Lässt man die Stärke aus der Mischung weg und fügt Chloroform zu in der Weise, dass man ein der Mischung gleiches Volum zusetzt, und durch sanfte Agitation, heftiges Schütteln vermeidend, an der wässrigen Flüssigkeit hin und hergleiten lässt, so geht das freie Jod an das Chloroform über, und färbt dasselbe roth. Man kann nun die Chloroformlösung isoliren, und in ihr durch bekannte Methoden den Betrag des freigesetzten Jods quantiren.

Jodsäure-Reaction mit Harn, welcher durch Bleizucker ausgefällt worden ist. Durch Ausfällen mit Bleizuckerlösung verliert der Harn viel von seiner Fähigkeit Stärke bei Gegenwart von Jodsäure und Schwefelsäure blau zu färben. Die Reaction ist langsam, schwach und verschwindet schnell. Fällt man aber allen Ueberschuss von Blei durch kohlensaures Natron aus, so erscheint die violet blaue Reaction etwas besser, ja es scheint, dass bei langem Stehen die Reaction tiefer wird, als mit Harn, der nicht ausgefällt ist. Dies kommt wahrscheinlich daher, dass das Blei, obwohl es nicht alle Jodsäure reduzirende Substanz entfernt, doch zu gleicher Zeit viel derjenigen Materien ausfällt, welche Jod absorbiren, und daher die Jodstärke bleichen.

Jodsäure-Reaction mit den durch Blei gefällten Substanzen. Zersetzt man den durch Bleizucker bewirkten Niederschlag mit Schwefelsäure, so erhält man ein Filtrat, welches die Jodsäure reducirt. Ein grosser Ueberschuss von freier Schwefelsäure muss dabei sorgfältig vermieden werden.

Jodsäure-Reaction mit Harn, welcher durch Baryt ausgefällt worden ist. Wenn Harn mit Barytwasser ausgefällt worden ist, so giebt das von Baryt befreite Filtrat die Reaction mit Jodsäure und Stärke in viel geringern Grade. Baryt fällt daher viel von einer die Reaction gebenden Substanz.

Durch Thierkohle entfärbter Harn giebt keinerlei Reaction mehr mit Jodsäure, Schwefelsäure und Stärke, auch bei langem Stehen. Die Kohle entfernt daher alle Körper, welche Jodsäure zu reduziren im Stande sind. Wir wissen aber aus dem oben berichteten Experiment Schönbein's, dass die Kohle nur einen Theil derjenigen Substanzen entfernt, welche freies Jod zu binden im Stande sind, so dass durch Kohle entfärbter Harn noch zwei Drittheile derjenigen Menge von Jod zu absorbiren im Stande ist, welche er vor der Entfärbung binden konnte. Diese Erscheinung deutet auf die Extractivsäuren hin, könnte aber auch durch einige Alkaloide bedingt sein, welche durch Kohle nicht ganz aus dem Harn entfernt werden.

Durch Mercuramin von allen Säuren, also auch von Harnsäure befreiter Harn giebt mit Jodsäure, Schwefelsäure und Stärke zunächst keine Reaction. Wenn die Schwefelsäure nur im geringsten vorwaltet, wird auch überhaupt keine Reaction erhalten, man bekommt aber eine sogar starke Reaction auf folgende Weise. Man mischt den natürlich stark alkalischen Harn mit jodsaurem Kali und Stärke

in eine Proberöhre, und lässt dann einige Tropfen verdünnter Schwefelsäure (1 Vitriolöl zu 10 Wasser) bei stark gegen den Horizont ge-
neigtem Glase auf den Boden der Mischröhre fliessen. Wo sich
Säure und Mischung berühren, bildet sich eine erst rothe, dann
blaue, dann schwarze Zone; lässt man die Proberöhre ohne zu
schütteln ruhig stehen, so steigt die Reaction allmälig in die
Höhe, während der unterste Theil der durchreagirten Mischung
wieder beinahe farblos wird. In einem alle zwei Stunden beobachteten Reagenzröhrchen dauerte das Aufsteigen der Reaction durch
Diffusion bis an die Oberfläche volle 48 Stunden. Es ist also klar,
dass die Alkaloide des Harns ebensowohl wie die Harnsäure die
Jodsäure reduziren, sie thun dies aber nur sehr langsam und nur
in ganz schwach saurer, beinahe neutraler Lösung. Ferner absorbiren sie das freigesetzte Jod wieder, entfärben also die blaue Jodstärke, wie das schon im ersten Theil dieser Analecte als allgemeine Eigenschaft des Harns festgestellt worden ist.

Die weitere Verfolgung dieser Phänomene durch Experimente
an reinen Stoffen dürfte von einiger Wichtigkeit sein. Setzt man
dem Harn Jodtinctur oder eine Lösung von Jod in Jodid zu, so bemerkt man, dass grosse Mengen von Jod verschwinden. Nach einiger
Zeit bildet sich ein jodhaltiger Niederschlag, welcher der weiteren
Untersuchung werth scheint. Ein ganz paralleles Phänomen ist die
Capacität des Harns grosse Mengen Uebermangansäure zu reduziren,
die ebenfalls noch unerklärt ist. Bei der Verfolgung der letzteren
Reaction sowohl als der ersteren würde man wohl thun, alles Chlor
durch Mercuramin zu entfernen.

24. Ueber die Formen, in welchen Schwefel im Harn enthalten ist.

Der Harn des Menschen und einiger Säugethiere enthält neben
der an unorganische Basen gebundenen Schwefelsäure, welche durch
Baryt oder Merkuramin vollständig gefällt werden kann, kleine
Mengen von Schwefel in Formen, welche durch die genannten Basen
nicht gefällt werden. Dies wurde zuerst von Proust im Jahre 1801
entdeckt, im Jahre 1820 weiter begründet und von Ronalds im

Jahre 1847 genauer nachgewiesen. Im folgenden Jahre machte
Griffiths ähnliche Beobachtungen und Bestimmungen, und stellte
ausserdem fest, dass nach Einnahme von Schwefel durch den Mund
die Excretion beider Formen von Schwefel im Harn auf das Doppelte
vermehrt werde.

Im Jahre 1864 fand nun Schönbein, dass, wenn normaler
Menschenharn mit amalgamirtem Zink und Schwefelsäure behandelt
wird, er neben viel Wasserstoff ein wenig Gas entwickelt, welches
sich wie Schwefelwasserstoff verhält. Sertoli studirte diese Reaction
weiter am Harn von Menschen, Pferden und Hunden, und fand, dass
die Reaction einem Körper zugehöre, welcher durch Bleizucker gefällt werde, in Ammoniak, Aether und Alkohol löslich sei und sich
beim Erhitzen mit verdünnten Säuren auf 100^n unter Entwickelung
von Schwefelwasserstoff zersetze. Einige dieser Reactionen schienen
auf schweflige Säure, unterschweflige Säure, oder Schwefelcyansäure
zu deuten, von welchen die unterschweflige Säure bereits von
Schmiedeberg im Harn von Hunden und Katzen entdeckt worden war.

Die unterschweflige Säure, sobald sie freigesetzt wird, zerfällt
in schweflige Säure und Schwefel. Fügt man nun einem Harn,
welcher unterschwefligsaure Salze enthält, Salzsäure zu, so setzt sich
allmälig Schwefel in Pulverform ab, der sich durch Chloroform oder
Schwefelkohlenstoff auflösen und reinigen lässt; der saure Harn enthält schweflige Säure, welche durch die ihr besonderen Reactionen
nachgewiesen werden kann, namentlich nachdem sie durch Phosphorsäure freigesetzt und überdestillirt worden ist.

Man konnte daher die Schönbein'sche Reaction als von irgend
einer der drei genannten Säuren hervorgebracht deuten; einige
Autoren, welche mehr Gewicht auf Deductionen als directe Beweise
legten, entschieden sich für die Ansicht, dass die Reaction von
Schwefelcyan herrühre; dieses war ja schon als normales Ingredienz
des Speichels nachgewiesen. Da nun mit Kohle entfärbter Harn
und Speichel beide eine rothe Reaction mit Eisensalzen auch bei
Gegenwart von Salzsäure gaben, meinte man dieselbe gleichen Ursachen zuschreiben zu dürfen. Es wurde also die Gegenwart von
Schwefelcyansäure im Harn von mehreren Autoren, wie Leared,
Gscheidlen und Külz angenommen und weiter zu beweisen gesucht. In diesen Versuchen wurde die Schwefelcyansäure niemals
dargestellt und analysirt, sondern es wurde nur durch die Anstellung

von Reactionen oder den Nachweis von Zersetzungsproducten auf ihre
Anwesenheit geschlossen. Einige Experimentatoren gingen sogar
an die quantitative Bestimmung der supponirten Schwefelcyanwasserstoffsäure, indem sie dieselbe mit Bleizucker zu fällen und durch
Oxydation in Sulphat verwandelt zu quantiren trachteten. Sie hielten
das Schwefelcyanblei für in Wasser ganz unlöslich und bauten alle
weiteren Schritte auf diese leider ganz irrige Annahme.

Ich zeigte nun, dass das Schwefelcyanblei in Wasser keineswegs
unlöslich, sondern so löslich sei, dass an eine Darstellung kleiner
Mengen aus Harn, wie sie in der physiologischen Frage in Betracht
kommen, gar nicht zu denken sei. Nach einer genauen Bestimmung
lösen 1000 Theile Wasser von 15° 3 Theile Schwefelcyanblei;
heisses Wasser löst das Mehrfache dieser Menge. Eine kalt gesättigte Lösung von Schwefelcyanblei auf die Hälfte abgedampft,
setzte grosse Krystalle ab, welche bei der Quantation der vier Elemente C, N, Pb und S die allergenauesten Zahlen gaben:

	Theorie, Procente.	Gefunden, Procente.
C	7,43	7,46
N	8,66	8,64
Pb	64,08	63,66
S	19,83	20,04
	100,00	100,00

Aus dieser relativen Leichtlöslichkeit des Schwefelcyanbleies
folgt nun ferner, dass ein in kochendem Wasser unlösliches Bleisalz
nicht Schwefelcyanblei sein kann; wie ähnlich dem letzteren sich
auch die Reactionen seiner Zersetzungsproducte verhalten mögen.
Ferner folgt daraus, dass alle Experimente am Harn, in welchen
die Isolirung der Schwefelcyansäure angeblich durch Ausfällen mit
Bleisalz ausgeführt wurde, jeder rationellen Grundlage entbehren und
ihre Resultate falsch sein müssen. Dadurch wurden alle Angaben
von Gscheidlen und von Munk, soweit sie auf Bleipräparate basirt waren, widerlegt. Die Zersetzungsproducte und Reactionen,
welche sie hervorbrachten, hatten aber für sich allein keinen be-
weisenden Werth. Denn der Nachweis des Schwefels in irgend
welcher Form schloss ja die unterschweflige und schweflige Säure
nicht aus; die Reaction auf eine Spur von Blausäure in einem be-
liebigen Destillat konnte nicht beweisen, dass diese Materie, selbst
zugegeben, es sei Blausäure, in der Retorte aus Schwefelcyan ge-

bildet worden war; eine exacte Forschung musste als Beweis für
die Gegenwart von Schwefelcyan im Harn verlangen, dass dasselbe
durch Destillation und Fällungs- und Lösungsmittel in Substanz
dargestellt und darin nicht etwa nur Metall und Schwefel, sondern
namentlich auch Kohlen- und Stickstoff in den durch die Theorie
verlangten Verhältnissen nachgewiesen werde. Allein Analysen ihrer
angeblichen Schwefelcyanfällungen haben die betreffenden Autoren
überhaupt nie angestellt. Sie sind nur stets schnell zu physio-
gischen Generalisationen geeilt, so Gscheidlen, der 14 quantitative
Bestimmungen des Schwefelcyans im Harn giebt, welche mittelst
einer „colorimetrischen" Methode, dazu an Menschenharn, der nicht
einmal entfärbt war, angestellt sind. Munk hat sein hypothetisches
Schwefelcyan als Silbersalz gefällt und als schwefelsauren Baryt gewogen; aber Schwefelcyansilber aus Harn hat er nie analysirt.

Der Körper, welcher die von Schönbein entdeckte Reaction
der Entwickelung von Hydrothion mit Zink und Säure giebt, wird
durch Bleizucker beinahe vollständig aus Harn gefällt. Aus dem
Bleiniederschlag erhält man ihn leicht wieder in Lösung durch Behandlung mit kohlensaurem Kali in der Wärme. Befreit man diese
Lösung durch Baryt von aller Schwefelsäure und schwefligen Säure
und destillirt sie mit einem Ueberschuss von Phosphorsäure, so erhält man in keinem Stadium des Destillirens auch nur eine
Spur von Schwefelcyansäure oder schwefliger Säure. Fährt
man mit dem Destilliren fort, bis die Mischung syrupdick ist, so ist
beinahe aller Harnfarbstoff zersetzt, und aus den gebildeten Harzen
erhält man auf die von mir beschriebene Weise Uromelanin und
Uropittin. Die stark gefärbte Flüssigkeit, mit Salzsäure und Zink
behandelt, liefert Schwefelwasserstoff und zwar scheinbar gerade so
viel als vor der Destillation. Dabei entfärbt sie sich beinahe vollständig; dieselbe Flüssigkeit vor der Destillation mit Zink und Salzsäure behandelt entfärbt sich zwar auch, aber nicht so vollständig
als nach der Destillation. Vor wie nach der Destillation giebt sie
mit Jodsäure Reduction zu Jod, hauptsächlich von Harnsäure her-
rührend. Der Schwefelkörper hat daher die folgenden Haupt-Eigen-
schaften:

1. er bildet eine Bleiverbindung, die in Wasser unlöslich ist;
2. er ist nicht flüchtig, wenn er mit einem grossen Ueberschuss
   von Phosphorsäure gekocht und bis zur Syrupdicke der Lösung eingedampft wird.

Diese beiden Reactionen schliessen Schwefelcyanwasserstoffsäure aus. Zwar sagt Sertoli, dass sein mit Bleizucker gefällter Schwefelkörper sich beim Erhitzen mit verdünnten Säuren auf 100° unter Entwickelung von Schwefelwasserstoff zersetze. Allein dem steht entgegen, dass ich selbst an dem Schwefelkörper aus dem Bleizuckerniederschlag keine Entwickelung von Hydrothion durch Säure beobachtet habe, und ferner, dass die Entwickelung von Hydrothion nur unter stark reducirenden Einflüssen wie Zink in saurer Lösung beobachtet wird.

Hier ist nun einer Beobachtung von Gscheidlen zu gedenken, nach welcher er Thierkohle nicht zur Entfärbung des Harns als Präparation für seine colorimetrischen Experimente zu benutzen wagte, obwohl er das Reagenz in quantitativen Processen ohne Anstand benutzt hatte, „weil ein Theil der Schwefelcyanverbindung durch dieselbe zurückgehalten wird". Diese Angabe sollte etwa so ausgedrückt sein, dass Harn, der, ohne durch Thierkohle entfärbt zu sein, eine gewisse rothe Reaction mit Eisenchlorid giebt, nach der Behandlung mit Thierkohle eine schwächere ähnliche Reaction giebt. Dass Thierkohle Schwefelcyansalz aus wässeriger Lösung entfernt, habe ich durch besonderes Experiment gefunden. Allein der Umstand hat keinen diagnostischen Werth und kann die Hauptbeweise nicht erschüttern.

Wenn man Harn mit Merkuramin von allen Säuren, also auch von schwefliger, unterschwefliger und etwaiger Schwefelcyanwasserstoffsäure befreit, so giebt derselbe mit Eisenchlorid in saurer Lösung keine rothe Farbe mehr. Der Körper, welcher die Reaction giebt, ist daher eine Säure. Derselbe von Säure befreite Harn giebt nicht mehr die unmittelbare Reaction mit Jodsäure und Stärke, weil die Harnsäure und eine etwaige andere unbekannte Substanz, welche Jodsäure reducirt, entfernt sind. In dem entsäuerten Harn bleiben jedoch alle neutralen Körper und alle Alkaloide, den Harnfarbstoff eingeschlossen, in Lösung. Macht man nun mit solchem Harn das Schönbein'sche Experiment, so erhält man gerade so viel schwefelführendes Gas, als aus Harn, dem die Säuren nicht entzogen worden sind. Der hauptsächliche neutralen Schwefel führende Körper ist daher selbst neutral, oder ein Alkaloid; er ist sicher nicht Schwefelcyanwasserstoffsäure, denn da der entsäuerte Harn weder die Ferrichlorid-, noch die augenblickliche Jodsäure-Reaction giebt, kann er diese Säure nicht enthalten. Diese

Reaction ist für die Förderung der Lösung der uns beschäftigenden
Frage von der allergrössten Bedeutung.

In einer Arbeit, welche Stadthagen jüngst in der chemischen Abtheilung des physiologischen Instituts zu Berlin ausgeführt hat, in der Absicht, zu untersuchen, ob der normale menschliche Harn Cystin oder diesem nahestehende Verbindungen enthalte,
wird der ganze Apparat der schon längst nachgewiesenen Irrthümer
in Betreff des Verhaltens des Schwefelcyans zu Blei wiederholt. Die
viele Mühe, welche sich der Verfasser gemacht hat, um Schwefelcyan
aus seinem Bleiniederschlag auszuschliessen, war ganz unnöthig, denn
er konnte gar kein Schwefelcyanblei darin haben. Aber aus seinen
vielen Versuchen, von denen die meisten nach ihm selbst ein nega-
tives Resultat hatten, sind zwei von einigem positiven Werth. Harn
wurde mit Kalilauge stark alkalisch gemacht und zur Syrupconsistenz
verdampft. Zu diesem Syrup wurde nun etwas Bleisalz oder Zinksalz, beide in alkalischer Lösung gesetzt und die Mischung wurde
dann auf freiem Feuer eine Viertelstunde lang gekocht. Die Masse
wurde dann mit Essigsäure übersättigt und der unlöslich bleibende
Niederschlag (nach Befreiung von dem hypothetischen Rhodanblei
oder Rhodanzink) mit Salzsäure resp. Schwefelsäure zersetzt; dabei
entwickelte sich eine kleine Menge Schwefelwasserstoff, welche, in
Silbernitrat gefangen, und nach der Oxydation etc. als Bariumsulphat
gewogen wurde. Die hieraus berechnete Menge Schwefel betrug im
Durchschnitt von zehn Experimenten 0,3 mg, sage drei Zehntel Milli-
gramm pro Liter. In zwei Versuchen wurde gar kein Schwefel erhalten. Wir werden aus dem folgenden Experiment 2 sehen, dass
von flüchtigem Schwefel allein 2 mg pro Liter erhalten wurden,
dass demnach die von Stadthagen gefundenen 0,3 mg wenig mehr
als ein Sechstel dieser sehr begrenzten Menge ausmachen.

Das Facit dieses Versuchs ist, dass eine kleine Menge des
Schwefelkörpers durch langes Kochen mit verdünnter und concentrirter Kalilauge zersetzt wird, Schwefelkalium bildet, dessen Schwefel
dann an Blei oder Zink gebunden werden kann. Der Autor meint
selbst, dass nicht ausgeschlossen sei, dass diese Spuren von Schwefel
von Albuminstoffen herrühren könnten, allein dieser Verdacht ist
doch durch keine Thatsachen begründet.

Der zweite erwähnenswerthe Versuch zeigt, dass der Schwefelkörper, welcher die Reaction Schönbein's giebt, durch Silbernitrat
aus saurer Lösung vollständig gefällt wird. Zwei Liter Harn zur

Syrupconsistenz eingedampft, wurden mit Salpetersäure angesäuert und mit Silbernitrat ausgefällt. Der Niederschlag wurde abfiltrirt. Die neutralisirte und auf 4 l verdünnte Lösung wurde dann mit Zink und Salzsäure behandelt. Es entwickelte sich keine Spur Schwefelwasserstoff, selbst nach sechsstündiger Dauer des Versuchs. Zusatz von etwas unverändertem Harn brachte aber sofort eine Entwickelung von Hydrothion hervor.

Nun kommt aber Stadthagen zu dem gänzlich irrigen Schluss, dass neben dem Rhodan (welches er durch Silbernitrat ausgefällt glaubt) kein anderer Körper im Harn vorhanden sei, welcher die Schwefelwasserstoffreaction liefert. Die Gegenwart von Rhodan im Harn ist nämlich noch nicht bewiesen; auf der anderen Seite ist bewiesen, dass der durch Bleizucker fällbare, durch Merkuramin nicht fällbare Körper kein Rhodan ist, und doch die Schönbein'-sche Reaction giebt.

Sobald man die Frage nach der Natur dieses sogenannten neutralen oder organisch verbundenen Schwefels experimentell behandelt, wird man gewahr, dass man es mit complicirten Problemen zu thun hat. Dies war auch Schönbein wohlbekannt, denn er vermied sogar das Blei schwärzende Gas Schwefelwasserstoff schlechtweg zu nennen, oder anzunehmen, dass nur ein einziges derartiges Gas in dem Ueberschuss von Wasserstoff vertheilt sei.

Da ich nun den Schönbein'schen Versuch unter verschiedenen Bedingungen wiederholt habe und dadurch zu einigen Resultaten gekommen bin, welche bei weiteren Studien als Fingerzeige dienen können, mögen dieselben hier mitgetheilt werden.

Versuche über die flüchtigen, Bleipapier schwärzenden Gase, welche durch Zink und Salzsäure zugleich mit Wasserstoff aus menschlichem Harn entwickelt werden.

Dass diese Gase einen schwefelhaltigen Körper führen, wird nachgewiesen werden; es ist aber noch keineswegs sicher, dass sich nicht auch Phosphor an der Reaction betheilige. Die Experimente wurden mit Hülfe von grossen Wulf'schen Flaschen ausgeführt; der eine Tubulus trug den Trichter zum Eingiessen der Flüssigkeiten, der zweite einen mit Baumwolle gefüllten Cylinder, durch welchen die Gase streichen mussten, bevor sie in den Absorptionsapparat, meistens aus Liebig'schen Kalikugelröhrchen bestehend, eintraten.

Experiment 1. Das Gas streicht durch eine Lösung von

arseniger Säure, dann durch Kali. 1500 cc filtrirten Harns
wurden mit 160 cc gewöhnlicher reiner Salzsäure gemischt und über
300 g granulirtes Zink gegossen. Das entwickelte Gas wurde durch
eine mit Salzsäure angesäuerte Lösung von arseniger Säure, dann
durch eine alkoholische Lösung von Kali geleitet.

Das Gas, welches das Kali durchstrichen hatte, war ganz ge-
ruchlos, schwärzte Bleipapier nicht und verursachte keinen Nieder-
schlag in Bleizucker. Die arsenige Säure enthielt am Ende des
Experiments nur eine kleine Menge citronengelbes Schwefelarsen.
Die alkoholische Kalilösung enthielt einen krystallinischen Niederschlag, welcher nach dem Auflösen in Wasser weder in alkalischer,
noch saurer Lösung Bleizucker schwarz fällte. Die alkoholische
Lösung wurde durch Kohlensäure von Kali befreit und abgedampft.
Der durch etwas Aldehyd-Harz gefärbte Rückstand gab nach dem
Auflösen keinen schwarzen Niederschlag mit Bleizucker, aber einen
gelben Niederschlag mit Kupfernitrat, der unlöslich in
verdünnter Salzsäure und leicht abzufiltriren war. Es ergab
sich daraus, dass die arsenige Säure allen Schwefelwasserstoff ab-
sorbirt, aber ein Gas in die alkoholische Kalilösung befördert hatte,
welches vermöge seines Kohle- und Schwefelgehalts in der letzteren
ein xanthinsaures Salz producirt hatte.

Experiment 2. Das Gas streicht durch eine Lösung
von Silbernitrat. Fünf Flaschen mit 2 l Harn wurden in Operation gesetzt und während vier Tagen im Gang erhalten. Die
Niederschläge, welche sich in dem Absorptionsapparate bildeten,
wurden gesammelt, getrocknet, gewogen und untersucht.

Untersuchung des Silberniederschlags. Er wog 0,5934 g
und nahm beim Reiben Metallglanz an. Er war sehr schwer in sogar
kochender Salpetersäure löslich, aber nach dem Schmelzen mit Salpeter und Soda war alles leicht in Salpetersäure löslich. Die Schwefelsäure wurde durch Barytnitrat gefällt. Der Niederschlag wog 0,1477 g
= 0,02029 g S; im Fall aller Schwefel als Schwefelsilber vorhanden
war, correspondirt dies mit 0,137 Ag. Aus dem Filtrat wurde alles
Silber durch Salzsäure gefällt; der Niederschlag wog 0,6836 =
0,518 g Ag. Wir haben daher 0,518—0,137 = 0,381 g Silber,
welches nicht mit Schwefel verbunden war; ein grosser Theil desselben war ohne Zweifel reines Silber, welches durch Wasserstoff
stets aus neutralem Silbernitrat niedergeschlagen wird; ein anderer
kleiner Theil kann indessen Phosphid gewesen sein.

Untersuchung der Silberlösung, welche vom Niederschlag abfiltrirt war. Das Silber wurde durch Salzsäure genau ausgefällt; der Niederschlag enthielt einen organischen Körper von starkem, durchdringendem und absonderlichem Geruch. Das Filtrat wurde abgedampft und durch Molybdänlösung auf Phosphorsäure geprüft; der erhaltene gelbe Niederschlag wurde in Magnesiumtripelphosphat verwandelt. Es war daher Phosphorsäure gebildet worden.

Eine Probe der klaren vom ersten Silberniederschlag abfiltrirten Lösung war vor der Salzsäurebehandlung mit Ueberschuss von Ammoniak versetzt worden und hatte einen braunen Niederschlag gegeben. Die Lösung enthielt daher einen Körper, der mit ammoniakalischer, aber nicht mit neutraler Lösung von Silbernitrat einen unlöslichen Niederschlag bildete.

Experiment 3. Das Gas streicht durch eine Lösung von Quecksilberchlorid (Sublimat). Das Gas von 13 Flaschen, mit 2 Liter Harn jede, wurde durch Sublimat geleitet. Es verursachte die Bildung eines weissen pulverigen Niederschlags und hatte beim Austritt allen Geruch verloren. Dieser Niederschlag ist noch nicht näher untersucht worden.

Experiment 4. Das Gas streicht durch eine Lösung von kaustischem Kali. Das Gas von 6 l Harn wurde durch wässeriges kaustisches Kali geleitet; es verlor den Geruch vollkommen, machte jedoch einen geringen zweiten Niederschlag in Silbernitratlösung. In einigen Experimenten wurde das Kali gelb. Die Lösung gab mit Nitroprussidnatrium die Reaction auf alkalisches Sulphid.

Experiment 5. Das Gas streicht durch eine ammoniakalische Lösung von Silbernitrat. Der Niederschlag war schwarz; das weggehende Gas hatte seinen Geruch nicht ganz verloren, und roch ausserdem nach Ammoniak. In einem zweiten Experiment wurde das die alkalische Lösung verlassende Gas in eine angesäuerte Lösung von Silbernitrat geleitet. Es entstand noch ein geringer Niederschlag.

Experiment 6. Das Gas streicht durch Goldchlorid. Das Gas von 6 l Harn wurde durch Goldchloridlösung geleitet, bis dieselbe ganz entfärbt und das Gold in dichten braunen Flocken gefällt war. Der Niederschlag wog 0,256 g und enthielt 0,252 g reines Gold, somit nur 4 mg Materie, welche nicht Gold war. Diese

enthielt eine Spur Schwefel, aber keinen Phosphor; dazu organische
Materie. Die chlorhaltige Flüssigkeit ist noch nicht näher untersucht worden.

Experiment 7. Das Gas streicht durch Merkurinitrat.
Das Gas verliert allen Geruch, bringt aber erst nach langem Pas-
siren einen Niederschlag zu Stande; derselbe ist weiss und gering-
fügig. In diesem Experiment und in dem mit Sublimat zeigt die
Eingangsröhre einen schwachen schwarzen Ring, wo das Gas die
Flüssigkeit zuerst berührt.

Experiment 8. Das Gas streicht durch Merkuronitrat-
lösung. Es verliert allen Geruch und macht einen weissen Niederschlag, der allmälig grau wird. Der Niederschlag erfolgt schneller
und ist reichlicher als im Merkurisalz.

Alle Flüssigkeiten über Zink wurden allmälig entfärbt und
setzten auf ihrer Oberfläche eine röthliche harzige Materie ab.

Experiment 9. Gas aus Harn, welcher frei von Sulphat ist. Harn wurde mit Baryt ausgefällt; er gab mit Salzsäure
und Zink so viel Schwefelgas, wie vorher. Die Sulphate sind daher
nicht die Quelle des Gases; in diesem Falle konnten auch Sulphite
nicht die Quelle sein, da schweflige Säure ebenfalls durch Baryt
gefällt wird.

Experiment 10. Geschwefeltes Gas aus Senf. Gewöhnlicher Senf wurde mit Wasser, Zink und Salzsäure angesetzt und
entwickelte ein Gas, welches Bleipapier schwärzte.

Experiment 11. Geschwefeltes Gas aus Senföl. Ein
Cubikcentimeter des reinen Senföls wurde in ein wenig Alkohol ge-
löst und mit einem Liter Wasser geschüttelt. Die Lösung wurde
dann mit Salzsäure und Zink behandelt und entwickelte Gas, welches
Bleipapier schwärzte. Es wurde dann durch kaustisches Kali und
Silbernitrat geleitet; die Kalilösung enthielt viel Sulphid, und das
Silbernitrat war in derselben Weise gefällt, wie es das Gas aus
Urin zu Wege bringt.

Das Sulphocyanallyl, CSN, C_3H_5, verhält sich also in obigem
Experiment wie Schwefelcyan und entwickelt Schwefelwasserstoff.
Es könnte also etwas Senföl im Harn enthalten sein und zur Reaction beitragen. Allein die Hauptmasse der Reaction wird von
einem Körper geliefert, der nicht mit Wasserdämpfen flüchtig ist,
während Senföl mit denselben übergeht.

Es ist nun aus den Experimenten ersichtlich, dass das entwickelte Gas, von Wasserstoff abgesehen, nicht einfach ist; es ent-
enthält stets ein Gas, welches sich wie Schwefelwasserstoff verhält,
aber daneben Kohlenstoff und Schwefel enthaltendes Gas, möglicherweise Schwefelkohlenstoff, welcher mit Alkohol in Kali Xanthinsäure
bildet. Es kann auch gelegentlich Phosphorwasserstoff enthalten.
In Bezug auf diesen Punkt wurde folgendes Experiment gemacht.

Experiment 12. Phosphorwasserstoff streicht durch
Silbernitrat. Es wurde Phosphorwasserstoff durch Einwirkung von
heisser concentrirter Kalilösung auf Phosphor hervorgebracht, und
durch eine Lösung von Silbernitrat geleitet. Es wurde ein schwarzer
Niederschlag erhalten, der abfiltrirt und gewaschen wurde. Er war
leicht in Salpetersäure löslich, und die Lösung nach Entfernung des
Silbers gab die Reactionen auf Phosphorsäure. Die von schwarzem
Phosphid abfiltrirte Silberlösung gab nur Spuren von Phosphorsäure.
Es ist wahrscheinlich, dass wenig Phosphorwasserstoff in viel Silbernitrat mehr Phosphorsäure als Phosphid liefert, und umgekehrt viel
Phosphorwasserstoff in wenig Nitrat mehr Phosphid und wenig
Phosphorsäure. Beide Reactionen scheinen stets neben einander zu
erfolgen. Möglich, dass dieses Experiment dazu beitragen kann, die
vielen Widersprüche neuerer Autoren über Phosphorwasserstoff und
seine Reactionen zum Theil zu erklären. Der Gegenstand soll jedoch
hier nur angedeutet, keineswegs endgültig behandelt sein. Uebrigens ist schon von mehreren Autoren angegeben worden, dass im
Harn nicht nur neutraler Schwefel, sondern auch neutraler Phosphor
vorkomme.

Zweite Reihe von Versuchen. Der Harn wird ohne oder
mit Reagentien der Destillation unterworfen, um zu ermitteln, wie weit die schwefelhaltigen Körper flüchtig
oder fix sind.

Experiment 13. Harn wird für sich destillirt; ein
schwefelhaltiger Körper geht in das Destillat über. Das
Destillat wurde mit Zink und Salzsäure geprüft; es entwickelte Gas,
welches Bleipapier schwärzte. Das Residuum in der Retorte gab
ebenfalls mit Zink und Salzsäure Bleipapier schwärzendes Gas. Der
flüchtige Körper wird indessen nicht immer aus Harn ohne Säurezusatz erhalten.

Experiment 14. Harn mit Schwefelsäure destillirt lie-

fert einen flüchtigen Schwefelkörper. 1 l frischen Harns
wurde mit 125 ccm Vitriolöl versetzt und destillirt. Die erste Portion des Destillats gab mit Jodkalium, Stärke und Salzsäure keine
blaue Färbung, während die zweite Portion eine solche Färbung gab,
und somit die Gegenwart von salpetriger Säure anzeigte. Das dritte
Destillat wurde mit Jod und Salzsäure behandelt, und gab alsdann
mit Baryt einen Niederschlag, der Schwefelsäure enthielt. Die
späteren Destillate gaben mit Jodsäure, Stärke und verdünnter
Schwefelsäure eine blaue Reaction, und enthielten demnach wahrscheinlich eine Schwefelverbindung, welche Jodsäure zu reduciren
im Stande war, wie z. B. schweflige Säure.

Experiment 15. Mehrere Präparate von Salzen der durch
Schwefelsäure aus Harn ausgetriebenen organischen Säuren (Ameisensäure, Essigsäure, Benzoesäure etc.) wurden untersucht. Sie enthielten alle etwas Schwefelsäure, aus schwefliger Säure durch Oxydation, während des jahrelangen Aufbewahrens entstanden. Alle
gaben mit Jodkalium, Stärke und Säure die Reaction, welche auf
die Gegenwart von salpetriger Säure schliessen liess. Keines gab
mit Zink- und Salzsäure ein Bleipapier schwärzendes Gas.

Experiment 16. Harn mit Oxalsäure destillirt giebt
keine salpetrige Säure; der Rückstand aber giebt Schönbein's Reaction. 500 ccm Harn mit 50 g Oxalsäure destillirt gab
ein Destillat, in welchem Jodkalium und Stärke keine Reaction
zeigten. Der Rückstand gab mit Zink und Säure das Bleipapier
schwärzende Gas.

Experiment 17. Harn mit Phosphorsäure destillirt giebt
ein Destillat, welches eine oxydirbare und reducirbare
Schwefelverbindung enthält. 600 ccm Harn mit 80 g fester
Phosphorsäure gaben ein Destillat, in welchem Jodkalium und Stärke
keine salpetrige Säure anzeigten. Als es aber mit Chlor und Chlorbarium erhitzt wurde entstand schwefelsaures Barium. Dasselbe
Destillat gab mit Zink und Säure Bleipapier schwärzendes Gas.

Experiment 18. Unbekannte Schwefelverbindung,
welche mit den organischen Säuren durch Schwefelsäure
aus Harn ausgetrieben wird. Die Säuren aus grossen Mengen
Harns wurden in Bleisalze verwandelt; diese wurden getrocknet und
mit Alkohol von 85 pCt. ausgezogen. Es blieb ein Rückstand, der
jetzt in heissem Wasser unlöslich war. Beim Kochen mit Schwefel-
oder Salzsäure entwickelte der Körper ein wenig Hydrothion und

löste sich. Die Lösung in Salzsäure gab keine rothe Reaction mit Ferrichlorid, während dieselbe Menge Schwefelcyanblei ebenso behandelt, die Reaction aufs stärkste gab. Dem entsprechend gab die Lösung auch keine blaue Reaction mit Jodsäure und Stärke. Diese unlösliche Verbindung enthält daher kein Sulphocyanid, sondern irgend eine andere Schwefelverbindung. Wird sie für sich erhitzt, so entwickelt sie stinkende Dämpfe und schmilzt zu einer grauschwarzen Masse, aus welche Säuren Schwefelwasserstoff entwickeln.

Vorläufige Beobachtungen, welche zeigen, dass einige Metallsalze Schwefel aus Harn fällen.

Experiment 19. Eine Portion frischen Harns wurde mit Salzsäure und Zinnchlorür gemischt. Beim Stehen setzte sich etwas gelbes Schwefelzinn ab.

Experiment 20. Eine andere Portion Harn wurde mit Salzsäure, Zinnchlorür und Kupfersulphat gemischt, und setzte beim Stehen einen beinahe schwarzen Niederschlag von Schwefelkupfer ab.

Experiment 21. Eine Lösung von Schwefelcyankalium mit Salzsäure angesäuert und mit einer Mischung der Lösungen von Kupfer- und Eisenvitriol versetzt, setzt einen Niederschlag ab Derselbe verdient weiter untersucht zu werden. Die Reaction liesse sich vielleicht auf Harn anwenden.

Ich habe zuweilen freien Schwefel aus Menschenharn durch einfachen Zusatz von Säure erhalten. Diese Reaction wurde dann der unterschwefligen Säure zugeschrieben. Allein ich habe auch reinen Schwefel aus den durch Phosphormolybdänsäure isolirten Alkaloiden des Harns erhalten, unter Umständen, wo unterschweflige Säure weder gegenwärtig sein, noch reagiren konnte. Somit deutet Vieles auf die Körper, welche mit den Farbstoffen in die Mischung der Alkaloide gehen als die Träger der Hauptmasse des neutralen Schwefels hin, auf den wir im Vorgehenden so vielfältig reagirt haben.

Der Harn enthält also stets Schwefelsäure, an unorganische Basen gebunden; dieselbe mit organischen Radikalen verbunden als sogenannte gepaarte Schwefelsäure; er enthält zuweilen unterschweflige Säure; er giebt beinahe immer mit Schwefelsäure ein Destillat, welches schweflige und salpetrige und eine geschwefelte bis jetzt noch unbekannte Säure enthält; die salpetrige Säure kann vor der schwefligen übergehen. Der Harn enthält Schwefelkörper, welche von Phosphorsäure nicht ausgetrieben werden; die-

selben sind durch Bleizucker und Silbernitrat fällbar. In dem Bleiniederschlag kann kein Schwefelcyan enthalten sein. Es ist nicht
bewiesen, dass der Silberniederschlag Schwefelcyan enthält. Die
Schwefelkörper werden durch Zink und Salzsäure verändert, und
geben Gase aus, welche Schwefel in wenigstens zwei Formen enthalten, eine Schwefelwasserstoff, eine andere Schwefelkohlenstoff. Es ist nicht bewiesen, dass diese zwei die einzigen
Formen sind.

Um die Forschung über diese Fragen weiter zu führen, sind
grosse Mengen Material, viel Zeit und Geduld erforderlich. Wie
schwierig der Fortschritt ist, wird schon aus dem Umstand ersichtlich,
dass viele Lehrquellen, Handbücher etc. die Eigenschaften der hier
in Betracht kommenden Rhodanate unvollständig oder falsch angeben.
Dadurch sind mehre Forscher auf falsche Wege gerathen, und haben
Bleiniederschläge für Sulphocyanide gehalten, die gar kein derartiges Radikal enthalten konnten.

Die weitere Forschung kann sich mit drei Objecten vortheilhaft
befassen; dem Bleizuckerniederschlag aus Harn; dem Silbernitrat-
niederschlag aus angesäuertem Harn; dem Phosphormolybdän- oder
Phosphorwolframsäure-Niederschlag aus angesäuertem Harn. Jeder
dieser Niederschläge enthält den complicirtesten Schwefelkörper in
concentrirter Form. Mit Hülfe der Schönbein'schen Reaction
werden weitere Entwickelungen nur schwer zu erreichen sein, da
sie ein zersetzender oder alterirender Process ist. Sie ist aber als
Wegweiser bei der Untersuchung stets nöthig. Auch den Phosphid
liefernden Körper muss jede Forschung im Auge behalten.

25. Die Phosphatide, Vitelline und Pigmente des Eidotters der Vögel, Amphibien und Fische.

Die chemische Constitution der Eier ist an sich ein Gegenstand
von dem höchsten Interesse für den biologischen Chemiker und ist
auch schon häufig bearbeitet worden. Allein die Methoden waren
so unvollkommen, dass eine irgendwie zusammenhängende oder ab-
gerundete Darstellung der Resultate nutzlos ist. Die Aehnlichkeit,
welche die Eidotter einerseits mit der Gehirnsubstanz, andererseits

mit dem Bioplasma des wachsenden Organismus haben, ist schon verschiedentlich beobachtet und hervorgehoben worden. Man fand Cholesterin und Phosphatide, und unter den letzteren namentlich zuerst das Lecithin, welches daher seinen „Dotterstoff" bedeutenden Namen erhielt. Das Lecithin im Dotter der Hühnereier wurde namentlich von Gobley und später von Strecker bearbeitet. Dass diese Untersuchungen keine absolut gültigen definitiven Resultate hatten, habe ich bereits unter der das Lecithin betreffenden Analecte ausgeführt. Es ist danach nicht zweifelhaft, dass Eidotter dasselbe Lecithin wie das Gehirn des Menschen und Ochsen, nämlich Oleo-Margaro-Glycero-Neuro-Phosphatid oder seine Unterarten enthält. Es ist aber aus den Daten Strecker's wahrscheinlich, dass neben dem einstickstoffhaltigen Neurophosphatid wenigstens ein zweistickstoffhaltiges Phosphatid zugegen ist. Diese Frage kann jetzt mit Hülfe der neuen Trennungsmethoden besser als bisher behandelt werden. Neben diesen Phosphatiden sind nun noch andere gefunden worden, wie das sogenannte Nuklein, und dann in jüngster Zeit ein eisenhaltiges Phosphatid. Obwohl sich nun die diese beiden letzten Körper betreffenden Darstellungen theilweise widersprechen, theilweise decken, sind sie doch so wichtig, dass man hoffen darf, ihre Mängel durch weitere Bearbeitung verschwinden zu sehen. Auch die in den Dottern enthaltenen Eiweissstoffe, welche zum Theil Vitelline genannt wurden und von verschiedenen Forschern mit vieler Aufmerksamkeit erforscht worden sind, bedürfen weiterer Studien. Dies ist namentlich deshalb nothwendig, weil auf die gleichzeitige Gegenwart von Phosphatid und eiweissartiger Substanz Hypothesen über deren Beziehungen zu einander gegründet worden sind, nach welchen sie eine Verbindung darstellen sollten, für welche einige Autoren den Begriff Vitellin ausschliesslich reklamirten, während die älteren Autoren als Vitellin jenes Residuum bezeichneten, welches nach Entfernung der löslichen Phosphatide die elementare Zusammensetzung des Eiweisses zeigte. Auch diese Analysen müssen wiederholt werden, da die früheren weder auf Schwefel, noch Phosphor, die späteren zwar auf Schwefel, aber nicht auf Phosphor Rücksicht nahmen. Nur Gobley quantirte alle Elemente, Schwefel und Phosphor eingeschlossen. Ich werde daher nicht von einem Vitellin, sondern von den Vitellinen verschiedener Autoren vergleichend und unterscheidend handeln. Dass die chemische Constitution des Dotters mit der des Gehirns nicht nur viele

Analogien hat, sondern ihr auch darin ähnelt, dass sehr zahlreiche unmittelbare Stoffe an ihr Theil nehmen, kann jetzt nicht mehr zweifelhaft sein. Der Dotter hat indessen auch wieder Eigenthümlichkeiten, welche ihn, ganz abgesehen von dem Mangel einer näheren Organisation, bedeutend von der Hirnmasse, dem Neuroplasma, unterscheiden. Zu diesen gehört namentlich die Gegenwart einer bedeutenden Menge neutralen Fettes, in welchem das Triolein über die Glyceride der beiden anderen gewöhnlichen Fettsäuren vorherrscht. Solche Fette kommen in der normalen Gehirnsubstanz wahrscheinlich überhaupt gar nicht vor, sind wenigstens bis jetzt von keinem Beobachter isolirt worden; wo man ihre Gegenwart mikroskopisch erkannt zu haben glaubt, ist sie jedenfalls krankhaften Zuständen zuzuschreiben; aber auch in diesen Ausnahmsfällen fehlt bis jetzt der stricte chemische Beweis der Identität. Die Dotter enthalten dann auch besondere gefärbte Stoffe, oder sogenannte Pigmente, darunter das auffallendste, am besten characterisirte, das mit dem gelben Farbstoff der Corpora lutea der Säugethiere (dem Ovario-Lutein) vielleicht identische Ovo-Lutein ist. Auch dieses Ovo-Lutein scheint im Gehirn nicht vorzukommen; anstatt dessen aber findet sich in den Ganglienzellen ein, soweit mir bekannt ist, bis jetzt nicht isolirter Farbstoff, der in der Art seiner Ablagerung Analogien mit dem Ovario-Lutein der Zellen der Corpora lutea nicht verkennen lässt.

Der Dotter des Hühnereies besteht aus einer Membran, welche eine zähe, dicke, kaum durchscheinende Flüssigkeit von rein gelber oder rothgelber Farbe enthält. Die Farbe wechselt nach den Racen oder der Nahrung der Thiere. Der Dotter hat keinen Geruch, aber einen schwachen eigenthümlichen Geschmack. Beim Mischen mit Wasser bildet er eine weisse trübe Flüssigkeit oder Emulsion von alkalischer Reaction; dieselbe gerinnt beim Kochen. Der Dotter gerinnt in Alkohol; in Aether bildet er eine zähe weisse Masse.

Unter dem Mikroskop besehen, erscheint der Dotter als eine Mischung einer Flüssigkeit mit verschiedenen darin suspendirten Körperchen. Zunächst bemerkt man zahllose kleinste Körperchen, grössere Fetttröpfchen und noch grössere Dotterkörperchen oder Dotterplättchen von verschiedenem Durchmesser. Die Fetttropfen sind am wenigsten gefärbt und von einer Lage äusserst feiner Körnchen umringt. Die Dotterkörper erscheinen wie von einer Membran umgeben, welche ebenfalls mit Körnchen bestreut

ist. Lässt man Chlorammonium oder ein anderes neutrales Salz
auf Dotter unter dem Mikroskop einwirken, so verschwinden die
kleinsten Körperchen, indem sie sich auflösen, während die
Fetttropfen und Dotterplättchen als ovale oder länglich-runde Kerne
übrig bleiben. Die letzteren werden durch concentrirte Essigsäure
oder verdünnte Kalilauge ihrer Hüllen beraubt, und es bleiben dann
körnige Gebilde mit eingelagertem gelbem Fett.

Hat man den Dotter mit Aether erschöpft, so zeigt der Rückstand unter dem Mikroskop die kleinsten Körperchen zu grösseren
Massen verklebt und das Fett verschwunden. Die Körperchen-
massen sind ihrerseits in Neutralsalzen löslich und lassen nur geringen körnigen Rückstand, welcher die Lösung etwas trüb erscheinen lässt.

Die Fetttropfen scheinen nur Neutralfette zu enthalten, denn
wenn man Dotter mit Aether auszieht, so enthalten die ersten Auszüge entweder gar kein oder nur wenig Phosphatid; die späteren
Auszüge enthalten viel Phosphatid. Ist der Dotter vor Zumischung
des Aethers mit Chlorammonium, Essigsäure oder Kalilauge gemischt
worden, so gehen Fett und Phosphatid gleichzeitig und gleichmässig
in den Aether über. Daraus folgt, dass dies Phosphatid aus Körperchen kommt, welche nur langsam von Aether durchdrungen, aber
von den Salzen und Alkalien wahrscheinlich einer Umhüllung beraubt werden.

Die Dotterkörperchen oder Zellen oder Plättchen enthalten
neben Neutralfett und Phosphatid den Haupttheil der Pigmente;
sie werden nach Behandlung mit Chlorammonium intensiver an
Farbe, und sind viel mehr gelb gefärbt als die hüllelosen Fetttropfen; ein Theil dieser Erscheinung ist dem grossen Volum zuzuschreiben; allein einige Fetttropfen sind zweifellos ganz frei von
Pigment.

Verschiedene Definitionen des Begriffs Vitellin. Die
folgenden Autoren betrachten als Vitellin den im unverletzten Ei
hart gekochten Dotter, welcher mit Aether oder Aether und Alkohol
erschöpft worden ist: Bence-Jones, Dumas und Cahours, Noad.
Diese Masse reagirte wie Eiweiss mit Salzsäure, und zeigt bei der
Analyse die folgende elementare Zusammensetzung:

Elemente, im Mittel:

Bence-Jones.	Dumas und Cahours.	Noad. Bei 100°.	Baumhauer. Bei 120°.
C 52,90	51,60	53,96	52,72
H 7,43	7,22	7,79	7,09
N 13,47	15,02	12,81	15,47
S nicht best.	nicht best.	1,67	0,47
P nicht beobacht.	nicht beobacht.	nicht beobacht.	keinen.

Asche, in der Elementaranalyse abgezogen:

9,02	3,6—4,48	—	4,6
			Phosphors. Kalk.

Diese Masse musste demnach neben Dotter-Eiweiss (Vitellin) Dotterplättchen enthalten. Alle Körper waren durch Kochen und Solventien verändert.

v. Baumhauer zerrieb den Dotter mit Wasser, filtrirte (wobei Dotterplättchen und je nach der Menge Wassers mehr oder weniger gefällte Substanz auf dem Filter bleiben musste), fällte das Filtrat mit Alkohol und wusch den Niederschlag mit Alkohol und Aether. Die Elementar-Analyse des Products ist oben gegeben. Es war durch Kochen mit Essigsäure gelöst und durch Ammoniak gefällt worden; daher ohne Zweifel sehr verändert, wie auch die geringe Menge des erhaltenen Schwefels anzeigt.

Valenciennes und Frémy behandeln den Dotter mit einem grossen Volum kalten Wassers, wodurch „Albumin" gelöst und „Vitellin" gefällt wird. Das letztere wird mit Wasser, Alkohol und Aether gewaschen. Es ist in Alkalien löslich; zersetzt nicht Wasserstoffsuperoxyd.

Gobley, im Gegensatz zu den vorigen, nennt den Theil des Dotters, welcher sich beim Behandeln mit Wasser auflöst, Vitellin oder lösliches Vitellin, und den Theil, der sich niederschlägt, emulsiven Dotter. Die Lösung wird bei 60° trüb, und bei 73°—76° erfolgt Fällung in Flocken. Die Lösung wird auch durch Schwefel- oder Salzsäure gefällt, nicht gefällt durch Essig-, Milch-, Wein- und Phosphorsäure, durch Kali, Natron, Baryt oder Kalk. Das coagulirte Vitellin ist farblos, schwillt zu einer gelatinösen Masse in Kalilauge und löst sich auf.

Elemente pCt.

	Valenciennes und Frémy.		Gobley.
C	51,60	52,26	52,26
H	7,22	7,24	7,25
N	15,02	15,28	15,06
S	—	—	1,17
P	—	—	1,02
O	—	—	—
Asche	—	—	4,82

Es ist bemerkenswerth, dass bei so verschiedener Darstellungsweise die Producte doch in den Quantitäten der drei ersten Elemente so viel Aehnlichkeit zeigen.

Lehmann betrachtet Vitellin als eine Mischung von Albumin und Casein. Bei dieser Definition ist das Albumin in Lösung, während das Casein in den amorphen dunklen Körnchen enthalten ist. Nach ihm enthalten sie so viel phosphorsauren Kalk als das gewöhnliche Casein der Milch. Die Intercellularflüssigkeit enthält demnach kein Casein, sondern nur Albumin und zwar mit wenig Alkali.

Obwohl er bei der Beschreibung des Vitellins angiebt, es werde durch Aether gefällt, durch Blei- und Kupfersalze nicht gefällt, besitze also drei scharfe Unterscheidungszeichen (1.364), so meint er doch wieder (2.356), dass die durch Aether in Dotter gebildete Masse irrigerweise als coagulirtes Vitellin angesehen worden sei. Er sagt, dass, wenn diese Flocken nach Entfernung des Fetts und des Aethers auf dem Filter gesammelt und (mit Wasser) gewaschen werden, so lange das Filtrat beim Erhitzen noch getrübt wird, dann bleibe eine Masse auf dem Filter, welche dem nach Rochleder und Bopp dargestellten Casein vollkommen ähnlich sei, welche aber neben dem wahren Casein eine Quantität salzarmen Albumins enthalte. Dieses Albumin werde gefällt, wenn man den Dotter mit Wasser verdünne, wie ja auch am Eiereiweiss und Blutserum beobachtet werde. Diese Substanz besitze alle dem Casein zugeschriebenen Eigenschaften, wie man aus ihrem Verhalten zu Säuren, Alkalien, alkalischen, erdigen und metallischen Salzen sehen könne. Die Substanz löse sich in verdünntem Chlorammonium, Chlornatrium, schwefelsaurem Natron und lasse nur einen kleinen Rückstand von Fett und Membranen der Dotterplättchen (was andere

18*

Kerne oder Nuklein nennen). Zusatz von Essigsäure oder Kochhitze
mache diese Lösung sehr trüb. Die durch Kochen gefällte Substanz
sei dasselbe Albumin, welches vordem durch Verdünnen mit Wasser
gefällt, durch Salz zusammen mit dem Casein wieder aufgelöst worden sei. Allein diese Aehnlichkeiten zwischen Casein und der Substanz aus Dotter wären nicht zwingend ohne die Eigenschaft der
Lösung, durch Laab vollständig coagulirt zu werden. Setze
man Laab zu der Lösung in Chlorammonium oder Chlornatrium
und lasse bei 30° zwei bis drei Stunden stehen, so bilde sich ein
dichtes caseinartiges Coagulum. An Milchsäuregährung sei bei Abwesenheit des Zuckers nicht zu denken. 100 Theile der trockenen
Substanz enthielten 5,044 Asche, welche beinahe ganz aus Erd-
phosphaten und Carbonaten bestehen.

Dennoch hat Lehmann Bedenken, die Substanz des Vitellins
absolut für Casein zu erklären, namentlich da man nicht wisse, ob
Casein selbst nicht eine Mischung sei.

100 Theile Dotter lieferten 13,932 Theile solchen Caseins,
durch Essigsäure aus seiner Lösung in Chlorammonium gefällt. Der
in Chlorammonium unlösliche Theil (Membranen) betrug nur 0,459 pCt.

In seiner Monographie über die Eiweisssubstanzen handelt
Denis auch von dem Albuminoid des Dotters, welchem er den von
Gobley zuerst gebrauchten Namen Vitellin beliess, aber ohne auf
die Definitionen und Reactionen dieses Autors eine durchgreifende
Rücksicht zu nehmen. Ich füge die von Denis gemachte Angabe
im Auszug nach dem Original hier an, zugleich mit einigen Inter-
pretationen, welche dem Leser das Verständniss des Ganzen wohl
erleichtern dürften.

Wenn Hühnereidotter mit Aether behandelt wird, so giebt er
an denselben Fett, Cholesterin und Phosphatide, darunter Lecithin,
und Farbstoffe, Ovolutein ab, unter der Mischung bleibt eine wässerige Flüssigkeit, welche lösliches Eiweiss und Salze enthält. Die
weissliche, teigige Masse, welche Aether gefällt, aber nicht gelöst
hat, ist im Wasser unlöslich, löst sich dagegen in einem gleichen
Volum Salzwasser von 9 pCt. oder schwachen Alkalien, oder auch
sehr verdünnten Säuren. (Der Leser wird bemerken, dass bei dieser
letzteren Reaction die Fällung von Nuclein entweder nicht beobachtet, oder übersehen worden ist.) Die Salzwasserlösung von der
eben angeführten Stärke ist eine dicke, trübe, kleisterartige Masse.
Setzt man Salz in Pulverform dazu, so entsteht keine Veränderung;

verdünnt man aber mit viel Salzwasser, welches in 20 Theilen
1 Theil gesättigte Lauge enthält, so entsteht eine filtrirbare Lösung.
In derselben schwimmen indessen Partikeln, welche die Lösung sehr
trüb machen. Diese Reactionen finden nicht mehr statt, nachdem
das Eigelb oder das Vitellin mit Wasser auf 65° erhitzt, oder während einiger Stunden mit starkem Alkohol in Berührung gewesen
ist. Auch durch einfaches Stehen an der Luft unter etwas Wasser
wird das durch Aether gefällte Vitellin in Salz etc. unlöslich.

Reactionen der Salzwasserlösung. Sie wird durch Zusatz von viel reinem Wasser gefällt; durch schwefelsaure Magnesia
und Kochsalz nur getrübt. Setzt man ihr starken Alkohol zu, so
fällt das Vitellin aus, und ist nach dem Waschen mit Alkohol in
Salzwasser nicht mehr löslich. Durch Hitze coagulirt die Lösung;
Aether bringt in ihr einen Niederschlag hervor, es bleibt aber viel
einer Substanz in Lösung, welche Aether nicht afficirt. Schwache
Säuren und Alkalien machen sie, trüb, ohne deutlichen Niederschlag
hervorzubringen; stärkere Säuren verursachen eine Fällung, welche
nur theilweise in Wasser wieder löslich ist. Wenn man die Flüssigkeit mit Salz sättigt, und dann schwache Lösungen von Alkalien
oder Säuren zusetzt, so entsteht ein Niederschlag, welcher in Wasser
noch weniger löslich ist als der vorige. (Dieser Niederschlag ist
von einigen Autoren Myosin genannt worden.) Wird die Salzlösung
bei + 40° geschüttelt, so bilden sich in ihr Fasern, welche die
Form eines Gewebes annehmen können.

Nach den vorstehenden Reactionen kam Denis zu dem Schluss,
dass das Vitellin aus Albumin mit sehr wenig Globulin bestehe.
Nach ihm kann man durch Mischen einer filtrirten Lösung von
Hühnereiweiss in dem gleichen Volum Wasser, mit einer gewissen
Menge von löslichem fadenziehendem Globulin eine Flüssigkeit hervorbringen, welche einer mässig alkalisirten Salzlösung von Vitellin
in allen Eigenschaften gleicht.

Extraction eines Phosphatids aus dem Vitellin. Wenn
die durch Wasser gefällte Substanz bei 30 bis 40° mit Alkohol
ausgezogen und die Lösung bei dieser Temperatur filtrirt wird, so
enthält dieselbe einen bis jetzt nicht analysirten Körper, der sich
wie ein Phosphatid verhält. Er quillt in Wasser, wird durch Salz
wieder gefällt; ist stets weich und bildet leicht ölige Tropfen; beim
Erkalten der warm gesättigten Lösung in Alkohol und längerem

Einfluss einer unter dem Gefrierpunkt liegenden Kälte, krystallisirt er in feinen Nadeln.

Der resultirende Vitellin-Eiweissstoff. Nachdem das vorgehende Phosphatid durch Alkohol ausgezogen ist, bleibt ein unlösslicher Eiweissstoff mit Salzen zurück. Derselbe ist ebenfalls „Vitellin" benannt, und von mehreren Untersuchern (s. oben) geprüft worden. Gobley fand darin 1,17 pCt. S und 1,02 pCt. P, Baumhauer fand darin 0,42 pCt. S, aber keinen P. Aronheim fand 0,75 pCt. S.

Jedenfalls hat diese Materie die Eigenschaften, welche das Vitellin vor der Behandlung mit warmem Alkohol besass, beinahe alle verloren. Das durch Alkohol ausgezogene Phosphatid (gewöhnlich für Lecithin erlärt) hat ebenfalls Eigenschaften, welche dem löslichen Vitellin nicht zukommen, z. B. dass es durch Kochsalz aus seiner „Quellung" geschrumpft wird. Das durch Wasser aus der Salzlösung ausgeschiedene Vitellin lösst sich in Wasser mit 1 p. M. Salzsäure, aber beim Stehen scheidet sich Lecithin aus, welches dieselben Eigenschaften besitzt, wie das durch Alkohol ausgezogene

Wir kommen nun zu einem deutlichen Fortschritt in der Erkenntniss der Immediatmaterien des Dotters, nämlich der Isolirung des Nucleins.

Vitello-Nuclein. Wenn Miescher die durch Aether in Dotter bewirkte Fällung in 10procent. Kochsalz- oder Salmiaklösung, oder verdünnter Schwefelsäure löste, blieben Kerne, sog. Inhaltskörperchen der Dotterelemente ungelöst; sie konnten aber nicht abfiltrirt werden. Er erschöpfte daher Dotter mit Aether, kochte ihn dann mit Alkohol aus; kochte ihn mit Wasser, und unterwarf dieses Residuum der Pepsinverdauung. Die Masse löste sich, während ein pulveriger weisser Bodensatz als unverdaulicher Rest blieb. Derselbe wurde mit Wasser bis zum Verschwinden der Tanninreaction im Filtrat gewaschen, dann mit Aether und Alkohol extrahirt. Er wurde nun in einer 1procent. Lösung von kohlensaurem Natron gelöst; es entstand eine gelbliche mehr oder weniger opalisirende Flüssigkeit. Sie war schwer zu filtriren, wurde aber nach Anwendung verschiedener Filter klar erhalten.

Die Lösung wurde durch Essigsäure oder verdünnte Salzsäure gefällt. Der Niederschlag stellte die ganze Menge des Gelösten vor, war von flockig amorpher Beschaffenheit, und im Ueberschuss der Säure unlöslich. Er gab mit Salpetersäure die Xanthoproteinreaction; mit

Kali und Kupfervitriol gekocht eine violette Lösung; Millon's Reagenz gab schwach rothe Färbung. In Eisessig war der Niederschlag auch beim Kochen nicht löslich, löslich dagegen in rauchender Salzsäure, und beim Verdünnen mit viel Wasser wurde er wieder ausgeschieden. Längere Behandlung mit rauchender Salzsäure oder kaustischen Alkalien veränderte die Materie so, dass ein Theil der Substanz beim Verdünnen oder Ansäuern nicht niederfiel, sondern in Lösung blieb, und aus neutraler Lösung durch Tannin gefällt werden konnte.

Die Substanz war in heissem Alkohol ein wenig, in Aether spurweise löslich. Ein Präparat enthielt 15,35 pCt. Phosphorsäure; ein zweites 0,99 pCt. Schwefel, 16,23 pCt. Phosphorsäure und 13,46 pCt. Stickstoff.

Wurde die Substanz für sich verbrannt, so verflüchtigten sich $^2/_3$ der Phosphorsäure; Asche wurde nicht erhalten.

Ein Hühnereidotter lieferte mit obigem Process 0,2—0,3 g trockenes Nuclein. Von den 15 pCt. Eiweissstoffen des Dotters sind daher 1—1$^1/_2$ pCt. Nuclein.

Der Dotter enthält daher Kernstoffe in bedeutender Menge. Sie existiren als feinste Körner, wohl durch Zerfall grösserer Zellenkerne entstanden. Diese wichtige Beobachtung bedarf Angesichts der sogleich zu beschreibenden Angaben über ein im Dotter enthaltenes eisenführendes Phosphatid, und Angesichts der Schwierigkeiten, von welchen die Frage vom Nuclein überhaupt umringt ist, vieler weiterer Forschungen.

Das eisenhaltige Phosphatid des Dotters des Hühnereies. In jüngster Zeit hat Bunge einen dieser Bezeichnung entsprechenden Körper erhalten. Zieht man den Dotter des Hühnereis mit Alkohol aus, so geht eine Spur Eisen in das erste Alkoholextract über. Die folgenden Alkoholextracte und die Aetherextracte enthalten keine Spur Eisen. Alles übrige Eisen bleibt in dem in Alkohol und Aether unlöslichen Theil des Dotters. Dieser macht ungefähr $^1/_3$ vom Gewicht des trockenen Dotters aus. In diesem Rückstand ist das Eisen in organischer Verbindung und nicht als Oxyd oder Oxydul in salzartiger Verbindung mit Säuren enthalten. Salzsäurehaltiger Alkohol zieht aus dieser Verbindung, selbst bei mehrere Tage dauernder Digestion bei einer dem Kochpunkt des Alkohols nahen Wärme kein Eisen aus.

Isolirung des Ferro-Phosphatids. Die Dotter werden

durch Rollen über Fliesspapier von Eiweiss befreit, und sofort mit Aether extrahirt. Die in Aether ungelöst bleibende Masse wird in Wasser, welches 1 p. M. Salzsäure enthält, aufgelöst, und nach genügender Verdünnung mit solchem angesäuertem Wasser filtrirt. Es geht eine opalisirende Flüssigkeit durch, während nur Fetzen der Dottermembran auf dem Filter bleiben. (Es ist nicht angegeben, was bei diesem Process aus dem Nuclein wird.) Das Filtrat wird mit einem Auszug der Schleimhaut des Schweinemagens, welcher mit Wasser, 2,5 p. M. Salzsäure enthaltend, angefertigt ist, versetzt. Wird diese Mischung auf Körpertemperatur erwärmt, so trübt sie sich und setzt allmälig einen schwach gelblich gefärbten Niederschlag ab. Dieser Niederschlag enthält fast sämmtliches Eisen, während die darüberstehende Flüssigkeit nur sehr wenig desselben enthält. Der eisenhaltige Niederschlag wird durch Salzsäure allein nicht erhalten, er scheint daher durch eine Fermentwirkung aus einer complicirteren Verbindung abgespalten, oder aus einer anderen gebildet zu werden.

Reinigung des Ferro-Phosphatids. Der Niederschlag wird zunächst mit Wasser + 1 p. M. Salzsäure, dann mit reinem Wasser ausgewaschen, darauf wiederholt mit Alkohol gekocht und zuletzt mit Aether ausgezogen. Darauf wird er in wässerigem Ammoniak gelöst, filtrirt, und das klare Filtrat wird mit Alkohol gefällt. Der entstehende Niederschlag enthält sämmtliches Eisen, die Lösung eine bedeutende Menge eiweiss- und peptonartiger Substanzen ohne eine Spur von Eisen. Der Niederschlag wird mit Alkohol ausgewaschen, darauf in Alkohol suspendirt, und der Alkohol mit Salzsäure bis zur stark sauren Reaction versetzt. Darauf wird der Niederschlag nochmals mit Alkohol ausgewaschen und ausgekocht bis im Filtrat kein Chlor mehr nachweisbar ist. Schliesslich wird der Niederschlag nochmals mit Aether digerirt und auf dem Filter ausgewaschen; er backt dabei zu einer homogenen Masse zusammen, welche beim Verdunsten des Aethers vollkommen durchsichtig wird, eine gelbe Farbe annimmt, von Rissen durchsetzt wird und in scharfkantige Bruchstücke zerfällt. Diese lassen sich leicht zu einem feinen helleren Pulver zerreiben. Dasselbe wird im Vacuum, zuletzt bei 110^0 getrocknet. Bei einer Wärme von über 110^0 bräunt sich die Masse.

200 Eidotter, welche 2258 g wogen, lieferten auf diese Weise 34 g des Ferrophosphatids; also gab ein Dotter 0,17 g = 0,0106 pCt. der Dottermasse.

Reactionen des Ferro-Phosphatids. Durch verdünnte

Salzsäure verliert es kein Eisen, wohl aber durch concentrirte. In der ammoniakalischen Lösung bringt Schwefelammonium nur nach vielen Stunden eine schwarze Färbung von Schwefeleisen hervor. In Kalilauge löst sich das Phosphatid und bildet eine klare gelbliche Lösung. Nach mehrtägigem Stehen aber scheidet sich aus dieser Lösung ein Theil des Eisens als rothbraunes Oxyd ab. Aus der Ammoniaklösung dagegen scheidet sich auch nach wochenlangem Stehen, oder auch nach Kochen kein Eisenoxyd ab. Setzt man zur Ammoniaklösung etwas Ferrocyankalium und übersättigt darauf mit Salzsäure, so fällt zunächst ein weisser Niederschlag heraus, welcher sich allmälig blau färbt, um so rascher, je grösser der Salzsäureüberschuss und je concentrirter die Salzsäure war. Setzt man zur Ammoniaklösung Ferricyankalium und darauf Salzsäure, so bleibt der herausfallende Niederschlag weiss. Das Eisen spaltet sich also als Oxyd aus der Verbindung ab.

Ausser dem Eisen enthält das Präparat von anorganischen Elementen Spuren von Ca, Mg und Cl, aber keine Alkalien.

Bei der Elementaranalyse wurde das Präparat zur Bestimmung des Eisens mit kohlensaurem Natron verbrannt, und die salzsaure Lösung der gesammten Asche in der Kälte mit essigsaurem Natron versetzt, um das Eisen als phosphorsaures Oxyd fällen und abfiltriren zu können. In dem geglühten und gewogenen Niederschlag von phosphorsaurem Eisenoxyd wurde das Eisen nach Lösung in Schwefelsäure und Reduction durch Zink mit Kaliumpermanganat titrirt.

Resultat der Elementaranalyse, verglichen mit Nuklein und Albumin.

	Ferrophosphatid aus Dotter.	Hefenuklein (Kossel).	Albumin (Schützenberger).
C	42,11	40,81	52,62
H	6,08	5,38	7,07
N	14,73	15,98	16,62
S	0,55	0,38	1,75
P	5,19	6,19	—
Fe	0,29	—	—
O	31,05	31,26	21,94

NB. Dieses Hefenuklein ist von Kossel nur einmal erhalten worden; alle späteren Präparate enthielten viel weniger Phosphor.

Der Name „Hämatogen", welchen Bunge für diese Substanz vorschlägt, scheint wenig passend, erstens weil dasselbe eine unbewiesene
Hypothese proponirt, und zweitens weil er mit einem als Adjectiv
häufig gebrauchten Wort collidirt. Wir benutzen daher in dieser Nachricht die beschreibende Bezeichnung „Ferrophosphatid" aus Hühnereidotter.

Die Betrachtung, dass dieser Körper das Material zur Bildung
des Bluts des jungen Hühnchens liefere, ist sehr interessant. Ein
Vergleich der Procente der Elemente des Phosphatids mit dem der
Elemente des Hämatoglobulins lehrt zugleich den Abstand, welchen
die embryonale Entwickelung zu überbrücken hat; auch kommt bei
dieser Betrachtung Hämatoglobulin viel weniger als Hämatin in den
Vordergrund, also ist die chemische Transition von dem eisenhaltigen
Phosphatid, auf ein phosphorfreies Ferrid keinesfalls eine
leichte, ohne viele Zwischenstadien eintretende.

Die obigen Proportionen geben etwa ein Atom Fe auf 32 At. P;
darnach scheint eine einheitliche Verbindung nicht sehr wahrscheinlich. Die Quotienten der Procente der Elemente durch ihre
Atomgewichte sind die folgenden:

		$\div$ S = 1.	$\div$ Fe = 1.	$\div$ P = 1.	$\div$ P = 2.
C	3,51	205	677	21	42
H	6,08	369	1173	—	—
N	1,05	61,7	202	6	12
P	0,167	9,8	32	1	2
S	0,017	1	3,2	—	—
O	1,94	114	374	11,6	23
Fe	0,00158	—	1	—	—

Albumin ist von Schützenberger, um eine Molekel Tyrosin
erhalten zu können, als $C_{240}H_{387}N_{65}O_{75}S_3$ formularisirt worden. Man
sieht wie die Formel des Ferrophosphatids selbst mit S = 3 angenommen in allen Stücken von der des Albumins abweicht. In der
That durch ihren Phosphorgehalt, abgesehen vom Eisen, ist diese Verbindung schon einzig in ihrer Art und sehr merkwürdig. Auch als
Phosphatid mit P = 1, oder Diphosphatid mit P = 2, lässt sich die
Verbindung nicht betrachten, weil alsdann die Menge von N_6 oder
N_{12} kaum theoretisch unterzubringen ist.

Es ist aus der Darstellung Bunge's nicht ersichtlich, wo das
Nuklein Miescher's bleibt, welches ja in Salzsäure unlöslich ist.

Im Falle die Bunge'sche Darstellung, dass beim Filtriren der Salz-
säurelösung nichts als Dottermembranfetzen, also kein Nuklein, auf
dem Filter bleibe, richtig ist, muss die Angabe Miescher's von der
Unlöslichkeit der Dotterplättchenkerne in Salzsäure irrig sein. Es
wäre dann in Miescher's Process das Nuklein ebenso gut ein Ver-
dauungsproduct wie in Bunge's Process, und nicht nur, wie
Miescher annimmt, ein unverdautes und unverdauliches Residuum.

Emydin.

Wird aus den Eiern von Schildkröten durch Behandlung des
Dotters mit Wasser, und Alkohol und Aether erhalten. Es besteht
aus weissen durchscheinenden, runden oder ovalen Körnern, die
härter und schwerer als Ichthin sind. Es löst sich in Salzsäure ohne
violette Färbung; in Essigsäure quillt es nur auf, ohne sich zu lösen;
es löst sich schnell in verdünnter Kalilauge.

Elemente, pCt. Asche = 1 pCt. abgezogen.

C	49,4
H	7,4
N	15,6
P	Spur nicht bestimmt.
O	27,6

Ichthin.

Es bildet die Dotterplättchen in den Eiern der Knorpelfische,
wie des Rochen, Torpedo und Hai; es wird durch Mischen des
Dotters mit einer grossen Menge Wasser zum Absetzen gebracht;
kann dann mit Wasser, Alkohol und Aether gewaschen werden.
Ichthin bildet durchscheinende Körnchen, welche als rechtwinklige
Platten erscheinen im Falle sie aus dem Eigelb eierlegender Species
abstammen, aber ovale Platten darstellen, wenn sie aus dem Dotter
lebend gebärender Species kommen; in keinem Fall zeigen sie die
optischen Eigenschaften von Krystallen.

Ichthin ist unlöslich in Wasser und wird nicht opak in kochendem Wasser. Es löst sich in verdünnter Phosphor- oder Essigsäure,
in anderen Säuren nur, wenn sie concentrirt sind, in Salzsäure, ohne
dass die Lösung eine violette Farbe annimmt. Es ist nicht merk-
lich löslich in Ammoniak, ebenso unlöslich in Alkohol und Aether,
löst sich aber langsam in Kali oder Natronlauge. Bei der Analyse
ergab es:

C	51,0
H	6,7
N	15,0
P	1,9
O	25,4
S	keinen.

Keine Asche beim Verbrennen.

Ichthidin und Ichthulin.

Die reifen Eier der Karpfen und anderer Knochenfische enthalten eine eiweissartige Flüssigkeit, in welcher ein phosphorreiches Fett suspendirt ist. Allein die unreifen Eier im Laufe ihrer Entwickelung enthalten Körnchen, welche dem Ichthin ähnlich sind, aber aus Ichthidin bestehen. Sie sind in Wasser löslich, und ihre Substanz ist bis jetzt noch nicht isolirt worden. Wenn man die halbwüchsigen Eier eines Karpfen mit wenig Wasser zerreibt und die trübe Lösung mit mehr Wasser mischt, so scheidet sich Ichthulin als zäher Syrup ab. Durch Waschen mit Alkohol und Aether wird diese Substanz in eine pulverartige Masse verwandelt; sie ist löslich in Essigsäure und Phosphorsäure, und in Salzsäure ohne violette Färbung.

Elemente des Ichthulin.

C	52,5—53,3
H	8,0— 8,3
N	15,2
P	0,6
S	1,0
O	22,7

Das Eiweiss des Hühner-Dotters wird in dem zum Waschen des durch Aether erhaltenen Niederschlags benutzten Wasser erhalten. Die Lösung gerinnt beim Kochen und wird weder durch Essigsäure noch Laab gefällt. Solchen in Wasser löslichen Eiweisses enthält der Dotter 2,841 pCt.; ein Theil jedoch bleibt beim gefällten sogen. Vitellin und wird nur nach Lösung in Chlorammonium und Fällung desselben durch Essigsäure in der Lösung erhalten. Es wiegt etwa 0,892 pCt. Prout fand 17 pCt., Gobley 15,76 pCt. jeder seines Vitellins in dem Dotter.

Die Fette des Dotters sind neutrale Fette, welche zum Theil Pigmente in Lösung enthalten. Die ganze Menge der in Aether

löslichen Materie beträgt nach Prout 29 pCt., nach Gobley
30,468 pCt., nach Lehmann 31,146 pCt. Nach Gobley und Lehmann enthält das Dotterfett keinen Schwefel; seine alkoholische Lösung und Wasser, welches mit ihm erhitzt worden ist, haben keine
saure Reaction.

Die hauptsächlichen Fette sind Olein und Margarin, nach
Gobley 21,304 pCt. betragend.

Das Cholesterin beträgt 0,438 pCt. Lecanu erhielt solches
aus Eieröl durch Saponification etc., welches bei 145° schmolz. Nach
Lehmann haben die Krystalle eine eigenthümliche Gestalt, bilden
comprimirte Parallelopipeda mit Winkeln, welche von denen des rhombischen Cholesterin verschieden sind, und schmelzen bei niedrigerer
Temperatur.

Neben Olein, Margarin und Cholesterin enthält das Eieröl nach
Gobley Lecithin und „Cerebrin". Das erstere wird von der
Aetherlösung des getrockneten Dotters beim Verdunsten als „zähe
Materie" abgesetzt; seine Menge beträgt 8,426 pCt. (? des getrockneten Dotters?). „Cerebrin" wird erhalten, wenn man die
visquöse Materie mit Alkohol und einer Säure behandelt und stehen
lässt, es setzt sich dann als weisse weiche Masse ab, (welche
mit Frémy's cerebrischer Säure oder Oleophosphorsäure identisch
sein sollte, eine Angabe, welche wenigstens zwei Irrthümer einschliesst,) es ist neutral, enthält Stickstoff und Phosphor, schwillt in
Wasser wie Stärke, und schmilzt bei hoher Temperatur; nach der
Isolirung ist es in Aether unlöslich, leicht löslich in Alkohol und
verbindet sich mit Metalloxyden; beim Auflösen in Alkohol lässt es
meist Kalkphosphat zurück. Dieses Phosphatid bedarf weiterer Erforschung; der Körper ist vielleicht ein Salz eines Phosphatids.

Nach Polack enthielt die Asche des Dotters keine Chloride,
wohl weil das Chlor durch die freie Phosphorsäure der Phosphatide
verflüchtigt war. Wenn Rose und Weber Asche nach Rose's
Methode darstellten, erhielten sie 9,12 pCt. aller Asche als Chlornatrium. Die Asche enthielt nach Polack 66,7—67,8 pCt., nach
Weber 70,92 pCt. Phosphorsäure; 1,45 pCt. Eisenoxyd; 0,55 pCt.
Kieselsäure; Gobley fand ähnliche Substanzen und Verhältnisse in
Fischeiern, welche nur Dotter und kein umringendes Eiweiss enthalten. Lehmann fand in 30 Hühnereiern 466,2 g Dotter; daher
enthielt ein Ei im Durchschnitt 15,54 g Dotter; Polack erhielt
427,361 g Dotter aus 29 Eiern, also 14,75 g fürs Ei. Die Menge

Wasser in frischem Dotter schwankt zwischen 48 und 53 pCt.; die unorganische Materie, welche als Asche erhalten wird, beläuft sich auf 1,523 pCt.

Das Ovolutein, der charakteristische gelbe Farbstoff des Dotters der Hühnereier.

Wenn man Dottermasse mit Chloroform schüttelt, so sondert sich eine eiweissartige Masse (Vitellin) aus, welche als weisse teigige Substanz auf dem Chloroform schwimmt. Das Chloroform nimmt eine tief gelbe Farbe an und enthält fettes Oel, Cholesterin, Phosphatid und Ovolutein. Nimmt man Aether anstatt Chloroform, so findet dieselbe Trennung der Dottermasse statt, nur schwimmt der Aether über dem Vitellin. Lässt man die Chloroformlösung stehen und dekantirt sie wiederholt von dem geringen Absatz von Wasser, so wird sie ganz klar und zeigt dann bei passender Dicke der Schicht oder angemessener Concentration, bei starker Beleuchtung vor dem Spectroskop das Spectrum des Ovoluteins, d. h. alle Farben von Roth bis b, ein Absorptionsband zwischen b und F (α), ein zweites (β) zwischen F und G und ein drittes (γ) mitten über G. Halbwegs zwischen G und H geht das Violet in Dunkel über.

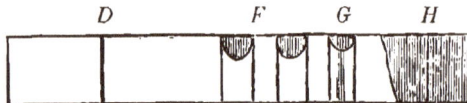

Das Spectrum der Aetherlösung zeigt dieselbe relative Entfernung der Absorptionsbänder von einander, aber die ganze Gruppe ist um eine gewisse Entfernung mehr nach dem violeten Ende verrückt. Kocht man Dotter mit Alkohol, so erhält man eine gelbe Lösung, welche heiss filtrirt nach dem Erkalten trüb wird. Nachdem sich alle ausgefällte Materie abgesetzt hat, wird die Lösung allmälig klar, und zeigt dann beinahe dasselbe Spectum wie die Aetherlösung. Wird die Alkohollösung erhitzt, während sie vor dem Schlitz des Spectroskops sich befindet, so wird die Intensität der Absorptionsbänder um mehr als die Hälfte vermindert und das dritte Band (γ) verschwindet beinahe ganz. Beim Abkühlen nehmen die Bänder wieder ihre frühere Intensität an. (Dasselbe Verhalten der Butyroluteinbänder wird beim Erhitzen von Butter beobachtet.)

Nach Chevreul sind im Eigelb zwei Farbstoffe enthalten, deren einer gelb und eisenfrei der andere roth und eisenhaltig ist. Diese Beobachtung muss mit der von Bunge, das Ferrophosphatid betreffend, verglichen werden. Die Pigmente Chevreul's können aus dem Dotter durch Verseifen des Aether- oder Alkoholauszugs und Schütteln der Wasserlösung der Seife mit Aether erhalten werden. Von den Spectren dieser Substanzen ist indessen bis jetzt nichts bekannt geworden.

Sie können vielleicht, wie das Lutein, durch Fällen mit essigsaurem Quecksilberoxyd aus der alkoholischen Lösung von Cholesterin getrennt werden.

26. Ueber Ovariolutein als Malzeichen einer chemischen Evolution.

Als ich im Laufe meiner Untersuchungen über einige Derivate des Blutfarbstoffs auch das angebliche Hämatoidin der Eierstöcke untersuchte, kam ich bald zu der Ueberzeugung, dass dasselbe mit den mir bekannten Hämatinderivaten keinerlei physische oder chemische Verwandschaft habe. Durch diese Beobachtung wurde ich zu einer neuen Untersuchung über den gelben Farbstoff der Corpora lutea veranlasst, welche sich dann, auf dem spektroskopischen Feld, auf alle gelben Substanzen ausdehnte, deren ich habhaft werden konnte. Vor diesen meinen Untersuchungen war in Büchern über Spektral-Analyse angegeben und ziemlich allgemein angenommen worden, dass die Körper mit gelber Farbe (Uranlösungen ausgenommen) ausser einer continuirlichen Absorption von Blau und Violett, keine specifischen Absorptionen, also keine Absorptionsbänder hervorbrächten. So sagte z. B. Valentin in seiner vortrefflichen und durch zahlreiche Beobachtungen wahrhaft bahnbrechenden Abhandlung über den Gebrauch des Spektroskops, p. 65, dass im Allgemeinen unter den scheinbar einfarbigen Flüssigkeiten die gelben das ganze Spektrum durchzulassen pflegen. Dagegen fand ich, dass die gelben Flüssigkeiten alle das Blau und Indigo, manche auch das Grün absorbiren; und zwar fand ich die Art der Absorption

verschieden in verschiedenen Körpern, wonach sich alle in vier
Klassen theilen liessen: 1) Lösungen mit continuirlicher Arbsorption,
beim Verdünnen nach Violett zurücktretend, ohne getrenntes Absorptionsband; 2) Lösungen mit einem getrennten Absorptionsband
in Grünblau; 3) Lösungen mit zwei getrennten Absorptionsbändern
in Grünblau und Violett; 4) Lösungen mit drei getrennten Absorptionsbändern in Grün, Blau und Violett. Ich wies dann nach,
dass zu den letzteren die gelben Farbstoffe einer grossen Zahl von
pflanzlichen und thierischen Organen und Producten, unter letzteren
des Eidotters, der Butter und endlich auch der gelben Körper der
Eierstöcke und sogar des Inhalts einiger Arten von Eierstockscysten
gehören. Damit brach die Lehre der Anatomen und Physiologen,
wonach die gelben Körper ihre Farbe Blutergüssen zur Zeit der
Ovulation verdanken sollten, zusammen. Die normale Apoplexie des
Ovariums zur Menstrualzeit verschwand aus der Reihe der Thatsachen, denn in über tausend Ovarien von Menschen und Thieren,
welche ich untersuchte, hatte ich nur zwei Blutergüsse, und dieser
einen innerhalb der gelben Körper, einen anderen ganz unabhängig
von demselben gefunden. Die gelben Körper erhielten jetzt eine
Bedeutung als die ersten Malzeichen einer neuen Wissenschaft, nämlich der chemischen Morphologie. Der gelbe Körper konnte als das
Analogon des Eidotters der Vögel betrachtet werden. Mit Hülfe
der Einbildungskraft konnte man dies weiter verfolgen und eine
Darwinistische Ansicht über die Metamorphosen des Geschlechts-
apparats des Weibes bilden. Einstmals, in vergangenen Aeonen,
wurden in den Eierstöcken des weiblichen Wesens, welches sich
zum Weib des Menschen entwickelt hat, nicht nur mikroskopische
Keimbläschen, sondern grössere Eier mit gelbem Dotter gebildet.
In einer späteren Epoche wurden die Keimbläschen allmälig genöthigt, den Eierstock zu verlassen, ehe der Dotter fertig war.
Allein der formative Nisus, die locale Idee, überlebte den äusseren
Zwang, und ihre Wirkungen zeigten sich als Rudimente. Die
Corpora lutea sind Dotterrudimente, sagten Spektroskop und che-
mische Reaction, denn das Ovariolutein und das Ovolutein sind
identisch.

In meiner ersten Abhandlung (Rep. 1868, p. 183), welche, mit
Holzschnitten und Tafeln in Farbendruck versehen, ein für Zeit und
Gelegenheit vollständiges Bild des Gegenstandes giebt, sagte ich:
„Die thierische Serie dieser Substanzen nimmt besondere Aufmerk-

samkeit in Anspruch, da sie mit bedeutenden physiologischen und pathologischen Fragen in Zusammenhang steht; Fragen, wie die nach den Homologieen des Eies; nach der Chemie des Blutscrums; nach der Darmverdauung; nach der Pathologie der Eierstocksgeschwülste, und im Allgemeinen nach Zellenwachsthum und Secretion."

Preyer in seinem Werk über Blutkrystalle, demselben, welches die Romanze vom „Hämatoin" enthält, giebt auch eine Beschreibung des Farbstoffs der gelben Körper, der für ihn jedoch „Hämatoidin" bleibt. Er sieht die drei Absorptionsbänder mit Magnesiumlicht, meint aber, sie seien nicht dieselben, wie die von mir beschriebenen, und hält mich daher für beseitigt und sich für einen Entdecker. Er hat nur einen von den drei von mir angegebenen Fällen der Absorptionslage gesehen und den Einfluss der Wärmestrahlen auf die Intensität der Absorption, welche von mir zuerst in dieser Abhandlung nachgewiesen worden ist, gar nicht beobachtet, demnach auch nicht beachtet. Preyer also verwischt die neue Einsicht und setzt an deren Stelle nicht nur die falsche, sondern noch obendrein die unvollständige Thatsache.

In der Beschreibung der Absorptionsphänomene im Spektrum des Ovarioluteins werden von einigen Autoren nur zwei Absorptionsstreifen erwähnt, während doch drei vorhanden und von mir beschrieben sind. Da es nun eine Anzahl gelber Körper mit nur zwei Absorptionsstreifen im Spektrum giebt, so sind diese zwei Streifen für sich für das Ovariolutein nicht diagnostisch. In jedem Fall ist die Beschreibung unvollständig. Diese irrige Angabe von Seiten dieser Autoren kann ich mir nur so erklären, dass sie das dritte Band nicht sehen konnten, als sie danach sehen wollten, da die von ihnen verwandten Beleuchtungsmittel zu dieser Diagnose nicht ausreichen. Zerstreutes Tageslicht und directes Sonnenlicht sind für viele Absorptionsbeobachtungen unpassend, gerade wegen der vielen in diesem Lichte enthaltenen Absorptionen; eine hellbrennende Oellampe zeigt kaum das zweite, nie das dritte Band des Ovarioluteins. Um dieses Spektrum genau sehen und messen zu können, muss man ein gutes Drummond'sches oder ein starkes elektrisches Licht von der Stärke eines solchen, wie es eine Batterie von vierzig grossen Grove'schen Elementen liefert, haben, eine Bedingung, welche in meiner Abhandlung genau angegeben ist. Dann auch muss man Sorge für ganz klare, technisch sogenannte brillante Lösungen tragen.

Unter diesen Umständen kann man die Spektra aller Luteine aufs Schönste und Ueberzeugendste demonstriren. Schlechtes Licht und trübe Lösungen aber führen zu solchen unvollständigen Ansichten, wie sie Einige vom Ovariolutein beschreiben.

---

27. Ueber die Farbstoffe der Gallensteine des Menschen, Ochsen und Schweins.

Zunächst will ich auf die Nothwendigkeit einer genauen Unterscheidung zwischen denjenigen Farbstoffen, welche in Gallensteinen gefunden werden, und denjenigen, welche in der Galle selbst vorhanden sind, aufmerksam machen. In den Gallensteinen des Menschen, die am häufigsten zur Beobachtung kommen, ist z. B. ein Farbstoff, das Bilifuscin, vorherrschend, welcher in Ochsengallensteinen nicht vorhanden, und von dem noch nicht nachgewiesen ist, dass er der gesunden Menschengalle ihre Farbe verleiht. Die Gallensteine des Ochsen enthalten hauptsächlich Bilirubin an Kalk gebunden, und diesen Farbstoff kann man aus zersetzter Ochsengalle darstellen, allein aus frischer Ochsengalle ist er entweder schwer oder gar nicht zu erhalten, während daraus regelmässig ein bisher wenig bekannter rother Farbstoff isolirt werden kann, der mit Bilirubin nicht identisch ist. Die Farbstoffe der Gallensteine sind zunächst pathologische Objecte, und werden erst physiologische durch den Beweis ihres constanten Vorkommens in gesunden Secreten.

In meinen Publicationen habe ich die frühere Literatur genügend analysirt, und da die älteren Untersuchungen bis auf Heintz für unsere Zwecke ohne practische Bedeutung sind, kann ich mich auf eine kritische Auseinandersetzung derjenigen jüngeren Darstellungen einzelner Theile des Gegenstandes beschränken, welchen gegenüber ich einen entschiedenen Fortschritt durch eigene Forschungen nachzuweisen habe. Diese Kritik ist nöthig, da in physiologischen und chemischen Werken eine gänzlich falsche Auffassung der Thatsachen vorherrscht, welche den Fortschritt unserer Kenntnisse hindert, und ausserdem die Lehre von eingeschleppten Irrthümern entstellt ist, welche nicht auf der Inbetrachtnahme von natürlichen Educten, sondern von Operationsproducten beruhen, die sich unter den Händen der Forscher ohne ihr Wissen oder ihren Willen mit Hülfe ihrer Reagentien entwickelt haben.

Städeler erhielt aus seinem mit Aether, Wasser und Chloroform erschöpften Gallensteinpulver mit kochendem Chloroform eine Mischung von Pigmenten, welche, nach dem Abdestilliren des Chloroforms mit Alkohol behandelt, an diesen einen braunen Farbstoff, das Bilifuscin, abgab, während Bilirubin in Alkohol unlöslich blieb. Das Gallensteinpulver gab nun an Alkohol ein lauchgrünes Pigment, das Biliprasin, ab, welches sich in Kali mit brauner Farbe löste und in dieser Lösung der Luft ausgesetzt, sich in Bilihumin verwandelte. Das Biliprasin erschien in glänzenden, beinahe schwarzen Krusten, welche sich zu einem grünlich schwarzen Pulver zerreiben liessen, und gab bei der Elementaranalyse die Zahlen, welche hier zum Vergleich neben die von mir für Bilirubin, Biliverdin, Salzsäurebilirubid und hypothetisches Bilirubinhydrat gesetzt sind.

	Bilirubin (Thudichum).	Biliverdin (Thudichum).	Salzsäure-Bilirubid.	Biliprasin (Städeler).	Hypothetisches. Bilirubinhydrat.
C	66,26	62,94	59,50	56,81	54,27
H	5,52	6,13	4,40	6,52	5,52
N	8,59	9,34	7,71	7,42	7,53
O	19,63	22,10	8,84 ⎱ 28,39	29,25	32,16
			Cl 19,55 ⎰		

Städeler hat hypothetisch das Biliprasin als Hydrat mit dem Bilirubin in Beziehung gebracht. Allein dazu sind selbst die analytischen Daten nicht genügend, wie der Vergleich derselben zeigt. Nachdem ich gefunden hatte, dass sich das Bilirubin sehr leicht mit Salzsäure, namentlich wenn die letztere im status nascendi ist, verbindet, und dass diese Verbindung alle bis jezt bekannten Eigenschaften des Biliprasins besitzt, kam ich auf die Vermuthung, dass Städeler's Biliprasin Salzsäure-Bilirubid oder Bilirubin, in welchem ein Hydroxyl durch Salzsäure ersetzt ist, gewesen sein möchte.

Da es mir nie gelungen ist, Städeler's Biliprasin aus menschlichen oder Ochsengallensteinen darzustellen, obwohl ich unvergleichlich mehr Material als Städeler verarbeitet habe, so hat mich auch dieser Umstand in meiner eben angeführten Hypothese bestärkt. Auch hat, soviel mir bekannt, kein anderer Forscher jemals wieder Biliprasin gefunden.

Bei der Betrachtung von Städeler's letzten Versuchen über
die Gallensteinpigmente muss man im Gedächtniss behalten, dass
er menschliche Gallensteine mit wenigstens einem grossen Ochsengallenstein zusammen verarbeitete, welcher letztere ihm die Hauptmenge von Bilirubin ergab. Ich muss annehmen, dass das wenige
Bilifuscin, welches er erhielt, aus den menschlichen Gallensteinen
herrührte, da ächtes Bilifuscin in Ochsengallensteinen nur spurweise, wenn überhaupt vorhanden ist.

Wie leicht sich Bilirubin, in Chloroform dem Sonnenlicht ausgesetzt, in einen grünen Farbstoff verwandelt, hat Capranica
wieder gezeigt. Er hielt das grüne in Chloroform unlöslich gewordene Pigment für Biliverdin, ich zeigte aber in einer besonderen
Abhandlung, dass diese Auffassung irrig war.

Der Name Biliverdin kommt keineswegs jedem grünen Gallenfarbstoff oder jedem grünen Ableitungsproduct irgend eines derselben
zu, sondern nur dem Körper, welcher aus Bilirubin in alkalischer
Lösung durch den Einfluss der Luft, der Wärme und der Zeit entsteht, und welcher, nachdem er aus der alkalischen Lösung durch
eine Säure gefällt worden, in Aether und Chloroform unlöslich, dagegen in Alkohol löslich ist. Er giebt bei der Analyse Zahlen,
welche zu der Formel $C_8 H_9 NO_2$ führen. Sein soweit bekannt
einziges Bromsubstitutionsproduct hat die Formel $C_8 H_8 Br NO_2$.

Da ich nun den grünen Körper, welchen Sonnenlicht in der
Chloroformlösung des Bilirubins hervorbringt, in etwas grösserer
Menge darstellte, so fand ich sogleich, dass er mit dem soeben definirten Biliverdin nicht identisch ist. Zunächst besteht das Product
aus drei Körpern, deren einer mit grüner Farbe in Aether löslich
ist; ein zweiter ist mit grüner Farbe in Chloroform löslich, ein
dritter ist unlöslich in Aether und Chloroform, aber mit grüner
Farbe in Alkohol löslich. Ein kleiner Theil ist unlöslich in allen
drei Lösungsmitteln. Nach Abdampfen des Chloroforms, Trocknen
des Rückstandes im Luftstrom und kochenden Wasserbad, Ausziehen mit Aether wurde die grüne Masse in Alkohol und causti-
schem Kali gelöst und mit Salpeter zur Trockne verdampft. Der
deflagrirte Rückstand in Salpetersäure gelöst und filtrirt gab eine
Lösung, in welcher Silbernitrat eine grosse Fällung von
Chlorsilber bewirkte. Daraus folgt, dass das grüne Product aus
Bilirubin + Chloroform + Sonnenstrahlen ein chlorhaltiges Product und von dem eigentlichen Biliverdin sehr weit verschieden ist.

Ohne Zweifel ist dieses Product denjenigen analog, welche, wie wir weiter unten sehen werden, durch Salzsäure oder Bromwasserstoffsäure in Chloroformlösungen von Bilirubin hervorgebracht werden.

Es ist nämlich allbekannt, dass Chloroform, dem Sonnenlichte ausgesetzt, sich zersetzt und freie Salzsäure entwickelt. Dies ist namentlich der Fall mit neu dargestelltem Chloroform, wie man es in den Officinen kauft. Aelteres Chloroform ist für sich im Sonnenlichte weniger zersetzbar. Es wäre daher möglich, dass das Grünwerden einer Lösung von Bilirubin im Sonnenlicht auf einer Entbindung von Salzsäure beruht, welche sich im status nascendi mit dem Bilirubin, oder einem Theil desselben zu Hydrochlor-Bilirubid $C_9 H_8 Cl NO$, oder zu einer Verbindung desselben mit Bilirubin, also $C_9 H_8 Cl NO + C_9 H_9 NO_2$, vereinigte. Es wäre aber auch möglich, dass das Kohlenstoffradical des Chloroforms in das Bilirubin oder einen Theil desselben einträte, und z. B. ein tridynamisches Radikal $C_2 H'''$ zur Wirkung käme, ähnlich wie das bei der Reaction von Chloroform mit Anilin der Fall ist. Die genauere Untersuchung dieser Reactionen muss ich andern überlassen, aber jedenfalls ist sicher, dass das an Menge ansehnlichste Product derselben ein chlorhaltiges Substitutions- oder Combinationsproduct des Bilirubins ist.

Wir werden später sehen, dass der Farbstoff der Galle zunächst für Biliverdin gehalten wurde. Dann fand Heintz, dass er den Farbstoff der Gallensteine (des Menschen) in Soda lösen, mit Luft behandeln und in Biliverdin überführen konnte. Aus einer genauen Einsicht seiner Procedur habe ich erschlossen, dass er in seinem „Biliverdin" eine Mischung von unserm heutigen Biliverdin mit Bilifuscin oder einem Umwandlungsproduct des Bilifuscins vor sich hatte.

	Heintz's Biliverdin.	Thudichum's Biliverdin.	Heintz's Biliphäin.	Bilirubin (Thudichum).	Bilifuscin (Städeler).
C	60,04	62,94	60,88	66,26	63,07
H	5,84	6,13	6,05	5,52	6,59
N	8,53	9,34	9,12	8,59	—
O	25,59	22,10	23,95	19,63	—

Im Präparat von Heintz musste auch ein wenig Oxydationsproduct sein, daher zum Theil der niedrige Kohlenstoff und der hohe Sauerstoff. Das Biliphäin (d. h. das darin enthaltene Bilifuscin) ist in kochendem Alkohol löslich, den es dunkelbraun färbt. Es ist mir wahrscheinlich, dass Heintz' Biliphäin die Zusammensetzung des wirklichen Bilifuscins aus Menschengallensteinen besser ausdrückt, als Städeler's Kohlen-Wasserstoffbestimmung (er machte keine Stickstoffanalyse). Dagegen hatte Heintz offenbar sehr wenig eigentliches Bilirubin in seinem Präparat von Biliphäin, wie aus den Procenten der Elemente klar hervorgeht. Seit der Entdeckung des reinen Bilirubins nun ist Bilifuscin oder das eigentliche Biliphäin, d. h. der braune in Alkohol löslichе Farbstoff der Gallensteine des Menschen ganz vernachlässigt worden, obwohl er ein ächtes Educt, sehr characteristisch, und von Bilirubin ganz verschieden ist. Berechnet man aus Heintz' Analyse für Biliphäin die einfachste empirische Formel, so erhält man C = 7,7, H = 9,2, N = 1 und O = 2,2 Atome. Das ist beinahe ein Isomeres des Biliverdins; doch will ich die Speculation nicht weiter führen. Es ist nicht zweifelhaft, dass diesem wichtigen Körper erneute Aufmerksamkeit zugewandt werden muss, um sein Verhältniss zu den anderen Pigmenten und seine Rolle in den menschlichen Gallensteinen aufzuklären.

Das Bilirubin. Dieses Pigment wird am bequemsten aus Ochsengallensteinen gewonnen. Ich habe es indessen auch aus dem Absatz, welcher sich in faulender Ochsengalle bei langem Stehen in einem kühlen Keller bildet, in die Mühe vergütenden Mengen darstellen können. Man erschöpft die Gallensteine oder den Absatz mit Wasser, Alkohol, Aether und Benzol; zersetzt die Erdsalze mit ganz verdünnter Salzsäure, wäscht wieder mit Wasser, dann mit Alkohol und zieht das zurückbleibende Pulver mit kochendem Chloroform aus. Die rothe Lösung lässt beim Destilliren Bilirubin, welches durch Alkohol gefällt und damit gewaschen wird.

Das Bilirubin krystallisirt aus Chloroform bei langsamem Verdunsten, oder ganz allmäligem Zusatz von Alkohol in rhombischen Plättchen und Nadeln mit abgestumpften spitzen Winkeln. Die Krystalle sind, wenn klein, roth, wenn grösser braun, und werfen das Licht mit stahlblauem Schein zurück.

Bilirubin ist in Wasser ganz unlöslich, wenig löslich in kochendem absolutem Alkohol mit gelber Farbe; filtrirt man diese Lösung durch Papier, so bleibt der Farbstoff der ersten Portionen der Lösung an den Papierfasern haften, und der Alkohol fliesst beinahe farblos ab. Eine Lösung von Bilirubin in Alkohol unterscheidet sich daher auf den ersten Blick von einer Lösung von Biliphäin (Bilifuscin), welche tiefbraun ist. In Aether ist Bilirubin wenig löslich, etwas löslicher in Schwefelkohlenstoff und Benzol. Das beste Lösungsmittel ist Chloroform, wovon 1000 Thl. 1,7 Thl., 586 Thl. daher 1 Thl. Bilirubin lösen. Die Lösung ist dunkelroth gefärbt. In den Sonnenstrahlen wird sie schnell verfärbt, so dass sie schwarz erscheint, aber in Wirklichkeit mehrere grüne Verbindungen liefert, die Chlor enthalten und unten näher beschrieben sind.

Das Bilirubin hat die folgende Formel und theoretische Zusammensetzung:

$$
\begin{array}{ll}
9\ C & 66{,}26 \\
9\ H & 5{,}52 \\
1\ N & 8{,}59 \\
2\ O & 19{,}63
\end{array}
$$

Diese Formel ist auf die Concordanz aller meiner Analysen des freien Bilirubins und der Analysen von acht verschiedenen Verbindungen mit Metallen, sowie mehrerer Substitutionsproducte gegründet.

Verhalten des Bilirubins mit Alkalien. Bilirubin löst sich leicht in Ammoniakwasser und fällt auf Zusatz einer Säure wieder unverändert nieder. Im Falle das Ammoniak im Ueberschuss vorhanden, so ist das Bilirubat ein neutrales, und aus seiner Lösung fällen die neutralen Salze des Calciums und Bariums neutrale Erdsalze des Bilirubins. Wenn hingegen das Ammoniak vollständig mit einem vorgesehenen Ueberschuss von Bilirubin gesättigt worden ist, so fällen die neutralen Erdsalze halbsaure oder Sesquisalze. Aus dieser neutralen Ammoniaklösung fällt Silbernitrat das einfach gewässerte neutrale Bilirubinsilber; aus der alkalischen Lösung hingegen, aus welcher Erdsalze neutrale Verbindungen fällen, wird durch Silber und Bleisalze basisches Bilirubat niedergeschlagen. Das Bilirubin geht mit Ammoniak keine im trockenen Zustand existirende Verbindung ein.

Es löst sich leicht in den fixen kaustischen Alkalien, in Wasser oder Alkohol, und bei augenblicklicher Neutralisation dieser Lösung mit Säure fällt es in rothen oder grünlichen Flocken nieder. Aller gebildete Farbstoff kann mit Alkohol ausgezogen werden oder bleibt darin gelöst. Die Kaliverbindung ist in concentrirter, wässeriger oder alkoholischer Lauge viel weniger löslich als in neutralem Wasser oder Alkohol, und wird durch Ueberschuss von dicker Lauge gefällt; sie ist unlöslich in Chloroform und Aether. Aus einer Lösung von Bilirubin in Chloroform kann aller Farbstoff durch Schütteln mit alkalischem Wasser entfernt werden. Wenn eine Lösung in einem der ätzenden oder kohlensauren fixen Alkalien während einiger Zeit in einer offenen Schale erwärmt und in einer Flasche mit Luft geschüttelt wird, oder Luft durch dieselbe geleitet wird, so wird das Bilirubin bei genügender Dauer der Einwirkung vollständig in Biliverdin verwandelt.

Bilirubin-Silber, $C_9 H_3 AgNO_2 + H_2O$, durch Silbernitrat aus neutraler Ammoniaklösung gefällt und im Vacuum über Schwefelsäure getrocknet. Dieses Salz enthält 37,50 pCt. Ag und ist, wie das Silbersalz der Hippursäure, durch die Gegenwart einer Molekel Hydratwasser vor anderen Silbersalzen ausgezeichnet, welche bekanntlich meistens wasserfrei sind.

Basisches wasserfreies Bilirubin-Silber. $C_9 H_7 Ag_2 NO_2$, enthält 57,29 pCt. Ag. Es wird durch Mischen einer stark ammoniakalischen Lösung von Bilirubin mit Silbernitrat, und vorsichtigen Zusatz von Salpetersäure bis zur Neutralität dargestellt, und in der Leere, dann bei $100-125^0$ getrocknet.

Neutrales Bilirubin-Barium. $C_{18} H_{20} BaN_2 O_6$ oder $2(C_9 H_8 NO_2)Ba + 2H_2O$ wird durch Zusatz von Chlorbarium zu einer Lösung von Bilirubin in überschüssigem Ammoniak bereitet. Es enthält zwei Molekel Hydratwasser, die bei 100^0 nicht weggehen. $Ba = 27,56$ pCt.

Halbsaures Bilirubin-Barium. $C_{27} H_{29} BaN_2 O_6$, oder $2(C_9 H_3 NO_2)Ba + C_9 H_9 NO_2 + 2H_2O$, wird durch Fällen einer durch Digeriren mit Ueberschuss von Bilirubin vollständig neutralisirten Lösung mit Chlorbarium bereitet und bei 100^0 getrocknet. Es enthält 20,75 pCt. Ba.

Neutrales Bilirubin-Calcium, $C_{18} H_{20} CaN_2 O_6$ wird durch einen dem bei der Darstellung des entsprechenden Bariumsalzes analogen Process erhalten, und ist demselben ähnlich zusammengesetzt. Es enthält 10 pCt Ca.

Halbsaures Bilirubin-Calcium, $C_{27} H_{29} CaN_3 O_8$, wird wie das entsprechende Bariumsalz dargestellt und enthält 7,1 pCt. Ca.

In seinen Untersuchungen über den Farbstoff menschlicher Gallensteine (denen aber, nach seiner Beschreibung zu schliessen, ein Ochsengallenstein, das meiste Bilirubin liefernd, beigemischt war) stellte Städeler eine Calciumverbindung des Bilirubins dar, welche

ihm in einer Analyse 9,1 pCt. CaO, als Aetzkalk gewogen ergab.
Dies ist der einzige Versuch zu einer Atomgewichtsbestimmung des
Bilirubins, den Städeler überhaupt gemacht hat. Von der Annahme
ausgehend, dass diese Verbindung ein normales Neutralsalz sei, benutzte er sie, um das Atomgewicht des Bilirubins darnach zu bemessen. Er verwarf demnach stillschweigend und ohne Erklärung
seine früheren Analysen des krystallisirten Bilirubins, wie sie
in Frerich's Klinik der Leberkrankheiten mitgetheilt waren, sowie
auch die dort gegebene Formel $C_9 H_9 NO_2$, (welche also mit meiner
identisch ist) und substituirte $C_{16} H_{18} N_2 O_3$ als die Formel des freien
Bilirubins und $C_{32} H_{34} CaN_4 O_6$ als die des Bilirubin-Calciums. Es
ist nicht recht erklärlich, wie dieser Chemiker auf eine einzige,
noch dazu nach schlechter Methode ausgeführte Kalkbestimmung so
viel Gewicht legen konnte, dass er dadurch alle ausgezeichneten Analysen des krystallisirten Bilirubins vernichtet glaubte. Da er aber,
wie wir sehen werden, auch diese Kalkbestimmung später aufgab, so
hindert uns nichts an der Erklärung, dass das von Städeler analysirte Salz offenbar das halbsaure war, welches 9,94 pCt. CaO enthält und ihm 9,1 pCt. CaO gab.

Da ich nun alle Analysen Städeler's über das Bilirubin mit
meinen Resultaten in vollständigem Einklang bringen konnte, so
stand ich nicht an, die Formeln, welche dieser Forscher nach seinen
letzten Untersuchungen für Bilirubin und Bilirubin-Calcium gegeben
hatte, für irrthümlich zu erklären. Mit diesen fielen natürlich die
Formeln aller anderen von ihm beschriebenen Derivate des Gallen-
farbstoffes, namentlich des Biliverdins, Biliprasins, Bilifuscins und
Bilihumins.

Diess sah auch Städeler vollkommen ein, und in einem Schreiben an Kraut, welches dieser, damals Editor des Gmelin'schen
Handbuchs im 18. Bande desselben wiedergegeben hat, gab er zwar
die betreffenden Formeln auf, versuchte aber den Schein durch folgenden Kunstgriff zu retten. Ohne eine einzige neue Thatsache
oder Analyse beizubringen, verdoppelte er seine (zweite) Formel für
Bilirubin zu $C_{32} H_{36} N_4 O_6$ und schrieb demselben in dieser dritten
Gestalt den Charakter einer sechsbasischen Säure zu. (Die erste
sechsbasische Säure, die Honigstein- oder Mellithsäure war kurz vorher als solche erkannt worden.) Er zwängte nun alle neuen Salze
in Formeln, welche auf diese Hypothese passen sollten, wobei ganz
groteske Gebilde zum Vorschein kamen. Allein die Hypothese war

mehr desperat als rationell, denn es fehlte ihr der Grund und Boden
der Thatsachen. Nicht eine einzige Formel Städeler's und kein
einziges Element auch nur in einer Formel kann aus meinen Analysen hergeleitet werden. Die erfundenen Mengen an Metall und anderen Elementen, welche Städeler für seine Formeln berechnet, sind
alle von 1 bis 6 Procent der Verbindung unterhalb der von mir gefundenen Mengen. Somit bricht dieser Versuch zur Rettung falscher
Thatsachen in sich selbst zusammen.

Der Leser hat nun ein Recht zu fragen, wie es komme, dass,
obwohl diese Umstände schon viele Jahre lang bekannt und an sich
ganz unwidersprechlich sind, die Verfasser moderner Handbücher
noch immer die alten, sogar von Städeler selbst abgelegten Lehren
reproduciren. Dieses Verfahren ist in der That vom Standpunkt der
Logik aus gerade so unerklärlich, als wie das unwissenschaftliche
Vorgehen Städeler's selbst. Ich überlasse es daher den angezogenen Autoren und denjenigen, welche in anderen Ländern ihre
Bücher mit ihrer Connivenz abschreiben, ihr Verfahren vor den
Lesern zu rechtfertigen.

So sagt z. B. Hoppe-Seyler, die Analysen von Städeler
und Maly hätten zu der Formel $C_{32}H_{36}N_4O_6$ geführt. Dies ist
gänzlich unbegründet. Die Analysen von Städeler haben nur zu
$C_{16}H_{18}N_2O_3$, und dazu nur sehr nothdürftig durch eine schlechte
Kalkbestimmung geführt. Die Analysen von Maly auf der andern
Seite haben zu gar keiner Formel geführt, denn sie schlossen nicht
einmal eine Stickstoffbestimmung ein, von welcher doch die ganze
Formel abhängt.

Bilirubin-Zink, $C_{27}H_{29}ZnN_3O_8$ oder $C_{18}H_{16}ZnN_2O_4 + H_4O_2$
$+ C_9H_9NO_2$, mit Zinksulphat aus neutraler Ammoniaklösung gefällt,
und bei 100° getrocknet. Rothbrauner Niederschlag.

Bilirubin-Blei, neutrales, $C_{18}H_{20}PbN_2O_6$; Pb = 36,50 pCt.
Die Theorie des halbsauren Salzes erfordert 28,21 pCt. Pb;
roth-brauner Niederschlag, nicht sehr stabil. Ein basisches Salz
wurde durch Bleizucker aus einer Ammoniaklösung gefällt und enthielt 58,1 pCt. Pb, während ein Salz von der Formel $C_9H_7PbNO_2$
56,25 pCt. Pb erfordert. Diese Verbindung entspricht dem oben beschriebenen basischen Silbersalz.

Die Verbindungen mit Kupfer sind Niederschläge von wenig
präciser Zusammensetzung.

Einfluss des Sauerstoffs der Luft auf Bilirubin in alka-

lischer Lösung. Bildung von Biliverdin. Löst man Bilirubin
in kaustischem oder kohlensaurem Alkali und setzt die Lösung der
Luft aus, so wird sie allmälig grün. Durch Wärme oder Schütteln
mit Luft wird die Umwandlung beschleunigt. Wenn die Lösung in
dünnen Lagen grün erscheint, ohne Beimischung von roth oder gelb,
dann ist die Reaction vollendet. Zusatz von Säuren fällt nun das
grüne Biliverdin in Flocken. Diese Substanz ist im feuchten Zustande leicht in Alkohol mit schön grüner Farbe löslich; wenn sie
aber vollständig getrocknet worden ist, so ist sie in Alkohol sehr
schwer, zum Theil ganz unlöslich. Durch reducirende Agentien
kann Biliverdin nicht in Bilirubin zurückverwandelt werden. Es
wird durch Chlor gebleicht und verändert, wobei Chlor in seine
Molekel eintritt. Die Formel des Biliverdins erhellt aus folgender
Zusammenstellung:

Theorie der		Gefunden
Atome.	Procente.	Mittel.
8 C 96	63,57	62,94
9 H 9	5,96	6,13
N 14	9,27	9,34
2 O 32	21,20	22,10
151	100,00	100,00

Darnach ist man genöthigt zu schliessen, dass das Biliverdin
aus Bilirubin durch Eintritt von Sauerstoff und Austritt von Kohlensäure nach folgender Formel gebildet wird:

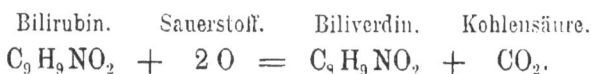

Bilirubin. Sauerstoff. Biliverdin. Kohlensäure.

$$C_9 H_9 NO_2 + 2 O = C_8 H_9 NO_2 + CO_2.$$

Vergleicht man die aus allen Analysen abstrahirte Theorie der
Procente der Elemente des Bilirubins mit der des Biliverdins, so ist
dieser Schluss nicht zu vermeiden, wenn man nicht die sichersten
Resultate der Analysen geradezu ignoriren will:

Bilirubin.		Biliverdin.	
9 C	66,26	8 C	63,57
9 H	5,52	9 H	5,96
1 N	8,59	1 N	9,27
2 O	19,63	2 O	21,20

Also sind Sauerstoff, Stickstoff und Wasserstoff im Verhältniss
zum Kohlenstoff vermehrt worden, und das lässt bis jetzt keine
andere mathematische Deutung als die gegebene zu.

Wenn Biliverdin in Alkohol mit einer Lösung von Silbernitrat in kaustischem Ammoniak gekocht wird, so bemerkt man eine Reduction des gelösten Silbers. Die Lösung bleibt zunächst grün, aber bei Zusatz einer Säure nimmt sie jetzt eine Purpurfarbe an. Das Oxydationsproduct ist Bilipurpin.

Das Biliverdin löst sich leicht in kaustischen Alkalien und wird aus diesen Lösungen durch Metallsalze nicht gefällt; eine gesättigte Alkohollösung wird von Barytwasser gefällt; setzt man dieses Reagenz zu, bis ein Probefiltrat nur schwachgrün gefärbt ist, so ist alles Biliverdin in Verbindung. Der Niederschlag muss bei Luftabschluss mit Alkohol, und darf nicht mit Wasser gewaschen werden, da er in dem letzteren ganz löslich ist. Bei der Analyse gab er die folgenden Verhältnisse, welche einem halbsauren Biliverdat, den halbsauren Bilirubaten ähnlich constituirt, aber nur eine Molekel Wasser enthaltend, entsprechen.

1 Mol. neutrales Biliverdat $\quad C_{16} H_{16} Ba N_2 O_4$
1 Mol. Biliverdin . $\quad$ . . $C_8 H_9 \quad N O_2$
1 Mol. Wasser . . . . $\qquad H_2 \qquad O$
1 Mol. halbsaures Biliverdat $\quad C_{24} H_{27} Ba N_3 O_7$.

	Theorie in 100.	Gefunden.
24 C	47,52	48,79
27 H	4,45	4,38
Ba	22,60	22,41
3 N	—	—
7 O	—	—

Mit Kalkwasser lässt sich eine analoge Verbindung nicht darstellen, da dasselbe nicht genug Kalk enthält, um das durch das Wasser gefällte Biliverdin zu sättigen.

Die folgenden Reactionen verdienen ein quantitatives Studium. Bleizucker bringt in der alkoholischen Lösung des Biliverdins einen Niederschlag hervor, welcher in heissem Alkohol löslicher als in kaltem ist. Bleiessig fällt fast alles Biliverdin aus alkoholischer Lösung. Essigsaures Quecksilberoxyd fällt Biliverdin und der Niederschlag ist löslicher in heissem als kaltem Alkohol. Essigsaures Kupfer fällt Biliverdin als bräunlich grünen Niederschlag. Die Verbindungen mit Blei, Quecksilber und Kupfer können mit Wasser gewaschen werden, ohne sich zu lösen.

Erwärmt man eine alkalische Lösung von Bilirubin mit Feh-

ling's Kupferlösung, so wird Kupferoxydul und eine grüne Flüssigkeit gebildet. Säure fällt nun grüne Flocken, welche indessen nicht
reines Biliverdin sind, sondern mehrere Verbindungen einschliessen,
darunter zwei Kupfer in einer Form enthalten, welche es dem Metall ermöglicht, dem grünen Product in seine Lösung in kohlensaurem Natron zu folgen. Eines dieser Producte hat ein specifisches
Spectrum, mit Absorptionsband im Blau.

Brombiliverdin. $C_8 H_8 BrNO_2$. Wird trockenes fein gepulvertes Biliverdin in einem Liebig'schen Trockenapparat mit durch
trockne Luft verdünntem Bromdampf behandelt, bis es damit gesättigt ist, so entwickelt sich Bromwasserstoffsäure, und nachdem
diese und alles überschüssige Brom durch trockene Luft bei 100^0
ausgetrieben sind, bleibt einfach bromirtes Biliverdin. $C_8 H_9 NO_2$
$+ Br_2 = HBr + C_8 H_8 BrNO_2$. Das Product ist ein vollständig
schwarzes Pulver, unlöslich in Aether, sehr wenig löslich in Alkohol; in Vitriolöl oder kaustischem Natron nicht ohne Veränderung
löslich.

	Theorie.	Gefunden.
C	41,73	42,58
H	3,47	—
Br	34,73	35,72
N	6,08	6,12

Wir haben also hier die Verhältnisse $C : N : Br = 8 : 1 : 1$.

Wir werden weiter unten sehen, dass wenn Bilirubin auf ähnliche Weise mit Brom gesättigt wird, es zwei Atome desselben aufnimmt, und sich in Dibrombilirubin, $C_9 H_7 Br_2 NO_2$ verwandelt.
Es verliert daher bei seinem Uebergang in Biliverdin nicht nur
Kohlenstoff, sondern erleidet auch eine Veränderung in Bezug auf
die Art und Weise, in welcher ein Wasserstoffatom gebunden ist,
so dass dasselbe, in Bilirubin durch Brom ersetzbar, in Biliverdin
nicht mehr ersetzbar ist.

Hydrobiliverdin. Lässt man Biliverdin in alkalischer Lö-
sung mit Natriumamalgam solange in Berührung, bis die Farbe der
Lösung braunroth geworden ist, so fällt jetzt Salzsäure braune
Flocken. Ein kleiner Theil derselben ist in verdünnter Salzsäure
löslich, das Hauptproduct, Hydrobiliverdin, ist in Alkohol löslich.
Ein Theil ist in Alkohol unlöslich und bleibt als schwarzes Pulver.
Die Alkohollösung hat ein specifisches Spectrum, nämlich ein Ab-
sorptionsband, dessen Hauptintensität der Linie F entspricht. Das

auf ähnliche Weise dargestellte Hydrobilirubin hat ebenfalls ein
specifisches Spectrum, mit einem dreifach breiteren Absorptionsband,
welches von D seits E bis F reicht. Ich habe von diesen Spectren
genaue auf sorgfältige Messungen gegründete Abbildungen gegeben.
(Ann. Chem. Med. 1, 295.) Daraus allein also folgt, was auch von
den ganz verschiedenen Reactionen bewiesen wird, dass Hydrobiliverdin und Hydrobilirubin, nicht wie behauptet worden ist, identisch,
sondern ganz verschieden sind.

Ehe ich das Biliverdin verlasse, muss ich den Leser nochmals
darauf aufmerksam machen, dass die Gallen- und Gallensteinpigmente eine grosse Anzahl schön grüner Educte oder Producte,
namentlich mit Alkalien und Luft, Säuren, wie Salzsäure, Bromwasserstoffsäure, Schwefelsäure, Essigsäure, mit Chlor, Brom und
anderen Reagentien liefern, die sich durch ihre Farbe nicht vom
Biliverdin unterscheiden lassen, wohl aber häufig specifische Spectren
besitzen, somit alle von einander verschieden sind. Von Gallen-
pigment Educten oder Producten darf also nur dasjenige „Biliverdin"
genannt werden, welches aus reinem Bilirubin durch den Einfluss
der Luft in alkalischer Lösung dargestellt worden ist und keine
specifischen Absorptionen im Spectrum besitzt.

Verhalten des Bilirubins mit rauchender Schwefelsäure. Wird Bilirubin mit rauchender Schwefelsäure behandelt, so
entstehen je nach der Länge der Einwirkung, den Verhältnissen der
Reagentien und der Art der Entfernung der überschüssigen Säure
mehrere Verbindungen: von diesen ist eine grün, und nach Auflösen
in Ammoniak zeigt sie ein Spectrum mit einem über D liegenden
Absorptionsband; eine zweite ist blau und zeigt, in Vitriolöl gelöst,
ein Absorptionsband, den Raum zwischen C und D ausfüllend (Sulpho-
Cholocyanin); eine dritte ist hellgrün, wie der Thalliumdampf, zeigt
zwei Absorptionsbänder im Spectrum, (α) zwischen C und D und (β)
zwischen D und E und ist nach der Formel $C_9 H_{11} NO_3$ zusammengesetzt, also dem Tyrosin isomer (Cholothallin).

Dibrom-Bilirubin, $C_9 H_7 Br_2 NO_2$. Wird Bilirubin bei gewöhnlicher Temperatur mit trockenem Bromdampf gesättigt, während
alle Feuchtigkeit ausgeschlossen ist, so nimmt es eine Purpurfarbe
an. Bei 100^0 giebt es an einen trockenen Luftstrom viel Bromwasserstoffsäure ab und bleibt zuletzt stabil. Das Product giebt bei
der Analyse folgende Zahlen, welche zur Formel $C_9 H_7 Br_2 NO_2$
führen.

	Theorie.	Gefunden.	
C	33,64	33,64	33,69
H	2,18	3,31	3,56
Br	49,84	48,31	49,87
N	4,36	5,16	4,86
O	9,98	9,15	8,02
	100,00	100,00	100,00

Das Dibrom-Bilirubin ist leicht in absolutem Aether mit violetter Farbe löslich. Wird die Lösung über Schwefelsäure und kaustischem Natron im Vacuum allmälig verdampft, so bilden sich violette Krystalle, die bei einiger Dicke ganz schwarz sind. In Alkohol ist es mit blauer Farbe löslich, die sich allmälig in grün verwandelt; dabei verliert die Verbindung beständig Brom. In Säuren ist es mit blauer Farbe löslich. Alle Lösungen haben sehr ausgezeichnete Spectra mit specifischen Absorptionsbändern zwischen D und E. Jedes neue Reagenz auf solche Lösungen angewandt, producirt ein neues Spectrum, und mit Hülfe dieses diagnostischen Mittels kann man die grosse Veränderlichkeit der Verbindungen beweisen.

Hydrobrom-Bilirubid. $C_9 H_3 NOBr + C_9 H_9 NO_2$. Bilirubin wird in Cloroform suspendirt und mit Bromwasserstoffgas im Ueberschuss behandelt. Nach zweitägigem Stehen bei Ausschluss aller Feuchtigkeit wird destillirt; zuerst geht Bromwasserstoffsäure, dann diese gemischt mit Chloroform über. Der Rückstand ist grün, mit goldviolettem Oberflächenglanz und giebt bei der Analyse:

C	50,33
H	5,25
N	8,12
O	16,62
Br	19,68

Daraus lässt sich nothdürftig obige Formel ableiten, bei welcher angenommen ist, dass die Wirkung der Bromwasserstoffsäure in einer Substitution von Hydroxyl besteht.

Chlorwasserstoffsäure und Chlor bringen mit Bilirubin den vorigen analoge Verbindungen hervor; die Chlorsubstitutionsproducte sind aber farblos.

Die Reactionen des Bilirubins mit Brom und Bromwasserstoffsäure, welche sich ja augenblicklich bildet, wenn Brom mit Bilirubin zusammen trifft, haben zu vielen Irrthümern Veranlassung gegeben,

die folgendermassen entstanden sind. Da Bilirubin in alkoholischer
Lösung mit Salpetersäure ein blaues Product lieferte, und man die
dabei stattfindende Reaction für eine Oxydation hielt (wofür kein
Beweis vorhanden ist) so wurde auch der Einfluss des Broms, der
zunächst blaue Producte liefert, für oxydirend gehalten. Da nun die
blauen Producte bei Gegenwart von Alkohol leicht in grüne über-
gingen, so wurden auch die letzteren für Oxydationsproducte, oder,
weil sie grün waren, geradezu für Biliverdin erklärt. Nun sind aber,
wie ich zuerst gezeigt habe, die Producte der Einwirkung des Broms
oder seiner Wasserstoffsäure Substitutionsproducte, die nur
unter gewissen Bedingungen stabil, in Alkohol sehr veränderlich sind,
und darin, wenn Anfangs blau, in grüne Substitutionsproducte übergehen. Mit diesem aus Analysen geformten Schlüssel wollen wir
jetzt die innere Natur einiger Angaben eröffnen, welche Anspruch
genug machen, als endgültig betrachtet zu werden. Ich beziehe
mich dabei auf einige Niederländische Mittheilungen über Gallenfarbstoffe, welche von Stockvis, Hepasius, sowie von Heynsius
und Campbell gemacht worden sind.

Der erste Theil der Abhandlung der beiden letztgenannten
Autoren ist eine Uebersicht des Inhalts der früheren Literatur über
den Gegenstand und nimmt 23 Seiten ein. Darin ist auch meiner
Untersuchungen auf einer halben Seite gedacht, aber alles Hauptsächliche weggelassen, so dass ich nicht glaube, dass die Verfasser
meine Arbeit im Original gelesen haben. Auf dieser halben Seite
machen sie wenigstens eine irrige Angabe, nämlich dass die Analyse meines Biliverdins Zahlen ergeben habe, welche nicht mit der
Formel, die Maly angegeben habe, stimmten. Die Formel Maly's
ist weiter nichts als meine identische Formel, ohne Grund mit zwei
multiplicirt.

Die Verfasser beseitigen so dann die Angaben von Stockvis,
einmal weil er sich in der Lage der Frauenhofer'schen Linien
geirrt habe, das andere Mal, weil er selbst das Irrthümliche früherer
Ansichten erkannt habe. Aber das Choleverdin von Stockvis,
durch Kochen von Bilirubin mit Salzsäure erhalten, wird von Heynsius und Campbell auf einer ganzen Seite beschrieben. Auch die
Resultate von Hepasius, welche der holländischen Akademie der
Wissenschaften (26. Nov. 1876) vorgelegt wurden, theilen die Verfasser mit. Sie betreffen, wie die von Stockvis, Spectralbeobach-
tungen von Gallenfarbstofflösungen, die mit verschiedenen Reagen-

tien behandelt worden waren. Von isolirten Körpern, deren Elementaranalyse und Atomgewichtsbestimmung kommt kein einziges Beispiel vor.

Der zweite Theil der Abhandlung von Heynsius und Campbell enthält die Relation ihrer eigenen Beobachtungen. Diese zerfallen in drei Unterabtheilungen. Die erste betrachtet die Spectralerscheinungen, welche die Gallenpigmente unter dem Einfluss angeblich oxydirender Agentien darbieten. Sie beschäftigen sich nun auf mehreren Seiten mit dem Einfluss nitröser Dämpfe auf die Pigmente und erhalten ein blaues Product. Allein da sie dies nicht isoliren können, so greifen sie zu einer alkoholischen Bromlösung oder Bromwasser, und erhalten nun ein blaues Product, das sie einer Oxydation zuschreiben und Bilicyanin nennen. Die zweite Unter-Abtheilung nun handelt speciell von Bilicyanin und Choletelin, und erstreckt sich über acht Seiten. Es würde zu weit führen, wollte ich die Irrthümer, welche in diesen acht Seiten zusammengedrängt sind, erschöpfend auseinander setzen. Behält man den Hauptirrthum der Verfasser im Auge, nämlich dass sie annehmen, dass ihr mit Bromwasser dargestelltes Bilicyanin ein Oxydationsproduct sei, während es doch ein Substitutionsproduct ist, welches Brom beinahe zur Hälfte seines Gewichts enthält, durch Säuren reducirt wird, durch Alkohol sein Brom theilweise verliert, so kann man keinen Augenblick bezweifeln, dass der ganze Abschnitt vollständig werthlos ist.

In der dritten Unter-Abtheilung nun kommen die Verfasser zu einem erstaunlichen Resultat. Das Bilicyanin soll in Gallensteinen vorkommen und zwar als gemeines Pigment (l. c. p. 538). Jaffé soll den Beweis dafür bereits früher geliefert haben, alles das weil Mineral- und Essigsäure beim Kochen ein wenig blaue Substanz aus Gallensteinpulver ausziehe. S. 544 kommen sie dann zu dem Schluss, dass frische Galle kein Bilicyanin enthalte, dass es sich aber in den alkoholischen Extracten unter Luftzutritt rasch entwickle, was sein Vorkommen in den menschlichen Gallensteinen sehr erklärlich mache. S. 546 Fussnote finden sie endlich, „wie zu erwarten war", „Bilicyanin" im Harn, und indem sie das Choletelin in ihre Relation aufnehmen, kommen auch sie zu Ende. Dabei setzen sie ihre bessere Einsicht der Jaffé'schen ganz falschen Angabe hintan, der normale Harn enthalte dieses sogenannte Choletelin.

Da nun die Verfasser eine Anzahl von Spectren als identisch

beschreiben, die der Natur der Sache nach unmöglich identisch sein
können, so ist dadurch der Beweis geliefert, dass ihre Arbeit auch
als Sammlung neuer Spectralreactionen keinen Werth hat. Sie
sehen die Spectra sich während der Beobachtung verändern, also
einen Körper in einen anderen übergehen, und nennen diese Folge
„Stadien" eines und desselben Körpers.

Die Wirkung von Brom auf Bilirubin bei Ausschluss aller anderen Agentien, Luft allein ausgenommen, ist sehr definitiv. Bei
Zutritt von wenig Feuchtigkeit schon geht der definitive Character
der Reaction verloren; sie bleibt unvollständig, indem ein Theil des
Bilirubins nur ein Atom Brom aufnimmt, ein anderer Theil gar
nicht angegriffen wird, da das Brom ihn nicht erreichen kann. Die
gebildete Bromwasserstoffsäure bleibt nun an dem Product hängen,
und beim Versuch sie zu entfernen, wirkt sie auf beide Producte
ein. Die Producte selbst nun, an sich schon eine Mischung, werden
durch Wasser, Alkohol, Säuren, Alkalien unablässig verändert. Daher
müssen diese von vornherein ausgeschlossen werden, und dürfen erst
gebraucht werden, wenn man nach Darstellung des ersten Brom-
products den Einfluss jedes einzelnen Reagenz auf dasselbe bemessen kann.

Die Wirkung von salpetriger Säure auf Bilirubin gehört zu
den schwierigsten Problemen. Werden diese Körper allein zusammen in Berührung gebracht, so fängt das Bilirubin Feuer und verglimmt. Die Gegenwart von Wasser oder niedere Temperatur durch
Abkühlen bringt eine andere Reaction hervor, die Gegenwart von
Alkohol eine dritte, wobei sich durch Verlust von Kohlenstoff und
Eintritt von Stickstoff in die Molekel des Bilirubins ein Körper
bildet, welcher vielleicht hauptsächlich nitrirtes Biliverdin ist. Eine
ammoniakalische Lösung von Bilirubin wird durch starke Salpetersäure so verändert, dass ein blauer Niederschlag entsteht, das eigentliche Cholocyanin oder Bilicyanin, welches schnell isolirt und
mit Wasser gewaschen, in Alkohol mit blauer Farbe lösslich ist.
Die Lösung zeigt vor dem Spectroskop ein Band in Roth, zwischen
C und D. Dieses blaue Nitro-Product ist ganz verschieden von dem
blauen Bromproduct, in seinem Verhalten vor dem Spectroskop sowohl, als in chemischen Eigenschaften.

Wirkung von Natrium-Amalgam auf Bilirubin und
Biliverdin. Diese Reaction findet schnell statt und ist bei Gegenwart von Ueberschuss von Amalgam in einer halben Stunde voll-

endet. Setzt man die Wirkung Tage lang fort, so erhält man doch keine anderen Producte als nach der ersten halben Stunde. Wird die alkalische Lösung mit Salzsäure neutralisirt, so fällt ein rostbrauner Niederschlag, welcher in Alkohol mit rother Farbe löslich ist. Vor dem Spectroskop zeigt die Lösung ein breites Band, den Raum von F bis über E etwas nach D hin füllend. Das neue Product soll durch Aufnahme von Wasserstoff und Wasser entstanden sein und Hydrobilirubin heissen. Es ist in Salzsäure leicht löslich und kann damit gekocht werden ohne sich zu verändern

Diese Substanz nun wurde von Maly für identisch mit dem von Jaffé aus Harn erhaltenem sogenannten Urobilin erklärt. Da ich die vollständige Unhaltbarkeit dieser Proposition in einem längeren Aufsatz im Journal der Londoner Chemischen Gesellschaft, May 1875 gezeigt habe, so ist es nicht nöthig, sie hier weiter zu discutiren. Ich begnüge mich, die Unterschiede, welche zwischen Urochrom und allen seinen Producten, sowie Uroerythrin einerseits und Hydrobilirubin andererseits existiren, summarisch anzugeben.

Urochrom ist gelb, löslich in Wasser, zeigt ein schmales schwaches Absorptionsband in saurer Mischung, keines in neutraler oder alkalischer Lösung.

Hydrobilirubin dagegen ist braunroth, unlöslich in Wasser, leicht löslich in verdünnter Säure und in Alkohol mit tiefrother Farbe; die Lösung hat ein von Urochrom ganz verschiedenes Spectrum.

Eine Lösung von Urochrom, welche concentrirt genug ist ein Absorptionsband zu zeigen, wird durch Kochen mit Säure sogleich in Omicholin, Uropittin und Uromelanin gespalten; jedes dieser Producte kann isolirt und leicht durch Reactionen oder Spectralanalyse definirt werden.

Hydrobilirubin wird durch Kochen mit Säure nicht in charakteristischer Weise verändert; es wird sicher nicht gespalten und liefert keines der Producte des Urochroms.

Daher ist das Hydrobilirubin nicht identisch mit irgend einem der Harnfarbstoffe, Uroerythrin eingeschlossen. Sein Spectrum zeigt zwar einige Aehnlichkeit mit dem des Uropittins, aber bei genauerer Betrachtung sind die Unterschiede auffallend.

Uropittin zeigt ein schwaches Absorptionsband, dessen grösste Intensität auf der nach dem Blau gekehrten Seite ist.

Hydrobilirubin zeigt ein tief schattirtes Band (d. h. seine absorbirende Kraft in gleich intensiv gefärbten Lösungen ist sehr

viel grösser) mit grösster Intensität auf der dem Grün zugekehrten
Seite.

Uropittin ist unlöslich in verdünnter Salzsäure, in welcher
Hydrobilirubin leicht löslich ist. Es ist daher ganz unzweifelhaft,
dass die prätendirte Verwandlung des Bilirubins in den oder einen
Harnfarbstoff nicht stattgefunden hat, sondern zu der Zahl jener
pseudo-physiologischen Träumereien gehört, mit welchen gewisse
oberflächliche, mit den breitesten biochemischen Thatsachen unbekannte Aufschneider die Literatur unsicher machen.

In folgender Liste stelle ich die Formeln der bis jetzt bekannten analysirten Gallensteinfarbstoffe, ihrer Derivate und Verbindungen zusammen:

Krystallisirtes Bilirubin . . . $C_9 H_9 NO_2$.

Neutrales Silbersalz . . . . $C_9 H_8 Ag NO_2 + H_2O$.

Basisches Silbersalz . . . . $C_9 H_7 Ag_2 NO_2$.

Neutrales Bariumsalz . . . . $C_{18} H_{16} Ba N_2 O_4 + 2 H_2O$.

Halbsaures Bariumsalz . . . $C_{18} H_{16} Ba N_2 O_4 + C_9 H_9 NO_2 + 2 H_2O$.

Neutrales Calciumsalz . . . $C_{18} H_{16} Ca N_2 O_4 + 2 H_2O$.

Halbsaures Calciumsalz .   . $C_{18} H_{16} Ca N_2 O_4 + C_9 H_9 NO_2 + 2 H_2O$.

Halbsaures Zinksalz . . . . $C_{18} H_{16} Zn N_2 O_4 + C_9 H_9 NO_2 + 2 H_2O$.

Basisches Bleisalz . . . . . $C_9 H_7 Pb NO_2$.

Dibrom-Bilirubin . . . . . $C_9 H_7 Br_2 NO_2$.

Hydrobrom-Bilirubid . . . . $C_9 H_8 Br NO$.

Hydrobrom-Bilirubid-Bilirubin $C_9 H_8 Br NO + C_9 H_9 NO_2$.

Cholothallin .   . . . $C_9 H_{11} NO_3$.

Bilifuscin . . . . $C_9 H_{11} NO_3$.

Biliverdin . . . . $C_8 H_9 NO_2$.

Brom-Biliverdin . . . . . . $C_8 H_8 Br NO_2$.

Notizen über einige abnorme Gallensteinfarbstoffe, welche
in Gallensteinen in kleinen Mengen vorkommen.

Cholonematin, aus menschlichen Gallensteinen. Der Alkoholauszug des Farbstoffs hinterlässt einen Rückstand, aus welchem
Aether das Cholonematin als grüne Substanz auszieht. Die Lösung zeigt vier Bänder vor dem Spectrum, deren zwei, eines, δ, B
überdeckend, und das zweite, α, mitten zwischen C und D liegend,
ganz dünn wie Sonnenlinien sind; von diesen fadenartigen Bändern

ist der Name hergeleitet; ein drittes breiteres Band, β, liegt über D und ein viertes, γ, zwischen D und E.

Boviprasin, aus Ochsengallensteinen. Harzige Masse, in Alkohol mit grüner Farbe löslich: zeigt drei Bänder in Roth, Orange und Gelb.

Bovifuscoplittin, aus Ochsengallensteinen. Harzige Masse, in Alkohol, kaustischem Kali löslich, aus letzterem durch Säure gefällt, in Aether gelöst; die braunrothe Lösung zeigt ein Band über D.

Muskoprasin, aus Ochsengallensteinen, grünes Harz in Alkohol löslich, zeigt vier Absorptionsbänder in Roth, Orange, Grün und Blau. Hat einen starken Moschusgeruch.

Ethochlorin, aus Ochsengallensteinen. Der erste Aetherauszug giebt diese grüne Substanz, welche nach dem Umlösen in Aether fünf Absorptionsbänder zeigt, davon drei den Bändern im Muskoprasin ähnlich, aber nicht damit identisch sind. Dies ist das complicirteste Spectrum, welches ich bis jetzt in Lösungen von Gallensteinfarbstoffen beobachtet habe.

Die Spectra von zwei dieser Stoffe sind auch von Heynsius und Campbell abgebildet worden, nämlich mein Boviprasin als alkoholisches Extract der Rindsgalle (l. c. Taf. VII. Fig. 9) und mein Muskoprasin als alkoholisches Extract von Fel tauri inspissat. Von zehn anderen Gallenfarbstoffspectren, welche ich abbilde (Bromproducte nicht eingeschlossen), haben dieselben keines weiter beobachtet.

Der Leser kann aus den obigen Daten, welche nur das Hauptsächliche unserer Kenntnisse über die Gallensteinfarbstoffe einschliessen und einen grossen Betrag von Detail unbeachtet lassen, ersehen, dass diese Materien zahlloser Metamorphosen fähig sind. Dieser Umstand vergrössert die durch die Seltenheit des Materials schon an sich bedeutende Schwierigkeit, die intime Constitution der Körper zu studiren. Von dieser Kenntniss hängt die weitere ihrer physiologischen und pathologischen Dignität ab. Es ist ferner wahrscheinlich, dass sie einen aromatischen Kern enthalten. Die Lösung dieser physiologisch chemischen Fragen wäre ein reicher Lohn für die unzweifelhaft mühevolle Arbeit auf diesem Felde.

28. Ueber die Farbstoffe der Galle.

Unter diesem Titel werde ich zunächst nur Pigmente beschreiben, die aus frischer Galle selbst, und durch Processe erhalten worden sind, die uns anzunehmen erlauben, dass die dargestellten Stoffe
keine Veränderung erlitten haben. Sollte sich dann herausstellen,
dass die in Concrementen abgelagerten Pigmente mit den in der
natürlichen Galle vorkommenden identisch sind, so wäre das Studium
der betreffenden Substanzen durch die Erleichterung ihrer Beschaffung
sehr gefördert.

Berzelius isolirte aus Ochsengalle einen grünen Farbstoff, welchen er Biliverdin nannte. Er verdampfte die Galle bei gelinder
Wärme zur Trockne, löste den Rückstand in Alkohol, und setzte
dieser Lösung Chlorbarium zu. Der entstandene Niederschlag wurde
mit Alkohol und Wasser gewaschen, und noch feucht mit verdünnter
Salzsäure zersetzt. Der abgeschiedene Farbstoff wurde mit Wasser
und Aether ausgewaschen, und darauf in kaltem absolutem Alkohol
gelöst. Dabei blieb ein grüner Stoff ungelöst, der nach Berzelius
aus Biliverdin und einem nicht näher untersuchten Thierstoff bestand. Die klar filtrirte alkoholische Lösung überliess er
der freiwilligen Verdunstung, wobei Biliverdin zurückblieb.

Da frische Ochsengalle hellbraun ist, und erst an der Luft allmälig grün wird, so ist Biliverdin in obigem Process wohl als Product zu betrachten. Man darf vermuthen, dass der nicht näher
untersuchte Thierstoff Bilirubin gewesen sei, das durch eine
Spur anhängenden Biliverdins grün gefärbt war.

Ich brauche hier den Namen Biliverdin im eigentlichen echten
Sinne von Berzelius, fürchte aber, dass jetzt, wo der Name Biliverdin nur auf das in alkalischer Lösung durch Luft erzeugte Oxydationsproduct anzuwenden ist, das von ihm aus Galle dargestellte
grüne Product einer erneuten Untersuchung unterworfen werden muss.
So viel Biliverdin, im neuen Sinne, es auch enthalten mag, es ist
sicher, dass ihm wenigstens zwei grüne Farbstoffe beigemengt sind,
welche ich auch aus Ochsengallensteinen in kleinen Mengen isolirt
habe, nämlich Boviprasin, welches im Spectrum drei Bänder zeigt,
und Muskoprasin, welches vier ähnliche Bänder im Spectrum auf-
weist. (cf. Abnorme Gallensteinstoffe etc.)

Man braucht nur die Beschreibung, welche Berzelius von seinem aus Ochsengalle dargestellten Biliverdin (das ich der Kürze halber als Biliverdin Berz. bezeichnen werde) giebt, zu lesen, um zu sehen, dass sie zum Theil auf das künstliche Biliverdin aus Bilirubin gar nicht passt. Das Biliverdin Berz. ist grünbraun, geruch- und geschmacklos, pulverförmig, schmilzt in der Hitze nicht, zersetzt sich aber, ohne jedoch ammoniakalische Producte zu liefern, unter Zurücklassung einer grossen Menge poröser Kohle. Im Wasser ist es unlöslich, löst sich aber in kaustischen und kohlensauren Alkalien mit grüner Farbe und wird durch Säure aus dieser Lösung in dunkelgrünen Flocken gefällt. Aus der Lösung in kohlensaurem Ammoniak scheidet sich beim Verdunsten das reine Biliverdin wieder ab. Durch doppelte Zersetzung kann es mit anderen Basen (z. B. den alkalischen Erden) verbu.den werden. In Alkohol ist es etwas löslich, und aus dieser Lösung durch Wasser nicht fällbar. Die concentrirte alkoholische Lösung ist bei durchfallendem Lichte fast roth. Wasserzusatz macht sie gelbgrün. Auch Aether löst das Biliverdin nur schwer, und zwar mit tief rother Farbe. Fette werden davon grün gefärbt. (Concentrirte?) Schwefelsäure und Salzsäure lösen es mit schön grüner, concentrirte Essigsäure mit rother Farbe auf. Salpetersäure zerstört es allmälig und die Lösung färbt sich gelb.

Das künstliche Biliverdin aus Bilirubin ist nicht grünbraun, sondern grün; es ist leicht löslich in Alkohol, und wird daraus durch Wasser gefällt; die concentrirte Alkohollösung ist im durchfallenden Lichte nicht roth, sondern grün; es ist in Aether nicht mit rother Farbe löslich, sondern überhaupt unlöslich; seine Lösungen zeigen keine besonderen Spectraleigenschaften.

Da wir nun annehmen müssen, dass sich Bilirubin, wenn es in der Galle gelöst ist, in Biliverdin verwandeln kann, so ist es nöthig, es für möglich zu halten, dass die beiden grünen Pigmente, welche in eingedickter Galle oder ihrem Alkoholauszug beobachtet werden, und complicirte Spectra haben, auch Producte der Oxydation entweder des Bilirubins, oder anderer analoger primärer Educte sein können. Jedenfalls müssen die Unterschiede einstweilen statuirt, und ihre Ursachen untersucht werden.

Zur Fällung des Bilirubins aus Ochsengalle kann man sich auch des Chlorcalciums bedienen, und die alkoholische Lösung der Galle mit etwas Ammoniak alkalisch machen. Nach anderen Angaben kann man den Alkohol vermeiden, und die mit Wasser verdünnte Galle mit Kalkmilch, die Mischung mit Kohlensäure behandeln. Der Niederschlag wird mit verdünnter Salzsäure zerlegt, mit Chloroform ausgezogen und die Lösung wird dann nach dem unter Bilirubin gegebenen Recepte behandelt.

Aus Menschengalle habe ich durch Fällen mit Chlorbarium noch kein Bilirubin, sondern nur Bilifuscin erhalten. Indessen habe ich in krankhaften Gallen viel Bilirubin in krümlichen Absätzen und zuweilen in Gallensteinen gefunden.

Aus Ochsengalle habe ich Bilirubin am leichtesten durch Fäulniss erhalten. Grosse Mengen Galle wurden in Flaschen im Keller der Zersetzung überlassen. Der nach Monaten gebildete Absatz wurde mit Wasser gewaschen, und dann mit kochendem Weingeist von Cholsäure befreit. Es blieb ein rother Rückstand von freiem Bilirubin, welches durch Lösung in Chloroform, von Krystallen von Tripelphosphat befreit wurde. Dieser Process lässt es indessen unsicher, ob das Bilirubin als solches in der Galle vorhanden war, oder erst durch die Fäulniss, wie die es begleitende Cholsäure gebildet worden ist.

Aus Menschen- und Hundsgalle erhielt Jaffé durch Behandeln mit Salzsäure und Extraction mit Lösungsmitteln ein von ihm Urobilin genanntes Product. Es wurde nur spectroskopisch diagnosticirt, und wie der Name andeutet, mit einem (durch Bleizucker und Schwefelsäure) aus Harn erhaltenen Product identificirt. Die Hypothese wurde noch durch die vollständig falsche Angabe complicirt, dieses Urobilin sei identisch mit dem durch Natriumamalgam aus Bilirubin erhaltenen Hydrobilirubin. In der Analecte über die Gallensteinfarbstoffe habe ich die Thatsachen angeführt, welche beweisen, dass dieses Derivat des Bilirubins im Harn nicht vorhanden ist. Was dem Spectrum des aus Menschen- und Hundsgalle erhaltenen Urobilins zu Grunde liegt, erwartet weitere Forschungen. Ehe dieses Urobilin aus den betreffenden Gallen isolirt, und der Elementaranalyse unterworfen ist, kann es als Educt nicht aufgeführt werden.

In Bezug auf Bilifuscin aus Menschengalle bitte ich den Leser, das unter Gallensteinfarbstoffe Gesagte nachzusehen. Eine Untersuchung von Menschengalle auf die Gegenwart von Bilifuscin wäre sehr wünschenswerth. Das Bilifuscin ist nämlich bisher als Biliphäin mit Bilirubin zusammengeworfen worden, und dann mit Biliverdin gemischt geblieben. Nach der genauen Darstellung des

Bilirubins aber ist das Bilifuscin ganz aus den Augen verloren worden, gerade wie die grünen Farbstoffe der Ochsengalle fälschlich
mit Biliverdin identificirt wurden.

Am schlimmsten ist es wohl dem Bilifulvin von Berzelius
ergangen, welches auf die leichtsinnigste Weise für Bilirubin erklärt
wird, während es davon doch ganz verschieden ist. Berzelius erhielt es aus eingedickter Ochsengalle. Heintz bemerkt, dass es
deshalb zweifelhaft sei, ob es in frischer Galle vorkomme, oder ob
es ein Zersetzungsproduct irgend eines Gallenbestandtheiles sei.

Man erhält das Bilifulvin nach Berzelius, wenn man die zu
vollständiger Trockne eingedickte Galle in absolutem Alkohol auflöst. Man filtrirt den Rückstand, der fast die ganze Menge des
Bilifulvins enthält, ab, und wäscht ihn mit absolutem Alkohol aus·
Wenn dieser Gelegenheit findet, Wasser aus der Luft anzuziehen,
so löst er etwas Bilifulvin auf, das, indem es in den stärkeren Alkohol abfliesst, wieder niedergeschlagen wird. Man setzt dieses
Waschen so lange fort, bis der Niederschlag von allen in absolutem
Alkohol leicht löslichen Bestandtheilen der Galle befreit ist. Den
im Filtrat entstehenden Niederschlag kann man sich absetzen lassen
und nachdem man die überstehende Flüssigkeit abgegossen hat,
auf einem Filtrum sammeln und mit absolutem Alkohol auswaschen.
Aus dem Rückstand auf dem Filtrum kann man noch mehr davon
gewinnen, wenn man ihn mit warmem Spiritus von dem spec. Gew.
0,835 wäscht, und das Filtrat, welches das Bilifulvin enthält, mit
absolutem Alkohol fällt. Der erhaltene Niederschlag muss mit absolutem Alkohol gewaschen werden. Man kann es auch aus dieser
Lösung in verdünntem Alkohol gewinnen, wenn man sie bei gelinder
Wärme zur Trockne verdunstet, den Rückstand in Wasser löst, die
klare Lösung mit Bleizucker fällt, und den Niederschlag, in Wasser
vertheilt, durch Schwefelwasserstoffgas zersetzt. Man filtrirt die
Flüssigkeit von dem Schwefelblei ab, dunstet sie zur Trockne ein,
löst den Rückstand in möglichst wenig Wasser auf, und fällt die
Lösung durch absoluten Alkohol. Der Niederschlag des Bilifulvin
wird mit absolutem Alkohol gewaschen. Das so dargestellte Bilifulvin
backt beim Trocknen zusammen und wird glänzend brandgelb. In
absolutem Alkohol und Aether ist es unlöslich. In Wasser löst es
sich leicht, und bleibt, wenn seine Lösung verdunstet wird, in Gestalt einer tief rothgelben durchscheinenden, harten Masse zurück,
die rissig wird und sich vom Glase ablöst. Berzelius giebt auch

an, einmal bei freiwilliger Verdunstung seiner Lösung brandgelbe
Krystalle erhalten zu haben. Die wässrige Lösung des Bilifulvins
ist geschmacklos. In fester Form auf die Zunge gebracht, erregt
es ein stechendes Gefühl. Es röthet feuchtes Lakmuspapier, wenn
es in fester Form darauf gebracht wird. Die Auflösung wirkt in
derselben Weise, doch nur schwach darauf ein. Auf Platinblech erhitzt, bläht sich das Bilifulvin auf, riecht nach verbrannten thierischen Stoffen, und nach Verbrennung der Kohle bleibt eine Asche
von kohlensaurem Natron und Kalk. Hiernach ist es ein saures
Kalk- und Natronsalz einer Säure, die Berzelius Bilifulvinsäure nennt. Die durch Fällung mittelst essigsauren Bleioxyds und
durch Zersetzung des Niederschlags mit Schwefelwasserstoffgas erhaltene Substanz müsste demnach die reine Bilifulvinsäure sein.
Berzelius giebt aber an, dass man letztere erhalten kann, wenn
man die Lösung seiner Kalk- und Natronverbindung in Wasser mit
Salpetersäure vermischt. Es bildet sich ein blassgelber, pulverför-
miger Niederschlag, der beim Trocknen seine Farbe behält, in
Wasser und Alkohol unlöslich ist, und befeuchtetes Lakmuspapier
röthet. (cf. Heintz, Zoochemie. S. 801.)

Berzelius hat einige Verbindungen dieser Säure dargestellt;
ihre Verbindungen mit Baryterde, Thonerde, Zinkoxyd, Bleioxyd,
Silberoxyd sind in Wasser schwer oder unlöslich und gelb gefärbt.
Das Kupferoxydsalz ist ein schmutzig blassgrüner Niederschlag. Das
Kalksalz ist in Wasser löslich.

Diese ganze Beschreibung nun schliesst das Bilirubin vollständig
aus. Bilifulvin ist entweder ein echtes Educt, oder eine Romanze.
Angenommen, es sei seit Berzelius nicht wieder gefunden worden, so könnte es doch ein zufälliges oder pathologisches Educt
gewesen sein, wie z. B. das indische Gelb in dem Harn der Buf-
falos. Allein mit den Schreibern der currenten Handbücher anzunehmen, Bilifulvin sei Bilirubin gewesen, scheint mir ganz dem
Sinne der Beschreibung und dem Gewissen des Commentators entgegen zu sein. Es geht aber hier wie beim Bilifuscin; der Gegenstand bedarf scharfer Kritik und neuer und sorgfältiger Studien.

In seinem werthvollen Werk über das Spectroscop in der Medicin giebt Memunn eine Uebersicht über physiologische Spectra,
darin auch des Spectrums der Galle des Menschen und einiger
Thierspecies gedacht ist. Die Galle des Menschen, des Hundes, der

Katze giebt im frischen Zustand kein specifisches Absorptionsspectrum. Er meint zwar, dass durch Verdünnung von Menschengalle ein Schatten bei F zum Vorschein komme, der durch Salzsäure verstärkt, durch Alkalien geschwächt werde. Dieser Schatten kommt in den Spectren Mcmunn's sehr häufig vor, z. B. beschreibt er ihn als eine Eigenschaft normalen Harns. Ich selbst habe ihn z. B. am Harn auch mit den besten Apparaten nie bemerkt und glaube, dass er dem von Mcmunn benutzten Mikrospectroscop, bei welchem die ganze blaue Seite von Interferenz und Polarisation beinahe ausgelöscht ist, zuzuschreiben ist. Menschengalle zeigt, wenn alt oder mit Alkohol ausgezogen, ein Band bei D.

Schweinegalle giebt, wenn frisch, kein Spectrum besonderer Art; Mcmunn aber fand, dass vier Stunden nach ihrer Entfernung aus der Gallenblase sie in dicken Lagen rothbraun, in dünnen gelb erschien und ein blasses Absorptionsband in Orange zeigte (l. c. p. 157. Chart II. Sp. 6).

Hundsgalle hatte eine golden-braune Farbe. Katzengalle war goldgelb, mit grünlichem Schimmer. Sie zeigte ein Absorptionsband über F, welches Mcmunn mit dem des Urobilins für identisch hält.

Die Galle des Meerschweinchens war goldgelb und gab ein Band bei D nach dem Grün zu gelegen.

Kaninchengalle war in dünnen Lagen fast grün und zeigte in passenden dicken Lagen drei Absorptionsbänder, zwei in Gelb zu Grün und eins über F.

Galle der Maus gab ein wohlmarkirtes Band über F, was Mcmunn abermals auf Identität mit „Urobilin" interpretirt.

Galle der Ochsen und Schafe ist nach Mcmunn, wenn frisch aus dem Thier genommen, grün, wird aber bald rothbraun. Sie zeigt in dickeren Lagen drei Absorptionsbänder, die sich bei Verdünnung in vier, und ferner in fünf spalten. Diese Spectra habe ich bereits unter den seltenen Farbstoffen der Ochsengallensteine beschrieben. Auch habe ich die Farbstoffe aus Ochsengalle isolirt und im reineren Zustand studirt. Die von mir beobachteten Ochsengallen waren im frischen Zustand braun, wurden an der Luft grün und zuletzt roth.

Die Galle des Igels ist bläulich grün und zeigt den berührten Schatten über F.

Die Galle der Krähe ist gelblich grün und zeigt vier schmale
Absorptionsbänder in Roth, Orange, Gelb und Gelbgrün gelegen;
das äusserste Roth ist sehr leuchtend.

Die Galle der Drossel, des Huhns, der Gans, der wilden und
zahmen Ente war dunkelgrün, ohne specifisches Spectrum, mit Ausnahme des Schattens bei F.

Die im Obigen angegebenen Thatsachen haben nur ein allgemein vergleichend physiologisches Interesse. Viele der darin berührten Objecte werden wohl nie für chemische Behandlung geeignet
sein. Allein sie lehren im Ganzen, dass die Gallenfarbstoffe, obwohl
sich generisch ähnlich, doch in feineren Zügen verschieden sind.
Ferner zeigen sie, dass sich diese Pigmente, selbst in ihren natürlichen Lösungen, auch ohne zugesetzte chemische Agentien, schnell
verändern. Diese Veränderungen finden auch unter dem Einfluss
von Krankheitsursachen statt, und sie können daher gelegentlich
über ein oder das andere pathologische Phänomen Aufschluss geben.

Der Leser wird zum Schluss gebeten, wohl zu bemerken, dass
obwohl die weitgehendsten physiologischen Propositionen über die
chemische Verwandtschaft zwischen Blut-, Gallen- und Harnfarbstoff
seit hundert Jahren gemacht worden sind, die praktische Kenntniss
der eigentlichen Gallenfarbstoffe bis heute sehr gering geblieben
und nicht im Stande ist, diese Propositionen auch nur im geringsten
zu unterstützen.

---

29. Ueber einige physiologische Derivate des Blutfarbstoffs.

Schon seit 100 Jahren spuckt in der Physiologie die Hypothese,
dass der circulirende Blutfarbstoff sich regelmässig zersetze, und
ebenso regelmässig in den Formen von Gallenfarbstoff und Harnfarbstoff ausgeschieden werde. In Bezug auf den Harnfarbstoff nun
hatte man, und hat bis heute, keine einzige chemische Thatsache,
welche die vermuthete Paternität hätte unterstützen können. Aber
in Bezug auf den Gallenfarbstoff, genau gesagt den Gallensteinfarb-
stoff Bilirubin, fand man einige, obwohl in graue Nebel gehüllte
Thatsachen, welche seine Herleitung von dem Blutroth zu unterstützen schienen. Diese waren von zweierlei Art. Einmal beobach-

tete man in Blutergüssen Krystalle oder Krumen, welche an Reagentien etwas Bilirubin abgaben; sodann fand man, dass, wenn Thieren Hämochrom in das Blut eingespritzt wurde, der später von den Subjecten gelassene Harn meistens die Salpetersäure-Reaction des Gallenfarbstoffs gab.

Dass die physiologischen Chemiker in Blutergüssen (im Blut selber hat zuerst Hammarsten neuerdings nach Bilirubin gesucht) nach Bilirubin suchten, hat seinen Grund in einer sonderbaren Verwechslung, zu welcher das von E. Home entdeckte, von Virchow näher beschriebene Hämatoidin Veranlassung gab. Nachdem nämlich Bilirubin krystallisirt beobachtet, und eine gewisse entfernte Aehnlichkeit desselben mit dem Hämatoidin wahrgenommen worden war, wurden beide auf diese äussere Erscheinung hin von Valentiner für identisch erklärt. Und diese falsche Thatsache, welche von Städeler genügend zurückgewiesen wurde (Lieb, Ann. 116, 29) wird heutzutage in kurrenten Lehrbüchern ganz kritiklos wiederholt. Aber selbst die mikrochemischen Reactionen, welche Virchow angegeben hat, schliessen eine Identität des Hämatoidins mit dem Gallenfarbstoff gänzlich aus. Ich nehme aus Gmelin's Handbuch der Organ. Chemie 5 (Zoochemie von Lehmann, edirt von Huppert) S. 140 folgende Angaben: „Die concentrirten Alkalien und Mineralsäuren wirken nach Virchow nicht auf alle Objecte (des mikroskopischen Hämatoidins) gleich; gewöhnlich wird auf Kalisalz die Masse brennender roth, lockert sich allmälig auf und zerfällt in rothe Körnchen, die nach und nach in Auflösung übergehen; durch Neutralisation des Alkali's wird die Substanz nicht wieder gefällt. Bei der Einwirkung concentrirter Mineralsäuren, namentlich der Schwefelsäure, verschwinden die scharfen Contouren der Krystalle und die Farbe der rundlichen Concremente geht erst in blauroth, dann in Grün, Blau und Rosa über, und verschwindet endlich in einem schmutzigen Gelb. In der durch Zersetzung des Hämatoidins entstandenen sauren Flüssigkeit lässt sich Eisen oft nachweisen, oft nicht."

Aus dieser objectiven Beschreibung geht nun ganz klar hervor, dass „Hämatoidin" kein einfacher chemischer Begriff ist. Die krystallisirte Substanz lässt in vielen Fällen eine physikalische Definition zu, nämlich dass sie eine Pseudomorphose des Hämatokrystallins, des krystallisirten Blutfarbstoffes sei, welche dessen Form beibehalten hat, aber in dieser Gestalt aus einem geometrischen

Conglomerat seiner Zersetzungsproducte besteht. Diese Zersetzungsproducte bedingen aber keinesfalls die geometrische Gestalt. Daher
ist die behauptete Identität des „Hämatoidins" mit Bilirubin, selbst
wenn das letztere sich ohne Zweifel vom Blutfarbstoff herleitete,
eine Erfindung.

Nun haben aber einige wenige Autoren aus pathologischen Objecten, welche „Hämatoidin" enthalten sollten, Substanzen isolirt,
die nach der Isolirungsmethode, den Reactionen, und sogar der Elementaranalyse, an Bilirubin sehr nahe herankamen. Da ist zunächst der viel angeführte Fall von Robin und Mercier (Gaz. méd.
1855, 44, 46, 48, 49), welche in einer Hydatiden-Cyste der Leber
Krystalle fanden, die sie „Hämatoidin" nannten, und die ihnen
bei der Analyse 65 bis 65,5 Procent C, 6,4 bis 6,5 pCt. H,
10,5 pCt. N und 17,2 bis 18,0 O gaben. Allein hier ist zunächst
zu bemerken, dass von einem Bluterguss nicht die Rede war, sondern von einer Lebercyste, in welcher stagnirende Galle wohl Bilirubin abgesetzt haben konnte, der Fall beweist also für die Ableitung des Bilirubins von Hämochrom gar nichts. Er beweist nur,
dass, angenommen die beobachteten Krystalle waren Bilirubin, dieselben fälschlich „Hämatoidin" genannt wurden.

Valentiner zog sein Hämatoidin, d. h. Bilirubin aus Gallensteinen, und aus dem Gewebe der Leber und anderen Organen von
Personen aus, welche an Gelbsucht gestorben waren. Also
auch in diesen Fällen liegt die Ableitung des Gallen- von Blut-
pigment nicht auf der Oberfläche. Dagegen ist folgende Beobachtung von Jaffé als Beobachtung von grosser Bedeutung (Virchow's
Archiv. 23. 192). Ein apoplectischer Blutklumpen, welcher eine
grosse Zahl von Hämatoidinkrystallen enthielt, wurde getrocknet,
zerkleinert, mit absolutem Alkohol befeuchtet, und mit Chloroform
erschöpft; die Lösung wurde im Dunkeln verdampft, und hinterliess
goldgelbe Krystalle. Diese wurden mit Aether gewaschen, worin sie
theilweise löslich waren; sie wurden dann in kohlensaurem Natron
gelöst; die Lösung nahm zunächst eine gelbe, dann beim Verweilen
an der Luft grüne Farbe an, und gab die Gmelin'sche Reaction
mit Salpetersäure.

Hier wurde also Bilirubin aus einem Bluterguss ausgezogen,
und „Hämatoidin" genannt. Aber leider verwechselt der Beobachter
ferner Bilirubin mit dem Bilifulvin von Berzelius, mit welchem
er sein „Hämatoidin" identificirt. Dieser Irrthum aber, jetzt er-

kannt, raubt der Beobachtung ferner nichts von ihrem Werth. Es bleibt freilich unbewiesen, dass die aus dem Chloroformauszug erhaltenen Krystalle aus demselben Material bestanden, wie die im Bluterguss geschehen. Allein auch dieser Mangel lässt die Beobachtung bestehen, dass aus einem apoplectischen Erguss Bilirubin wirklich ausgezogen wurde.

Eine andere, hierhergehörige Beobachtung ist von E. Salkowski in den Tübinger Untersuchungen p. 437 mitgetheilt, in einem Aufsatz, welcher den Titel trägt: „Zur Frage über die Identität des Hämatoidin und Bilirubin". Von Thatsachen diese beiden Körper betreffend, wird darin nichts mitgetheilt, und der Titel sollte eigentlich heissen: „Ueber einen Farbstoff aus einer Strumacyste"; denn das Thatsächliche darin ist folgendes: Eine Strumacyste an einer lebenden Person wurde durch Punction entleert. Die erhaltene Flüssigkeit wurde von einem Bodensatz von Cholesterin und Blutkörperchen abgegossen, und so lange mit grossen Quantitäten Aether geschüttelt, bis derselbe sich nicht mehr färbte. Die ätherische Lösung wurde mit einer Lösung von kohlensaurem Natron geschüttelt, diese dann angesäuert, und wieder mit Aether geschüttelt, der Aether abdestillirt, der Rückstand in Chloroform gelöst, zur Trockne verdunstet, wieder in Chloroform gelöst, filtrirt und verdunsten gelassen. So dargestellt, erschien der Farbstoff im Uhrglase bei durchfallendem Lichte als gelber, jedoch in verschiedenen Farben schillernder Körper. Die Menge desselben war leider so gering, dass sie nur hinreichte, um die folgenden Eigenschaften, neben den durch die Darstellungsmethode gegebenen festzustellen. Er erschien unter dem Mikroskope in gut ausgebildeten rhombischen Tafeln; die alkalische Lösung gab mit Salpetersäure die bekannte Gallenfarbstoffreaction und wurde an der Luft sehr bald grün.

Soweit und nicht weiter ist diese Beobachtung brauchbar. Das hypothetische Beiwerk ist unbrauchbar, weil es gerade das annimmt, was erst zu beweisen ist. Der Farbstoff soll „offenbar von zersetztem Blutfarbstoff herrühren, und somit unter den Begriff des Hämatoidins fallen." Diese Aeusserung ist aber eine durch, in dem besonderen Fall, Nichts gestützte Hypothese. Die Blutkörperchen waren im Sediment, der Farbstoff in Lösung. Es ist gar nicht ersichtlich, wie er, wenn er Bilirubin war, in der Cystenflüssigkeit gelöst sein, und doch in den Aether übergehen konnte. Allein wir wollen annehmen, dass etwas Bilirubin wirklich isolirt wurde. Wo ist nun der Beweis, dass es aus den abgesetzten Blutkörperchen herrührte? Könnte man nicht mit demselben Rechte behaupten, es sei ein originales Secret der Kropfcyste?

Was aber „den Begriff des Hämatoidins" anbelangt, welchen Salkowsky des längeren in einer Invective gegen Holm discutirt, so haben die betreffenden Auslassungen weiter keinen Boden, seit durch meine Untersuchungen über den gelben Farbstoff der Corpora lutea feststeht, dass derselbe weder mit „Hämatoidin", noch mit Bilirubin das Geringste gemein hat. Daher hat Holm Recht, ihn für vom Bilirubin verschieden zu erklären, und Unrecht, wenn er ihn „Hämatoidin" nennt. Zu diesem Namen haben ihn indessen nur die falschen Traditionen der Physiologen verleitet, die in jedem Corpus luteum ein Blutextravasat im Process der Resorption sahen.

Holm wird nun mit den in der Schule, aus welcher E. Salkowsky hervorgegangen, üblichen Verdächtigungen tractirt, indem ihm die Wahl gelassen wird, zwischen „Verunreinigungen irgend welcher Art", die die Eigenschaften des Holm'schen Productes bestimmen sollen, und der Annahme, dass es ein von dem Strumaproduct verschiedener Körper war. Das Verdienst Holm's war, dass er den Farbstoff aus den Eierstöcken vom Bilirubin unterschied: sein Fehler, dass er ihn mit Hämatoidin identificirte. Alles dies wird in Salkowsky's Darstellung wieder verwischt und der Fortschritt vereitelt.

Ein grüner, in Krystallen und Körnchen an den Rändern der Placenta von Hunden und Katzen, in den Zotten des Chorion, bei der Spitzmaus in dem den Dottersack und dessen Zotten bekleidenden Epithel vorkommender Farbstoff wurde von Meckel für dem Gallengrün nahestehend erklärt und Hämatochlorin genannt. Bischoff untersuchte den Farbstoff mikroskopisch, und fand ihn theils in Krystallen, die sich in Wasser leicht lösten, theils amorph in unregelmässigen Körnern, aber nicht in Zellen abgelagert. O. Nasse konnte das Hämatochlorin aus den Epithelzellen des Dottersackes mit Wasser, besonders leicht beim Erwärmen, aber auch mit Alkohol und Aether, nicht aber mit Chloroform ausziehen. Rauchende Salpetersäure zu der wässrigen Lösung gebracht, gab die dem Gallenfarbstoff zugehörende Farbenreaction. Preyer fand in den grünen Ringen der Placenten einer hochträchtigen Hündin neben grossen Mengen von Blutkrystallen, braunrothen Prismen und orangefarbigen rhombischen Täfelchen, intensiv grüne Körner und

Schollen (aber keine Krystalle) von Hämatochlorin, welches mit Alkohol leicht, mit warmem Wasser schwer, nicht mit Aether und nicht mit Chloroform sich ausziehen liess. Die grünen Lösungen absorbirten Roth im Spectroskop, ohne specifische Absorptionen zu zeigen. Die wässrige Lösung gab Gallenfarbstoffreaction mit Salpetersäure. Das Hämatochlorin ist daher dem Biliverdin nur ähnlich, aber nicht damit identisch, indem es sich in Wasser löst, worin Biliverdin unlöslich ist. Nach Etti hat der grüne Ueberzug der Placenta der Hündin die Consistenz eines weichen Fettes, löst sich nicht in Wasser, und zeigt unter dem Mikroskop saftgrün gefärbte Tropfen. Er löste ihn in schwefelsäurehaltigem Alkohol. Das Waschwasser, mit dem die Placenta abgespült war, fällte er mit Barytwasser, und zog aus dem Niederschlag durch schwefelsäurehaltigen Alkohol ebenfalls grüne Materie aus. Die letztere Portion muss daher wohl in Wasser gelöst gewesen sein. Die übrigen Angaben von Etti sind ziemlich werthlos, da er die erste Angabe, ein Theil des Farbstoffs sei Biliprasin, zurücknahm, den ganzen für Biliverdin erklärte, und auch Hydrobilirubin mit Aether ausgezogen haben wollte, seitdem aber keine weiteren Beweise beigebracht hat. Dass Meckel das grüne Pigment vom Blutfarbstoff herleitete, ergiebt sich aus dem Namen. Die Wahrscheinlichkeit der Abstammung ist wohl klar, namentlich da in unmittelbarer Berührung mit dem grünen Pigment auch Hämochromkrystalle, und braune und gelbe, an Hämatoidin, Hämin und Bilirubin erinnernde Krystalle gelegentlich vorkommen. Die meiste Analogie scheinen mir diese Placentafarbstoffe noch mit den Pigmenten der Eierschalen der Vögel zu haben, mit denen sie näher verglichen werden sollten. Das aus den letzteren isolirbare grüne Pigment ist dem Biliverdin ähnlich, aber, wie ich gezeigt habe, nicht damit identisch. In gewissen Eierschalen kommt ein blaues Pigment vor. Am merkwürdigsten aber ist, dass das mit dem grünen häufig gemischte rothe Pigment der Eierschalen (Ovokruentin), welches denselben eine braune Farbe verleiht, mit dem durch Säure direct aus Hämochrom oder Hämatin darstellbarem Cruentin identisch ist. Es ist daher sehr wahrscheinlich, dass alle drei Farbstoffe, der grüne, blaue und rothe vom Blutfarbstoff direct hergeleitet, und ein Excretionsproduct der zottigen Anhängsel der inneren Oberfläche des Eileiters derjenigen Vögel sind, welche gefärbte Eier legen. Es bedarf keiner grossen Anstrengung der Einbildungskraft sich vorzustellen, dass das Vorkommen dieser Pigmente in der Placenta einerseits, in den Eierschalen andererseits, einen und denselben Evolutionsursprung hat. In anderen Worten: die Pigmentdrüsen der Eileiter sind Ueberbleibsel (oder Anhänge) der Zottenhaut des Uterus, die Pigmente sind directe Zersetzungsproducte des Blutes; dieses Blut dient nicht für die Ernährung eines Fötus, sondern liefert nur einen Respectstribut, eine zierende oder nützliche Bedeckung für die Aussenseite eines abgeschlossenen Wesens, mit welchem es in früheren Stadien der Entwicklung nähere Beziehungen hatte, oder mit welchem es sie in Zukunft haben wird, im Fall der Vogel sich im Entwickelungsgang zu einem Säugethier befindet.

In naher Beziehung mit der Hypothese von der Ableitung des Gallen- und Harnfarbstoffs von dem Blutfarbstoff steht die Frage nach der Natur verschiedener Arten von Icterus, oder Gelbsucht, welche ein eminent klinisch-practisches Interesse besitzt. Die gewöhnliche Gelbsucht lässt wohl keine andere Erklärung zu, als dass in der Leber gebildeter Gallenfarbstoff durch Obstruction des Gallenausflusses genöthigt wird, mit in das Blut überzutreten; er färbt dann alle Theile des Körpers, und geht zum Theil in den Harn über, wahrscheinlich in veränderter Beschaffenheit, aber mit unverletztem Kernradikal, so dass er die specifische Reaction noch liefert. Der eigentliche Gallen-Icterus wird in England vom Volk in den gelben und schwarzen unterschieden: wobei die letztere Bezeichnung auf denjenigen chronischen Icterus angewandt wird, bei dem sich die Hautfarbe mehr oder weniger in Braun-Grün umgewandelt hat. Bei den meisten Fällen von Gallenicterus nun hat man neben dem Erscheinen von Gallenfarbstoff im Harn auch noch das Symptom von dessen Abwesenheit in den Fäces als Bekräftigung der Diagnose.

Nun giebt es aber eine gewisse Zahl von Fällen von Icterus, die obwohl in unseren Breiten selten, in heissen Klimaten nicht so selten vorkommen, in welchen sich die gelbe Farbe der Haut, der Conjunctiva und des Harns von Gallenfarbstoff nicht herleiten lässt, und eine Obstruction des Ausflusses der Galle nicht existirt. Dazu gehören die Fälle von Gelbsucht nach Schlangenbissen, der Icterus im Verlauf gewisser Fälle von Pyämie, und vor allen Dingen das gelbe Fieber. Für diese hat sich nach und nach die Hypothese gebildet, dass wie die Regenbogenfarben der Haut über Quetschungen auf der Zersetzung von ausgetretenem Blutroth beruhen, so diese

Gelbsuchten und das gelbe Fieber auf Zersetzung von Blutroth in vielen Theilen des Körpers, oder in einzelnen Organen, oder sogar im kreisenden Blute selbst, unter dem Einfluss der Krankheitsursache hervorgehen. In diesen Fällen wurde die gelbe Farbe der Haut nicht mehr dem Gallenfarbstoff, sondern einem aus Blutfarbstoff gebildeten besonderen, nicht näher bekannten Pigment zugeschrieben, und zum Unterschied von dem hepatischen oder galligen nannte man den anderen den bluterzeugten oder hämatogenen Icterus.

Ueber diese Hypothese waren während vieler Jahre fruchtlose Discussionen geführt worden, als in den fünfziger Jahren die sich mehr und mehr entwickelnde chemische Behandlungsweise elementar-pathologischer Fragen die Möglichkeit zu geben schien, der Wahrheit in dieser Angelegenheit auf experimentellem Wege näher zu kommen. Da machten nun zunächst Frerichs und Städeler das bekannte, ganz unbegreifliche doppelte Fiasko, indem sie erst vermeinten Gallensäuren durch gewöhnliche chemische Reagentien in Gallenfarbstoffe umgewandelt zu haben, dann aber dieselbe Umwandlung durch Einführung von Gallensäure in die Circulation hervorgebracht zu haben glaubten. Diesen machte zum Theil Kühne Opposition, indem er bei Icterus und nach Einspritzung gallensaurer Salze in die Venen von Hunden stets Gallensäure im Harn, und daneben Gallenfarbstoff fand, welchen letzteren er von dem zersetzenden Einfluss der gallensauren Salze auf die Blutkörperchen herleitete. Hermann aber fand, dass zur Herbeiführung der Gegenwart von Gallenfarbstoff im Harn die Gallensäure entbehrlich, dagegen nur eine gewisse Menge Wasser nöthig sei. Hierbei wurde angenommen, dass das Wasser die Blutkörperchen zerstöre. Naunyn zerstörte daher Blutkörperchen vor der Injection durch Frost, und spritzte die Lösungen Hunden und Kaninchen in die Venen ein. Er fand danach keinen Gallenfarbstoff im Harn, und da er zuweilen eine Reaction auf Gallenfarbstoff in gesundem Hundeharn beobachtete, hielt er die früheren Experimente für trügerisch. Steiner spritzte 17 Kaninchen Wasser in die Jugularvene, und fand in 17 Versuchen keinen Gallenfarbstoff, in 12 Versuchen nur Blutfarbstoff im Harn. Gegen diese Experimente machte Tarchanoff auf Hoppe-Seyler's Zuspruch eine Reihe von Einwendungen, denen ich mit Naunyn jede Beweiskraft abspreche. So z. B. sollen bei den Beobachtungen von Voit, Naunyn und Steiner, nach welchen

Gallenfarbstoff beim Hund in Folge aller möglichen, auch der leichtesten Eingriffe, im Harn auftritt, Verwechslungen mit indigobildender Substanz untergelaufen sein. Diese letztere war aber dadurch ausgeschlossen worden, dass der Gallenfarbstoff durch Kalkmilch gefällt, und die Salpetersäure nun zu der Lösung des Niederschlags in Essigsäure gebracht worden war, ein Process der die Huppert-Schwerdtfeger'sche Reaction genannt wird, und auf welchen gerade Tarchanoff Vertrauen setzte. Tarchanoff injicirte wässerige Lösung krystallisirten Hämoglobins und beobachtete darnach zunächst blutigen, später gelblich-grünen Harn, in welchem Salpetersäure die Gmelin'sche Reaction verursachte; im zweiten Experiment wurde der Harn mit Kalkmilch gefällt und der Niederschlag in Essigsäure gelöst. Diese Lösung wurde nach einiger Zeit grün; auch konnte ihr durch Chloroform etwas Farbstoff entzogen werden, welcher beim Verdunsten grün wurde. Diese Verwandlung wird fälschlich einer Bildung von Biliverdin zugeschrieben.

Tarchanoff spritzte nun einem seit 9 Monaten mit einer Gallenfistel versehenen Hunde Blutfarbstofflösung ein, und sah darnach die Menge der ausgeschiedenen Galle etwa auf das Doppelte in gleichen Zeiten steigen, die darin enthaltenen Solida auf etwa ein Fünftel fallen, dagegen die Intensität der Färbung etwa auf das Sechzigfache steigen. Diese letztere Angabe beruht aber nur auf einer Schätzung der Färbung der verdünnten Galle durch das Auge. Tarchanoff nimmt an, dass diese Vermehrung der Färbung der Galle durch normalen Gallenfarbstoff hervorgebracht sei, ohne aber auch nur eine Reaction, geschweige denn einen analytischen Beweis für diese Annahme beizubringen. Ausserdem enthielt der Harn dieses Hundes weder Blut- noch Gallenfarbstoff. Auch dieses Experiment berechtigt daher zu keinem Schluss in dem von den Apologeten der Verwandlung des Blut- in den Gallenfarbstoff proponirten Sinne.

Aber selbst wenn es ausser Zweifel stünde, dass in das Blut eingebrachter gelöster Blutfarbstoff unter Zersetzung seiner Substanz als eines der Producte etwas Gallenfarbstoff lieferte, so wäre dadurch wohl ein Fingerzeig auf den Ursprung des Gallenfarbstoffs im Allgemeinen, aber keineswegs ein Beweis für die Möglichkeit des Ursprungs des Icterus im Blut gegeben. Denn die den Icterus bedingende Färbung der Gewebe erfordert viel Farbstoff und viel Zeit zu dessen Vertheilung und Fixirung. Wenn aber die Leber im Stande ist, den Farbstoff, sei er normal oder abnorm, so schnell zu eleminiren, wie sie im Tarchanoff'schen Experimente thut, so könnte auch ein hämatogener Icterus ohne Obstruction der Gallengänge nicht zu Stande kommen. Dagegen steht nun fest, dass in jenen fraglichen Fällen von Icterus und namentlich im gelben Fieber, die Capillarcirculation so belästigt ist, dass der Umstand einer Obstruction des Gallengangs oder des Ureters gleich kommt. Wenigstens könnte im Blut einmal gebildeter Gallenfarbstoff während der Höhe der Krankheit weder durch Leber noch Nieren ausgeschieden werden, weil beide Organe so gut wie nicht fungiren, und erst während der Abnahme der Krankheit ihre Absonderungsthätigkeit allmälig wieder aufnehmen. Daher wäre bei so vielfachen parenchymatösen Blutergüssen, wie sie im gelben Fieber und bei Pyämie häufig stattfinden, die Existenz eines hämatogenen Icterus aus allen Gründen eher wahrscheinlich, als unwahrscheinlich; es bleibt aber immer die Frage noch zu beantworten, ob jeder Icterus von Gallenfarbstoff herrühre, und ob nicht gewisse Formen von gelb gefärbter Haut, also namentlich die Haut im gelben Fieber, ihre Farbe einem wohl vom Blutroth abgeleiteten, aber mit Gallenfarbstoff nicht identischen Pigment verdanken.

Nach den Beobachtungen von Quinke scheint es mir nun sehr wahrscheinlich, dass ergossenes Blut unter dem Einfluss der Körpersäfte zweierlei Farbstoff liefert, einmal einen dem Bilirubin ähnlichen oder damit identischen, und zweitens einen anderen, zuletzt in Lösung ebenfalls gelben, aber von Bilirubin ganz verschiedenen, welcher das Umwandlungsproduct des Hämatins vorstellt. Daraus folgt natürlich auch die Annahme, dass das Bilirubin aus Hämatin nicht herstamme. Zwar haben manche Autoren gemeint, sie könnten das Bilirubin aus dem Hämatin sorgar mit Hülfe der Formeln von beiden herleiten, indem sie dem ersteren die durch nichts gerechtfertigte Formel Städeler's mit C_{32} andichteten. Allein wer beide Körper auch nur summarisch betrachtet, kann einen wahren chemischen Zusammenhang nicht zugeben. Ich für meinen Theil kenne keine einzige chemische Thatsache, welche die Ableitung des Bilirubins von Hämatin bewiese, ebenso ausser der Existenz des Uromelanins (eines Products aus Harnfarbstoff) keine einzige chemische Thatsache, welche die Ableitung des oder eines Harnfarbstoffs von Hämatin bewiese. Die angebliche Ableitung des oder eines Harnfarbstoffs von Bilirubin habe ich unwidersprechlich abgewiesen.

Angenommen nun, es sei einmal Bilirubin im Blute, so ist noch gar nicht gewiss, dass sich das letztere dieses Fremdkörpers schnell entledigen könne. In der That der Umstand, dass Hammarsten Bilirubin im Blut lebender Pferde, (aber nicht im Blut von Rindern oder Menschen) antraf, scheint auf eine Schwierigkeit der Ausscheidung desselben hinzudeuten. Allein über diese letztere Erfahrung kann man nicht gut Betrachtungen anstellen, da über die Qualität, das Alter und die Gesundheitsumstände der betreffenden Pferde keine Mittheilungen vorliegen. In drei Fällen aus 20 gelang der Nachweis nicht. Das Bilirubin hing dem Paraglobulinniederschlag an, welcher durch Verdünnung des mit Essigsäure angesäuerten Serums mit 10—15 Volumen Wasser entstand.

Es scheint nicht nöthig zu sein, dass sich das Bluthroth, welches Gallenfarbstoff liefern kann, im Gefässsystem oder im Zellgewebe zersetze, sondern es braucht nur in grösseren Mengen in den Darmkanal des Hundes eingeführt zu werden, um nach Naunyn und Nasse bald Gallenfarbstoff im Harn erscheinen zu lassen. Diese Experimente leiden aber unter dem allgemeinen Einspruch, dass Eingriffe an Hunden den Harn gallenfarbstoffhaltig machen, auch ohne dass eine besondere Substanz in ihren Körper eingeführt wird.

Die directe Ueberführung des Blutfarbstoffs oder seines Zersetzungsproducts des Hämatins in Gallenfarbstoff oder Harnfarbstoff ist verschiedentlich versucht worden. Nach seinen Experimenten über den Einfluss von Zinn und Salzsäure auf Hämatin fand Hoppe-Seyler zunächst ein salzsaures Cruentin, dem er später den Namen Hämatoporphyrin beilegte. Dieses Product nun soll nach ihm „verunreinigtes Hydrobilirubin (Urobilin)" sein. Der Körper wurde auch aus unzersetztem Hämoglobin durch Zinn und Salzsäure erhalten. Dass Hydrobilirubin nicht mit Urobilin identisch ist, ist schon des längeren nachgewiesen worden. Daher enthält diese Angabe bereits wenigstens eine falsche Thatsache; dass das Product aus Hämatin, Zinn und Salzsäure (oder nach einer späteren Angabe aus Hämatoporphyrin, Zinn und Salzsäure) Hydrobilirubin sei, ist in keiner Weise bewiesen, und an sich sehr unwahrscheinlich. Die Ableitung wäre aber, wenn sie bewiesen werden könnte, so äusserst wichtig, dass man hoffen muss, sie werde entweder recht bald über allen Zweifel erhoben, oder zum Haufen der falschen Thatsachen geworfen, welche es nöthig ist aus der physiologischen Chemie auszureuten.

30. Ueber Stutenmilch und Kumys.

Die Kunst, den Stuten der Steppe Milch zu entnehmen und dieselbe in ein berauschendes und zugleich nahrhaftes Getränk um-zuwandeln, ist schon sehr alt, wie wir aus dem zweiten Kapitel des vierten Buches des Herodot entnehmen, wo folgendes zu lesen ist: „Die Scythen haben den Gebrauch, alle ihre Sklaven zu blenden, der Milch wegen, welche ihr gewöhnliches Getränk ist" (cfr. Homer's Iliade XIII, wo indessen die Gährung nicht erwähnt wird). Es folgt dann eine Passage, die Behandlung der Stuten betreffend, um sie während des Melkens ruhig zu halten, und das Kapitel endigt dann wie folgt: „Wenn die Milch auf diese Weise erhalten worden ist, giessen sie dieselbe in tiefe hölzerne Gefässe und geben den Sklaven auf, dieselbe in beständiger Bewegung zu erhalten. Der Theil der Milch, welcher oben bleibt, ist am meisten geschätzt, was sich absetzt, ist von geringerem Werth. Dies ist es, was die Scy-then veranlasst, allen ihren Gefangenen die Augen auszustechen, denn sie bauen den Boden nicht und führen ein Hirtenleben." Der Herausgeber der geschätzten Englischen Uebersetzung, V. Beloe, fügt dieser Stelle die Worte zu: „Es ist klar, dass Herodot hier das Buttermachen beschreibt, obwohl er keinen Namen für das Pro-duct kannte." Allein diese Auffassung scheint mir vollständig irrig. Zunächst eignet sich Stutenmilch nicht zum Buttermachen, erstens weil sie wenig Fett enthält, zweitens weil das von ihr zu erhaltende Fett keine Butter, sondern ein schmalzartiges, halböliges, schlecht-schmeckendes Product ist. Sodann wäre auch das Buttermachen kein genügender Grund, Sklaven zu blenden. Sobald wir indessen annehmen, dass Herodot's Beschreibung sich auf die Bereitung von Kumys bezieht, sind alle Schwierigkeiten gehoben. Der Kumys muss unablässig gerührt oder geschlagen werden; dazu waren blinde Sklaven wohl zu brauchen. Der obere Theil des Kumys ist die alkoholische Lösung, der untere enthält den geronnenen Käsestoff, der mehr als Nahrungs-, denn als Berauschungsmittel dienen kann. Soviel mir bekannt, machen die Nomaden der russischen Steppen auch heut zu Tage keine Butter, bereiten aber grosse Mengen Ku-mys nach den unten näher zu beschreibenden Methoden. Wir lassen denselben eine kurze Beschreibung der Stutenmilch und einige Vergleiche mit anderen Milcharten vorausgehen.

Stutenmilch ist eine undurchsichtige bläulich-weisse Flüssigkeit, von dünnerer Beschaffenheit als Kuhmilch, stets von alkalischer Reaction und einem zwischen 1032 und 1035 schwankenden specifischen Gewicht. Sie hat einen angenehm süsslichen Geschmack, etwa wie Mandelmilch, und lässt keinen fetten oder rahmigen Nachgeschmack auf der Zunge. Wenn sie gerade vom Thier genommen worden ist, so hat sie einen besonderen, nicht unangenehmen Geruch, welcher beim Abkühlen verschwindet. Wird die Milch während 12 bis 36 Stunden an einem kühlen Orte in Ruhe gelassen, so sammelt sich eine dünne Lage Rahm auf ihrer Oberfläche; die davon bereitete Butter hat wenig Festigkeit und gleicht im Ansehen heissem gekochtem Fettgewebe.

Verschiedene Analysen zeigen, dass Stutenmilch reich an Milchzucker ist und relativ wenig Fett und Casein enthält. Die folgenden Beobachter fanden in 1000 Theilen Stutenmilch die folgenden Mengen von Ingredienzien:

	Moser.	Herland.	Hartier Steppen-Stute.	Hartier Russische Stute.	Biel.	Doyern.	Payen.	Vernois.	Müller.
Casein und stickstoffhaltige Substanz	16	29	14	20	26	22	16	13	14
Fett	6	18	21	24	13	5	2	24	21
Lactin oder Milchzucker	47	36	73	59	54	55	87	33	72

Hartier in Moskau studirte den Unterschied zwischen der Milch einer Steppenstute und einer gewöhnlichen russischen Stute, während beide Thiere in Bezug auf Futter und Arbeit gleich gehalten wurden; er fand, dass die Milch der gewöhnlichen Stute concentrirter als die der Steppenstute war.

Biel (St. Petersburg) bestimmte in drei Experimenten nicht nur das Casein, sondern auch das Lacto-Albumin und Lacto-Protein der Stutenmilch. Das letztere, von E. Millon und Commaille entdeckt, war von ihnen in verschiedenen Milchsorten bestimmt worden.

Lactoprotein in 1000 Theilen Milch von

der Kuh: dem Schaf: der Ziege: der Eselin: dem Weib: der Stute: in Kumys:

2,9—3,4 2,53   1,52   3,28   2,77   4,88—6,13 5,71—6,08

Biel's drei Analysen von Stutenmilch gaben die folgenden speciellen Resultate für 1000 Theile:

	1)	2)	3)
1) Milchzucker . .	53,37	52,00	57,28
2) Fett	11,58	11,08	15,62
3) Casein	18,23	18,18	13,09
4) Lacto-Albumin	4,21	4,16	2,18
5) Lacto Protein .	6,13	5,55	4,88
6) Flüchtige Salze ⎫		0,48	0,52
7) Fixe Salze . ⎬ 2,92		2,36	2,59
Summe des festen Rückstands	96,44	93,83	96,16

Vergleicht man nun die Milch der Stuten mit der der Eselinnen, Kühe und des Weibes, so erhält man folgende Resultate:

	Eselin.	Stute.	Weib.	Kuh.
Stickstoffhaltige Materie und Salze	19	21	22	43
Fett	14,5	14	29	38
Milchzucker	64	57	64	45

Diese Resultate sind aus den Analysen von 23 der namhaftesten Chemiker gezogen. Es muss aber hier besonders angemerkt werden, dass es nicht feststeht, ob bei diesen Analysen ein vierundzwanzigstündiger Durchschnitt genommen worden ist. Denn nachdem es bekannt ist, dass die zu Anfang des Melkens oder Säugens von der Drüse gelieferte Milch andere Beschaffenheit hat, als die in der Mitte oder zu Ende des Processes gelieferte, ist es nöthig, nicht nur den Durchschnitt von einer ganzen Entleerung der Drüse, sondern auch den Durchschnitt aller Entleerungen zu untersuchen, um zu einem genauen Resultate betreffs der Zusammensetzung der Milch zu einer bestimmten Zeit und im grossen Ganzen zu gelangen.

Wir sehen zunächst, dass Stutenmilch von allen Hauptingredienzien eine geringere Menge enthält, als Menschenmilch; sie ist auch ärmer an Casein und Fett, als Kuhmilch, enthält aber mehr Milchzucker, als diese. Andere Unterschiede sind noch wichtiger. Kuhmilch wird durch Säure leicht gefällt, dagegen bleibt Menschenmilch durch Zusatz von verdünnter Essig-, Salz-, Schwefel- oder

Salpetersäure bei niederer Temperatur beinahe unverändert. Dieses verschiedene Verhalten beruht auf dem Umstand, dass das Casein der Frauenmilch von dem der Kuhmilch sehr verschieden ist. Das Casein der Kuhmilch hat im feuchten Zustande eine rein weisse Farbe, und nach dem Austrocknen ist es eine hellgelbe hornartige Masse; dagegen hat das frischgefällte Casein der Frauenmilch eine mehr gelbliche Farbe und ist nach dem Trocknen körnig. Kuhcasein zeigt in der Regel eine saure Reaction; Frauencasein eine neutrale oder schwach alkalische. Das getrocknete Casein aus Frauenmilch bleibt in destillirtem Wasser leicht löslich, das Kuhcasein ist darin beinahe unlöslich. In Milchsäure löst sich Menschencasein ohne Schwierigkeit, während Kuhcasein sich entweder gar nicht oder nur langsam und theilweise darin löst. Das Menschencasein fällt beim Coaguliren in feinen Flöckchen, während Kuhcasein in den bekannten dicken festen Klumpen niederfällt. In dieser Beziehung gleicht die Stutenmilch der Menschenmilch, denn auch Stutencasein fällt in feinen Flöckchen, und ist nach dem Trocknen ein gelbliches Pulver, welches zwar weniger löslich in Wasser, als Menschencasein, aber mehr löslich als Kuhcasein ist. Allein so ähnlich auch das Casein der Stutenmilch dem der Frauenmilch erscheinen mag, so darf doch nicht angenommen werden, dass beide identisch sind. Frauen- und Stutenmilch haben noch folgende Eigenschaften gemein: Sie werden durch Laab nicht vollständig gefällt. Auch Essigsäure und Schütteln fällt sie nur theilweise, und das Filtrat von dem Coagulum ist stets milchig. Einleiten von Kohlensäure macht die Fällung nicht vollständiger, aber Neutralsalze, wie Chlornatrium oder Glaubersalz und Wärme fällen alles Casein; das letztere bleibt auch dann im Zustand feiner Flocken.

Die Butter der Stutenmilch ist salbenartig, weich, und durchscheinend, wahrscheinlich weil sie hauptsächlich aus den Glyceriden der bei gewöhnlicher Temperatur flüssigen Fettsäuren besteht. Sie ist indessen bis jetzt noch nicht näher chemisch untersucht worden. Auch in Betreff des Milchzuckers der Stutenmilch ist von Berzelius die Vermuthung geäussert worden, er möchte verschiedener Natur von dem der Kuhmilch sein, weil er viel leichter als der letztere in Gährung übergehe.

Damit sind wir nun bei der Haupteigenschaft der Stutenmilch, nämlich ihrer Gährungsfähigkeit angelangt; diese beruht auf der grossen Menge Milchzucker, einem kleinkörnigen, leicht löslichen Casein, und der geringen Menge leichtflüssigen Fettes.

Bei der Gährung der Stutenmilch laufen zwei Processe nebeneinander her, nämlich die Wein- und die Milchsäuregährung. Dabei wird ein Theil des Caseins gefällt, ein anderer bleibt in neuer Verbindung in Lösung; das Lacto-Albumin und Lacto-Protein wird vermindert. Nicht der ganze Milchzucker wird vergohren, und nicht immer in gleichem Verhältniss durch die beiden Fermente; hier tritt die Kunst der Bereitung als bestimmende Kraft ein, nach welcher soviel Alkohol als möglich, und so wenig Milchsäure als nöthig ist, hervorgebracht werden soll. Dies wird hauptsächlich dadurch bewirkt, dass die mit dem Ferment gemischte Milch bei einer Temperatur von 30—35° C. heftig und lange an der Luft gerührt wird. Dadurch wird die Milchsäuregährung nicht verhindert, die Alkoholgährung befördert, die Buttersäuregährung verhindert. Auch wenn Stutenmilch zu reich an Butter ist, wird sie zur Buttersäuregährung geneigt: die Buttersäure kann daher aus zwei Quellen stammen, die getrennt betrachtet werden müssen; einmal aus den Fetten, und zweitens aus der Milchsäure. Die Gegenwart von Buttersäure macht Kumys für Gebildete ungeniessbar.

Neben diesen Gährungen erleidet das Casein der Stutenmilch bei ihrem Uebergang in Kumys wichtige Veränderungen. Zunächst fällt ein Theil desselben, namentlich in sogenanntem starkem oder mittelstarkem Kumys, aus der Lösung nieder, und kann abfiltrirt werden. Bei längerem Stehen dieser Mischung, namentlich in Flaschen unter Druck und auf Eis, löst sich ein grosser Theil des gefällten Caseins wieder, allein es nimmt dabei andere Eigenschaften an; so bildet die Lösung beim Erhitzen keine Haut; das veränderte Casein ist nicht in Eiweiss verwandelt, sondern wird durch Ueberschuss von kohlensaurem Natron und Kochhitze gefällt. Nimmt man die in einer gegebenen Menge Kumys enthaltene Menge Casein als 100 an, und bestimmt den Uebergang in lösliches Casein von Zeit zu Zeit, so findet man z. B., dass nach

3 tägigem Stehen 13,5 pCt.
5 „ „ 23,75 „
9 „ „ 22,5 „
16 „ „ 35,5 „

des in der Milch enthaltenen und zunächst durch die Milchsäure und Gährung gefällten Caseins wieder in Lösung gegangen sind.

Es ist nun gar keine Frage, dass die hauptsächliche Tugend
des Kumys sowohl als Getränk, als auch als Heilmittel auf der
gleichzeitigen Gegenwart des Alkohols, der Kohlensäure, der Milchsäure, des wiedergelösten Caseins und des überschüssigen Milchzuckers beruht. Die Zersetzung des Milchzuckers erfolgt mit sich
beständig vermindernder Intensität; denn im Lauf der gewöhnlichen
Bereitungsart des Kumys werden beinahe zwei Drittel desselben in
den ersten 24 Stunden zersetzt; nach dreitägiger Dauer der Gährung bleibt ein Sechstel des Anfangs vorhandenen Milchzuckers unzersetzt, und dieses Sechstel wird erst im Laufe vielmonatlicher
Gährung bei niederer Temperatur vollständig vergohren. Tausend
Theile Milch von Steppenstuten enthielten 54 Theile Milchzucker,
von welchen in dem daraus bereiteten Kumys blieben

nach 24 Stunden 18   Thle.

,,   2 Tagen   14,5 ,,

,,   3   ,,   12   ,,

,,   5   ,,   9,63 ,,

,,   9   ,,   7,79 ,,

,,   16   ,,   6,20 ,,

Der Alkoholgehalt in 1000 Theilen Kumys war

nach 24 Stunden 12,31 Thle.

,,   2 Tagen   15,7 ,,

,,   5   ,,   18,51 ,,

,,   16   ,,   20,1 ,,

Im 5 Monate alten Kumys, der keinen Milchzucker mehr enthielt, war der Alkoholgehalt 32,2 Theile in 1000.

Die Milchsäure steigt auf beinahe $\frac{1}{2}$ pCt. in 24 Stunden, und
verdoppelt sich dann kaum in 16 Tagen. Es enthielten 1000 Thl.
Kumys:

nach 24 Stunden 4,75 Thle.

,,   2 Tagen   6,20 ,,

,,   3   ,,   7,7   ,,

,,   5   ,,   8,05 ,,

,,   9   ,,   7,11 ,,   ⎫ Verminderung des schein-
                          ⎬ baren Säuregehalts durch
,,   16   ,,   7,9   ,,   ⎭   Aetherbildung.

Der Kumys des ersten Tages hat daher denselben Säuregehalt
als Milchsäure ausgedrückt, welchen die besten Weine als Wein-

säure ausgedrückt euthalten. Die allmälige Lösung des gefällten
Caseins ist wohl theilweise von der Zunahme der Milchsäure bedingt,
aber auch theilweise von einer Verwandlung des Caseins, welche
wohl zum Theil einer Peptonisirung gleich kommt.

Die Steppenstuten der Khirgisen und Baschkiren, welche die
Milch zum Kumys liefern, werden niemals zum Reiten, Fahren oder
Pflügen verwendet. Allein während des Winters sind sie vielen
Entbehrungen ausgesetzt, unter welchen die schwachen zu Grunde
gehen. Sie werfen im März und April. Die Füllen müssen dann
bald die Hälfte der Milchproduction ihren Stuten hergeben, indem
sie nur während der Nacht saugen dürfen; während des Tages
werden die Stuten von den Nomaden vier bis achtmal gemolken,
wobei jedes Mal von 400 bis 1600 ccm Milch entleert werden. Doch
geben die Stuten ihre Milch nur in Gegenwart der Füllen her. Da
sie nun innerhalb eines Monats vom Wurf wieder gedeckt werden,
so werden sie in der That nur in trächtigem Zustand gemolken.
Sie tragen elf Monate. Sie geben eine grössere Menge Milch von
reicherer Qualität an Milchzucker als irgend andere Stuten in der
Welt. Dabei bleiben die Euter relativ klein, und müssen daher zur
Erzielung grössere Mengen Milch alle zwei Stunden gemolken
werden.

Die Qualification der Stutenmilch für Kumys hängt sehr von
der Art des Futters ab. Wermuth oder Absinth giebt der Milch
einen bitteren, wilde Zwiebeln und Knoblauch geben ihr einen
widrigen Geschmack. Hier also auch begegnen wir der alt-römi-
schen Erfahrung: „Pabuli sapor apparet in lacte". Von Gräsern
sind nach Tchembulatof Carduus circium, und besonders Sonchus
arvensis der Milch sehr schädlich, indem sie die Gährung behindern
oder modificiren.

In Folge dieser und anderer noch unbekannter Ursachen werden die zum Gähren angesetzten Kumyskufen zuweilen für die in
den Curanstalten wohnenden Kranken untrinkbar, bleiben aber eine
gesuchte Delikatesse für die die weniger feinschmeckenden Nomaden
der Nachbarschaft. Um solche Verluste wo möglich zu vermeiden,
haben einige den Milchereien der Kumyscuranstalten in den Russischen
Steppen vorstehende Frauen die Einrichtung getroffen, dass keine
Stutenmilch zu Kumys angesetzt wird, ehe sie in Eis gekühlt und
von ihnen selbst auf den Geschmak versucht worden ist; denn
die warme Milch wie sie vom Euter kommt, hat einen nicht unan-

genehm pferdigen Geschmack, der alle anderen Geschmackseindrücke
überdeckt, aber beim Abkühlen verschwindet; dann erst kommen
die bitteren und widrigen Geschmacksmodificationen, wenn sie vorhanden sind, zum Vorschein. Zugleich urtheilen die Richterinnen
(würdige Nachfolgerinnen der französischen Herzogin, welche den
Sillery genannten Champagner durch eigne Gustation zu hohem
Ruf erhob) über Casein und Fett, und lassen nur solche Stutenmilch
zu den Kumyskufen gehen, welche alle bekannten und von ihnen
durch den Geschmack allein wahrgenommenen guten Eigenschaften
in sich vereinigt.

Das hauptsächliche Gras, welches das fruchtbare Land der Steppe
hervorbringt, ist der „Kovil“, Stipa pennata, so genannt von der
Aehnlichkeit seiner Blume mit einer feinen biegsamen Feder. Wenn
es weder gemäht noch abgefressen wird, erreicht es die Höhe von
beinahe 3 Fuss; der zweite Wuchs nach dem Mähen erreicht einen
Fuss Höhe. Diese Pflanze ist das Hauptfutter aller Pferde, Kühe,
Ochsen und Schafe der Steppe.

Die Bereitung des Kumys wird von den Kirghisen in Gefässen
vorgenommen, welche aus geräucherten Pferdehäuten verfertigt sind
(„Saba“); diese Gefässe haben die Gestalt der konischen Butterge-
fässe und sind demnach etwa $3\frac{1}{2}$ Fuss hoch, mit breiterer Basis
und engerer oberer Oeffnung; die behaarte Seite der Haut ist nach
Aussen gewandt. Diese Säcke haben neben den vielen Nachtheilen
der unvermeidlichen Unreinlichkeit nur den Vortheil, dass sie durch
Verdampfung des transudirenden Wassers den Inhalt etwas abkühlen.
In den Curanstalten wird der Kumys in hölzernen Gefässen gemacht.
Um die erste Gährung hervorzurufen, bedient man sich einer Hefe
die durch natürliche Gährung erhalten wird; eine Mischung von Mehl-
teig mit Honig z. B. geht bald in alkoholische, dann in Milchsäuregährung über. Wo man Bier- oder Weinhefe und saure Milch hat,
kann man aus beiden schnell das Kumysferment zusammensetzen.
Dieses wird nun mit einer gewissen Menge Stutenmilch gemischt,
und die Mischung wird mit dem hölzernen Rührer oder Stampfer
heftig bewegt; alle zehn Minuten wird neue Milch zugesetzt, bis die
Mischung vollendet ist; und diese wird nun während 12 Stunden unablässig geschlagen; dabei wird die Temperatur der Mischung so nahe
als möglich an 35 ° gehalten. Nach dieser Zeit ist die Stutenmilch in
„schwachen Kumys“ verwandelt; derselbe muss durch ein feines Haarsieb oder durch Musselin filtrirt werden, um ihn von überschüssigem

Casein zu befreien. Dieses Casein und anderes, welches sich aus starkem Kumys absetzt, kann gepresst und an der Sonne getrocknet werden, und heisst dann „Kumyshefe" oder „Kumyspulver", und behält seine gährungserregende Eigenschaft von einer Jahreszeit zur nächsten. Ist die Kumyskufe einmal angesetzt, so ist eine Portion des gährenden Kumys genügend, um die Gährung in jeder folgenden Kufe hervorzurufen.

Man unterscheidet schwachen, mittelstarken und starken Kumys. Der schwache Kumys hat die Consistenz der Stutenmilch und einen ihr ähnlichen Geschmack, ist aber daneben säuerlich von der Milchsäure und bitzelnd von der Kohlensäure. Nach 24 stündiger Gährung geht der schwache Kumys in mittelstarken über und bleibt so bis etwa zur 48. Stunde der Gährung; er ist dünner als der schwache, hat einen weniger milchigen Geschmack, enthält weniger Kohlensäure und lässt sich in Flaschen an einem kühlen Ort während zwei bis drei Tagen ohne grosse Veränderung aufbewahren. Starker Kumys wird nur durch unablässiges Agitiren der Stutenmilch während mehr als 48 Stunden erhalten. Er ist noch dünner als der Mittelstarke, beinahe von wässerigem Fluss, enthält mehr Alkohol und Milch- und Kohlensäure, und hat daher einen viel mehr sauren und bitzelnden Geschmack als die vorigen Qualitäten. Der starke Kumys kann am längsten aufbewahrt werden ohne sich zu verändern. Wird er auf Flaschen gelegt, so theilt er sich in drei Schichten, zu oberst Oel, in der Mitte die weinige Lösung, zu unterst Casein. Allmälig geht aller Milchzucker in Milchsäure, Alkohol und Kohlensäure über, und dann hört die Gährung auf Vor dem Gebrauch werden die drei Schichten des Kumys wohl gemischt.

Die physiologische Wirkung des Genusses von mittelstarkem Kumys wird folgendermassen geschildert. Um ein Maass zu geben, rechnen wir nach Champagnerflaschen und Gläsern, deren drei auf die Flasche gehen. Der Kumys muss in grossen Zügen getrunken werden, wenn er seinen normalen Effect hervorbringen soll. Nach Einnahme von zwei bis acht Gläsern voll ist der Magen zunächst kühl und gefüllt, dieses Gefühl geht aber bald in eine Sensation von Wärme über, und der Ueberschuss des Gases geht als Ructus weg. Der Herzschlag wird stärker und häufiger, und steigert sich zuweilen zu Herzklopfen. Es stellt sich ein Rausch, und bald darauf das Bedürfniss nach Ruhe ein. Der Rausch ist nicht mit Aufregung verbunden, sondern führt zum Schlaf; dieser dauert lange,

und der Trinker hat niemals Kopfweh beim Erwachen, soviel Kumys
er auch verzehrt haben mag. Obwohl der Kumys den Hunger vermindert, so hebt er das Verlangen nach fester Speise nicht auf. Er
kann zu allen Zeiten genossen und verdaut werden; er reizt Nieren
und Haut zu kräftiger Secretion, und wirkt dadurch erregend auf
alle animalen Functionen; die Absorption aus dem Darmcanal ist
beim Genuss von starkem Kumys so lebhaft, dass Verstopfung entsteht; schwacher Kumys bewirkt nicht selten lebhaften, ja flüssigen
Stuhlgang. Zu Anfang der Kumyscur stellt sich Jucken der Haut
ein, welches durch Bäder vermehrt, durch Morphium gestillt wird;
bei einigen steigt diese Hautreizung bis zur Nesselsucht. Bei
schwachen Personen verursacht der starke Kumys in grossen Dosen
Kopfschmerzen, und muss dann mit schwächerem vertauscht, oder
in geringeren Dosen getrunken werden. Bei einigen Personen wird
eine Reizung der Schleimhäute auch der Luftwege und Augen beobachtet. Bei fortgesetztem Gebrauche grosser Mengen Kumys nimmt
der Geniessende an Muskel, Fettgewebe, Blut und Nervenkraft zu.
Daher erzählen Reisende, dass die Nomaden, z. B. die Baschkir-
Tartaren, die während des Winters sehr abmagern, bald nach Anfang der Kumyssaison so aufgehen, dass man auch alte Freunde
kaum wiedererkennt.

Der unmittelbare Effect des Kumys, welcher in einer Vergrösserung der Stärke und Frequenz des Herzschlags besteht, muss dem
Alkohol zugeschrieben werden; denn je stärker der Kumys und je
grösser die verzehrte Menge, desto deutlicher ist seine Wirkung auf
den Kreislauf. Daher beobachten einige eine Zunahme des Pulses
um 5 bis 20 Schläge in der Minute, die aber nach einiger Zeit
wieder verschwindet. Sodann stärkt der Kumys die Fasern des
Herzmuskels, erweitert die Hautcapillaren und fördert die Lungen-
circulation auf ähnliche Weise. Der schlafmachende Effect des
Kumys ist wohl zum Theil der Kohlensäure, neben dem Alkohol
zuzuschreiben, obwohl die Milchsäure nicht ausser Acht zu lassen
ist. Denn manche Physiologen schreiben der Milchsäure eine specifische hypnotische Wirkung zu; es ist aber nicht bewiesen, dass
sie der Gährungsmilchsäure zukommt, selbst wenn sie eine Eigenschaft der im Gehirn vorkommenden oder gebildeten Paramilch-
säure wäre.

Während des Kumysgebrauchs steigt die Harnmenge, aber nicht
im Verhältniss zum verzehrten Flüssigkeitsvolum, so dass offenbar

mehr Wasser durch Haut und Lungen, als durch die Nieren ausgeführt wird. Dabei steigt die Menge der in 24 Stunden ausgeführten Harnstoffe von etwa 57 auf 87 g. Bei Personen, die bis zu zehn Champagnerflaschen Kumys im Tag trinken, können die Solida des Harns auf über 100 g steigen. Während der Tageszeit ist der Harn neutral, während der Nacht sauer; die Neutralität ist eine Wirkung der Oxydation der milchsauren Salze; ein starker Kumys enthält durchschnittlich 0,8 pCt. freie Milchsäure. Während des Gebrauchs von Kumys steigt der Harnstoff von etwa 24,5 g in 24 Stunden allmälig auf 36 bis 41 g; sinkt nach Unterbrechung des Gebrauchs auf 30 g täglich; Kumys bewirkt daher eine dauernde Vergrösserung des Stoffwechsels.

Die Harnsäure nimmt an Menge während der drei ersten Wochen des Kumysgebrauches ab; dann steigt sie in der vierten bis sechsten Woche auf eine die normale übersteigende Menge, um dann später wieder zu fallen. Die Ausscheidung der Phosphorsäure ist von 1,9 auf 2,7 g, die der Schwefelsäure von 0,85 auf 2,1 g täglich vermehrt.

Patienten, welche mit einer Flasche Kumys im Tag anfangen und schnell auf acht Flaschen steigen, nehmen rasch an Gewicht zu. Lungenleidende nehmen bis zu zehn Flaschen Kumys im Tag. Nun enthalten solche zehn Flaschen gerade soviel Nahrungsstoff der drei nöthigen Varietäten, als der Körper eines Erwachsenen erfordert, nämlich

	in 10 Flaschen Kumys:	in der täglichen Diät europäischer Soldaten:
Stickstoffhalt. Substanzen	4,8 Unz.	4,215 Unz.
Fette	4,3 „	1,397 „
Kohlenhydrate	15,2 „	18,69 „

Die wohlthätige Wirkung des Kumys in Krankheiten beruht auf der allgemeinen Anregung der Circulation und Ernährung, welche letztere hauptsächlich durch die zum Theil in Peptone, zum Theil in lösliche Acid-Albumine verwandelten Caseine befördert wird. Die belegte Zunge wird allmälich rein, und die früher auf Mahlzeiten folgenden Beschwerden hören auf. Daher wirkt der Kumys besonders rasch in Fällen von chronischem Magenkatarrh; wenn die Dyspepsie mit Diarrhoe verbunden ist, kann dem Kumys Alaun in Dosen bis zu 2 g die Flasche zugesetzt werden. Am häufigsten wird der Kumys in Lungenkrankheiten, namentlich der Tuberculose angewandt. In einigen der Curanstalten in Russland, namentlich in Samara an der Wolga sind jeden Sommer wohl 60 bis 80 Schwindsüchtige versammelt. Unter diesen sind manche, welche bis zu 10 und 11 Flaschen Kumys trinken, und daneben tüchtig Fleisch verzehren, so dass einige während eines Monats im Durchschnitt täglich ein halbes Pfund an Körpergewicht zunehmen Bei diesen bewirkt die gegohrene Stutenmilch keine Zunahme, sondern eine bedeutende Abnahme der Pulsfrequenz, die sich auf 5 bis 30 Schläge in der Minute belaufen kann; das Fieber nimmt ab, oder verschwindet, die Sputa werden flüssiger und leichter ausgehustet; der Hustenreiz wird vermindert, oder ganz unterdrückt; die Athemcapacität wird vermehrt, so dass Kranke, die beim Beginn der Cur kaum gehen konnten, bald ein Tänzchen machen können. Der Gebrauch des Kumys bringt keine Neigung zu Lungenblutungen hervor; auf der anderen Seite kann man nicht behaupten, dass die gewöhnliche Frequenz derselben durch das Getränk vermindert wird. Die Nachtschweisse der Tuberculösen werden allmälig geringer; alle Schweisse derer, die Kumys trinken, haben den besonderen Geruch des Getränkes selber.

Schwangere Frauen müssen im Gebrauch des Kumys Anfangs vorsichtig sein, da er in grossen Dosen leicht Abortus hervorbringt. Bei schmerzhafter oder unterdrückter Menstruation, die aus Anämie hervorgeht, wirkt er so heilend in Bezug auf dieses Symptom, als in Bezug auf die Anämie selber. Chlorose wird ebenfalls geheilt, aber die Kranken nehmen nicht leicht an Gewicht zu, da sie Fett verlieren und Eiweisssubstanz ansetzen. Bei Albuminurie und Diabetes ist der Gebrauch des Kumys sehr nützlich; ja es werden sogar Fälle von Heilung mitgetheilt. Auch in Herzkrankheiten wird der Kumys mit Vortheil getrunken, namentlich bei Schwäche, Erweiterung und Klappeninsufficienz.

Da die Reise nach der Steppe sehr lang und mühsam, und der Aufenthalt in derselben während des heissen Sommers lästig und langweilig ist, kann nur eine beschränkte Zahl wohlhabender Kranker eine Steppenkur ausführen. Daher sind hochdenkende Aerzte bemüht gewesen, die Stuten selbst aus der Steppe nach dem mittleren Europa zu bringen. Allein auch mit dieser Erleichterung scheitert die ausgebreitete Anwendung des Kumys an seinem Preise. Daher hat man schon lange versucht, gegohrene Kuhmilch in allen Fällen anzuwenden, in welchen Kumys mit Vortheil gebraucht wird.

Um die Kuhmilch zur Gährung vorzubereiten, wird sie zunächst ab-
gerahmt, dann mit Wasser verdünnt und mit Milchzucker versetzt,
bis sie der Zusammensetzung der Stutenmilch ähnlich ist. Gleich
kann sie derselben nie werden, da, wie wir zu Anfang dieser Analecte gesehen haben, das Casein der Stutenmilch von dem der Kuhmilch weit verschieden ist. Allein sie hat als stimulirendes, leicht
verdauliches Nahrungsmittel einen bedeutenden Werth, und ich habe
sie selbst bei der Behandlung mancher Fälle der im vorgehenden
angeführten Krankheiten von Nutzen gefunden. Unter keinen Umständen lässt sich der eigentliche Stutenkumys, oder die gegohrene
Kuhmilch als specifisches Heilmittel gegen irgend eine Krankheit
betrachten, so gross der Nutzen auch bei der Behandlung sein mag.
Abermals scheitert die ausgebreitete Anwendung des aus Kuhmilch
bereiteten Kumys an seinem hohen Preis, der sich in London z. B.
auf drei Schillinge (= drei Mark) für eine gewöhnliche Cham-
pagnerflasche voll beläuft. Daher scheint mir die Anwendung von
durch Pancreatin peptonisirter, mit etwas Säure, Milchzucker oder
Zucker, und dann mit 2 bis 3 pCt. Alkohol in der Form von Cognac
oder Rum versetzter Kuhmilch, der man entweder kohlensäurereiches
Wasser oder Kohlensäure selbst unter Druck zusetzt, ein für viele
Fälle sehr geeignetes Substitut auch für den besten Kumys. Dieses
Präparat hat auch einen viel eleganteren Geschmack als der Pseudo-
kumys, welcher letztere stets nach Käse riecht und schmeckt, und
von einem gebildeten Europäer wohl nur als vorgeschriebenes Heil-
aber nicht als wünschenswerthes Genussmittel getrunken wird.

Die Nomaden destilliren aus Kumys einen Branntwein, den sie
Arki oder Draki nennen. Derselbe soll sehr rein von Fusel und
gesund zu trinken sein.

Alphabetisches Register.

Gedruckt bei L. Schumacher in Berlin.

www.ingramcontent.com/pod-product-compliance
Lightning Source LLC
Chambersburg PA
CBHW021403210326
41599CB00011B/988